DESCRIPTIONS

DES ARTS

ET MÉTIERS.

DESCRIPTIONS
DES ARTS
ET MÉTIERS,

FAITES OU APPROUVÉES

PAR MESSIEURS

DE L'ACADÉMIE ROYALE
DES SCIENCES.

AVEC FIGURES EN TAILLE-DOUCE.

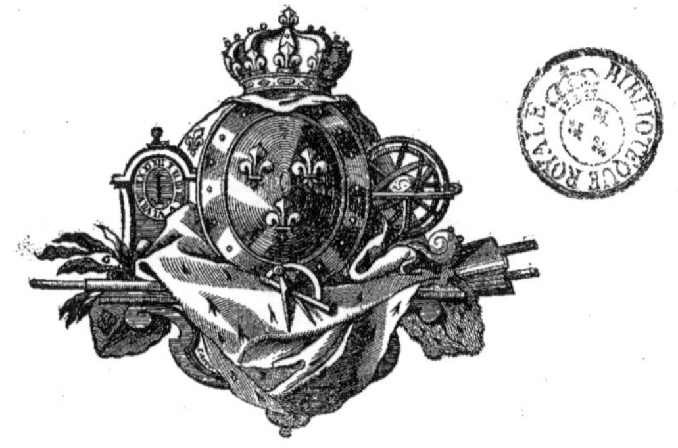

A PARIS,

Chez { SAILLANT & NYON, rue S. Jean de Beauvais;
{ DESAINT, rue du Foin Saint Jacques.

M. DCC. LXI.
Avec Approbation & Privilége du Roi.

ART
DU
SERRURIER.

Par M. D*uhamel* *du* M*onceau*.

M. DCC. LXVII.

LES

SPIRITES

[illegible]

[illegible]

TABLE

DES CHAPITRES, ET ARTICLES
de la Description de l'Art du Serrurier.

Fin de la Table des Chapitres & Articles.

ART

ART
DU SERRURIER.

Par M. Duhamel du Monceau.

CHAPITRE PREMIER.

Introduction & Principes généraux sur l'Art du Serrurier.

ARTICLE PREMIER.

Plan de l'Ouvrage.

Nous commencerons cet Art, qui est fort étendu, par faire connoître les différentes qualités des fers, & indiquer la façon de les distinguer, par exposer en général à quels ouvrages chacuns sont propres, relativement à leur qualité douce ou aigre, &c. les lieux d'où on les tire pour Paris, les différents échantillons des fers qu'on trouve chez les Marchands ; en un mot il nous a paru convenable de commencer par faire connoître la matiere sur laquelle le Serrurier doit travailler, renvoyant toutefois pour le travail qui se fait dans les grosses Forges, à ce qui a été dit par M. le Marquis de Courtivron, de l'Académie des Sciences, & M. Bouchu, Maître de Forge, Correspondant de la même Académie, dans les quatre Sections qu'ils ont données sur les grosses Forges.

Nous entrerons ensuite dans la Boutique du Serrurier pour faire connoître les différents outils qui lui sont nécessaires : nous n'avons point prétendu rendre cette énumération complette ; notre dessein a été de ne prêter attention qu'aux outils qui servent le plus communément, & nous avons réservé à parler des autres lorsqu'il s'agira des ouvrages où ils sont particuliérement employés : un détail plus étendu n'auroit point eu de bornes, puisque très-fréquemment les Serruriers imaginent & font eux-mêmes les outils qui leur paroissent commodes pour exécuter certains ouvrages.

Nous commencerons ensuite à entamer les connoissances qui tiennent plus directement à l'Art du Serrurier. Nous parlerons des différents char-

bons qu'ils peuvent employer, de la préférence qu'on doit donner aux uns
fur les autres, fuivant les différents ouvrages qu'on fe propofe de faire. Nous
expliquerons comment on doit placer le fer dans la Forge pour lui donner
une bonne chaude ; comment on doit forger, fouder, brafer, limer le fer ;
& nous parcourrons ainfi les éléments ou les principes de cet Art.

Les ouvrages de Serrurerie font d'un ufage bien commun dans les Bâtiments.
Quelquefois ils fervent à augmenter leur folidité ; les chaînes, les ancres,
les harpons, les embraffures, les fentons donnent du foutien aux ouvrages
de maçonnerie ; les équerres, les tirants, les liens, les brides affermiffent les
ouvrages de Charpenterie & de menuiferie. D'autres fois les ouvrages de Ser-
rurerie, tels que les grilles, font employés à la fûreté de ceux qui habitent
les maifons : ils mettent à l'abri des voleurs les appartements fitués aux raiz-de-
chauffée ; dans certaines circonftances ils tiennent lieu de portes de bois,
même de murs fans offufquer la vue. On en fait des garde-fous tels que font
les balcons vis-à-vis les croifées, les rampes des efcaliers, les baluftrades
qui bordent les terraffes, les foffés, les fauts-de-loup ; & toutes les chofes
que nous ne préfentons que du côté de leur utilité, deviennent des objets
de décoration par les ornements qu'on y ajoute ; c'eft même en cette partie
de la Serrurerie que notre Art s'eft le plus perfectionné de nos jours. Les fu-
perbes grilles, les balcons, les portes grillées que l'on voit dans les Eglifes,
chez des Particuliers, & fur-tout dans les Maifons Royales, font voir que la
menuiferie & la fculpture ne font prefque rien en bois qu'on ne puiffe imi-
ter en fer, & fouvent avec plus de légéreté. Quand on n'épargne point la
dépenfe, on voit des moulures pouffées auffi net que fi elles l'étoient fur le
bois, des couronnements de grilles remplis de feuillages, de rinceaux, de
fleurons, de couronnes, d'écuffons, même de figures d'hommes & d'ani-
maux ; nous pourrions citer des ouvrages en ce genre qui font d'une très-belle
exécution, tels que les grilles de Maifon, la grille du Chœur de Notre-Dame,
celle de l'Abbaye de S. Denys, exécutée par un Frere de cet Ordre, la Chaire
de l'Abbaye de S. Antoine, les belles grilles que M. Deftriches a faites pour
le Portugal, un Dais que M. Gérard a fait dans la vue de faire appercevoir
jufqu'où pouvoit aller cette partie de l'Art du Serrurier, & quantité d'ouvra-
ges qui ont été exécutés avec élégance & précifion par M. Durand.

On ne trouvera dans notre Ouvrage qu'un petit nombre de deffeins de
ces beaux ouvrages, parce que nous avons apperçu qu'ils n'avoient pas plus
de bornes que les traits que peuvent imaginer les meilleurs Deffinateurs :
d'ailleurs on trouve grand nombre de ces beaux deffeins chez ceux qui vendent
des Eftampes ; nous nous bornerons donc à expliquer en général les moyens
que les Ouvriers habiles emploient pour les exécuter avec goût & précifion, &
nous ne donnerons que le petit nombre de deffeins qui nous ont paru nécef-
faires pour faire mieux entendre le travail des Ouvriers.

Ainſi après avoir expliqué la façon de faire les grilles de barres droites, nous expliquerons comment on peut les orner d'enroulements & par différents contours qu'on fait prendre au fer. Nous paſſerons enſuite à la maniere de faire des moulures en battant le fer rougi au feu ſur des moules qu'on nomme *Etampes* ; comment on embóutit le fer au marteau , & ſur les taſ-ſeaux ; enfin comment on le releve ſur le plomb pour faire des ornements très-recherchés.

Quantité d'ouvrages de menuiſerie feroient inutiles ſi le Serrurier n'y met-toit pas la derniere main. Il faut ferrer les portes & les croiſées , les battants des armoires , les couvercles des coffres , &c. ce qui exige , pour que toutes ces choſes puiſſent s'ouvrir & ſe fermer , des gonds , des pentes , des cou-plets , des charnieres , des fiches à vaſe & à broche ; de même pour les tenir fermés , on emploie des verroux , des targettes , des baſcules , des eſpagno-lettes , des loquets , loquetons , &c. Enfin pour qu'il n'y ait que le Proprié-taire qui puiſſe ouvrir les appartements , les coffres & les armoires , on a ima-giné une infinité de ſortes particulieres de ſerrures & de cadenas ; c'eſt par cette belle partie de l'Art du Serrurier que ſe terminera notre Art. *

ARTICLE II.

Qualités & dimenſions des Fers , & du choix qu'on en doit faire pour différents Ouvrages.

Avant que d'employer le fer, il faut que le Serrurier connoiſſe ſa nature , & qu'il apprenne à en diſtinguer les différentes qualités ; car ſuivant l'eſpece d'ouvrages qu'on doit travailler, il convient d'employer différentes qualités de fer , les uns doux & les autres plus fermes ; d'ailleurs tous les fers ne doi-vent pas être travaillés de la même maniere , les uns veulent être plus chauf-fés que d'autres. Toutes ces connoiſſances ſont donc eſſentielles à un Serru-rier.

Or on peut à l'examen extérieur du fer en barre , acquérir quelque con-noiſſance ſur ſa qualité ; mais on en eſt encore plus certain quand on exami-ne ſon grain après qu'il a été rompu : c'eſt ce que nous allons eſſayer de rendre ſenſible.

---

* J'ai trouvé dans le dépôt de l'Académie un grand nombre de Planches gravées & une partie de l'explication des Figures écrites de la main de M. de Réaumur. Inutilement ai-je eſſayé de rétrouver l'ordre que M. de Réaumur s'étoit propoſé de ſui-vre dans la deſcription de ce grand Art, ce qui m'a engagé à faire graver pluſieurs nouvelles Planches, à faire des changements aux autres, & à faire la deſ-cription de toutes les opérations ſuivant l'ordre qui m'a paru le plus convenable. Heureuſement que j'ai trouvé ce qui regarde les ſerrures & les cadenas , entiérement fait par M. de Réaumur , & je le don-nerai ſans preſque y faire aucun changement.

Pluſieurs habiles Serruriers ſe ſont fait un plaiſir de me prêter la main; ſi quelque opération m'embarraſſoit, ils la faiſoient exécuter devant moi dans leur boutique. M. Durand qui demeu-re à S. Victor , a ſur-tout pris un intérêt particu-lier à mon travail : M. Gérard , Maître Maçon, dont le pere eſt établi Serrurier auprès de S. Etienne-du-Mont , m'a rendu les mêmes ſervi-ces, & de plus m'a aidé de pluſieurs deſſeins qu'il exécute avec beaucoup plus de préciſion que ne pourroient faire des Deſſinateurs qui n'au-roient pas connu comme lui l'Art du Serrurier.

Il faut d'abord s'informer de quelle mine vient le fer , ſi elle eſt douce ou caſſante ; car quoiqu'il arrive que dans une même mine ou une même forge , il ſe trouve des fers plus aigres les uns que les autres , l'ordinaire eſt que tous les fers d'une même forge , ſont d'une qualité approchant la même. Par exemple , à Paris on regarde les fers de Berry , comme étant plus doux que ceux qu'on nomme de *Roche* , ou que ceux qu'on appelle *fers communs* , quoiqu'il ſe trouve des fers de Roche qui ſont fort doux.

Après ce qui a été dit dans les quatre Sections ſur le fer , & à l'occaſion de la forge des ancres , on ſçait qu'on fond la mine dans de grands fourneaux , qu'on coule le fer en gros lingots appellés *Gueuſe* , auxquels on donne dans le ſable la forme d'un priſme triangulaire du poids de 15 à 18 cent livres & plus ; on porte la gueuſe à l'affinerie où on la fait chauffer fondante ; on la ramaſſe , on jette du ſable deſſus & on la paſſe ſous le gros marteau où on la bat d'abord à petits coups pour rapprocher & ſouder les parties les unes avec les autres. Quand cette loupe eſt reſſuée , c'eſt-à-dire quand par les coups de marteaux , on en a fait ſortir le laitier qui étoit interpoſé entre les parties de fer , on frappe plus fort pour étirer le métal en groſſes barres d'environ trois pieds de longueur ; enſuite on les fait repaſſer à la forge pour leur donner différentes formes à la demande des Marchands. Je ne rappelle ſommairement ce travail qui a été bien détaillé ailleurs , que pour qu'on ſache que quand il ſe trouve dans le fer des grains ſi durs , que la lime ne peut mordre deſſus , & qu'on eſt obligé de les emporter avec un ciſeau ou un burin , c'eſt preſque toujours parce que le fer a été mal travaillé par l'Affineur.

Quand les barres ſont longues & menues , le Serrurier qui choiſit du fer , les ſoulève par un bout , il les ſecoue fortement , & quelquefois elles ſont ſi aigres , qu'elles ſe rompent. Il eſt rare que les barres ne puiſſent ſupporter cette épreuve ; c'eſt pourquoi on leur en fait éprouver une plus forte : on les dreſſe ſur un de leurs bouts , & on les laiſſe tomber ſur le pavé ; les fers fort aigres ſe rompent. De plus , ſi en examinant attentivement la ſurface des barres , on apperçoit de petites gerces qui les traverſent , c'eſt une marque que le fer n'a pas été ſuffiſamment corroyé , qu'il tient de la nature du fer de gueuſe , & qu'il ſera *rouvelin* , c'eſt-à-dire , caſſant à chaud & difficile à forger : ſi au contraire on apperçoit de petites veines noires qui s'étendent ſuivant la longueur de la barre , c'eſt une marque que le fer a été bien étiré ; car il eſt certain que par la façon de battre le fer ſous le marteau , on lui donne du nerf ; ou on lui ôte cette qualité , s'il l'avoit ; en terme de Serrurier , on le *corrompt* ; cependant il eſt toujours avantageux que le fer ne ſoit point pailleux.

On connoît encore mieux la qualité du fer en examinant ſon grain ; pour cela il faut le rompre. On prend donc un ciſeau bien trempé , & ayant placé la barre de travers ſur l'enclume , on fait une entaille à grands coups de

marteau ,

marteau, puis faifant porter à faux le barreau fur deux morceaux de fer qu'on met à fix pouces l'un de l'autre fur un billot de bois, & frappant à grands coups de marteau fur l'entaille, on rompt le barreau.

D'abord quand on eft obligé de tourner en différents fens le barreau pour le rompre, quand il plie fous les coups de marteau, quand ces coups font marqués par de fortes impreffions, on eft certain que le fer eft doux au moins à froid. Au contraire il eft aigre fi, dès les premiers coups, la barre fe fépare.

Si la rupture eft brillante, fi elle fe montre formée de grandes paillettes comme des morceaux de talc, on eft certain que le fer eft fort aigre, qu'il fera dur à la lime & difficile à manier fous le marteau tant à chaud qu'à froid; qu'il fera tendre à la *chauffe*, & qu'il fe brûlera aifément; quel-quefois même, au lieu de s'adoucir fous le marteau, il en deviendra plus aigre; ce fer eft donc de mauvaife qualité pour toutes fortes d'ouvrages:feule-ment, à caufe de fa dureté, il pourra être employé en gros fer dans les cir-conftances où il eft expofé à des frottemenst.

Il y a des fers qui fe montrent moins blancs & moins brillants que les précédents, parce que leur grain eft moins gros : ils ne font pas fi ai-gres, ils fe chauffent mieux ; & comme ils ne font point mols, les Ma-réchaux les eftiment, & les Serruriers les emploient feulement pour les ou-vrages qui doivent refter noirs, parce qu'ils font durs à la lime, & que fou-vent on y rencontre des grains fur lefquels la lime ni le foret ne peuvent mordre.

Quand la caffure eft d'un brun noirâtre & qu'elle eft inégale, y ayant des flocons de fer qui fe déchirent comme quand on rompt du plomb, ce que les Ouvriers appellent *de la chair*, c'eft du fer très-doux qui fe travaille ai-fément à chaud & à froid fous le marteau & fous la lime ; mais il eft prefque toujours difficile à polir, & rarement il prend un beau luftre.

Il fe trouve encore des fers qui font, pour ainfi dire, compofés des deux efpeces dont nous venons de parler, parce qu'on apperçoit fur leur rupture des endroits blancs & d'autres noirs; quand on emploie ces fers tels qu'ils viennent de chez les Marchands, ils font pour l'ordinaire pailleux, & de dureté inégale ; mais quand on les a corroyés, ils font excellents pour la for-ge & pour la lime ; ils font fermes fans être caffants, & ils fe poliffent aifé-ment, pourvu toutefois qu'ils ne foient point cendreux, défaut auquel font expofés prefque tous les fers doux. Il eft fenfible que ces fers auroient au fortir des groffes forges, la bonne qualité qu'on leur procure, fi on les y avoit corroyés avec plus de foin.

Il y a encore des fers qui ont le grain fin & gris, qui n'ont point de chair, qui cependant ne rompent point aifément, qui font même affez pliants ; ces fers prennent un beau poli ; mais ils font durs à la lime & bouillants à la for-ge : en un mot ce font des fers acérains qui prennent la trempe ; les Ma-

réchaux les préferent pour faire des focs & des coutres de charrue, parce qu'ils
tiennent, comme nous l'avons dit, de l'acier, mais ils ne font pas propres pour
les ouvrages qui doivent fupporter de grands efforts, comme, font les eflieux
de voiture ; quand on doit les limer, il faut les laiffer fe refroidir douce-
ment, pour qu'ils ne fe trempent point ; & on doit les ménager à la forge
prefque comme fi on travailloit de l'acier.

Les fers qu'on nomme *Rouverains,* dont nous avons déja dit quelque chofe,
font affez ployants & malléables à froid, mais il faut les ménager au feu, &
fous le marteau ; ils répandent, quand on les forge, une odeur de foufre, &
il en fort des étincelles fort brillantes ; fi on les chauffoit prefque blanc, &
qu'on les frappât rudement, ils fe dépéceroient fous le marteau, ils fe rom-
proient, ou au moins ils deviendroient pailleux. Les fers d'Efpagne & ceux
qu'on fait avec de vieille mitraille corroyée, font prefque tous rouve-
rains : ils font bons, mais il faut les travailler avec ménagement ; un mauvais
Forgeron n'en feroit que de mauvais ouvrage.

Après avoir indiqué la façon de connoître la qualité des différents fers, il
eft bon de détailler ceux qui fe trouvent chez les gros Marchands de Fer de
Paris.

Les fers de Lorraine font réputés les plus doux de tous, enfuite ceux du
Berry, du Nivernois, & de la rive de la Loire ; enfuite viennent ceux de
Champagne & de Bourgogne, qu'on nomme les *Fers de Roche*, & entre
ceux-là on en diftingue de trois qualités ; ceux qu'on nomme fimplement *de
Roche*, entre lefquels il y en a qui font prefque auffi doux que ceux du Ber-
ry ; ceux qui font d'une qualité inférieure fe nomment *Fers demi-Roche* ; &
tous les fers qui font encore de moindre qualité fe défignent fous le nom
de *Fers communs.*

Tous les fers fe façonnent de différents échantillons, & les plus petits fers
quarrés de quatre à cinq lignes jufqu'à huit & neuf fe nomment *du Carillon ,*
ainfi il y a du carillon de Lorraine, de Berry, de Roche & de fer commun.
Les Serruriers fe fourniffent des uns & des autres fuivant les ouvrages qu'ils
veulent faire, & le prix qu'ils les vendent ; car les fers de Lorraine & de
Berry font plus chers que les fers de Roche, & ceux-ci coûtent plus que
les fers communs.

Les carillons exceptés, tous les autres fers font défignés fous le nom de
fers quarrés, & il y en a depuis neuf à dix lignes jufqu'à trois pouces ½ & quatre
pouces quarrés, tant en fer de Lorraine que de Berry, de Roche ou commun.

Cependant on défigne encore ces différents fers par les ufages qu'on en
fait le plus communément.

On nomme *Cofte de Vache* tous les fers refendus dans les fenderies. On
les diftingue aifément, parce qu'ils ne font point à vive-arrête, leurs faces font
arrondies, leurs bords font inégaux & remplis de bavures, & les plus me-

nus fers fendus s'emploient pour faire des fentons ; ils portent même ce nom. On tient dans les magafins des Coftes de vache depuis deux à trois lignes en quarré jufqu'à douze.

Les fers méplats forgés au gros marteau font de différents échantillons, & ils fervent à une infinité d'ouvrages différents.

Ceux qui s'emploient pour les *bandages* des groffes voitures, ont depuis 29 jufqu'à 32 lignes de largeur fur douze à quinze lignes d'épaiffeur, & les barres ont environ neuf pieds de longueur.

Les fers qu'on nomme *Bandages* pour de moyennes voitures, ont fept juf-qu'à douze lignes d'épaiffeur fur la même largeur & longueur que les pré-cédents.

On tient encore des fers méplats qu'on nomme *à bandages*, qui ont 29 à 30 lignes de large fur 6 jufqu'à 8 lignes d'épaiffeur, & les barres ont depuis douze jufqu'à 13 pieds de longueur ; prefque tous ces fers font de Roche : cependant on en trouve de mêmes dimenfions qu'on a tirés de Lorraine & de Berry ; fur quoi il eft bon de remarquer que les fers de Lorraine ou de Berry qui font très-doux, durent plus fur les voitures que les fers dit de Roche, quoiqu'ils foient plus durs.

Pour les équipages, on emploie le plus fouvent du fer de Berry ou de Lor-raine, qui a cinq à fix lignes d'épaiffeur, 26 à 28 lignes de largeur, & la longueur des barres eft de 15 à 18 pieds.

On tient encore des fers méplats de toutes les qualités, & fur-tout des communs, depuis 17 à 18 lignes de largeur jufqu'à 30 & 32 pouces, & depuis quatre jufqu'à huit lignes d'épaiffeur ; la longueur des barres varie.

Le fer dit *demi-laine*, tel que celui qui fert à ferrer les bornes & les feuils de porte, a de 26 à 28 lignes de largeur fur fix à fept lignes d'épaiffeur, & les barres ont neuf à dix pieds de longueur.

Le fer de Maréchal pour ferrer les chevaux, a cinq à fix lignes d'épaiffeur, 12 à 16 lignes de largeur, & les barres ont 12 à 14 pieds de longueur.

Le fer qu'on nomme *Cornette*, a de cinq à fept pouces de largeur, fix à huit lignes d'épaiffeur, & quatre à fix pieds de longueur. On en revêt les bornes & les encoignures qui font fort expofés au choc des roues.

Les bandelettes pour les limons & les rampes d'efcalier, ont pour l'or-dinaire de deux à quatre lignes d'épaiffeur, fept à huit lignes de largeur, & les barres ont depuis fix jufqu'à douze pieds de longueur.

Les fers ronds pour les tringles fe tiennent en paquets, & l'on en trouve depuis cinq lignes de diametre jufqu'à neuf & dix.

Les feuilles de tôle à feau ou fer mince & battu, ont depuis douze juf-qu'à quinze lignes de largeur, & une ligne d'épaiffeur.

Les tôles à palaftre ont depuis 6 jufqu'à 9 pouces de largeur fur une ligne ou une ligne & demie d'épaiffeur, les feuilles ont 8 à 9 pieds de longueur.

La tôle à ferrure a depuis 18 jufqu'à 60 lignes de largeur , environ une ligne d'épaiffeur , & les feuilles ont cinq à fix pieds de longueur.

La tôle à fcie eft la même que celle à ferrure.

La tôle pour garnir les portes cocheres , a depuis 9 jufqu'à 13 pouces de largeur fur une ligne & demie ou deux lignes d'épaiffeur ; la longueur des feuilles eft de cinq à fix pieds.

La tôle de Suede pour relever & emboutir , a 20 , 22 pouces de largeur fur une ligne d'épaiffeur , & la longueur des feuilles eft de 26 à 28 pouces.

La tôle dite *à étrille* , a de 7 à 9 pouces de largeur , une demi-ligne d'épaiffeur , & les feuilles ont 27 à 28 pouces de longueur ; elles fe vendent par doublons.

Les tôles dites *à rangettes* , qu'on emploie pour les tuyaux de poële , ont 14 à 15 pouces de largeur , une demi-ligne d'épaiffeur , & les feuilles ont 18 à 20 pouces de longueur.

Enfin les tôles *à réchaud* , dont fe fervent les Chauderonniers & Tôliers , ont une demi-ligne d'épaiffeur , fept à neuf pouces de largeur , & les feuilles ont de 18 à 20 pouces de longueur.

Il ne faut pas croire que tous les fers que nous venons de défigner foient précifément employés aux ufages pour lefquels on les tient dans les magafins ; les Serruriers choififfent chez les Marchands de Fer , ceux qui leur conviennent , ou pour la qualité ou pour les dimenfions ; car dans les magafins bien affortis , on trouve à choifir des fers de toutes fortes de dimenfions ; & comme rien n'eft plus économique pour les ouvrages de Serrurerie que d'employer des fers qui aient à très-peu de chofe près les dimenfions dont on a befoin , quand on a à faire quantité d'ouvrages d'une même efpece on envoie dans les Forges des modeles qu'on y copie exactement : c'eft ainfi que dans les Provinces on tire des Forges des fers pour les focs & les coutres des charrues qu'on ne trouve point chez les Marchands de Fer de Paris. La Marine tire des fers méplats pour les courbes , des carillons pour les chevilles , &c ; & elle envoie aux Forges des modeles en bois , afin de diminuer , le plus qu'il eft poffible , la main-d'œuvre dans les Ports. *

---

* Nous avons dit plus d'une fois que le fer acquiert de la force chaque fois qu'il eft forgé ; mais nous nous fommes toujours fervi du terme d'*étiré* , c'eft-à-dire , forgé toujours dans un même fens en alongeant le fer ; car on peut , en forgeant le fer , le *corrompre* , comme difent les Ouvriers , & diminuer de fa force. (Voyez la Forge des Ancres , la Tréfilerie , &c. où cet article eft fuffifamment expliqué.) Ceci bien entendu , je vais rapporter une expérience que M. de Buffon a faite pour reconnoître la force du fer chargé fuivant fa longueur.

Une boucle de fer de 18 lignes ½ de groffeur , (c'eft-à-dire , que chaque montant de cette boucle avoit 348 lignes quarrées , ce qui fait pour les deux 696 lignes quarrées ;) cette boucle avoit environ dix pouces de largeur fur treize pouces de hauteur , & le fer étoit à peu près de la même groffeur par-tout. Cette boucle étant chargée perpendiculairement , elle a rompu prefque au milieu des deux branches verticales , & non pas dans les angles , étant chargée de 28 milliers.

Suivant cette expérience , chaque barreau d'une ligne quarrée ne pourroit fupporter que 40 livres. Cependant M. de Buffon ayant mis à l'épreuve un fil de fer qui avoit une ligne de diametre un peu fort , ce fil qui n'avoit pas une ligne de folidité n'a rompu qu'étant chargé de 495 livres , après avoir fupporté 482 livres , fans fe rompre ; la force de ce fil étoit donc douze fois plus grande qu'une verge d'une ligne quarrée prife dans le barreau.

D'où peut dépendre cette différence énor-

ARTICLE III.

Détail de la Boutique & des Outils qui font les plus néceffaires aux Serruriers.

Je ne me propofe point de faire ici l'énumération de tous les outils dont fe fervent les Serruriers; je me borne à ceux dont les boutiques bien monteés font pourvues, me réfervant de parler de ceux qui ne fervent qu'à certains ouvrages lorfque l'occafion s'en préfentera : d'ailleurs les Ouvriers imaginent de nouveaux outils fuivant les circonftances, & ce point fait une partie de leur favoir, qui eft fur-tout bien important quand on a à faire beaucoup d'ouvrages femblables ; en ce cas on fe procure des outils pour expédier l'ouvrage fans rien perdre fur la précifion.

Il eft indifpenfable d'avoir des enclumes pour forger à chaud & à froid. J'ai donné ailleurs la façon de forger & de réparer celles qui font rompues, avec un détail des différentes formes qu'on leur donne; il fuffit de dire ici que dans les boutiques où l'on travaille habituellement de gros fer il faut, 1°, une groffe enclume quarrée, (*Planche I*, *Fig.* 1), placée fur fon billot à portée de la forge.

2°. Mais le plus ordinairement les Serruriers ont une forte enclume à une ou à deux bigornes, telle que (*Fig.* 2) au bas de la Planche & à la Vignette ; pour étirer le fer, & pour tourner les groffes pieces en rond ; on en a ordinairement de différente grandeur, & à celles qui ne font pas groffes & pefantes, on ménage en-deffous une partie faillante *a* (*Fig.* 2 , 3), &c , qui entre dans le billot: pour augmenter leur fermeté, il eft bon de ménager à la table des groffes enclumes un trou quarré *b* (*Fig.* 2), dans lequel on met ou un tranchet ou une fourchette pour couper, ou pour rouler de petits fers.

3°. Aux bigornes (*Fig.* 2 & 3), on a foin qu'une des pointes foit quarrée, & que l'autre foit ronde ; celle-ci fert à bigorner les anneaux des clefs, les annelets & quantité d'autres pieces.

4°. On a encore une bigorne moins groffe (*Fig.* 3), qu'on met fur un

me dans la force de deux verges d'une pareille folidité, 1°. Dans les épreuves que nous avons faites fur la force des cordes, nous avons reconnu que les forces particulieres des cordons étant ajoutées les unes avec les autres, furpaffent la force d'une corde formée d'un pareil nombre de cordons. Mais cette différence de force dépend en partie d'une caufe particuliere à la fabrication des cordes, & que nous avons fait appercevoir dans l'Art de la Corderie. 2°. On fait qu'il y a bien de la différence de cohérence entre les parties des différents fers, & l'on ignore quelle étoit la qualité du fer de la boucle, par comparaifon avec celui du fil de fer; mais je crois avec M. de Buffon qu'il y a une autre caufe qui influe beaucoup fur cette différence de force, favoir, de ce que le fil de fer a paffé bien des fois par l'épreuve du feu, & qu'il a été fort étiré. Les

expériences fuivantes le prouvent.

M. de Buffon fit rompre une boucle faite avec le même fer que la précédente : elle avoit 18 lignes & demie de groffeur: elle ne fupporta de même que 28450 livres, & rompit prefque dans le milieu des deux montants.

Une autre boucle de même fer, mais qui avoit été reforgée & étirée, de forte que le fer fe trouva n'avoir que neuf lignes d'épaiffeur fur dix-huit de largeur, fupporta, avant que de rompre, 17300 liv. pendant que, fuivant les autres expériences, elle auroit dû rompre fous le poids de 14 milliers.

Une autre boucle du même fer qui avoit été réduite à 16 lignes ¼ de groffeur, ce qui fai 560 lignes quarrées, a porté 24600 livres, au lieu que fur le pied des premieres épreuves elle n'auroit porté que 22400 livres.

SERRURIER. C

billot, & d'autres fort petites (*Fig.* 4 & 5), qu'on place sur l'établi dans une platine de fer, ou bien qu'on saisit par le bas dans les machoires d'un étau ; elles servent à arrondir les petits fers tels que plusieurs pieces de la garniture des serrures. Il faut encore plusieurs tas & tasseaux d'établi (*Fig.* 6), quarrés ou à bigorne (*Fig.* 5), de différentes grandeurs ; les uns ont la table plate, d'autres l'ont arrondie. Nous en parlerons plus en détail quand il s'agira de relever le fer sur le tas pour faire des ornements.

5°. On doit avoir plusieurs marteaux, principalement des gros qu'on mene à deux mains (*Fig.* 7 , 8 & 9), & qu'on nomme *à devant* ou *traverse* ; des marteaux à main (*Fig.* 10 & 11), *à panne de travers* ou *à panne droite* ; des marteaux d'établi, (*Fig.* 12) pour porter en ville, & qui servent à bigorner, pour faire des enroulements ; des marteaux à tête plate, pour dresser & planer le fer ; des marteaux à tête ronde & demi-ronde, pour relever & emboutir les pieces rondes, &c. Nous en parlerons dans la suite, lorsqu'il s'agira des ornements.

6°. Des soufflets simples ou à deux vents, pour animer le feu ; on en voit un petit dans la Vignette (*Fig.* 28), & deux hommes (*Fig.* 13 & 14) qui font agir un grand soufflet qu'on ne voit point ; comme on trouvera ailleurs la façon de faire les grands soufflets de forge, & comme nous les représenterons plus en grand, il suffira de dire ici que deux grands soufflets simples, comme nous en avons représentés à la forge des enclumes, font communément plus de vent qu'un soufflet double ; mais il faut plus de force pour les faire mouvoir. Le vent se rend dans la forge par un tuyau qu'on nomme la *Tuyere.*

7°. On ne peut se passer de tenailles de différentes grosseurs : les unes sont droites, elles servent à tenir le fer sur l'enclume ; on a aussi des tenailles croches qui servent à tenir le gros fer dans la forge, des tenailles goulues pour faire des boutons, des tenailles à lien pour faire des vases, des rouets, &c. des tricoises. (Voyez les *Fig.* 17 , 18, 19, 20, 21, 22).

8°. Des pinces pour manier les pieces délicates (*Fig.* 23). On les nomme volontiers *Bequettes plates* ; il y en a dont les serres sont rondes, elles servent à rouler les pieces délicates. Il y a aussi des pinces à anneaux ; les Serruriers ne s'en servent guere, à moins que ce ne soit pour des ouvrages très-délicats.

9°. On doit avoir plusieurs broches ou tisonnieres, pour ouvrir le feu (*Fig.* 24), & des palettes (*Fig.* 25), pour dégager la tuyere & sablonner le fer ; une pelle de fer (*Fig.* 26), pour mettre le charbon à la forge ; & une grande pelle de bois (*Fig.* 27), pour mettre le charbon en tas, ou en emplir les corbeilles.

10°. Il doit toujours y avoir auprès de la forge une auge de pierre ou de bois, (*Fig.* 26 *dans la Vignette*), pour avoir de l'eau à portée, avec un balai ou écouvette (*Fig.* 29), pour rassembler le charbon & arroser le feu, & dans quelque vase du sable sec (*Fig.* 28 *dans la Vignette*).

11°. Il est indispensable d'avoir des ciseaux, des tranches, pour fendre le fer à chaud, ou le couper quand il y en a de trop. On voit dans la Vignette un Ouvrier *C*, qui coupe un morceau de fer avec un ciseau à froid. Les tranches sont un fort ciseau emmanché dans une hart : nous les représenterons ailleurs. On a encore des ciseaux ou tranches percées pour couper à chaud des fiches & couplets ; des poinçons ronds, quarrés, plats ou ovales. (*Fig.* 45, 46, 47), pour percer à chaud des trous de différentes figures.

12°. Des mandrins ronds, quarrés, ovales, en losange, triangulaires (*Fig.* 30, 31, 32, 33), pour agrandir des trous ou forger dessus des canons de ces différentes figures ; c'est pourquoi il faut en avoir de différentes grandeurs & formes, comme nous le ferons voir dans la suite ; car il n'a pas été possible de représenter tous ces différents outils sur une même Planche.

13°. On ne peut guere se passer de regle de fer (*Fig.* 34), pour dresser les pieces qui doivent être droites ; d'équerre (*Fig.* 35), pour assembler les pieces à angle droit ; de fausses équerres (*Fig.* 36) ; de compas de différentes grandeurs à branches droites (*Fig.* 37), ou courbes (*Fig.* 38), pour mesurer les longueurs, les diametres & les épaisseurs.

14°. Il est bon d'avoir des cloutieres rondes, quarrées ou ovales, avec des poinçons pour former les têtes des vis. Il en sera parlé ailleurs.

15°. Des chasses quarrées, rondes & demi-rondes, (*Fig.* 41, 42, 43 & 44), pour battre les endroits où le marteau ne peut atteindre ; alors on place la chasse, & l'on frappe dessus avec un marteau, le manche de ces chasses est de fer.

16°. Il est indispensable d'avoir des étaux. Il en faut de grands (*Fig.* 48) pour forger & limer les grosses pieces à chaud & à froid. On les nomme *Etaux* de résistance ; *B* est le corps de l'étau ; *C*, l'endroit où les deux pieces *B* s'assemblent à charniere, avec une goupille qui les lie ; *D*, œil de l'étau ; *A*, le ressort à chien qui sert à ouvrir les mâchoires ; *E*, au dessous sont les rondelles ; *F*, la boîte dans laquelle est l'écrou, & qui reçoit la vis ; *K*, sa manivelle ou son levier ; *H*, la bride qui sert à attacher l'étau sur l'établi. Les étaux à limer sont de force moyenne.

17°. On a encore des étaux à patte (*Fig.* 49), qu'on met sur l'établi pour travailler les petites pieces : la vis *A*, qui est reçue dans l'écrou *B*, est au-dessous de l'établi ; la patte *C* est par dessus. Ces deux pieces servent à attacher ces sortes d'étaux : les mâchoires & les autres parties sont à peu près comme dans les grands étaux. Les étaux à main (*Fig.* 50), sont fort commodes pour saisir les petites pieces de fer qu'on auroit peine à tenir dans les mains ; on en a quelquefois dont les mâchoires sont alongées, & se terminent en pointe ; on les nomme *Etaux à goupille*. Nous détaillerons ailleurs la façon de faire les étaux. Les *Fig.* 64, 65, 66, sont des especes d'étaux qu'on nomme *Mordaches* : nous aurons plus d'une fois occasion de parler de leur usage.

Enfin on a encore des especes de mordaches de bois (*Fig.* 63), pour assujettir les pieces polies.

18°. Les grosses limes consistent en gros carreaux (*Fig.* 51) taillés rude pour ébaucher les gros fers à froid. Les demi-carreaux (*Fig.* 52), qui ne différent des carreaux que parce qu'ils sont moins gros, & les grosses carrelettes, (*Fig.* 53) celles-ci sont taillées moins rude ; elles servent pour limer après qu'on a dressé avec le carreau & le demi-carreau. Les limes plattes (*Fig.* 54) sont encore moins rudes.

19°. Les limes moins grosses sont les limes quarrées (*Fig.* 55,) ou les petites carrelettes qui servent à ouvrir les trous quarrés. Les limes rondes ou en queue de rat (*Fig.* 56), les ovales & les demi-rondes, pour ouvrir les trous de ces figures, & faire les dents des scies de long ; les limes triangulaires ou en tiers-point, pour limer les scies à débiter, faire les pas des vis & des taraux, &c ; les limes à bouter, pour limer les panetons des clefs & les scies à refendre &c ; enfin les limes à fendre ou fendantes de plusieurs grosseurs, pour fendre les clefs : il faut y mettre un dosseret. Nous aurons occasion de parler ailleurs de ces différentes limes.

20°. Les petites limes sont quarrées, ou demi-rondes, ou coutelles, ou en queue de rat, ou ovales, ou triangulaires, ou en cœur, &c. Toutes ces petites limes qui ne different des autres que par leur grosseur, servent pour évider les anneaux des clefs, & les pieces d'ornements, comme écussons, couronnements, &c. Il faut encore des limes fendues par le milieu, pour épargner des filets ; des limes à fendre de plusieurs sortes ; & il faut avoir quelques-unes de toutes ces limes qui ne soient point taillées d'un côté, afin qu'elles ne mordent point sur ce que l'on veut ménager.

21°. On a encore des limes de toutes ces sortes qui sont taillées fin, & qu'on nomme *Limes douces*, elles servent à finir les ouvrages délicats, & qu'on se propose de polir.

22°. Il faut encore d'autres menus outils ; des forets, (*Fig:* 57) de différentes grosseurs avec leurs boîtes, pour percer à froid ; des poinçons plats de différentes sortes, pour piquer les rouets des serrures, & des poinçons barlongs pour percer les trous des pieds des ressorts, &c. des perçoirs (*Fig.* 71 & 72), pour percer avec les poinçons ; un morceau de fer plié (*Fig.* 73) tient souvent lieu d'un perçoir ; la palette (*Fig.* 58), pour percer seul ; l'archet (*Fig.* 59), avec sa corde de boyau pour faire tourner le foret. On ne peut se passer de griffes, de tourne-à-gauche (*Fig.* 60), de plusieurs grosseurs, de fourchettes (*Fig.* 61), petites tranches (*Fig.* 62) ; *Fig.* 63, une tranche pour emmancher dans une hart.

Les Serruriers bien montés ont un ou plusieurs tours & toutes leurs dépendances, & des outils particuliers pour forer ; mais nous remettons à en parler ailleurs, ainsi que de quelques outils qui ne servent qu'à certains ouvrages.

23°.

23°. Une meule de grès & des pierres à aiguiser de différents grains font encore d'une grande utilité. On voit à la Vignette au haut de la Planche une boutique bien fournie d'Ouvriers, qui ont chacun différentes occupations.

A, Deux Apprentifs qui tirent les foufflets.

B, Un Maître Forgeron & deux Compagnons qui battent le fer chaud fur une enclume quarrée.

C, Un Compagnon qui coupe un morceau de fer avec un cifeau à froid.

D, Un Compagnon qui fait une rivure dans l'étau.

E, Un Compagnon qui lime avec le gros carreau.

F, Un Compagnon qui lime avec une carrelette.

G, Un Compagnon qui arrondit un poinçon ou la tige d'une clef.

H, Maniere de tenir la lime pour limer l'anneau d'une clef.

Nous ferons ufage, dans plus d'une occafion, de ce qui eft repréfenté fur cette Planche.

Article IV.

Des attentions qui font nécessaires pour bien chauffer le fer à la Forge.

L'art du Serrurier confifte en grande partie à profiter de la ductilité du fer pour en faire différents ouvrages en le frappant avec le marteau ; mais le fer froid eft peu ductile, & le Serrurier auroit bien de la peine à le travailler s'il ne favoit pas augmenter cette ductilité en le chauffant. Heureufement le fer a la propriété de s'atendrir par la chaleur au point de céder facilement aux coups de marteau ; mais il eft impoffible de bien forger un fer qui a été mal chauffé ; il faut que le fer foit amolli par le feu, & éviter qu'il ne foit brûlé ; c'eft pourquoi un gros barreau de fer ne doit point être chauffé comme un menu ; un fer aigre ou acerain doit être moins chauffé qu'un fer doux, & c'eft un article où échouent les mauvais Ouvriers.

Le Forgeron doit auffi connoître la qualité de fon charbon ; car il s'en trouve de chargés de foufre qui rongent & gréfillent le fer. Il y en a qui chauffent beaucoup plus que d'autres. Le charbon d'Angleterre qu'on nomme de *Newcaftle*, eft très-bon ; mais comme il eft léger, il fe confume fort vîte & il gréfille le fer : c'eft pourquoi on le mêle avec celui d'Ecoffe ou avec celui d'Auvergne, qui eft terreux, & qui feul ne feroit pas un feu affez actif. Il y a en France de fort bon charbon : celui de Saint-Etienne-en-Forez eft quelquefois meilleur que celui d'Angleterre ; celui de Moulins vient enfuite ; celui d'Auvergne eft moins eftimé. Il faut que le morceau de fer qu'on chauffe foit placé dans le charbon un peu au-deffus du courant d'air qui fort de la tuyere ; car fi le fer étoit immédiatement à l'embouchure de la tuyere, cet air nouveau le refroidiroit, pendant que les deux côtés feroient très-chauffés ; & fi le fer étoit affez éloigné de la tuyere pour qu'il y eût du char-

SERRURIER. D

bon entre la tuyere & le fer, le feu qui feroit lancé par le courant d'air ſur une portion du barreau, le brûleroit en cet endroit, pendant qu'ailleurs il ne feroit pas aſſez chaud. Il ne faut donc pas enfoncer trop le fer dans le charbon ; mais il eſt à propos qu'il ſoit un peu élevé au-deſſus de la tuyere, (*Planche II, Fig.* 1), afin que le feu étant animé dans une grande étendue, le barreau chauffe uniformément & dans une longueur ſuffiſante pour être forgé. En général il faut ménager tellement la chaude que la chaleur péné-tre au fond du morceau ; car un fer qui feroit beaucoup chauffé à la ſuper-ficie, & peu en dedans, ſe forgeroit mal.

On peut donner une bonne chaude avec le charbon de bois & auſſi avec celui de terre ; même celui-ci, quand il eſt bon, chauffe plus vîte & plus à fond que le charbon de bois : mais il eſt plus facile de connoître ſi le fer eſt aſſez chaud quand on emploie le charbon de bois, que quand on ſe ſert de celui de terre ; parce que, quand on donne la chaude avec le charbon de bois, on apperçoit des étincelles brillantes qui ſortent avec bruit du fer comme de petites étoiles blanches, & alors le barreau eſt bien près d'être ſuffiſamment chaud, s'il ne l'eſt pas trop. Le charbon de terre forme ſur le fer une croûte & une flamme claire qui empêche les étincelles de paroître auſſi ſenſible-ment. Mais on perce la voûte de charbon avec un tiſonnier ; & quand on voit le fer bien blanc, & comme bouillant, on juge qu'il eſt bien chaud.

Quand la forme du fer qu'on chauffe le permet, il eſt très-avantageux de le retourner dans la forge pour qu'il ſoit chauffé également par-tout ; mais cela ne ſe peut pas toujours : heureuſement, quand la forge eſt bien attiſée, on peut chauffer le fer par-tout & à fond ſans le retourner.

La perfection de l'attiſage de la forge conſiſte en ce que le charbon faſſe au-deſſus du fer une voûte, ou comme un fourneau de réverbere dans lequel le feu animé par les ſoufflets attaque, en circulant, le fer par tous les côtés, (*Planche II, Fig.* 1) : cette eſpece de fourneau de réverbere ſe fait aiſément quand on emploie du charbon de terre ; car en mettant à l'extérieur du charbon mouillé ou en mouillant le deſſus du charbon, il ſe forme une ca-lotte qui ſubſiſte long-temps ſans être pénétrée par le feu. Si l'on emploie du charbon de bois, on en met auſſi de mouillé par-deſſus ; mais la voûte ſe forme bien mieux quand on couvre le charbon de bois avec du charbon de terre mouillé. Ainſi rien n'eſt mieux, pour donner une bonne chaude, que d'employer du charbon de bois, & de mettre par-deſſus cette couche du charbon de terre mouillé, d'autant que par ce mélange des différents char-bons, on évite d'avoir beaucoup de craſſe dans la Forge.

Quand on manque de charbon de terre, il faut humecter le charbon de bois qui eſt en deſſus avec de l'eau dans laquelle on a détrempé de la terre rouge ; cette boue fort claire forme la croûte que nous avons dit être né-ceſſaire pour donner une bonne chaude.

Pour s'aſſurer ſi le fer eſt ſuffiſamment chaud , on peut arrêter les ſoufflets , & en prêtant l'oreille , on entend un petit bruit comme ſi le fer bouilloit.

Mais ce moyen eſt dangereux ; car ſi quand on ceſſe de ſouffler , il tombe un charbon vis-à-vis la tuyere avant que le fer ſoit chaud , la chaude eſt interrompue. Il vaut mieux examiner s'il ſort , par l'endroit où le fer entre dans le charbon , des étincelles rouges ; alors on juge que le fer commence à s'échauffer : mais lorſque les étincelles ſont blanches , le fer eſt chaud. Ou bien on perce la voûte de charbon avec un tiſonnier, comme il a été dit plus haut.

Il faut proportionner la quantité du charbon & la force du vent à la groſſeur du fer qu'on veut chauffer ; car ſi pour chauffer de petits fers , on faiſoit agir fortement de grands ſoufflets avec un grand feu , le fer ſeroit brûlé avant qu'on eût pu connoître s'il a acquis le degré de chaleur qu'on deſire.

Il faut auſſi proportionner à la quantité du feu , la groſſeur des tuyeres ; la tuyere doit être plus petite pour le petit fer & plus groſſe pour le gros fer. Dans les boutiques bien montées , on a de petites Forges pour chauffer les petits fers.

Il faut encore proportionner la chauffe à la qualité du fer , & être prévenu que les fers aigres brûlent plus aiſément que les doux , de ſorte que ceux-ci doivent être plus chauffés que les autres.

Suivant les différentes intentions, on doit auſſi chauffer plus ou moins le fer ; par exemple , il doit être plus chauffé quand on veut le ſouder , que quand il ne s'agit que de le forger , & on diſtingue les différents degrés de chaleur par la couleur que prend le fer : c'eſt pourquoi on dit qu'il ne faut chauffer certains fers aigres ou acerains ou rouverains que *couleur de ceriſe*, ſans quoi ils ſe ſépareroient par morceaux ſous le marteau : au contraire un fer doux peut être *chauffé blanc* ; & pour faire une bonne ſoudure , il faut une *chaude ſuante* ; on la nomme ainſi , parce que quand la maſſe de fer eſt groſſe , on en voit dégoutter des parcelles fondues.

Quand on craint qu'un fer aigre ou rouverain ne brûle , il eſt ſouvent bon , quand il approche d'être chaud , de le découvrir de charbon , & de jetter deſſus du ſable ſec. On attiſe de nouveau la forge , & on achève de donner la chaude qui ordinairement réuſſit mieux.

Quand on tire le fer de la Forge , il faut le ſoulever & ſe garder de le laiſſer traîner ſur le fraiſil * : cette attention eſt ſur-tout néceſſaire pour les fers qu'on veut ſouder. Il faut être prévenu que certains charbons de terre laiſſent une craſſe ſur le fer qui le fait paroître couvert de fraiſil , quoiqu'on l'ait tiré de la Forge avec les précautions que nous venons d'indiquer. En le frappant contre l'enclume , ou le billot , ces craſſes tombent , & le fer reſte aſſez net. En général , l'acier doit être moins chauffé que le fer , & il y a des aciers

* Dans les groſſes Forges , on dit *Fraſil* ; à Paris , on emploie plus volontiers le terme de *Fraiſil*.

fins qu'il ne faut pas chauffer jufqu'au couleur de cerife.

Nous avons dit que pour qu'une chaude foit bonne, il faut que le fer foit chauffé à fond, & pour cela il faut le chauffer par degrés, un feu trop vif pourroit brûler la fuperficie du barreau avant que la chaleur eût pénétré dans l'intérieur, ce qui feroit un grand défaut. C'eft par cette réflexion que je termine ce que j'avois à dire fur la maniere de bien chauffer le fer.

Article V.

De la maniere de fouder à chaud.

Le fer a cette propriété, que deux morceaux fe réuniffent affez exactement pour n'en faire qu'un, quand après leur avoir donné une bonne chaude, on les forge l'un fur l'autre; & nous allons rapporter les attentions qui font né-ceffaires pour bien exécuter cette opération.

Il faut d'abord refouler, puis amorcer en bec de flûte, les deux pieces qu'on veut fouder enfemble. Si l'on fe propofe de fouder l'une à l'autre les deux pieces *A B* (*Planche II*, *Fig.* 2), il faut étirer en flûte les deux parties qu'on veut réunir, de forte qu'en les pofant l'une fur l'autre, elles fe joi-gnent à peu près comme fi elles étoient d'un feul morceau; fi c'eft de gros fers, quelques Forgerons penfent qu'il eft bon de marteler les faces qui doivent fe toucher, ce qui confifte à faire fur l'une & l'autre piece des entail-les avec un cifeau ou une tranche, ou la panne du marteau.

D'autres Serruriers forgent les deux pieces qu'ils veulent réunir, de forte qu'elles s'accrochent (*Planche II*, *Fig.* 3), afin que les pieces ne puiffent cou-ler l'une fur l'autre; mais ces martelages & ces crochets font à peu près inutiles, parce que, comme il faut donner une forte chaude, les bavures s'effacent à la Forge, & elles pourroient être nuifibles fi elles contribuoient à retenir le fraifil.

Les deux pieces étant bien amorcées, & les ayant tenues plus groffes qu'elles ne doivent l'être, ce qu'on fait fouvent en refoulant le fer, on leur donne une bonne chaude blanche, apportant toutes les attentions que nous avons détaillées dans l'article précédent, pour que le fer foit bien chauffé à fond fans être brûlé, prêtant une finguliere attention à ce que les deux mor-ceaux de fer foient également chauds, & qu'ils le foient dans toutes les parties qui doivent fe réunir; mais peu au-delà de l'amorce afin que le fer ne s'a-maigriffe pas auprès de la foudure.

Quand on eft parvenu à les bien chauffer, on les tire doucement de la Forge: on prend garde qu'il ne s'attache du fraifil fur les faces qu'on veut fou-der; car ces parties étrangeres empêcheroient les deux morceaux de fer de fe réunir: il eft vrai qu'ordinairement la force de la chaude empêche qu'il ne s'y

en

en attache ; on les porte diligemment fur l'enclume , on les frappe contre
le billot pour faire tomber les craffes , fi l'on apperçoit qu'il y en foit refté ;
deux Ouvriers placent les deux morceaux l'un fur l'autre dans la pofition où
ils doivent refter, après qu'ils feront foudés , & on frappe d'abord à petits
coups , mais répétés le plus promptement qu'il eft poffible fur toute l'éten-
due de la foudure ; car comme le fer eft fort chaud , fi l'on frappoit d'abord
à grands coups, les deux bouts pourroient glifler l'un fur l'autre, ou le fer fe
romproit par parcelles, fur-tout s'il étoit aigre ; enfuite il faut frapper plus
fort : car la réunion doit fe faire d'une feule chaude ; quand la foudure eft
manquée à la premiere, il eft difficile d'y revenir ; cependant fi l'on apper-
cevoit des endroits qui ne fuffent pas foudés, ce qui arrive quand il s'eft trou-
vé entre les morceaux qu'on veut réunir des craffes ou des écailles , il fau-
droit ouvrir l'endroit pailleux avec un cifeau ou un poinçon, afin d'aviver l'in-
térieur de la paille , & en faire fortir les craffes & les écailles ; on mettroit
dans l'entaille une mife ou lardon de fer doux ou d'acier ; quelques-uns cou-
vrent le tout de terre franche détrempée avec de l'eau ; mais quand le fer eft
prefque chaud à forger , on ôte doucement le charbon de deffus la piece , &
avec une palette, on jette deffus l'endroit qu'on veut fouder, du fablon ou
du grès pilé fin & fec, ou de la terre franche en poudre ; on remet le
charbon à fa premiere place , & on continue la chaude jufqu'au blanc ; puis
on bat très-promptement & à petits coups l'endroit qu'on veut fouder. Sou-
vent des fers aigres qui ne fe réuniroient pas, fe foudent très-bien quand on les
a faupoudrés de fable ou de terre en poudre. Des Forgerons m'ont dit qu'ayant
à fouder des fers aigres , & remarquant que leur fer étant trop chaud , fe
dépeçoit, ils s'étoient bien trouvés de tremper le fer dans l'eau de la forge ,
& de le retirer fur le champ pour le porter bien vîte fur l'enclume.

Quand on a jetté du fable fur les foudures , la lime a peine à prendre def-
fus , ce qui n'arrive pas quand on s'eft fervi de terre franche réduite en pou-
dre ; ainfi il y a des circonftances où la terre eft préférable au fable. Cepen-
dant à Paris , je n'ai vu employer que du fable.

L'acier fe foude moins bien fur l'acier que fur le fer : c'eft pourquoi en par-
lant de la forge des enclumes , nous avons dit que quand on vouloit charger
d'acier la table d'une vieille enclume , on foudoit de l'acier fur une femelle
de fer doux , & qu'on rapportoit cette femelle acérée fur la vieille enclume ;
de même quand on a à fouder enfemble deux bouts de fer aigre , fouvent
on fe trouve très-bien de rapporter entre deux une lame de fer très-doux. On
prétend qu'une lame d'acier eft encore très-bonne pour réunir des fers aigres.
Il y a des pieces de gros fer qu'on auroit peine à placer bien exactement l'une
fur l'autre pour les forger : en ce cas on les perce & on les affujettit avec
des boulons, (*Planche II, Fig.* 4.) On chauffe tout enfemble les deux pieces
& les boulons , on les faupoudre de fablon ; & quand la chaude eft bien don-
née, ils fe foudent affez bien.

SERRURIER. E

Cette pratique est cependant sujette à bien des inconvénients. 1°. S'il entre des crasses entre les deux pieces boulonnées, la soudure n'est pas exacte.

2°. Il est difficile de bien chauffer les deux pieces qui doivent se réunir, & qui étant appliquées l'une sur l'autre, ne sont pas exposées à la grande action du feu. Ce n'est pas la face qui doit être soudée, qui reçoit la principale impression du feu, & la difficulté augmente quand les morceaux de fer sont de grosseur inégale.

3°. Il faut que les boulons soient bien chauds pour qu'ils se soudent eux-mêmes, & qu'ils se pêtrissent avec le reste du fer.

4°. On voit dans la Forge des enclumes, & encore mieux dans celle des ancres, qu'on peut souder de gros fers sans les boulonner.

Ainsi nous ne pouvons approuver cette méthode ; mais on est quelquefois obligé d'y avoir recours.

J'ai dit qu'il falloit amorcer les pieces qu'on vouloit souder ; cependant j'ai vu souder très-bien une piece *A*, au bout de la piece *B* (*Fig. 5*). Il est vrai que l'une & l'autre étoient de fer doux.

Il arrive quelquefois que pour souder ensemble deux barreaux de fer aigre, on se trouve très-bien de souder au bout d'un des deux barreaux un morceau de fer doux qu'on soude ensuite à l'autre bout de fer aigre.

ARTICLE VI.

Sur la maniere de braser le Fer.

Il n'est pas possible de souder une piece de fer à chaud, comme nous l'avons expliqué, sans changer sa forme & particuliérement sa longueur ; il est cependant quelquefois important de rassembler deux pieces travaillées comme la clef (*Planche II, Fig. 6*), en conservant leur forme & leurs dimensions ; on peut le faire en les brasant, ainsi que nous allons l'expliquer.

Je suppose d'abord qu'on ait à braser une piece telle que la clef (*Fig. 6*) qui seroit rompue en biais. Il faut ajuster & assujettir le mieux qu'il est possible les deux pieces, de sorte qu'elles se joignent exactement à l'endroit où on veut les braser, & de façon que les deux pieces soient à l'égard l'une de l'autre dans la position où elles doivent être, sans quoi, lorsque les deux parties seroient réunies, elles feroient un tout difforme, & qui ne pourroit se réparer au marteau ni à chaud ni à froid ; c'est pourquoi on les lie ordinairement avec du fil de laiton, afin qu'elles ne se dérangent point ; s'il n'y avoit pas d'inconvénient à racourcir la piece rompue qu'on veut braser, on pourroit limer les deux morceaux comme le représente la *Figure* 8.

Mais si la piece étoit rompue net comme la *Figure* 7, il seroit difficile d'assujettir les deux morceaux en conservant leur longueur, & sans cet ajustement, la brasure n'auroit point de force. En ce cas, on refend les deux pieces, & on rapporte dans les fentes une petite lame de fer comme on le voit dans la Figure 7.

Quand toutes les pieces qu'on veut brafer font bien réunies, & quand on a avivé avec la lime les endroits qui doivent fe raffembler par la foudure ; car la craffe, la graiffe & la rouille empêchent le cuivre de s'attacher au fer ; enfin quand les pieces font bien ajuftées & affermies dans la pofition qu'elles doivent avoir, on prend du laiton ; le plus jaune eft le meilleur ; on le gratte & on le détape ; quand il eft bien net, on en coupe de petits morceaux qu'on met entre les deux pieces qu'on veut brafer ou fur toute l'étendue de la jointure ; on couvre le tout avec un papier ou un linge qu'on affujettit avec du fil, afin que les morceaux de laiton ne fe dérangent pas ; on fait enfuite une pâte avec de la terre graffe, du fable, de la fiente de cheval, du verre pilé ou du fraifil pulvérifé, & un peu d'eau ; on pétrit cette pâte. Si l'on employoit une terre trop graffe, elle fe fondroit avant le cuivre ; c'eft pour empêcher qu'elle ne fe fende, & qu'elle ne fonde, qu'on y ajoute du fable, du fraifil, de la bourre ou de la fiente de cheval.

On couvre l'endroit qu'on veut brafer avec cette pâte, & fuivant la groffeur de la piece on en met une couche de deux, de trois, de quatre, de cinq ou de fix lignes d'épaiffeur, & on met par-deffus de l'écaille de fer qui deffeche la terre, & empêche encore qu'elle ne fe fende ; on met la piece ainfi ajuftée dans le feu de la forge, & on chauffe à petit vent & doucement ; il eft même mieux de tenir du temps la piece dans du charbon allumé fans faire agir le foufflet ; car pour que le cuivre s'attache bien au fer, il faut que le fer foit chaud avant que le cuivre fonde : or la chaleur du charbon fans l'action du foufflet n'eft pas affez confidérable pour faire fondre le cuivre. Mais quand le fer eft chaud & prefque rouge, on anime le feu doucement par le vent du foufflet, & alors le fer a pris affez de chaleur pour que le cuivre s'y attache. Lorfqu'on s'apperçoit qu'il fort de la terre une fumée ou une flamme bleue tirant fur le violet, on juge que le laiton entre en fonte, & on retourne la piece à différentes reprifes pour que le laiton fondu fe répande par-tout ; enfin quand on juge que le laiton a bien rempli les vuides, on tire la piece de la forge, & on continue à la tourner doucement & lentement jufqu'à ce qu'elle foit un peu refroidie, afin que le laiton ne fe raffemble pas plus à un endroit qu'aux autres. Quand on juge que le laiton eft figé, on met la piece à l'écart pour qu'elle fe refroidiffe dans la terre ; alors les morceaux font brafés, & on peut emporter avec la lime le cuivre qui eft de trop. Mais on ne peut pas mettre la piece à la forge pour la rétablir au marteau ; car le cuivre feroit fondu avant que le fer fût affez amolli pour être forgé, & les morceaux fe fépareroient, d'autant plus aifément que le cuivre jaune ne peut être battu à chaud. On peut employer de la rofette au lieu de laiton ; mais comme la mitraille de cuivre rouge eft un peu plus chere que celle de cuivre jaune, il n'y auroit aucun avantage à employer de la rofette, à moins qu'on ne pût redreſſer à chaud une piece qui ſeroit braſée avec le cuivre rouge, parce que la roſette eſt ductile à chaud & à froid ; mais je ne l'ai pas éprouvé.

C'eſt ainſi qu'on braſe les groſſes pieces ; à l'égard de celles d'un moindre volume, elles peuvent ſe braſer ſans terre : pour cela ayant ajuſté les pieces, comme nous l'avons dit, & ayant mis ſur l'endroit qu'on veut réunir de petits morceaux de laiton, on mouille cet endroit & on ſaupoudre deſſus du borax en poudre *, on fait ſécher doucement la piece devant le feu, faiſant enſorte que le laiton & le borax ne ſe détachent pas, enſuite on met la piece à la forge ; & on arrange tout autour des morceaux de charbon de bois pour qu'ils entourent toute la piece ſans y toucher ; on fait agir doucement le ſoufflet juſqu'à ce qu'on voie le laiton couler & s'étendre dans toute l'étendue de la fente, ce qui ſe fait aſſez promptement, parce que le borax précipite la fuſion, & en même temps fait étendre le laiton fondu.

La braſure eſt plus propre & moins apparente, quand au lieu de laiton on emploie de la ſoudure de Chauderonniers, qui eſt faite avec dix parties de laiton & une partie d'étain fin ; ce mélange peut ſe piler en grenaille : cette ſoudure eſt très-fuſible ; mais il eſt bon d'être prévenu qu'étant très-aigre, elle ne tient pas auſſi-bien que le laiton. D'ailleurs comme cette ſoudure fond aiſément, le fer n'a pas le temps de s'échauffer avant que la ſoudure coule, ce qui eſt, comme je l'ai dit, un obſtacle à la perfection de la ſoudure.

Quand on veut braſer des pieces précieuſes & très-délicates, on emploie de la ſoudure d'Orfevre faite avec deux parties d'argent fin, & une partie de cuivre rouge qu'on fait fondre dans un creuſet, & qu'on coule dans une petite lingottiere qu'on a auparavant frottée de ſuif. On bat ce lingot juſqu'à ce qu'il ſoit de l'épaiſſeur d'une forte feuille de papier. On coupe cette ſoudure par paillettes, & on braſe au borax, comme avec la ſoudure de Chauderonnier ; celle-ci a l'avantage de ne point marquer ſur le fer, de fondre aiſément & de réunir le fer au moins auſſi fortement que les autres, auxquelles elle eſt préférable pour les pieces très-délicates. Elle ne convient même que dans cette circonſtance, parce que, comme cette ſoudure fond aiſément, un morceau de fer aſſez gros n'auroit pas le temps de s'échauffer avant que la ſoudure fût fondue.

ARTICLE VII.

Maniere de recuire le Fer & l'Acier.

Il eſt quelquefois néceſſaire de faire recuire le fer & l'acier, ſoit pour rendre ces métaux plus aiſés à forer & à limer, ſoit pour qu'on puiſſe les travailler à froid au marteau, ſoit pour que les outils acérés ou les reſſorts ſoient

---

* Je crois que le cryſtal très-fuſible mis en poudre pourroit s'employer avec le borax, & mettre en état de moins employer de ce fel qui eſt cher.

moins cassants. Maturin Jousse * conseille de les couvrir d'une couche de terre franche alliée de sable à l'épaisseur de trois ou quatre lignes, & de mettre les ouvrages ainsi couverts de terre, dans un tas de charbon qu'on laisse s'allumer de lui-même, & d'y laisser l'ouvrage jusqu'à ce qu'il soit refroidi, après que le feu s'est éteint de lui-même.

Quelques-uns frottent l'ouvrage avec du suif ou de la cire avant que de l'envelopper de terre : cette méthode me paroît fort bonne, parce que la terre empêche qu'il ne se leve des écailles de dessus le fer, & les matieres grasses font que le métal ne se brûle pas, ce qui est important pour des ouvrages qui font presque finis, ou qu'il faut recuire plusieurs fois. Le sieur Durand, habile Serrurier établi à Saint Victor, m'a assuré qu'après avoir fait bien des essais, il n'avoit rien trouvé de mieux, pour adoucir le fer & l'acier par le recuit, que de le faire rougir à la Forge, couleur de cerise, & de le fourrer tout rouge dans un mélange de son & de fraisil ; il sort de ce mélange une épaisse fumée : apparemment que la partie grasse du son agit sur le fer pour lui donner beaucoup de douceur. Au reste on trouvera dans d'autres Arts, différentes façons de recuire le fer, qui ont aussi leurs avantages.

Les uns, par exemple, recuisent dans un four chaud, d'autres avec un feu de bois blanc, d'autres mettent les pieces délicates dans une marmite de fer, qu'ils mettent au milieu des charbons ardents : ces diverses méthodes & plusieurs autres se trouveront dans les détails de différents Arts.

Les petits outils d'acier & les ressorts se recuisent souvent en les posant sur un gros morceau de fer rougi au feu, ou même à la lumiere d'une chandelle, quand ils font fort déliés. Le fer & l'acier polis prennent différentes couleurs au recuit : d'abord ils deviennent bleus, ensuite on apperçoit des veines pourpres, puis la couleur tire sur le jaune, après elle brunit & devient ce qu'on appelle *couleur d'eau*, quand on la frotte avec la pierre qu'on nomme *Sanguine*, qui est un caillou très-dur, ou une espece d'agate. Ces différentes couleurs indiquent au Serrurier le progrès du recuit, & on sait que tel outil doit être revenu au bleu, un autre au jaune, &c. On se sert encore du recuit, pour donner aux ouvrages de fer & d'acier polis, des couleurs qui font quelquefois très-agréables.

A R T I C L E VIII.

Sur la façon de forger.

Pour travailler les gros fers, le Maître Forgeron se fait aider par deux ou trois Compagnons (*B Planche I dans la Vignette*), qui frappent chacun avec un gros marteau : quand le fer est fort gros, le Maître le manie à deux

---

* Maturin Jousse étoit un très-habile Serrurier établi à la Fleche, qui a fait un ouvrage sur son Art ; mais comme il s'est contenté de décrire quelques pieces de Serrurerie, qu'il regardoit comme des chef-d'œuvres, son ouvrage ne nous a pas été d'une grande utilité.

mains , & en ce cas , il ne tient pas de marteau , il dit à ses Compagnons ce
qu'ils doivent faire ; mais souvent le Maître tient de la main gauche le fer
qu'on forge, & de la droite un marteau qu'on peut manier d'une main. Quand
le fer est assez long pour qu'il puisse le manier sans se brûler, il ne se sert
point de tenailles ; mais il ne peut s'en passer quand le fer est court. En ce
cas il le soude quelquefois au bout d'une barre de fer qu'on nomme *Rin-
gard*. Voyez la Forge des Ancres & des Enclumes.

Quand les Compagnons sont accoutumés à manier le marteau & à bien frap-
per de mesure, le Maître en a moins de peine, & l'ouvrage s'expédie plus
promptement ; mais le travail des Compagnons s'apprend assez promptement,
il n'en est pas de même du Maître : il doit frapper du marteau qu'il tient dans
sa main à l'endroit où il veut que les autres donnent leur coup ; & par la force
des coups qu'il donne , il leur indique s'il faut frapper plus ou moins fort ; il
indique aussi aux Compagnons qu'il faut discontinuer de frapper en laissant
tomber son marteau sur l'Enclume à côté du fer qu'il forge, & on recommence
quand il fait porter son marteau sur le fer. Ce n'est pas tout : c'est lui qui doit
entretenir le fer sur l'enclume ; l'avancer , le reculer, le tourner dans tous les
sens, & avoir le coup d'œil assez juste pour que les côtés d'un fer quarré soient
bien à angle droit pour le tenir d'une largeur & d'une épaisseur convenable, &
la même dans toute la longueur d'une barre, en conservant toujours les arrêtes
bien vives. Je parle ici des fers quarrés , & qui doivent conserver leur même
calibre dans toute leur longueur ; mais il y a des cas où le fer doit être plus
gros d'un bout que de l'autre , & il n'est pas aisé d'entretenir cette dimnution
uniforme en conservant les arrêtes bien vives. C'est tout le contraire pour les
fers ronds , on n'y doit appercevoir aucune arrête , & pour l'ordinaire il faut
que la circonférence soit bien ronde. Les habiles Forgerons satisfont si bien
à toutes ces conditions, qu'on n'apperçoit point les coups de marteau , &
qu'on croiroit que les fers qui sortent de leurs mains auroient été dressés à la
lime. Il est vrai que pour les fers ronds , ils se servent souvent d'étampes & de
marteaux qui sont creusés en portion de cercle. Comme il n'est question ici
que des principes généraux , je ne parle point des fers qui doivent être for-
gés de grosseur inégale , de la maniere de faire des enroulements , & de quan-
tité d'opérations qui sont beaucoup plus difficiles que celles dont nous ve-
nons de parler ; il se présentera dans la suite de ce Traité beaucoup d'occa-
sions de parler en détail de toutes ces choses qui maintenant ne seroient point
à leur place naturelle.

Pour les petits fers, un seul homme les tient sur l'enclume de la main gau-
che , & il les bat de la main droite : quoique le forgeron évite en tirant le fer
du feu de le traîner dans le fraisil, il a soin, avant que de le poser sur l'enclume,
de lui donner un coup sous l'enclume pour faire tomber le fraisil qui pour-
roit s'y être attaché.

On commence aussi, quand le fer est sur l'enclume, par donner de très-petits coups qui font détacher l'écaille du fer, & ensuite on forge plus ferme, & on finit quand le fer cesse d'être assez chaud pour s'étendre. On peut bien à petits coups rendre la superficie du fer plus unie, lors même que le fer est presque froid. Mais si l'on continuoit à donner de grands coups sur un fer refroidi, outre qu'on perdroit son temps, puisqu'il ne s'étendroit pas, on pourroit de plus rendre le fer pailleux.

Une grande partie des petits ouvrages demandent beaucoup d'adresse & d'habitude pour bien mener le marteau; c'est pourquoi Maturin Jousse recommande aux Apprentifs de s'exercer à forger du plomb, s'attachant à lui faire prendre avec le marteau la même forme qu'ils voudroient donner à du fer. Je crois que cette méthode qui ne consomme ni fer ni charbon est bien propre à former la main des Apprentifs, qui en sont quittes pour refondre leur plomb, quand ils veulent faire un autre ouvrage.

Quand on veut que la piece qu'on forge soit bien unie, on mouille, en finissant, le marteau & l'enclume, & le fer se trouve très-net & bien uni.

Quand il faut étirer du fer, soit pour le corroyer & le rendre plus doux, soit pour le réduire aux proportions dont on a besoin, pour avancer beaucoup l'ouvrage, le Maître Forgeron pose le fer sur la partie arrondie de la bigorne, & en frappant de la panne de son marteau, il indique aux Compagnons qu'ils doivent faire de même, & l'ouvrage s'en exécute plus promptement. Mais ensuite il faut forger avec le plat du marteau, & sur la table de l'enclume, pour unir & dresser le fer.

Nous avons dit, en parlant de la maniere de chauffer le fer, que les fers aigres, rouverains & acérains devoient être chauffés avec plus de ménagement que les fers doux. J'en dis autant à l'égard de la Forge : on peut forger plus fortement les fers doux que les autres.

Article IX.
Maniere de mener la Lime.

C'est un grand talent pour un Serrurier que de bien forger ; mais il est aussi très-intéressant qu'il sache bien limer. Le carreau (*Planche I, Fig. 51*), est sans contredit la lime la plus difficile à mener, au moins pour la fatigue. Le Serrurier ayant bien serré dans son étau le morceau de fer qu'il veut dégrossir, & étant debout devant son établi, la jambe gauche un peu en avant, (*Planche I & dans la Vignette*), saisit le manche du carreau avec la main droite; il pose son carreau sur le fer qu'il veut limer; il appuie le talon de sa main gauche sur le bout du carreau opposé au manche; & en poussant fortement le carreau, puis le retirant à lui, il entame le fer & il le dresse, dé-

truifant toutes les inégalités que le marteau auroit pu laiffer ; il auroit peine
à dreffer fon fer s'il pouffoit fa lime perpendiculairement fur le barreau ; il
faut qu'il la pouffe un peu obliquement, & en la promenant un peu fuivant
la longueur du barreau ; & l'angle que doit faire le carreau avec la barre, eft
à peu près déterminé par l'obliquité des hachures du carreau. Quand on
a dreffé fon fer à peu près, on le retourne dans l'étau pour croifer les traits
de la lime par de nouveaux traits. Mais le Serrurier doit prêter une grande
attention à mener fon carreau bien horizontalement : car les Apprentifs qui
font balancer leur lime, forment la furface de leur fer en dos-d'âne, ils liment
ronds, au lieu que la furface du fer doit être bien plate, pour former fur les
angles du fer de vives arrêtes. En un mot, il faut limer plat.

Il doit auffi prêter une finguliere attention, quand il lime des fers quarrés,
que toutes les faces foient bien d'équerre, & pour s'affurer s'il y parvient,
il doit, quand il a bien dreffé une face, préfenter de temps en temps l'équer-
re pour dreffer de même les autres faces, & préfenter auffi de temps en
temps fur la longueur une regle bien dreffée pour s'affurer s'il n'emporte pas
ici, ou là trop de fer. Quand il a dégroffi fon fer avec le carreau, il le per-
fectionne avec la carrelette, (*Planche I, Fig.* 52 , *& F dans la Vignette*), & il
emploie des limes de moins en moins rudes, fuivant que l'ouvrage exige plus
ou moins de perfection. Toutes les groffes limes fe menent de la même ma-
niere, le corps étant un peu penché en avant pour appuyer toujours fur la
lime, afin qu'elle morde fur le fer.

Je ne dois point oublier de faire remarquer qu'il feroit impoffible de bien
dreffer une piece de fer, fi elle n'étoit pas placée bien horizontalement. Ainfi
il eft très-important d'établir l'étau bien perpendiculairement pour que les mâ-
choires foient exactement horizontales, & on doit placer auffi le fer bien
ferme & bien horizontalement dans les mâchoires de l'étau.

Lorfqu'il faut limer une piece qui eft fourchue ou qui forme un enroule-
ment, l'Ouvrier ne pouvant pas placer fa main gauche au bout de fa lime
tient toujours le manche de la lime de la main droite ; mais il pofe les doigts
de fa main gauche fur la lime tout auprès de fa main droite, (*Planche I, H
dans la Vignette*), & il lime en pouffant & tirant à lui alternativement : il
faut toujours que la lime foit menée bien droite, & éviter de la faire balan-
cer fur l'ouvrage.

Il y a des cas où les Serruriers doivent employer des limes rondes, demi-
rondes, à tiers-point, &c, fuivant les contours du fer qu'ils travaillent.

Dans certaines circonftances, par exemple quand on fait des tiges d'efpa-
gnolettes ou des tringles de rideau, après avoir dreffé le fer, ce qu'on fait
en promenant la lime fur une certaine longueur du barreau, & en la balan-
çant : lorfque le fer eft dreffé, on le tire en long ; alors le Serrurier tenant le
manche du carreau d'une main, & l'autre extrémité du carreau de l'autre
main,

main, il pose sa lime perpendiculairement sur la tringle ; & la promenant suivant la longueur de la tringle, comme on le voit *Planche XIII, fig. 3*, il forme des traits qui suivent cette direction ; & avec des limes moins rudes., il les adoucit. Souvent pour aller plus vîte, il met la tringle entre deux limes. Le sieur Durand a imaginé une machine pour exécuter promptement ce travail : nous pourrons en parler dans la suite.

Lorsqu'on a à limer un petit fer rond, comme une goupille, ou un poinçon, l'Ouvrier le tenant de la main gauche, le pose sur un morceau de bois qui déborde l'établi, ou qui est pris dans l'étau, (*Planche I, dans la Vignette G*), & tournant continuellement le fer qu'il veut arrondir, à mesure qu'il fait agir la lime, il parvient à le faire à peu près rond.

L'Ouvrier qui veut limer le bout d'un morceau de fer, l'appuye contre la table de l'établi, le tenant ferme, pendant qu'il fait agir la lime de la main droite ; ou bien il saisit l'ouvrage dans l'étau, & il lime des deux mains.

Quand un Serrurier veut limer auprès d'un ornement ou d'un talon qu'il ne veut point entamer, il prend des limes dont un des côtés n'est point taillé ; & en mettant ce côté vers l'endroit qu'il veut ménager, il ne l'entame point.

Nous aurons bien des fois occasion de parler des différentes opérations qui se font avec la lime, ainsi nous nous bornerons au peu que nous venons de dire, qui suffit pour donner au commencement de notre Art une idée générale d'une des opérations du Serrurier qui exige le plus d'adresse & d'habitude.

A R T I C L E X.

Sur la maniere de polir le Fer & l'Acier.

Le fer le plus doux, le plus aisé à chauffer & à forger tant à chaud qu'à froid, celui qui est aussi le plus aisé à limer, n'est pas ordinairement le plus propre à prendre un beau poli, il conserve presque toujours un œil terne & gras.

Il y a encore des fers cendreux qui restent toujours chargés de petits points qui empêchent qu'on ne les polisse parfaitement.

Les fers aigres, durs & difficiles tant à forger qu'à limer, prennent communément un poli plus brillant ; & l'acier reçoit bien mieux le poli que le fer, sur-tout quand il est très-fin & trempé bien dur.

Les Serruriers dérouillent & décrassent les gros fers qu'ils veulent éclaircir en les frottant avec de l'écaille de fer ; autant vaudroit-il les frotter avec du grès ; mais ces écailles se trouvent sous leur main, & ils se proposent d'exécuter une opération très-grossiere.

Ils blanchissent à la lime leurs ouvrages plus recherchés ; & après les avoir ébauchés avec des limes fort rudes, qui avancent l'ouvrage, ils emploient des limes moins rudes, & d'autant plus fines & plus douces, qu'ils veulent donner plus de brillant aux pieces qu'ils travaillent; l'attention qu'ils ont pour les ouvrages qu'ils ne veulent point polir exactement, & qu'ils ne se proposent que d'éclaircir, est de promener toujours la lime dans un même sens, de faire ensorte que les traits que la lime forme sur le fer, soient toujours dans une même direction, autant que cela se peut; car si au milieu d'une platine il se trouve un bouton ou quelqu'autre piece saillante, les traits de lime sont nécessairement interrompus, il faut que les traits de la lime prennent une autre direction, ce qui paroît sur l'ouvrage sans néanmoins faire de difformité, lorsque les Serruriers ont l'attention que les endroits où la lime change de direction soient bien terminés.

Ceci est bon pour les ouvrages communs; mais quand on veut donner un poli fin, il faut, lorsqu'on a dressé la piece avec une lime bâtarde, croiser les traits avec une lime plus fine pour emporter l'impression de tous les traits précédemment formés, & cette manœuvre doit s'observer toutes les fois qu'on change de lime; plus elle est répétée, plus l'ouvrage est parfait.

Quand on veut que les ouvrages soient plus brillants, on emploie, après les limes douces, des grès fins, de l'émeri pilé & passé à l'eau, de la pierre à l'huile réduite en poudre fine, du colcotar broyé très-fin, de la pierre pourrie d'Angleterre, de la potée d'étain, du tripoli, &c. & nos Serruriers, pour frotter leurs ouvrages avec ces poudres, se servent d'un morceau de bois tendre ou d'une lame de plomb qu'ils chargent de ces différentes poudres délayées avec de l'huile. Ce travail est très-long, & pour cette raison augmente beaucoup le prix de l'ouvrage. Il ne tiendroit qu'à eux de l'abréger en employant des meules. Suivant la forme des ouvrages, ils pourroient se servir tantôt de meules de bois semblables à celles des Couteliers, ou quand les surfaces sont plates, de meules horizontales montées comme celles des Lapidaires, chargeant les unes ou les autres d'émeri fin, & ensuite de potée dont ils feroient une pâte avec de l'huile; mais au moyen de ces meules, il ne leur seroit pas possible d'atteindre dans les creux des moulures; c'est le cas où il convient d'avoir recours à une industrie dont les Anglois font grand usage. Ils ont des meules verticales & d'autres horizontales qui sont hérissées de poils de sanglier comme les décrottoires; ces poils entrent dans tous les creux des moulures, & y portent l'émeri & l'huile qui servent à les polir.

Au moyen de cette industrie, les Anglois donnent un grand brillant à leurs ouvrages de fer & d'acier les plus communs: il est bon de remarquer qu'on pourroit donner du brillant à un ouvrage qui n'auroit point été douci; mais pour faire un bel ouvrage, il faut qu'il soit parfaitement douci avant que de le polir ou de lui donner le dernier brillant.

On procure encore un brillant très-vif aux ouvrages de fer & d'acier polis en les fourbissant, c'est-à-dire, en les brunissant avec un outil d'acier trempé très-dur & bien poli, ou avec une pierre de sanguine qui est fort dure & se trouve dans les mines de fer ; l'un ou l'autre étant assujettis au bout d'un long manche, on frotte l'ouvrage avec force, & on lui donne un brillant très-vif.

L'acier trempé fort dur prend un poli brun & très-brillant ; il est alors en état de prendre par le recuit une belle couleur bleue ou ce brun brillant qu'on appelle *couleur d'eau.*

ARTICLE XI.

Des Ornements qu'on fait avec l'Etampe.

Le fer amolli par le feu est tout autrement tendre que l'acier trempé, ou même que le fer qui est froid. Les Serruriers ont profité de cette propriété du fer pour le mouler étant rougi & amolli par le feu, dans des creux qui sont faits avec de l'acier trempé ; quoiqu'on donne une forte chaude au fer qu'on veut ainsi mouler, il s'en faut beaucoup qu'il soit assez coulant pour entrer dans le creux d'un moule, comme font les métaux fondus ; il est seulement amolli, & il faut le contraindre à entrer dans le creux par de grands coups de marteau.

Cette manœuvre industrieuse abrege beaucoup l'ouvrage : car au lieu d'employer la lime pour former les vases qui terminent les fiches, les moulures qui ornent les espagnolettes, les boutons, les poignées & les olives, pour les loquets, les verroux, les serrures, &c. les plate-bandes des balustrades & des rampes d'escalier ; toutes ces choses sont faites en un instant au moyen d'une étampe simple ou double qui est faite avec deux morceaux d'acier, dans lesquels on creuse la forme de la moitié d'un vase ou d'un bouton, soit qu'il soit ovale ou rond ; le fer étant dégrossi & formé à peu près comme le doivent être les vases ou les boutons, on le fait bien chauffer, puis le posant sur la semelle d'en bas *A*, *Planche III*, (*Fig.* 25), de l'étampe, & posant dessus l'autre semelle *B*, on frappe dessus celle-ci à coups de marteau, on la souleve pour retourner vîte le fer dans l'étampe avant qu'il soit refroidi, & ayant ainsi retourné plusieurs fois le vase ou le bouton, il a pris la forme qu'on desire ; il ne s'agit plus que de le blanchir à la lime, & de lui donner le degré de poli qu'il doit avoir. Pour les petits boutons, on a de petites étampes (*Fig.* 26) ; *A* est la semelle de dessous ; *B* est celle qu'on pose dessus ; elle a la forme d'un cachet. S'il est question de plate-bandes, on a des étampes (*Fig.* 27), & on frappe sur le fer avec le marteau ; s'il s'agit des moulures ou d'arrondir les tiges d'espagnolettes, on pose le barreau sur une étampe, & on met dessus la semelle (*Fig.* 24) sur laquelle on frappe, comme nous allons l'expliquer plus en détail.

On fait encore les têtes des vis avec une étampe : la tige de la vis étant retenue dans une espece de clouyiere, on frappe sur la tête avec un poinçon qui porte en creux la forme que doit avoir en relief la tête de la vis.

Il feroit bien long d'évider à la main avec un burin , un ciſeau & la lime ,
les moulures qu'on voit aux plate-bandes des rampes d'eſcaliers , des baluſtra-
des , des balcons , &c. Ces moulures ſe font très-promptement , comme nous
venons de le dire , au moyen d'une étampe *fig.* 27. qui porte la contr'épreu-
ve des moulures qu'on veut imprimer ſur le fer. Lorſque nous parlerons de
la façon de travailler les grilles , nous donnerons la Figure de ces étampes :
nous nous propoſons auſſi d'expliquer ailleurs comment on place les étampes
ſur les enclumes , & comment on poſe le fer deſſus pour le frapper avec le
marteau , & le contraindre à entrer dans l'étampe ; car il nous a paru conve-
nable de réſerver ces détails pour les endroits où nous aurons à parler des ou-
vrages qu'on fait avec l'étampe.

Les mandrins ſont encore des eſpeces d'étampes ſur leſquelles on forge du
fer , pour ménager des ouvertures ou des creux ovales , ronds , quarrés ,
en loſange , à pans , &c. On en fait uſage dans bien des occaſions , pour former
des douilles de toutes ſortes de formes , des mortaiſes , &c.

Les tiges des eſpagnolettes ſont faites avec du fer quarré qu'on nomme
du *carillon* , pour l'arrondir & lui donner la forme d'une tringle : quand on
a abattu avec le marteau les angles du fer , on acheve de le calibrer dans une
étampe qui eſt creuſée comme une gouttiere. Le Maître tient la barre d'une
main , il la poſe ſur la gouttiere creuſée dans la ſemelle inférieure de l'é-
tampe qui eſt placée ſur la table de l'enclume ; il poſe deſſus la partie ſu-
périeure de l'étampe qui eſt pareillement creuſée en gouttiere ; un Compa-
gnon frappe deſſus , & le Maître tourne la barre en différents ſens ; ſil'on veut
qu'elle ſorte de l'étampe plus propre , on frotte de graiſſe le creux de l'étam_
pe , & par cette manœuvre la barre quarrée devient bientôt une tringle ronde.

On forme auſſi avec l'étampe les moulures qui ſont aux nœuds des eſpa-
gnolettes : on trouvera tous ces détails , dont nous ne parlons ici que d'une fa-
çon très-ſommaire , aux endroits où il s'agira de ces différents ouvrages.
Mais il convient de dire ici quelque choſe de la façon de faire les étampes.

Pour faire les étampes qui doivent ſervir pour calibrer des fers longs , com-
me les plate-bandes des rampes , des balcons & des baluſtrades , ou les trin-
gles qu'on arrondit , on ſoude un morceau d'acier ſur un morceau de fer , & on
creuſe groſſiérement en gouttiere l'endroit des moulures ; enſuite on forme
avec la lime ou le tour ſur un morceau d'acier ou plus communément ſur un
morceau de fer des ordres de moulures , pareils à ceux qu'on veut faire paroître
ſur la plate-bande ; puis faiſant rougir l'étampe qu'on a ébauchée , comme nous
l'avons dit , on imprime à grands coups de marteau dans l'étampe les moulures
qu'on a formées en relief ſur le barreau. Ce morceau de fer fait donc l'office
d'une étampe qui ſert à former la vraie étampe , avec cette différence que com-
me l'étampe en relief ne doit ſervir qu'une fois , on ſe contente de la faire avec
du fer , au lieu que la vraie étampe qui doit ſervir long-temps eſt chargée d'acier

qu'on

qu'on trempe après qu'elle a reçu l'impression des moulures , & qu'on a réparé à l'outil les défauts qu'elle pouvoit avoir. Voilà comme on fait trèspromptement des étampes propres à former fur le fer des moulures femblables à celles que les Menuifiers pouffent avec le rabot fur le bois. Il paroît beaucoup plus difficile de faire des étampes pour imiter les moulures que font les Tourneurs ; car il femble qu'on eft obligé de creufer au burin les gorges, les glands, les boutons, enfin tous les ornements ; mais communément les Serruriers fe contentent d'ébaucher groffiérement ces étampes ; & pour les finir, ils forment fur le tour , & avec du fer, le bouton , l'olive , le vafe , ou l'ornement dont ils ont befoin ; & en faifant rougir l'étampe creufe qu'ils ont ébauchée, ils la perfectionnent en frappant dedans celle en relief qu'ils ont fait fur le tour , & qui étant de fer dur, réfifte fuffifamment pour imprimer fa forme dans le fer rougi au feu, à peu près comme un cachet imprime fon empreinte fur la cire. Les moulures étant ainfi affez bien formées en creux, on trempe l'étampe qui fert alors à faire un grand nombre de moulures femblables fur le fer , comme je l'expliquerai dans la fuite.

ARTICLE XII.

Sur la façon de couper le Fer.

On coupe le fer à chaud & à froid. Pour couper le fer à chaud , lorfqu'il eft gros, un Compagnon *A* le porte, au fortir de la Forge, fur la table de l'enclume. Le Maître Forgeron *B* pofe deffus une tranche ou un cifeau emmanché dans une hart (*Planche II , Fig.* 9) , & un autre Compagnon *C* frappe fur la tranche avec un marteau à deux mains : quelquefois on retourne le barreau pour entamer le fer par deux côtes oppofés.

On fe fert auffi de la tranche pour emporter le fer qui fe trouve de trop aux endroits où l'on a fait de groffes foudures : nous en avons parlé à l'occafion des ancres & des enclumes , & c'eft ce que font les Ouvriers *Fig.* 9.

Quand il s'agit de petits fers, on a fur le bord de l'enclume une petite tranche (*Planche I , Fig.* 62) , dont la queue entre dans une mortaife qui eft pratiquée fur l'enclume ; on pofe le fer rougi deffus cette tranche , & d'un feul coup de marteau le fer eft coupé.

On coupe auffi le fer à froid avec un cifeau bien acéré qu'on nomme *Cifeau à froid*, & à grands coups de marteau l'Ouvrier *C* (*dans la Vignette , Planche I*) entame le fer ; mais cela ne fe pratique guere que pour des fers de moyenne groffeur.

On verra dans la fuite de cet Art que les fers minces fe découpent avec une gouge ou un cifeau qu'on nomme *Langue de carpe*, ou même un cifeau qui a le taillant quarré. La tôle , le fil de fer peuvent auffi fe couper avec des cifailles (*Planche II , Fig.* 10) , dont la groffeur eft proportionnée à l'épaiffeur du fer qu'on veut couper ; mais les Serruriers ne se servent guere de cet outil.

On coupe aussi le fer avec une scie ; c'est une lame d'acier mince qui est dentée sur le tranchant & striée sur les côtés, & qu'on affermit par un dosseret: enfin les limes servent aussi à couper le fer. Mais les Serruriers évitent d'employer ce moyen parce qu'il n'est pas assez expéditif.

ARTICLE XIII.

Maniere de faire les Ornements de Serrurerie découpés.

AUTREFOIS on relevoit en bosse les platines, ordinairement sur le tas, quelquefois sur le plomb, comme nous l'expliquerons lorsqu'il sera question des grilles richement ornées. On évidoit à-jour entre ces reliefs plusieurs endroits ; & pour les rendre plus apparents, on mettoit quelqu'étoffe de couleur entre la platine & le bois. Il y a même quelque lieu de croire que le bois des Portes de Notre-Dame étoit couvert de cuir, apparements rouge ou doré, sur lequel on avoit mis les ornements de fer qui subsistent encore aujourd'hui.

On croyoit encore augmenter le mérite de ces platines en couvrant le fer de vernis de différentes couleurs, ce qu'on appelloit fort improprement les *émailler* ; Jousse donne la composition de quelques-uns de ces vernis qui font bien inférieurs à ceux qu'on pourroit faire aujourd'hui. On étamoit aussi plusieurs ferrures, & je puis assurer qu'il y a un grand avantage à suivre cette méthode ; car je connois un Château assez ancien dont toutes les ferrures qui ont été étamées, font encore blanches & exemptes de rouille.

Au reste tous ces ornements ne font plus de mode : on est aujourd'hui dans le goût de faire les platines des verroux, les roses qui accompagnent les boutons & les couronnements des boucles de portes cocheres découpées, évidées & percées à jour: peut-être a-t-on eu raison de préférer les ornements simples & bien polis aux reliefs qu'on faisoit autrefois, qui le plus souvent étoient assez mal exécutés. Je dis le plus souvent ; car il y a eu & il y a encore aujourd'hui d'habiles Ouvriers qui font en ce genre des ouvrages dignes d'admiration. Quoi qu'il en soit, le grand usage qu'on fait maintenant des ouvrages découpés, a fait imaginer des moyens pour les exécuter promptement & réguliérement. Je vais indiquer ces moyens.

Quand on a à faire beaucoup d'ornements qui doivent être d'une même grandeur & d'un même dessein, on fait correctement & avec de fortes plaques d'acier, des patrons qui portent réguliérement tous les contours que doivent avoir les platines avec les à-jours ou les parties qui doivent être évidées : on les nomme *des moules*. On assujettit entre deux de ces moules d'acier semblables & trempées, plusieurs feuilles de tôle ; & afin que ces feuilles de tôle ne se dérangent pas, il y a aux moules deux trous dans lesquels passent des broches à vis qu'on ferre avec des écrous ; ou ce qui n'eft pas fi bien, on ferre les moules dans les mâchoires d'un étau. Quand les morceaux de tôle font bien affujettis entre les deux plaques qui forment le moule, on découpe à la fois toutes les feuilles de tôle, en fuivant les contours du moule avec un cifeau quarré, & on évide les à-jours en employant des cifeaux de différentes figures, comme des langues de carpe, des gouges, &c. fuivant les contours qu'on doit fuivre. S'il y a dans le deffein des trous qui fe fuivent pour former comme des graines, on les forme avec des poinçons qui font plats par le bout, au lieu d'être en pointe, & qui emportent la piece. Il peut fe trouver quelques parties délicates qu'on ne pourroit pas emporter avec le cifeau ; en ce cas, on en trace les contours avec une pointe, & on les évide avec de petites limes.

Quand les feuilles de tôle font tirées du moule, on fuit tous les contours avec la lime pour les ébarber, & quelquefois on taille les bords ou quarrément ou en bifeau.

Si l'on veut confulter la *Planche XIII*, on verra (*Fig.* 32), une plaque de tôle coupée pour faire la platine d'une targette, avec les trous pour l'affujettir dans le moule. La *Figure* 31 repréfente une des feuilles de ce moule ; à la *Figure* 34, les feuilles de tôle font affujetties par des vis entre les deux feuilles du moule, & on a commencé à les découper ; à la *Figure* 33, elles font entiérement découpées.

Ces fortes d'ornements empruntent leur principal mérite du beau poli qu'on leur procure ; & comme ce poli fe donne principalement avec différentes limes, il faut affujettir les platines ou les rofettes qui font minces fur une planche qui leur donne du foutien ; on affujettit cette planche en la faififfant dans un étau par une partie qui fait faillie au-deffous de la planche, & on retient les pieces qu'on veut polir fur la planche par un étrier de fer qui porte à fon milieu un écrou dans lequel entre une vis dont le bout d'en-bas appuye fur la platine, comme on le voit *Fig.* 36, & l'étrier eft repréfenté *Fig.* 37.

Les Serruriers donnent un mérite de plus à ces ornements découpés en les attachant fur la menuiferie avec un nombre confidérable de petits clous dont les têtes font rondes & polies, & qu'ils arrangent avec régularité & goût fur toutes les parties de l'ouvrage.

Il y a des Ouvriers qui s'occupent prefque uniquement à faire de ces fortes d'ouvrages, & il y en a à Paris des magafins où les Maîtres Serruriers fe fourniffent : mais quand ils ont une rofette ou un autre ornement d'un goût fingulier qui ne fe trouve pas chez le Quinquaillier, ils le font exécuter dans leur Boutique ; & comme une ou deux rofettes ne dédommageroient pas de ce qu'il en coûteroit pour faire des moules d'acier ou de cuivre, ils collent fur une plaque de tôle, le papier qui porte le deffein, & ils découpent la tôle fur du plomb avec une langue de carpe, ou des cifeaux dont le taillant a différente forme, ce qui emploie beaucoup plus de temps que la méthode que nous avons décrite.

A R T I C L E XIV.

Maniere de percer le Fer, d'y faire des Vis & de le fraifer.

En général on perce le fer à chaud & à froid. L'opération de percer le fer à chaud eft la plus expéditive ; mais les trous qu'on fait à froid font plus ré_ guliers.

Pour percer un morceau de fer à chaud, on fait rougir à la forge l'endroit où l'on veut faire le trou.

On commence par entamer le trou fur l'enclume par les deux faces op-pofées avec un poinçon pour ne point faire de bavure ; enfuite, afin de déboucher le trou, on pofe l'endroit rougi fur une perçoire (*Planche III, Fig.* 1), qui eft ordinairement un cylindre de fer creux & fort épais : au refte il importe peu que la perçoire foit cylindrique ou parallélipipédique ; il ne s'agit que de donner au fer un point d'appui tout autour de l'endroit qu'on veut percer, & que l'endroit où doit être le trou ne porte fur rien ; fi la piece qu'on veut percer n'eft pas épaiffe, & que le trou doive être affez menu, le Serrurier tient de la main gauche un poinçon qu'il pofe fur le fer chaud, il frappe deffus jufqu'à ce qu'il ait fait bourfoufler le fer par deffous ; puis pour emporter la piece, il retourne le fer, & pofant deffus la boffe un poinçon dont le bout foit quarré, il frappe fur la tête du poinçon avec un marteau qu'il tient de la main droite ; fi le trou doit être fait dans de gros fer, le poinçon(*Pl. III, Fig.* 3) eft emmanché dans une hart, & on frappe deffus avec un gros marteau à deux mains, comme on le voit *Planche II, Fig.* 9. Si le trou doit être ouvert, & qu'on ne veuille point enlever le morceau de fer qui occupoit la place du trou ; comme il ne s'agit que d'ouvrir le fer, & pour ainfi dire, de le fendre en deux, on commence par former l'ouverture avec un poinçon en lofange (*Planche III, Fig.* 4), qu'on nomme *Langue de carpe*, & on l'acheve avec un poinçon (*Planche III, Fig.* 5, 6 ou 7) dont la groffeur doit être proportionnée à celle du trou qu'on veut faire ; & fi le fer eft épais, on monte la langue de carpe, ainfi que ces différents poinçons, dans une hart (*Planche III, Fig.* 3), comme on fait les tranches, & on frappe deffus avec un gros marteau, comme nous l'avons repréfenté (*Planche II, Fig.* 9). L'effort du poinçon fait ouvrir le fer, qui ordinairement fait des bavures en deffous, en même temps que le barreau de fer s'élargit fur les côtés : pour lui faire reprendre la forme qu'il doit avoir, on le frappe fur la table de l'enclume ; & ayant mis dans le trou un mandrin rond ou quarré, on forge deffus. Il faut donc avoir des langues de carpe, des poinçons & des mandrins de différentes groffeurs & de diverfes figures, ronds, quarrés,

en

en lofange, ovales, &c. pour donner aux trous plus ou moins d'ouverture & différentes formes. Comme la chaleur du fer détrempe, amollit & gâte la forme de ces outils, on eft obligé de les rétablir, & de les tremper de temps en temps. On verra dans la fuite qu'on trouve de grands avantages à forger fur des mandrins.

Il eft fuperflu de dire qu'on peut percer à froid la tôle très-mince avec un poinçon bien acéré. En ce cas, on place la tôle fur un morceau de plomb, & on frappe avec un marteau fur la tête du poinçon ; mais quand on veut faire partir le morceau, après qu'on a commencé le trou avec un poinçon dont le bout eft quarré, on retourne la tôle, on la pofe fur une perçoire (*Pl. III. Fig. 2*) ; & mettant le poinçon fur la boffe qui a été faite par le premier coup, on frappe de nouveau fur le poinçon, & le morceau tombe dans la perçoire : enfuite on ébarbe les bavures avec la lime, s'il eft néceffaire ; car fouvent le morceau fe détache fans laiffer de bavures.

On perce à froid les fers plus épais avec un foret (*Planche III, Fig. 8*) ; cet outil eft une broche de bon acier *d f*, qui eft quarrée dans une partie de fa longueur pour être affujettie folidement dans une efpece de poulie *e* qu'on nomme *la Boîte* : au fortir de la boîte, cette broche eft plus menue & ronde ; fon extrémité *f* s'élargit & eft applatie ; enfin la plupart fe terminent en quarré, & cette extrémité eft formée par deux bifeaux oppofés ; les Serruriers commencent le trou avec une langue de carpe, ce qu'ils appellent *gouger le trou.*

Quand le fer qu'on a à percer n'eft pas épais, les Serruriers le percent quelquefois avec un foret qui eft monté fur un inftrument qu'on nomme *Drille* (*Fig. 9*) : il eft formé d'un petit arbre de fer vertical *a b* au haut duquel eft un trou dans lequel paffe une bande de cuir *a e*, *a d*, qui va répondre de chaque bout à une traverfe *e d*, que l'arbre vertical traverfe, & qui forme avec lui comme une croix ; cette traverfe étant foutenue par la bande de cuir, au-deffous de laquelle eft une efpece de meule de plomb *c*, affez pefante, la partie *b* eft percée d'un trou quarré qui reçoit le bout d'en haut du foret *b f*, & la partie *f* eft le taillant de ce foret ; on pofe la piece qu'on veut forer à plat, on met le tranchant du foret à l'endroit où doit être le trou, on fait tourner l'arbre *a b* plufieurs tours, pour que les courroies *a e*, *a d* s'enroulent autour de lui par plufieurs révolutions ; enfuite mettant une main à un bout de la traverfe en *e*, & l'autre à l'autre bout en *d*, l'Ouvrier appuie deffus pour que la corde, en fe déroulant de deffus l'arbre, lui imprime un mouvement circulaire fort vif ; alors il fouleve les mains, & le mouvement qui étoit imprimé au plomb *c*, continuant d'autant plus longtemps que ce plomb eft plus lourd, les cordes fe roulent en fens contraire de ce qu'elles étoient fur l'arbre *a b* ; l'Ouvrier appuie de nouveau les mains fur la traverfe *e d*, puis il les releve, & continuant ce mouvement alternatif, le foret tourne tantôt de droite à gauche, & tantôt de gauche à droite, ce qu'il faut pour percer le fer.

Les Serruriers se servent rarement de cet instrument; il est d'un bien plus grand usage dans d'autres Arts, où il est connu sous le nom de *Trépan*.

Quand les Serruriers ont à percer du fer qui n'est pas fort épais, ils mettent la palette à forer (*Fig.* 10), contre leur estomac. Cette palette à laquelle on donne différentes formes, est de bois; mais elle est garnie d'une plaque d'acier *a b*, percée de trous *c*, dans l'un desquels on met le bout *d* du foret (*Fig.* 8); on roule la corde d'un archet *g h* (*Fig.* 11) sur la boîte *e*, (*Fig.* 8); on appuie l'extrémité *f* du taillant du foret sur l'endroit qu'on veut percer; on met la pointe *d* dans un des trous de la palette, & faisant agir l'archet, on fait tourner fort vîte ce foret qui peu à peu perce le fer. On trouvera l'Ouvrier en attitude sur quelques-unes des Planches de la suite de cet Art, particuliérement lorsqu'il s'agira des clefs.

Quand le Serrurier est déchargé d'appuyer avec son estomac le foret contre la piece qu'il perce, il a la liberté de se placer perpendiculairement sur la longueur du foret, & il est bien plus en force pour faire agir l'archet. C'est ce qui a fait imaginer différentes machines (*Fig.* 12 & 13); dans ce cas, pendant qu'une main fait agir l'archet, l'autre pousse le foret vers le fond du trou au moyen d'une vis & d'un écrou.

La machine *Fig.* 12, qui est fort en usage, est une piece de fer pliée de façon qu'elle forme deux branches ou montants paralleles *a b*, joints l'un à l'autre par un arc à ressort *c*, pris dans la même piece qui forme les deux montants, ou ce qui revient au même, par une piece soudée aux deux bouts inférieurs des montants *a b*; ainsi au moyen de ce ressort, les montants tendent à s'écarter par le haut. Une seconde bande de fer *c d*, repliée aussi en deux, & qui est posée horizontalement, forme une coulisse pour un des montants *b*, les deux bouts *d* de cette bande horizontale sont attachés chacun d'un côté différent au montant *a*, qui doit rester fixe pendant que celui *b* est mobile.

Le bout *e* de cette espece de coulisse est percé par un trou taraudé en écrou qui reçoit une vis *f*; en tournant cette vis, elle pousse le montant mobile *b* vers le montant fixe *a*; l'extrémité du montant mobile *b* est formée en palette, & il tient lieu de la palette que les Serruriers mettent sur leur estomac; elle reçoit de même l'extrémité de l'arbre du foret, & le presse contre la piece *g h* que l'on perce.

Pour faire usage de cette machine, on saisit dans l'étau le montant fixe *a*; on place la piece à percer *g h* contre l'extrémité *d* de ce montant; on place le foret horizontalement entre la piece à percer, & la palette du montant mobile; la vis *f* donne le moyen de presser le foret contre la piece, & de continuer cette pression à mesure que le trou se creuse; ainsi le Serrurier

fait jouer l'archet de la main droite, & il a continuellement la main gauche
sur la vis *f* pour la tourner d'un sens ou d'un autre, à mesure qu'il s'apper-
çoit que le foret mord trop ou trop peu.

La *Figure* 13 représente un autre outil à percer qui est encore d'un usa-
ge plus commun dans les Boutiques des Serruriers ; il est composé d'une
petite barre de fer ronde *a b c*, dont un des bouts *c* est recourbé en crochet,
& dont l'autre *a* est taillé en vis. Cette piece passe au travers d'une autre *d e*
qui est pareillement de fer, & formée en palette par un bout *e* ; par l'autre *d*,
elle est recourbée en talon.

Pour se servir de cette machine, on serre dans l'étau la piece à percer,
on acroche à la boîte du même étau le bout en crochet *c*, & on fait entrer
le bout *d* recourbé de la palette dans un trou percé dans l'établi. Ce trou
est assez grand pour permettre à la palette de s'incliner, quoiqu'il l'em-
pêche de tomber. On place horizontalement le foret *f g*, entre la palette &
la piece qu'on veut percer, on le fait tourner avec l'archet ; & pour presser
continuellement la palette contre le foret, l'Ouvrier tourne l'écrou *k* qui est
traversé par la vis de la piece *a b c*.

On conçoit que ces deux machines ne seroient pas propres à percer des
trous profonds ; car comme les palettes s'inclinent continuellement, le trou
ne seroit pas percé droit ; mais l'obliquité de ce trou n'est pas sensible, quand
les pieces qu'on veut percer ne sont pas épaisses.

Les Serruriers ne laissent pas de se servir de ces machines pour percer
des trous assez profonds ; & pour empêcher que le trou ne devienne fort
oblique, ils placent la queue du foret dans un autre trou de la palette pour
le relever un peu à mesure que le trou s'approfondit ; ou bien ils inclinent
un peu la piece à percer qui est saisie dans l'étau.

Quand le fer est épais, comme il faut faire agir long-temps le foret, &
que ce travail est pénible, on se sert, pour tenir le foret, d'un chevalet (*Fig.*
14). Ce chevalet est formé de deux poupées de fer *a b*. La poupée *a* qui re-
çoit le bout du foret est assujettie à demeure au bout *c* de la semelle *c d*; la
poupée *b* est mobile, & elle glisse dans la rainure *f g*, où elle est retenue par
une vis, & un écrou *h* qui sort au-dessous de la semelle *c d*; on conçoit que
le porte-foret le tient très-solidement, on saisit la semelle *c d* dans un étau ;
un Compagnon fait agir l'archet avec les deux mains, & un autre présente la
piece qu'il faut percer : la fatigue est ainsi partagée entre deux Ouvriers, &
l'ouvrage s'expédie. On verra, lorsque nous parlerons des clefs, d'autres che-
valets qui sont encore plus commodes ; nous n'en parlerons point ici pour
éviter les répétitions.

Quelquefois il faut évaser une des deux ouvertures d'un trou pour qu'une
rivure ou la tête d'une vis se logent dedans, & soient arasés ; cet élargisse-
ment se fait avec des fraises, les unes rondes, coniques & garnies de stries *A*

(*Fig.* 15) , ou avec des fraises quarrées & pyramidales *B* (*Fig.* 16) ; en faisant tourner ces fraises comme les forets avec l'archet, à l'ouverture d'un trou précédemment fait, on l'évase ; & en taillant en cône tronqué une tête de vis, elle se loge dans le trou, où elle se trouve arasée.

Il y a encore des circonstances où un bout de douille ou de tuyau doit être calibré ; pour cela on y passe un aléfoir : mais le vrai lieu de parler de cet instrument est dans l'Art du Fondeur , lorsqu'on traitera de la façon de travailler les corps de pompes ; ou dans celui de l'Armurier, quand il s'agira de percer les canons de fusils ; ainsi, quoique les Serruriers fassent quelquefois usage des aléfoirs, nous remettons à en parler dans une autre occasion.

On trempe de temps en temps le bout des forets dans de l'huile pour empêcher qu'ils ne se détrempent. Mais il est au moins aussi avantageux d'y introduire un petit filet d'eau qui rafraîchit continuellement le foret, & qui ne forme pas de boue ou cambouis comme l'huile.

Les Serruriers font grand usage des vis & des écrous pour assembler leurs ouvrages. Les vis se font presque toujours avec la filiere, & les écrous avec les tarauds ; ainsi il faut dire quelque chose de ces deux instruments.

Une filiere est un trou percé dans un morceau d'acier (*Fig.* 17) , & dans l'intérieur duquel est inscrit un pas de vis ; ce pas de vis se fait avec un taraud (*Fig.* 18) , ainsi il faut commencer par expliquer comment on fait les tarauds matrices qui servent à faire les filieres, d'autant que quand on a de bonnes filieres, on s'en sert pour faire les tarauds qui servent ensuite à faire les écrous dans le fer.

Les gros tarauds ne doivent point être entiérement d'acier ; ils seroient trop exposés à se rompre. On doit souder une virole d'acier sur un morceau de fer à la partie *a* (*Fig.* 18) , où doivent être les filets de la vis , ou bien on les fait tout de fer, & on les trempe en paquet, ce qui, dans certaines circonstances, est préférable.

Quand cette partie *a* est couverte de bon acier, on fait sur le tour la portion *a* (*Fig.* 18) qui doit porter les pas de la vis ; cette partie doit être un peu conique ; on forme sur elle avec la lime, ou encore mieux sur le tour, les pas de vis , & on tourne en rond la portion *b* qui doit être terminée par le quarré *c* ; assez souvent on fait à la partie *a* trois échancrures triangulaires *d* qui coupent tous les pas de vis ; ces entailles font que les pas de vis font comme autant de couteaux qui entament le métal, & les gouttieres *d* servent à loger les copeaux qui sont formés par les pas de vis du taraud. Quelquefois on lime la partie *a* du taraud (*Fig.* 18) , en tringle, comme on le voit en *A* ; il ne reste de pas de vis qu'en *e f g*, ce qui suffit pour entamer le fer, & former les pas de l'écrou : quand tout est ainsi disposé, on trempe le taraud fort dur.

Pour faire la filiere (*Fig.* 17) , on forge un morceau de fer auquel on
                                                                     rapporte

rapporte un lardon d'acier à l'endroit où l'on doit percer la filiere ; on le perce d'un trou qui doit être assez large pour recevoir le bout le moins gros du taraud ; on met le taraud dans le trou ; & ayant mis le quarré *c* du taraud dans le tourne-à-gauche (*Fig.* 19), on fait tourner le taraud dont les pas de vis trempés s'engagent dans l'acier non trempé de la filiere (*Fig.* 17) ; on tourne en sens contraire le taraud, on l'ôte du trou ; avec une brosse, on ôte les paillettes d'acier qui sont dans les entailles *d* du taraud, on le frotte d'huile, puis on le force de nouveau à entrer dans le trou ; & quand il l'a traversé en entier, les pas de vis sont imprimés dans l'intérieur de la filiere, & il ne reste plus qu'à la tremper.

Les vis & les écrous se font comme les tarauds & les filieres : toute la différence consiste en ce qu'on fait les vis & les écrous avec du fer, au lieu que la portion des tarauds & des filieres où sont formés les pas de la vis, doivent être d'acier trempé, soit qu'ils soient faits sur le tour ou à la filiere ; alors ils servent à faire des vis & des écrous dans le fer, qui est plus mol que l'acier trempé. Mais de plus on peut faire, & les Serruriers font le plus ordinairement, les tarauds avec des filieres, & les filieres avec des tarauds, & ces seconds tarauds leur servent ensuite à faire des vis & des écrous dans le fer ; ce qui exige en cela le plus d'attention est de proportionner la grosseur du cylindre qu'on veut passer dans la filiere à la grosseur du trou : s'il étoit trop menu, les pas ne seroient pas assez profonds, & les filets seroient interrompus ; s'il étoit trop gros, comme il éprouveroit trop de résistance à passer dans la filiere, il se tordroit & courroit risque de se rompre. La grosseur du cylindre qu'on veut passer à la filiere, doit être égale à l'ouverture de la filiere prise au fond des pas de la vis ; quand les Serruriers doivent faire beaucoup de vis d'une même grosseur, ils percent dans un morceau de tôle un trou qui leur sert à calibrer les cylindres de fer qu'ils veulent tarauder : il y a quelque avantage, sur-tout pour les petites vis, à se servir de filieres brisées ou formées de deux pieces (*Fig.* 20), les trous de la filiere étant percés à moitié dans une piece *A* & à moitié dans une autre *B* ; en rapprochant plus ou moins les deux pieces au moyen de la vis *C*, on diminue le trou à mesure que le pas se forme : de cette façon, on fait sans effort les vis, & on ne fatigue ni la filiere ni la vis que l'on fait. Les pieces *A B* portent donc l'écrou ; les pieces *D E* ne servent que de remplissage ; ces quatre pieces entrent à coulisse dans les côtés *F G* de la filiere ; une des joues de la coulisse est emportée en *H I*, pour qu'en ôtant la vis *C*, on puisse retirer les pieces *A B C D*.

Il est souvent commode d'avoir des pas de vis plus ou moins gros & plus ou moins fins percés dans une même filiere (*Fig.* 21) ; mais ces filieres ne servent que pour de petites vis.

Quand on veut former de grosses vis ou des filets dans un gros écrou, il faut employer beaucoup de force : c'est pourquoi on fait le tourne-à-gauche

(*Figure* 19) fort long, pour avoir un grand bras de levier ; en ce cas il faut que la filiere (*Fig.* 17) , ou le taraud (*Figure* 18) , foient bien fermement affujettis, ainfi que la vis ou l'écrou qu'on veut tarauder ; pour cela on affujettit le taraud ou l'écrou dans le tourne-à-gauche , comme à la *Figure* 22 , où l'on voit que le bras de levier *a* porte une vis qui ferre l'écrou *b* ou le porte-taraud *c* dans la boîte *b e*. *f* eft un barreau de fer qui fert à ferrer la vis du levier *a*. Pour tenir bien ferme la piece de fer qu'on veut tarauder , on a dans les grandes Boutiques une efpece d'étau fort bas & très-fort (*Fig.* 23) , qui eft ferré par deux vis *g g* , & l'on affujettit le boulon ou la piece de fer dans laquelle on veut faire un écrou, entre les deux mâchoires *c c d d* de cette efpece d'étau. *a a* font deux forts piliers de fer de deux pieds & demi de haut, dont le bout d'en bas eft reçu dans une forte piece de bois qui eft fcellée en terre ; la folidité de ces piliers eft encore augmentée par les arcboutants *b* , & les deux piliers *a* font immobiles , ainfi que la mâchoire *c c* qu'ils portent à leur bout d'en haut ; la mâchoire *d d*, qui eft mobile, porte les deux ailes *e e* , qui embraffent la mâchoire fixe *c c* , & repofe fur les talons *f f* : il eft fenfible qu'en tournant les deux vis *g g* , on rapproche la mâchoire *d d*, de celle *c c*, qui eft fixe , & le fer qu'on met entre deux eft affujetti très-fermement ; alors deux Ouvriers placés aux bras des leviers du tourne-à-gauche (*Fig.* 22) , ont beaucoup de force pour faire agir le taraud.

EXPLICATION des Figures du Chapitre Premier.

PLANCHE I.

CETTE Planche repréfente dans la Vignette une Boutique de Serrurier , & au bas de la Planche , les outils dont il a principalement befoin.

Fig. 1, *Vignette* , une groffe enclume quarrée fur fon billot ; elle doit être à portée de la forge ; *B* , la table de cette enclume.

On voit le Maître Forgeron qui tient avec des tenailles un morceau de fer rouge fur l'enclume , & qui le forge avec un marteau à main ; devant lui font deux Compagnons qui forgent avec des marteaux à deux mains.

Derriere le Maître Forgeron , on voit une enclume à bigorne qui eft encore auprès de la forge , pour contourner le fer.

Figure 13 & 14 , font deux Apprentifs qui tirent le foufflet : auprès de l'Apprentif 13 , eft un petit foufflet qui fert quand on veut chauffer de petits fers.

Entre les deux Apprentifs *Figure* 13 & 14 , eft la forge ; *A* eft le manteau de la cheminée , fous lequel eft le foyer.

Devant la forge , eft une auge de pierre remplie d'eau *Figure* 26 ; à côté

Figure 28, eſt une auge remplie de ſable, & dedans une palette pour en ré-
pandre ſur le fer chaud.

Figure 2 *dans la Vignette*, eſt une enclume à deux bigornes, une platе *e*
& l'autre ronde *f*; en *b* ſur la table, eſt une mortaiſe pour y mettre, ſuivant
le beſoin une tranche ou une griffe. On voit un Compagnon *C*, qui coupe un
morceau de fer avec un ciſeau à froid.

Figure 33, eſt un Compagnon qui fait une rivure ſur l'étau *D*.

Derrière les Ouvriers, eſt un établi pour les Limeurs, & on voit en *E F* deux
Compagnons qui liment avec un carreau : à l'égard de ceux qui ſont au bas de
la Vignette *Figure* 16, celui *G* arrondit la tige d'une clef, & celui *H* en
lime l'anneau.

Au bas de la Planche *Figure* 1, eſt une groſſe enclume quarrée ; *Figure* 2,
une enclume à deux bigornes ; ordinairement il y en a une ronde & une
quarrée : la *Figure* 3 eſt une petite enclume à bigorne, ou un bigorneau,
qui doit être fermement aſſujettie dans ſon billot par une longue pointe *a*.

La *Figure* 4 eſt une petite bigorne d'établi qu'on ſaiſit dans l'étau par la
partie *a*.

Les *Figures* 5 & 6 ſont des tas ou taſſeaux ; un quarré, l'autre à bigorne ;
quelquefois on les place dans un billot : d'autres fois on les ſaiſit dans les mâ-
choires d'un étau : il en faut de bien des formes différentes, comme nous le
détaillerons dans une autre occaſion.

Les *Figures* 7, 8 & 9 ſont de gros marteaux qu'on nomme *à devant* ou *tra-
vers*, & qu'on mene à deux mains, comme on le voit dans la Vignette. Les
Figures 10 & 11 ſont des marteaux à main, à panne droite ou de travers. La
Figure 12 eſt un marteau d'établi qui ſert à bigorner, ou qu'on porte en
ville.

Les *Figures* 17, 18, 19, 20 & 21, ſont des tenailles, les unes droites, les
autres croches pour tenir le fer à la forge ou ſur l'enclume, & pour d'autres
uſages. La *Figure* 22 repréſente une tricoiſe : les Serruriers ne s'en ſervent pas
ordinairement ; les Ferreurs en font un grand uſage : à l'égard des pinces ou
béquettes *Figure* 23, dont les unes ont les mordants ronds pour rouler le
fer, & les autres l'ont quarré, les Serruriers n'en font uſage que quand ils
travaillent des ornements fort délicats, ou pour les garnitures des ſerrures.

La *Figure* 24 eſt une tiſonniere qui ſert à attiſer la forge.

La *Figure* 25 eſt une palette qui ſert à ſabler le fer, & à dégorger la
tuyere.

La *Figure* 26 eſt une palette de fer pour mettre le charbon à la forge, &
la *Figure* 27, une grande pelle de bois pour mettre le charbon en tas & en
remplir les mannes.

Figure 29 eſt une écouvette pour arroſer le charbon qui eſt à la forge, &
le raſſembler.

Les *Figures* 45 , 46 & 47 font des cifeaux & des poinçons pour couper & percer le fer à chaud : les *Figures* 30 , 31 , 32 & 33 font des mandrins de différentes formes pour ouvrir les trous & forger deffus le fer au fortir de la forge.

La *Figure* 34 eft une regle de fer divifée par pouces , & elle a une petite anfe pour pouvoir la pofer fur le fer chaud fans fe brûler.

Les *Figures* 35 & 36 font une équerre & une fauffe équerre de fer.

Les *Figures* 37 & 38 font des compas à branches droites ou courbes.

Les *Figures* 41 , 42 , 43 & 44 font des chaffes plates ou à bifeau & chanfrein.

La *Figure* 48 eft un gros étau à pied qu'on nomme *de réfiftance* pour limer les gros fers , & forger à chaud & à froid.

La *Figure* 49 eft un étau à patte : *Figure* 50 , eft un étau à main : il y en a dont les mordants fe terminent en pointe ; ils fervent à limer les goupilles.

Les *Figures* 64 , 65 & 66 font des mordaches qu'on ferre dans les mâchoires des étaux ; la *Figure* 63 repréfente une efpece de mordache de bois pour affujettir les pieces qui font polies.

Les *Figures* 51 , 52 , 53 & 54 font des limes ou carreaux de différente forme & grandeur : il y a encore d'autres limes plus petites *Figure* 55 & 56 , dont les unes font rondes ou à queue de rat , d'autres demi-rondes , d'autres quarrées , d'autres à tiers-point , &c.

Figure 57 eft un foret avec fa boîte ; *Figure* 58 eft une palette que le Serrurier met fur fon eftomac pour recevoir le bout du foret qui eft oppofé à celui qui perce lorfqu'il perce feul ; *Figure* 59 eft l'archet qui fert à faire tourner le foret.

Les *Figures* 60 font des griffes & des tourne-à-gauche pour contourner le fer ; *Figure* 61 , une petite fourchette qu'on met fur l'enclume pour contourner les petits fers ; la *Figure* 62 eft une petite tranche ; *Figure* 63 , une tranche plus forte pour monter dans une hart : *Figures* 71 , 72 & 73 font des perçoires fur lefquelles on pofe le fer qu'on veut percer à chaud ou à froid , pour former un porte-à-faux.

PLANCHE II.

Elle repréfente une forge , & la difpofition des morceaux de fer qu'on veut fouder & brafer , avec des Ouvriers qui coupent ou percent le fer chaud.

La *Figure* 1 repréfente la coupe d'une forge , & fon foufflet à deux ames ou à deux vents.

A, le Foyer de la forge fur lequel eft un tas de charbon bien arrangé , & qui fait le dôme d'un fourneau de réverbere ; *B* eft le doffier de la forge ; *C* eft le fer qui chauffe ; *D* eft la partie inférieure du foufflet ; *E*, fa partie fupérieure ; *F*, des poids qui font baiffer cette partie ; *G*, la perche ou la brim-

balle

balle qui fait agir le soufflet au moyen de la chaîne *H; I*, la tuyere par laquelle le vent du soufflet se rend dans la forge.

La *Figure* 2 repréfente deux morceaux de fer *A* & *B*, qu'on a forgés en flûte, ou qu'on a amorcés pour les fouder enfemble. Quand on a donné à l'un & à l'autre une chaude fuante, on les pofe fur la table d'une enclume *C*, & en les forgeant ils fe réuniffent au point de ne faire qu'un feul morceau ; quelques Forgerons prétendent qu'il faut, en amorçant les pieces *A* & *B*, former des inégalités qui entrent les unes dans les autres, comme on le voit *Figure* 3.

Quelquefois on goupille les pieces qu'on veut fouder, *Figure* 4 ; mais il faut éviter, autant qu'on le peut, de fuivre cette pratique, non-feulement parce que les faces des barreaux qui doivent fe réunir ne peuvent pas fe chauffer auffi-bien que les faces extérieures de ces barreaux ; mais encore parce qu'il eft à craindre qu'il ne s'introduife des craffes entre les deux barreaux.

La *Figure* 5 fert à faire voir qu'on peut fouder en retour d'équerre la piece *A* au bout de la piece *B*.

Les *Figures* 6, 7 & 8 fervent à faire voir comment on doit préparer deux morceaux de fer qu'on veut réunir en les brafant : on peut tailler les deux bouts en flûte comme à la *Figure* 6, ou ce qui eft mieux, on les entaille quarrément comme à la *Figure* 8, ou encore mieux, on introduit un lardon qui s'étend d'une piece à l'autre comme à la *Figure* 7.

La *Figure* 9 fert à faire concevoir comment on perce le fer à chaud avec un poinçon emmanché dans une hart, & comment on le coupe avec une tranche ; *A* eft un Compagnon Serrurier qui tient fur l'enclume un barreau qui fort de la forge ; *B* eft le Maître Forgeron qui pofe la tranche ou le poinçon à l'endroit où il faut couper ou percer le barreau ; *C* eft un autre Compagnon qui frappe fur la tranche avec un marteau à devant, ou à deux mains.

Figure 10 eft une forte cifaille pour couper le fer à froid ; les Serruriers ne s'en fervent guere.

PLANCHE III.

On y a repréfenté les outils qui fervent à percer, tarauder & fraifer le fer à froid.

La *Figure* 1 *A* eft une perçoire : c'eft un fort canon de fer creux, fur lequel on pofe le barreau qu'on veut percer, afin que l'endroit où doit être le trou porte à faux.

La *Figure* 2 *B* eft un gros morceau de fer dans lequel font percés plufieurs trous qui font autant de perçoires pour des fers minces.

La *Figure* 3 eft une tranche emmanchée dans une hart *F*.

Les *Figures* 4, 5, 6 & 7 font des poinçons de différentes forme & groffeur.

SERRURIER. L

La *Figure* 8 eſt un foret monté dans ſa boîte : *d,* la pointe du foret ; *f,* ſon taillant ; *e ,* ſa boîte.

Figure 10, la plaque que le Serrurier met ſur ſon eſtomac ; elle eſt de bois, *a b c* eſt une lame de fer où ſont des trous pour recevoir la pointe *d* du foret.

Figure 9 eſt un inſtrument pour percer, nommé *Drille* ; *f b,* le foret monté dans la piece *b a ; c* eſt une meule de plomb qui en conſervant le mouvement qu'on lui a donné, ſert à faire tourner le foret ; *a b,* l'arbre du drille ; *d e,* la croi-ſée du drille qui eſt traverſée par l'arbre ; *d a, e a* eſt une courroie qui entoure l'arbre ; en appuyant les mains ſur *d e,* la courroie ſe déroule ; en remontant la traverſe *d e,* la meule de plomb *c* qui a acquis une vîteſſe, roule la courroie dans un autre ſens ſur l'arbre *b a ,* & ainſi le foret tourne continuellement de droite à gauche , & de gauche à droite.

La *Figure* 11 eſt un archet de fer ou de baleine , avec ſa corde de boyau qu'on roule ſur la boîte des forets pour les faire tourner.

La *Figure* 12 eſt un porte-foret ; *a b,* deux branches de fer qui ſont jointes par un reſſort ; la bride *c d* eſt rivée ſur la branche *a* en *d ; f ,* eſt une vis qui ſert à rapprocher la branche *a* de la branche *b* pour appuyer plus ou moins le foret *e* contre le fer *g h* qu'on perce.

La *Figure* 13 eſt un autre porte-foret ; *e d* eſt une plaque de fer qui tient lieu de celle de bois que les Serruriers mettent ſur leur poitrine ; le crampon *d* entre dans un trou qu'on fait à l'établi ; le crochet *c* ſaiſit quelque choſe de fixe.

L'écrou *h* de la vis *a* ſert à preſſer le foret contre la piece qu'on perce, & on fait agir le foret *g f,* au moyen de l'archet *Figure* 11.

La *Figure* 14 eſt un autre porte-foret : c'eſt un vrai tour d'horloger ; *c d* eſt une piece de fer qu'on ſaiſit dans l'étau , la poupée *a* ne remue point ; la pou-pée *b* a la liberté de couler dans la rainure *f g,* & on l'aſſujettit où l'on veut au moyen d'une vis & d'un écrou *h* ; ces deux poupées tiennent le foret en état : on le fait tourner avec l'archet, & on préſente le fer qu'on veut percer au taillant : quelquefois il y a une troiſieme poupée qui ſert à tenir la piece qu'on veut percer ; on la trouvera repréſentée ailleurs.

Les *Figures* 15 & 16 ſont deux fraiſes qui ſervent à élargir l'entrée d'un trou où doit entrer une tête de vis, qu'on veut arraſer : la fraiſe *A* eſt ſtriée, la fraiſe *B* eſt quarrée ; on les fait tourner avec l'archet comme les forets.

La *Figure* 17 eſt un écrou ou filiere, & la *Figure* 18 un taraud pour faire des vis & des écrous ; *a,* les pas de vis ; *d,* des entailles qu'on fait pour loger les co-peaux que le taraud emporte ; quelquefois ces entailles ſont ſi conſidérables que la partie *a* eſt triangulaire comme *A* * ; alors il n'y a de pas de vis qu'en *e f g* ; comme le taraud *Fig.* 18, ſert à faire de groſſes vis, il a une tête quarrée *c* qui entre dans l'ouverture auſſi quarrée d'un levier *Fig.* 19, qu'on nomme *tourne-à-gauche,* & on aſſujettit l'écrou *Fig.* 17, dans une eſpece d'étau *Fig.* 23, dont

---

* *Nota.* A la page 36 du Diſcours, ligne 38 , il faut lire *triangle ,* au lieu de *tringle.*

nous avons donné la defcription dans l'ouvrage ; quelquefois auffi on affujettit dans cet étau, le fer qu'on veut tarauder & la piece *Figure* 22 porte les filieres.

On a encore *Figure* 21 , de petites filieres à main ; les trous *a b c d e f g* font autant de pas de vis différents ; la piece fur laquelle on veut faire une vis eft affujettie dans un étau.

La *Figure* 20 eft une filiere brifée ; la partie *A* porte la moitié d'un écrou, & la partie *B* , l'autre moitié ; *D E* font des pieces de rempliffage , & toutes ces pieces entrent à couliffe dans les joues *F G* ; un des côtés de la couliffe manque en *H I* , pour pouvoir retirer les pieces qui y font renfermées ; au moyen de la vis *C* , on rapproche la piece *A* de la piece *B* , à mefure que la vis fe forme.

La *Figure* 25 *A* & *B* font les parties de deffus & de deffous d'une étampe pour faire des boutons de ferrure.

La *Figure* 26 *A* & *B* repréfente le deffus & le deffous d'une petite étampe pour faire des vafes à la tête des fiches.

La *Figure* 27 eft une étampe pour faire des moulures fur des plate-bandes.

La *Figure* 24 eft la moitié d'une étampe pour arrondir les tiges des efpagno-lettes ; l'autre moitié eft tout-à-fait femblable.

CHAPITRE II.

Des gros Ouvrages en Fer pour la folidité des Bâtiments.

APRE's avoir donné quelques principes généraux fur la Serrurerie , il faut entrer dans des détails , & commencer par les ouvrages les plus groffiers , qui font en état d'être mis en œuvre au fortir des mains du Forgeron , fans être réparés à la lime.

J'ai dit que le Serrurier travailloit pour la ftabilité , la fûreté & la décoration des bâtiments : mais nous nous propofons de ne parler préfentement que des ouvrages qui contribuent à leur folidité ou ftabilité ; ainfi nous allons détailler les pieces qu'on forge pour rendre plus durables les ouvrages de maçonnerie & de charpenterie. Nous dirons enfuite quelque chofe de quelques gros ouvrages de forge qui font employés pour la conftruction des Vaiffeaux.

ARTICLE PREMIER.

Des gros Fers pour les Bâtiments.

Pour entretenir les murs de face dans leur à plomb , on les lie avec les murs de refend par des tirants & des ancres.

On appelle *Ancre* un morceau de fer qui s'applique fur l'extérieur du mur qu'on veut retènir , & qui entre dans une boucle qu'on a faite à un tirant. L'ancre eft quelquefois droite comme *A B* (*Planche IV* , *Fig.* 1) , & en ce

cas elle n'est autre chose qu'un barreau d'un pouce ou dix-huit lignes en quar-
ré auquel on soude un talon *C*, pour qu'il ne coule point dans la boucle *C*
du tirant *A* (*Fig.* 2.)

On a perfectionné les ancres ; & pour les mettre en état d'embrasser une
plus grande étendue du mur qu'on veut retenir, on en a fait en *Y* (*Fig.* 3)
ou en *S* (*Fig.* 4), ou en *X* (*Fig.* 5.)

Pour faire les ancres en *Y*, on soude un barreau de fer quarré au barreau
A B (*Fig.* 3²) vers l'endroit *C*, puis on enroule la branche *D* qui fait
le prolongement du corps de l'ancre *A B*, & on enroule de même & en
sens contraire la branche *E* qu'on a soudée au corps de l'ancre vers *C* : ces
enroulements se font sur la bigorne, ou pour l'ordinaire dans des fourchet-
tes avec des griffes, comme nous l'expliquerons dans la suite : enfin on sou-
de le talon *C* (*Fig.* 3), & l'ancre en *Y* est finie.

Pour faire l'ancre en *S* (*Fig.* 4), on fait un enroulement en *A*, & un
autre en *B*, & on soude un talon en *C*. Il dépend de l'adresse de l'Ouvrier de
donner à l'*S* un contour agréable.

L'ancre en *X* (*Fig.* 5), se fait avec deux barres de fer que l'on courbe
par les extrémités *A A*, *B B* ; on les joint en *C*, où l'on soude un talon : on
a représenté en *D E* l'extrémité du tirant, avec l'œil *D* qui embrasse l'ancre.

A l'égard des tirants, les plus simples, ceux qui coûtent le moins, mais
aussi les moins bons, ne sont qu'une bande de fer plat *A D C* (*Figure* 2),
dont on replie le bout en *C* sur un mandrin d'une grosseur proportionnée à
celle de l'ancre *B*. On soude l'extrémité de la partie recourbée avec le corps
de la barre, pour former une boucle ; on donne ensuite une bonne chaude
en *D* ; & saisissant le corps de la barre avec deux fortes griffes, en tordant
on fait le pli *D*, qu'il faut essayer de faire le plus long qu'il est possible pour
moins corrompre le fer ; moyennant ce pli, on peut clouer la partie droite *A*
sur une poutre, & alors on termine le tirant par un talon comme le harpon
(*Fig.* 6) ; si l'on met à l'autre extrémité de la même poutre un pareil bout
de tirant ou un harpon avec son ancre, les deux murs opposés seront assez
bien liés l'un à l'autre ; mais la liaison est encore plus parfaite quand la barre
ou le corps du tirant traverse tout le bâtiment. Souvent, pour que rien ne pa-
roisse, on noie cette barre dans un mur de refend, & l'ancre dans celui de face.
Quand les tirants ne traversent pas toute la largeur du bâtiment, on les ter-
mine en *A* par un sellement en enfourchement comme le harpon (*Fig.* 7) ;
afin qu'elles se lient mieux avec le corps du mur. Les talons se font ou dans
l'étau ou sur le bord de l'enclume ; à l'égard du sellement, on fend la barre
avec la tranche, & on ouvre un peu les deux côtés qu'on a séparés.

Quand ces tirants manquent, c'est ordinairement par la partie *D* (*Fig.* 2),
parce que le fer est corrompu en cet endroit. On éviteroit cet inconvé-
nient en mettant la barre du tirant de champ ou dans le mur ou sur une des
deux

deux faces verticales d'une poutre : mais un défaut de ces tirants qui fubfifte-
roit toujours, feroit qu'on ne pourroit pas les bander avec force dans le fens
qui convient pour rapprocher les murs l'un de l'autre ; c'eft l'avantage qu'on
fe procure au moyen des chaînes fimples (*Fig.* 8), ou par les chaînes qu'on
nomme *à moufle* (*Fig.* 9.)

Pour faire les chaînes fimples (*Fig.* 8), on forme en *A* un enfourchement ;
& au bout de chaque branche *BB*, on fait, fur un mandrin quarré plus large
qu'épais, une boucle foudée ; on en fait une auffi au bout *D* de la barre *CD* ;
& mettant cette boucle *D* entre les deux autres *BB*, on les traverfe toutes
trois par une forte clavette *H* qu'on forme un peu en coin, pour qu'en la
chaffant les chaînes foient tendues.

Pour faire les chaînes à moufle (*Fig.* 9), on recourbe le bout des barres
AB & *CD* ; & fi l'on veut, on foude les bouts recourbés, comme on le
voit en *E* (*Fig.* 10) : enfuite on fait des chaînons en *F G*, (*Fig.* 11) ; le bout
C d'une des barres (*Fig.* 12), s'accroche dans le chaînon en *F* (*Fig.* 11) ; on
place le crochet *B* (*Fig.* 13) de l'autre barre, entre les deux crochets *G*
(*Fig.* 11) du chaînon ; & au moyen de la clavette *H* (*Fig.* 14 & 9), qu'on
chaffe à force, la chaîne à moufle eft bien tendue, comme on le voit (*Fig.* 9).
Ces chaînes font très-bonnes, & elles feroient encore meilleures fi l'on fou-
doit aux corps des barres, tous les bouts recourbés ; mais elles coûtent plus
que celles dont nous avons parlé d'abord.

On choifit, pour faire les chaînes, les bandes de fer les plus longues qu'on
peut, afin de mettre moins de moufles ou chaînons, parce que cette partie
coûte plus que le refte.

Il feroit bon que les chaînes fuffent faites avec du fer doux ; & fi le fer
étoit fort aigre, on fouderoit du fer doux aux endroits où l'on doit faire les
boucles, pour que ces endroits étant mieux foudés, ne rompiffent point.

Quand les barres font trop courtes, on les alonge en en joignant deux en-
femble, comme le repréfente la *Figure* 15 ; mais alors le fer eft un peu cor-
rompu aux plis.

Il y a de petits tirants de moindre conféquence qu'on nomme *Harpons* ;
s'ils aboutiffent à une piece de bois à laquelle on puiffe les attacher, on les
termine par un talon *B* (*Fig.* 6) ; s'ils aboutiffent à un mur., on les ter-
mine par un fcellement *A* (*Fig.* 7.)

Il y a des tiges de cheminées qui s'élevant fort haut au-deffus des crou-
pes, courroient rifque d'être renverfées par le vent, fi elles n'étoient pas
affermies par des chaînes ou tirants qui traverfent l'épaiffeur du tuyau,
& auxquels on ajufte des ancres qui s'appuient fur les deux faces oppofées
des cheminées. On fait ces ancres ou en *S* (*Fig.* 17), ou en *X*, comme
le repréfente la *Figure* 5 ; les *S*, *A B* (*Fig.* 17) elles font retenues par la

SERRURIER.   M

grande boucle *C D* , & l'extrémité *E* du tirant est attachée à la charpente par de forts clous, un talon, & quelquefois un enfourchement.

La longueur de la boucle *C D* est déterminée par l'épaisseur du tuyau de cheminée, on la forge sur un mandrin qui a la même épaisseur que les ancres. Après l'avoir courbée en *C* au moyen d'une griffe, on fait une soudure en *D*; à l'égard de l'autre bout du tirant, on lui donne différentes formes suivant que l'exigent les pieces de charpente où on les attache.

On fortifie quelquefois les cheminées de brique qui se fendent, par des embrassures (*Fig.* 18) : elles sont formées par quatre bandes de fer qui s'assemblent par leurs extrémités à tenon & à mortaise; ou bien une bande est courbée en équerre en *CD* (*Fig.* 19), & elle s'assemble à tenon & à mortaise avec la piece *A B*.

Les mortaises s'ouvrent à chaud avec une langue de carpe, & on les équarrit au moyen d'un mandrin; à l'égard des tenons, comme ces embrassures sont ordinairement faites avec du fer aigre, on soude sur les bouts *A B*, des morceaux de fer doux qu'on équarrit avec une chasse, comme nous l'expliquerons dans la suite; puis on y fait une ouverture pour y passer une clavette : ordinairement on ne prête pas beaucoup d'attention à bien former les angles *C D*; mais si on désiroit les faire réguliers, on refouleroit le fer en ces endroits, ou l'on y souderoit une mise pour se procurer de l'étoffe, afin de faire les angles à vive-arrête : ceci regarde toutes les pieces qui doivent être coudées en retour d'équerre.

Ces sortes d'embrassures ne sont plus guere d'usage : on a coutume de fortifier les cheminées de briques par de forts fentons (*Fig.* 20), qui se terminent en scellement, & qui s'accrochent les uns dans les autres; ils sont noyés dans l'épaisseur de la maçonnerie.

A l'égard des cheminées de plâtre, on les lie avec de foibles fentons faits de fer fendu mince, & qui s'accrochent les uns dans les autres (*Fig.* 21 & 22) *A B* & *C* *.

Les manteaux de cheminée s'appuient sur une forte piece de fer quarrée qu'on nomme pour cette raison *Manteau de cheminée*; on en fait avec un simple barreau de fer qui porte sur les jambages; mais il est mieux pour éviter l'écartement, de faire (*Fig.* 23) deux retours d'équerre en *A* & en *B*, avec deux scellements qui entrent dans le mur en *C* & en *D*. Dans des offices, on en fait quelquefois de cintrés (*Fig.* 24).

Nous parlerons ailleurs fort en détail de la façon de cintrer le fer.

Quand on met des manteaux de marbre ou de pierre de liais, les Marbriers emploient de petites pattes de fer mince (*Fig.* 25²), qui ont un petit

---

* Le terme de *Fenton* vient de ce que ces menus ouvrages sont faits avec du fer fendu par les couteaux des fenderies; les gros fers fendus se nomment chez les Marchands des *Côtes de vaches*; ils sont ordinairement arrondis sur une de leur face.

ſcellement en *A*, & un fort petit mamelon en *B* qui entre dans un trou que le Marbrier fait pour le recevoir.

On fait ces pattes avec du fer plat qu'on refend à chaud pour faire le ſcellement qui doit être plat. Du côté du mamelon, on bat le fer ſur le tranchant pour augmenter ſon épaiſſeur, on le courbe, & on acheve de le former dans une étampe: quelques-unes de ces pattes ont deux mamelons; un en deſſus qui entre dans le manteau, & un en deſſous qui entre dans le jambage: on en fait auſſi qui ont des mamelons à chaque bout pour lier deux pieces de marbre qui ſe ſuivent.

On lie encore les pieces de charpente par des harpons (*Fig. 26*), qui ſe terminent du bout *A* par un talon, & de l'autre *B* par un ſcellement, ou bien par des plate-bandes (*Fig. 27*). Les unes *A B* ſont droites, & les autres *C D* (*Fig. 28*) ſont courbes pour s'ajuſter, par exemple, à la figure des limons des eſcaliers.

Les équerres (*Fig. 29 & 30*), ſont encore de bonnes liaiſons : à la *Figure* 29, le fer eſt plié ſur le plat; & à la *Figure* 30, les barres ſont ſoudées dans l'angle, où l'on ménage un gouſſet pour lui donner plus de force : la plupart ſont terminées par des talons; on ouvre ou l'on ferme plus ou moins les branches des équerres ſuivant la place où on veut les poſer.

Je détaillerai dans un inſtant la façon de forger les équerres, en parlant des courbes des Vaiſſeaux.

Les brides coudées ou non coudées (*Fig. 31 & 32*), ſervent à fortifier une piece de bois qui eſt fort affoiblie par une grande mortaiſe, ou à ſoutenir un chevêtre, lorſqu'on craint d'affoiblir les pieces où il aboutit par des entailles à mi-bois ou des mortaiſes.

La *Figure* 33 eſt encore une bride pour lier une poutre à un endroit qui paroît foible, ou qui commence à s'éclater. On met quelquefois, l'une à côté de l'autre deux ſemelles ſemblables à *A B*, retenues par des boulons *C C*, ou bien on met aux deux bouts des ſemelles *A B* deux étriers ſemblables à *E F*.

Ces équerres, brides, étriers, crampons, plate-bandes, ſont liées ſuivant leurs forces & la place où on les met (*Fig. 34*), par des crochets, chevillettes ou pattes *A F*; on ſe ſert de ces menus fers pour ſoutenir les corniches de bois ou de plâtre, ou bien on emploie à ces uſages des crampons *B* ou dents de loup *C*, ou des clous & chevilles à tête *D E*, ou même des boulons (*Fig. 35*), qui ſont ou à clavette comme *A*, ou à vis comme *B*, ou à ſcellement comme *C*; ordinairement on fait leurs têtes quarrées, & on les encaſtre dans le bois; d'autres fois on leur fait des têtes rondes comme *B* (*Fig.* 33).

On fait l'œil *a* (*Fig.* 35) avec une langue de carpe & un mandrin ; on taraude la vis *b* avec une filiere, comme nous l'avons expliqué : à l'égard du scellement *c*, nous avons déja dit comme on le fait.

On peut faire les têtes rondes en refoulant le fer, & le frappant ensuite dans une étampe, ou une espece de clouyere : mais cette opération corrompt le fer ; ainsi le plus souvent on soude au bout du barreau un morceau de fer en portion d'anneau *D* (*Fig.* 33). Je dis une portion d'anneau ; car si l'anneau étoit entier, comme il augmenteroit de volume, il s'étendroit sous le marteau & il ne se souderoit pas. On soude pareillement les têtes plates *ABC*, (*Fig.* 35), & on finit les unes & les autres dans une étampe, ou plus fréquemment dans le gros étau *D* (*Planche I dans la Vignette*).

Comme il y a du danger à mettre du bois sous les âtres des cheminées, il est ordonné d'y mettre des enchevêtrures : souvent les Charpentiers les font en bois, & on met du fer sous le foyer ; mais ils sont meilleurs en fer, comme le représente la *Fig.* 36 : c'est un gros fer quarré ; les parties *A B* portent sur les solives, le coude *B C* doit être égal à l'épaisseur des solives, & la distance *C C* à la largeur du foyer supérieur. Toute l'étendue du foyer jusqu'au fond de la cheminée est garni, par ce qu'on nomme *des bandes de trémie* (*Fig.* 37) ; on les fait de fer plat, parce qu'elles n'ont à supporter que le poids du foyer, au lieu que le chevêtre supporte toutes les solives qui aboutissent dessus ; on arrête les bandes de trémie sur les solives qui les portent, par deux clous *D* qu'on met dans les trous *A B*.

Les sablieres sont soutenues par des corbeaux qu'on fait en bois dans les bâtiments qui n'exigent point de propreté ; mais les corbeaux en fer (*Fig.* 38), sont beaucoup moins difformes : ce n'est autre chose qu'un gros morceau de fer quarré qui est terminé à un de ses bouts par un scellement *A*.

Autrefois on posoit les solives sur les poutres ; mais comme l'épaisseur des poutres pendantes a paru difforme, on a entaillé le dessus des poutres de l'épaisseur des solives. On s'est bientôt apperçu que ces entailles affoiblissoient les poutres, & l'on a trouvé plus à propos de rapporter sur les côtés des poutres des pieces de bois qu'on nomme *des Lambourdes*, & c'est dans ces pieces qu'on fait les entailles qui reçoivent les solives ; on attache ces lambourdes sur les côtés des poutres avec des chevillettes ; mais pour les bâtiments de conséquence, il est beaucoup plus solide de mettre de distance en distance des étriers doubles (*Fig.* 39) ; la partie *A B* porte sur la face supérieure de la poutre, les côtés *A C*, *B C* embrassent les côtés verticaux de la poutre, & les crochets *C D E* supportent les lambourdes.

Les Plombiers ont aussi recours aux Serruriers pour donner de la solidité à leur ouvrage. Ils embrassent les tuyaux de descente avec des gâches ou crampons (*Fig.* 40). La partie *A* embrasse le tuyau, & les branches *B B* sont scellées dans le mur. Les chaîneaux sont soutenus par des crochets qu'on nomme *à chaîneaux* (*Fig.* 41), & les gouttieres en saillie par des barres de godets (*Fig.* 42).

Le

Le bout *A* est en l'air, l'extrémité *B* embrasse quelquefois une poutre, &
d'autres fois elle se recourbe & est scellée dans un mur ; au milieu sont, de
distance en distance, des crochets *C* qui embrassent & soutiennent la gouttiere.
La *Figure* 43 est un crochet qui sert aux Plombiers à attacher leurs échelles.

Comme il n'y a pas beaucoup de préceptes à donner sur la façon de for-
ger les pieces dont nous venons de parler, après ce que nous avons dit
des principes généraux de l'Art du Serrurier, nous sommes persuadés qu'on
ne sera pas embarrassé à les forger, sur-tout étant aidé par les Figures ; ainsi
nous croyons devoir nous borner à ce que nous avons dit des usages de
chaque piece qu'on peut employer pour la solidité des bâtiments.

Outre les ouvrages dont nous venons de parler, on met encore au nom-
bre des gros fers, les linteaux de portes & de croisées, les barres d'appui
unies, les barres de languettes, de contre-cœur, de potagers ; les potences des
poulies à foin & à puits, ainsi que les impériales de puits, quand ils ne sont
point ornés ; les plate-bandes pour mettre sur les margelles.

Les manivelles pour les puits à treuil, & les autres machines, les armatu-
res pour les bornes & les seuils des portes cocheres, les sabots des pilo-
tis, &c. tous ces ouvrages sont de forge, & se vendent à la livre ; à l'égard
des pattes, crochets d'espalier, &c. qui se vendent au cent, nous aurons oc-
casion d'en parler ailleurs.

La plupart des ouvrages dont nous venons de parler, se vendent au poids,
& sont de différents prix, suivant la nature du fer qu'on est obligé d'employer,
& le travail qu'on doit y faire.

Je ne me propose point d'entrer ici dans le détail de toutes les ferrures
qui servent à la construction d'un Vaisseau, cette partie du travail du Serrurier
me méneroit beaucoup trop loin. D'ailleurs la plupart de ces ferrures se tra-
vaillent à peu près de même que les gros fers des bâtiments : ainsi je me ren-
ferme à dire un mot des guirlandes & des courbes de fer, des ferrures des
bouts de vergues & de celles du gouvernail, simplement pour donner une idée
des gros ouvrages de Serrurerie qu'on fait pour les Vaisseaux, & de la maniere
de les travailler. Je profiterai de ces exemples pour expliquer comment on
doit forger les grandes équerres ; car ce qu'on appelle dans la Marine *des
guirlandes* & des *courbes*, sont à proprement parler de grandes équerres qui
doivent être très-solides.

Article II.

Des Guirlandes.

Les guirlandes sont de grandes équerres *D C*, *A B* (*Pl. V*, *fig.* 1) for-
mées par deux bandes de fer *A B* ou *C D* qu'on nomme dans les Ports *Lattes* ;
chacune des branches est entaillée par le gros bout à mi-fer en *a* & en *c*, pour

former l'amorce qui est nécessaire pour les souder avec le talon. Les deux branches sont percées sur leur plat de trous *e e e*, &c. à dix ou onze pouces de distance les uns des autres ; on leur donne assez de diametre pour recevoir les chevilles qui servent à attacher les guirlandes dans l'intérieur du Vaisseau contre les membres. Au reste les branches de l'équerre sont plus épaisses du côté de l'angle *A C* ou *a c*, ce qu'on appelle le *renfort*, qu'à leur extrémité opposée *B D* ou *b d*. Quand les deux lattes sont forgées, percées & amorcées par le bout épais *a* & *c*, on forge un talon qui est un morceau de fer *f* de deux pieds de long, de six pouces de large, & sept pouces d'épaisseur *, percé d'un ou deux trous au milieu. Quand ces différentes pieces sont préparées, le Chef d'ouvrage met le gros bout de la latte *c d* au feu ; on chauffe à un autre feu le talon *f* de la guirlande. Quand le tout est chaud à souder, on les tire du feu, & on pose la partie *c* sur un des bouts du talon *f* qui est amorcé de façon que les deux parties qui sont entaillées ou amorcées, se rencontrent ; on frappe à grands coups pour souder ensemble ces deux pieces. Cette opération qu'on nomme *la premiere encolure* étant faite, on fait la seconde encolure en soudant le bout *a* de l'autre latte à l'autre bout du talon *f* ; on fortifie le talon & les soudures par des mises qu'on met dans l'aisselle de la guirlande, puis on remet le tout au feu pour recevoir une seconde chaude. Alors on présente sur la piece le modele en bois qu'a donné le Constructeur, on l'appelle *le gabari* ; pour voir si la guirlande prend la forme qu'elle doit avoir, & quand les talons sont bien formés, & quand les soudures sont fortifiées par des mises, on se dispose à souder l'arcboutant *g h* qui se place ordinairement aux deux tiers de la longueur des lattes à commencer par le bout mince, & on place les bouts de l'arcboutant dans une amorce ou entaille qu'on a faite sur le champ de chaque latte en *g h* pour tenir les bras de la guirlande à l'ouverture qu'on desire ; & quand l'arcboutant est soudé, & quand on a fortifié les soudures de l'arcboutant par une ou plusieurs mises, on a une guirlande pareille à celle qui est représentée *Figure* 1, *A B C D G H* : elle pese ordinairement 13, 14 ou 1500 livres ; ainsi c'est un gros morceau de forge.

Article III.

Des Courbes de Jottereaux.

Les courbes de Jottereaux (*Fig.* 2), qui servent à lier l'éperon au corps du Vaisseau, sont aussi des especes d'équerres formées d'une latte de jottereaux *A B* ou *a b* qui s'attache sur le jottereau, d'une latte d'éperon *C D* ou *c d* qui s'attache sur l'éperon, & d'un arcboutant *G H* ou *g h* assemblé comme il est re-

---

* Il est évident que les dimensions de toutes les pieces de serrurerie qu'on fait pour un Vaisseau, changent suivant la grandeur de ce Vaisseau : mais je ne puis entrer dans ces détails ; ainsi je me suis borné à donner à peu près les grandeurs qui conviennent pour un Vaisseau de 74 canons.

préfenté dans la Figure. On foude fur la latte *C D* ou *c d* un fort talon *F* ou *f*, auquel on forme une amorce, pour qu'elle s'affemble à mi-fer avec la branche ou la latte *a b* ou *A B* ; on forge à part l'arcboutant *g h* ; on fait des amorces aux extrémités & des entailles en *G* & en *H* ou en *g h*, fur le champ des lattes, pour recevoir les amorces de l'arcboutant ; & à la forme près, ces courbe fe forgent comme les guirlandes : elles pefent ordinaire-ment 900, 1000 ou 1100 livres.

A R T I C L E IV.

Des Courbes de faux Ponts.

LES courbes de faux Ponts (*Figure* 3), font formées par deux lattes, dont l'une *A B* ou *a b* affez longue fe cheville fur le bord, & l'autre *A C* ou *a c*, plus courte, fe cheville fur le faux baù : elles font affermies par un arcboutant *D E* ou *d e* ; l'une & l'autre branche font chevillées fur le plat. Quand on veut faire une de ces courbes, on perce les lattes de plufieurs trous *F F F* ou *f f f* pour recevoir les chevilles qui doivent l'attacher au bau & aux membres ; comme ces courbes font plates, & comme la branche *A C* ou *a c* doit être attachée fur le bau, & la branche *A B* ou *a b*, fur les membres, l'équerre re-çoit fa principale force de l'arcboutant *D E* ou *d e*, qui ne peut être foudé que fur le champ de ces lattes. Comme elles ont peu d'épaiffeur, on met en *D* ou *d*, ainfi qu'en *E* ou *e*, des renforts qui augmentent en ces endroits l'épaif-feur des lattes. On commence donc par fortifier les lattes en *D* ou *d*, & en *E* ou *e*, par des renforts ; on fortifie auffi leur extrémité vers *A* par une forte mife ; on amorce les deux bouts *A* à mi-fer, comme on le voit dans la Fi-gure. On foude ou l'on encole les deux branches en *A* ou *a*, & on fortifie l'aiffelle par une mife *G* ou *g* ; enfuite on préfente le gabari fur les lattes fou-dées qui forment l'équerre, pour leur donner jufte l'ouverture qu'elles doi-vent avoir. Cette opération faite, on foude l'arcboutant fur le champ des lat-tes en *D E*, & on fortifie ces foudures par une ou deux mifes. On fortifie auffi l'encolage *A* par deux mifes qu'on pofe dans l'aiffelle l'une après l'au-tre. La jonction des trois pieces qui compofent une courbe étant faite, on vérifie encore fi l'ouverture eft bien conforme au gabari, & on finit par la parer avec le marteau pour la rendre plus agréable à l'œil. On retranche quelquefois fous les gaillards l'arcboutant aux courbes verticales qu'on cloue fous les barreaux & fur les membres, pour dégager les logements qui y font, & parce que ces courbes ne fatiguent pas autant que celles des Ponts. Les courbes des faux ponts pefent environ 300 livres.

ARTICLE V.

Des Courbes de Ponts.

Les courbes qu'on nomme *de Ponts*, parce qu'elles servent à unir les baux du premier & du second pont au corps du Vaisseau, se forgent autrement que les courbes des baux du faux pont, parce que les courbes du faux pont se clouent ou s'attachent une branche sur les baux, & l'autre sur les membres : ainsi il faut imaginer une bande de fer plat qui seroit pliée en *A* sur son plat formant une équerre, au lieu qu'aux courbes de ponts, une des branches doit être chevillée & clouée sur une des faces verticales du bau. Cette branche *A B* dans la *Figure* 4, se présente par sa face plate, & l'autre branche *A C* ou *a c* devant être attachée sur les membres, elle présente son épaisseur. La branche ou latte verticale *A C* ou *a c*, dont on ne voit que l'épaisseur qui doit être attachée au côté du Vaisseau, & qu'on nomme *latte de bord*, est percée, comme les lattes de faux ponts, aux endroits marqués *F F F* ou *f f f*; on soude un renfort en *A* ou en *a*, pour qu'il y ait plus de fer à l'endroit de la soudure; on soude aussi un renfort en *D* ou en *d*, où doit aboutir l'arcboutant; on fait aussi une entaille sur le champ en *E* ou en *e* pour recevoir l'arcboutant.

Quand les deux lattes sont ainsi forgées, & quand on s'est assuré en les présentant sur le gabari, qu'elles ont la forme que desire le Constructeur, on chauffe séparément le bout *A* des lattes de bord & de bau; les deux pieces étant chaudes, le Chef présente la sienne, qui est celle de bord, sur l'enclume, & le Chauffeur pose celle de bau sur le champ de la latte de bord. Le tout étant bien soudé & fortifié par des mises qui doivent s'étendre sur les deux lattes, & former le talon, on vérifie si les deux branches de la courbe ont l'ouverture qu'elles doivent avoir, & on soude l'arcboutant un bout *E* ou *e* sur le champ de la courbe de bord, & l'autre bout *D* ou *d* sur le plat de la courbe de bau. Ces courbes pesent ordinairement 300 ou 350 livres.

En voilà assez pour faire comprendre comment on forge ces grandes équerres qu'on nomme dans la Marine *Courbes*, ce qui indique la meilleure maniere de forger les équerres, pour toute sorte d'usages.

ARTICLE VI.

Des Ferrures de Gouvernail.

Un Vaisseau qui a perdu son gouvernail est en très-grand danger; ainsi les Forgerons doivent choisir, pour les ferrures de gouvernail, d'excellent fer, & le travailler avec tout le soin possible.

On sait que le gouvernail est placé en dehors du Vaisseau, tout du long de l'Etambot; & pour qu'il ait un mouvement de rotation ou de charniere
semblable

femblable à celui d'une porte qu'on ouvre & qu'on ferme, fes ferrures (*Plan-che VI*) confiftent en gonds que les Marins nomment *Crocs* , & en pentu-res qu'ils appellent *Canaffieres.* Les gonds tiennent au gouvernail , & ils font en enfourchement pour qu'ils puiffent embraffer les deux faces du gouvernail.

Les pentures dont l'œil eft en faillie , ont pareillement deux branches qui embraffent l'étambot , & fe prolongent fur le corps du Vaiffeau.

Le gond ou croc *Figure* 1 repréfenté en plan en *A,* & de profil en *B,* eft le plus élevé, étant placé environ deux pieds au-deffous du trou de la barre du gouvernail ; comme le gouvernail a moins de largeur en cet endroit que plus bas, les branches *a a* ne font pas longues ; & pour les arrêter plus fermement, on les termine par deux ailes ou pattes *b b* , qui permettent de les arrêter par un plus grand nombre de clous ; *c* eft le croc ou la cheville du gond.

Le gond ou croc *A* & *B Figure* 2 , qui eft placé dix-huit pouces au-deffus de la quille à un endroit où le gouvernail a beaucoup de largeur, a pour cet-te raifon les branches *a a* fort longues & point de pattes.

La *Figure* 3 *A* & *B* repréfente un gond ou un croc intermédiaire : nous fe-rons feulement remarquer que les branches *a a* ne font pas toujours paral-leles ; elles s'écartent ou fe rapprochent pour s'appliquer exactement fur les faces du gouvernail.

Les pentures ou canaffieres *Fig.* 4. embraffent par la partie *b* toute la faillie de l'étambot , & les branches *a a* font clouées fur le corps du Vaiffeau , à diffé-rentes hauteurs ; & comme à caufe des façons, la figure du Vaiffeau change beau-coup à différentes hauteurs , fur-tout à l'arriere, il s'enfuit que l'ouverture des branches des pentures doit auffi être fort différente ; c'eft pourquoi la penture ou canaffiere, *Fig.* 4 qui doit être placée dix-huit pouces au-deffus de la quille & recevoir le gond, *Fig.* 2 , a les branches *a a* prefque paralleles & fort lon-gues , parce qu'à l'endroit où cette penture eft placée , les façons font fort pincées , & elles n'ont pas plus d'épaiffeur que l'étambot. La penture *Fig.* 5 , qui doit recevoir le gond *Fig.* 1 , étant placée au-deffus de la liffe d'hourdi, ou deux pieds environ au-deffous du trou de la barre du gouvernail , le corps du Vaiffeau étant prefque plat en cet endroit , les ailes *a a* font pref-que droites : il n'en eft pas ainfi de la penture intermédiaire *Fig.* 6 , qui doit recevoir le gond *Fig.* 3 ; cette penture étant placée à un endroit où le Vaiffeau a beaucoup de renflement, les ailes *a a* font très-divergentes. La partie *b* de ces trois pentures *Fig.* 4, 5 & 6 , embraffe l'étambot : nous ferons encore remarquer que les yeux *c* font garnis en dedans d'une virole de cuivre.

Je vais dire quelque chofe fur la façon de forger ces gonds ou crocs, & ces pentures ou canaffieres ; à l'égard des pentures , il s'agit de donner une bonne forme à leur tête *c* , & l'équerrage convenable aux ailes *a a.*

Pour un Vaiffeau de 74 canons , on prend un barreau de cinq à fix pouces en quarré , & l'on foude au bout un ringard pour pouvoir le manier plus aifément ; le Chauffeur donne une bonne chaude à ce barreau , puis il le tire du feu, & le porte fur l'enclume.

Pour le percer , un Ouvrier pofe deffus un poinçon qui eft plat par le bas & rond au-deffus, emmanché dans une hart , & il frappe fur ce poinçon qui ouvre d'abord le trou , puis l'arrondit par la partie ronde du poinçon qui fait l'office de mandrin ; le trou étant fait, on fait avec une tranche deux entailles aux deux côtés du trou ; elles doivent avoir un pouce & demi de profondeur, & être éloignées du trou de deux pouces ; ces entailles marquent la largeur que doit avoir la tête de la canaffiere ou penture. On remet le fer au feu, & quand il eft chaud, on le reporte à l'enclume ; on le pofe fur une des faces où le trou eft percé ; & avec une tranche, on fend le barreau en deux en commençant à l'endroit où l'on a fait l'entaille jufqu'à neuf ou dix pouces de longueur où l'on coupe le barreau , & on foude un ringard à la piece pour pouvoir la manier plus aifément.

Pendant ce travail , d'autres Ouvriers préparent trois ou quatre mifes pour charger la tête : on en pofe une à droite & l'autre à gauche de l'œil, la troifieme fe place fur la tête : il eft rare qu'on en mette fur le plat.

Quand les mifes font ainfi placées , on donne deux bonnes chaudes, une à droite & l'autre à gauche pour perfectionner l'une après l'autre ces deux parties. On emporte avec la tranche le fer qui eft de trop , on arrondit la tête *c*, & on pare cette partie: puis on agrandit le trou avec un mandrin de 44 à 45 lignes de gros. On emporte du fer , & on perfectionne le trou avec une tranche qui a la forme d'une gouge ; puis avec un poinçon on fait des trous d'environ fix lignes de profondeur tant autour que dans l'intérieur du trou, pour que le cuivre qu'on doit y fondre s'attache mieux au fer. On remet la piece au feu pour la parer s'il en eft befoin, & la tête de la canaffiere eft finie; cependant on l'amorce pour recevoir les lattes *a a*.

Les lattes qui doivent faire les branches *a a*, ne viennent pas toutes préparées des forges : pour qu'elles foient meilleures , on les fait dans les Ports , foudant enfemble plufieurs bandes de bon fer plat de différentes longueurs mifes l'une fur l'autre , formant un paquet qui diminue d'épaiffeur à mefure qu'il s'éloigne de la tête ou de l'amorce qu'on a faite à la tête *c b*. Le paquet de fer en lame étant bien arrêté par des cercles ou brides, on le met au feu , & on lui donne une bonne chaude pour fouder les barres, d'abord au gros bout ; on continue les chaudes pour fouder les mêmes barres dans toute leur longueur qui eft de quatre pieds & demi ou cinq pieds pour un Vaiffeau de 74 canons. A mefure qu'on donne les chaudes, on perce des trous de fix en fix pouces, ce que l'on continue dans toute la longueur de la latte qu'on travaille. Quand elles font bien corroyées & réguliérement forgées, on les foude aux amorces qu'on a faites à la tête.

Les ailes *d e* de la tête doivent embraffer l'étambot , & le trou ou l'œil de la canaffiere doit être au milieu de ces deux ailes. L'Ingénieur-Conftructeur fait donner aux forges un gabari ou modele qui indique précifément la forme que ces pentures doivent avoir : c'eft pourquoi le Forgeron, pour s'y conformer exactement, fait, au milieu du trou de fa canaffiere, une marque avec une tranche ; puis prenant avec un compas fur le gabari, la diftance de ce trou à l'extrémité des ailes, il porte cette ouverture de compas fur le fer, & il marque de deux coups de tranche la longueur des ailes, ainfi que l'endroit où il doit faire les plis *d e*.

Voilà l'endroit où doivent être marqués les plis ; pour les former, on a ajufté un fort étrier au bord d'une groffe enclume qui eft pofée à terre, cet étrier doit excéder la table de l'enclume de trois pouces. On donne une bonne chaude à l'endroit où doit être le pli, on paffe promptement la branche du gond jufqu'au pli dans cet étrier ; & en relevant la latte à force de bras, on lui fait prendre la forme d'une équerre ; on en fait autant à l'autre latte, alors la canaffiere a la forme d'un grand étrier dont les branches font plus ou moins ouvertes fuivant l'endroit où elles doivent être placées ; on préfente les pieces fur le gabari, pour que les branches aient précifément l'ouverture que l'Ingénieur-Conftructeur defire : on finit par les parer, & on les porte à la fonderie pour garnir l'œil de cuivre fondu.

Après avoir expliqué comment on forge les canaffieres ou pentures qui font attachées au corps du Vaiffeau, il faut donner la façon de forger les gonds ou crocs qui s'attachent fur le gouvernail même.

On choifit pour cela une barre d'excellent fer rond, de trente fix lignes de diametre pour un Vaiffeau de 74 pieces de canons. Elle a été forgée en paquet, l'ayant bien fait reffuer dans l'étendue de dix-huit pouces de longueur qu'elle doit avoir ; après avoir refoulé un bout pour augmenter fa groffeur, on remet cette piece au feu, & on la porte fur l'enclume pour l'amorcer ; on l'applatit fur deux côtés oppofés, faifant prendre à l'amorce la figure d'une queue d'aronde large d'environ cinq pouces, & on laiffe le milieu de l'amorce de même épaiffeur que le diametre du fer, pour recevoir les lattes.

Cependant pour fortifier l'amorce par une mife, on chauffe à un autre feu un morceau de fer plat d'environ un pied de long, de quatre pouces de large, & de huit à neuf lignes d'épaiffeur ; pendant que cette barre chauffe, on donne auffi une chaude au croc, & ayant tranfporté les deux pieces fur l'enclume, on les foude, de forte qu'elles n'en font plus qu'une.

Pendant que des Forgerons préparent deux lattes, comme il a été dit en parlant des pentures, on chauffe blanc la tête des gonds qu'on vient de forger, & à grands coups de marteau on fait prendre à la partie *c d e* la figure de l'épaiffeur du gouvernail. On marque avec une tranche l'ouverture *d e* qui eft indiquée par le gabari ; & à l'endroit de ces marques, on foude les lattes qui forment les bras *a a*, ayant foin que les lattes puiſſent s'appliquer exactement ſur les deux faces du gouvernail, où on les attache ſolidement avec des clous & chevilles.

Article VII.

Ferrures des bouts de Vergues.

Lorsqu'il y a peu de vent, on alonge les vergues, au moyen de ce qu'on nomme *des boute-dehors*, qui portent de petites voiles pour augmenter la largeur des grandes. Or il faut que ces boute-dehors puiſſent ſe ramener le long de la vergue, lorſqu'on ne veut point faire uſage de ces voiles ſurnuméraires, & être pouſſés en dehors lorſqu'on veut en faire uſage.

Pour cela on fait entrer la vergue dans un anneau *A* (*Fig.* 7), qui embraſſe la vergue, & doit être placé entre le quart & le tiers de la moitié de ſa longueur; à ce grand anneau en eſt ſoudé un autre petit *B*, dans lequel paſſe le boute-dehors; il ne ſeroit point aſſujetti ſolidement s'il n'étoit arrêté que par cet anneau; mais on met au bout de la vergue une pareille ferrure *Fig.* 9, le bout de la vergue entre dans l'anneau *D*, & le boute-dehors dans celui *E*. On conçoit que le boute-dehors qui paſſe dans les deux anneaux *B* (*Fig.* 7) & *E* (*Fig.* 9) a la liberté d'être porté en dehors & retiré en dedans du Vaiſſeau, étant toujours aſſujetti ſolidement. Ces ferrures ſe nomment *Cercles de bouts de vergue*, & le grand anneau *A* (*Fig.* 7), eſt ordinairement à charniere en *a* & en *b*; les ferrures que nous venons de décrire ſe nomment *à la Françoiſe*; celles qu'on appelle *à l'Angloiſe Fig.* 8 & 10, ſont un peu différentes; le grand cercle à charniere *A* qui embraſſe la vergue ne diffère point de celui *à la Françoiſe*, & il ſe place au même endroit; mais pour que le boute-dehors ſoit plus aiſément porté en dehors ou en dedans du Vaiſſeau, on ajoute au petit cercle *B* qui doit recevoir le boute-dehors, un rouleau *C* ſur lequel repoſe le boute-dehors; à l'égard de la ferrure de bouts de vergues *Fig.* 10, au lieu de l'anneau *D* (*Fig.* 9), on fait une lardoire *E F* qui embraſſe par ſes branches le bout de la vergue, & qui, au moyen de la barre coudée *G H*, porte le cercle *I* qui a le rouleau *K* ſur lequel repoſe le boute-dehors: on place encore en arriere du Vaiſſeau un chandelier *Fig.* 11, qui porte un boute-dehors pour la voile qu'on nomme *Tappe-Cul*.

Maintenant qu'on a une idée de ces ferrures & de leur uſage, il faut dire quelque choſe de la façon de les travailler.

Pour faire la ferrure de bouts de vergues à l'Angloiſe *Fig.* 10, on prend pour un Vaiſſeau de 74 canons, quatre lattes de 3 pieds de longueur, de deux pouces & demi de largeur au collet, & de ſept lignes d'épaiſſeur; on fait à chacune un coude au gros bout du côté de *F*, pour que les branches s'ouvrent comme une lardoire, & qu'elles puiſſent embraſſer le bout de la vergue:

ainſi

ainſi ces coudes doivent être d'autant plus grands que la vergue eſt plus groſſe. On ſoude les quatre lattes enſemble en *F*, on amorce ces lattes réunies. On amorce à un autre feu une barre de fer quarrée ou ronde pour la ſouder aux quatre lattes réunies comme on le voit en *F G*. On prépare le cercle *I* qui porte le bout de barreau *H*; & ayant amorcé les barreaux *F G* & *H G*, on les ſoude au point *G*, de ſorte que les deux faſſent un retour d'é-querre; enfin on ajuſte au cercle *I* le rouleau *K*, ſur lequel doit porter le boute-dehors, & la ferrure eſt en état d'être ajuſtée au bout de la vergue, & aſſujettie par des clous & les viroles *L M*.

Les cercles de bouts de vergues à la Françoiſe *Fig.* 9, ſont beaucoup plus ſimples: ils conſiſtent en deux cercles *D E*, faits avec du fer plat; la grandeur de celui *D* doit être proportionnée à la groſſeur de la vergue au bout où on doit le placer, & celui *E* à la groſſeur du boute-dehors; on les perce pour y river à chaud la petite traverſe *N*.

Le cercle de boute-dehors à charniere *A* (*Fig.* 7 & 8), que l'on place entre le tiers & le quart de la vergue ſont faits de fer plat; on commence par forger les charnieres *a b*, on les ſoude au bout des barres *c d* qu'on a coupées d'une longueur convenable pour entourer la vergue à l'endroit où ce cercle doit être placé. On forge avec le même fer l'anneau ou le demi-anneau *B* qui doivent recevoir le boute-dehors, & on les lie aux cercles *A* par les petites traverſes *N*; pour que le boute-dehors coule plus aiſément, on y ajoute quelquefois un rouleau *e* comme aux ferrures Angloiſes.

A l'égard du chandelier ou du cercle de boute-dehors à pivot *Fig.* 11, on forge les charnieres *a b*, on forge à part les deux parties *c c*, on les poſe l'une ſur l'autre pour percer les trous *c c* qui doivent recevoir la cheville du rou-leau. On ſoude enſemble ces deux parties, & on leur donne une forme quar-rée conforme au gabari, & ſemblable à ce que repréſente la *Figure* 11. On don-ne une forme circulaire à la partie *a d b*, & l'on finit par le pivot ou le pied du chandelier *e f*.

Article VIII.
Des Chevilles de différentes ſortes.

On fait encore dans les groſſes forges des ports, des chevilles de différen-tes ſortes. Nous allons en dire quelque choſe d'une façon fort abrégée.

A l'égard des chevilles à organeau *Fig.* 12, qui ſervent pour les batteries de canon, il faut prêter une grande attention ſur-tout à la tête *a*; c'eſt pour-quoi on les fait ordinairement avec de vieux fers: on en fait un paquet ſur un bout de fer plat; on lie ces vieux fers avec quelques brides; le paquet, ou comme diſent les Forgerons, *le pâté*, étant formé, on lui donne une chaude légere, ſeulement pour mieux rapprocher toutes les parties, enſuite on don-ne une forte chaude pour ſouder & corroyer enſemble les différents mor-ceaux de fer qui forment le pâté. On donne une troiſieme chaude pour percer le trou, & donner à la tête la forme qu'elle doit avoir, & on forme une amorce à deux pouces du trou pour y souder un bout de fer rond qui fait ce qu'on nomme la *Cheville*, ou la partie *b c* qui doit traverser les membres; on ouvre en *c* une espece de mortaise pour recevoir une clavette ; enfin on ajoute l'organeau *d* à peu près comme nous l'avons expliqué en parlant de la forge des ancres.

La cheville à clavette *Fig.* 13, qui passe dans le taillemer & l'étrave, celle *Fig.* 14, à clavette qui traverse l'étambot, & sa courbe.

La cheville à rivet *Fig.* 15, qui traverse l'étambot.

La cheville aussi à rivet *Fig.* 16, qui traverse l'étrave & le marsouin.

La cheville quarrée *Fig.* 17, qui sert à l'assemblage des couples.

La cheville quarrée & à clavette *Fig.* 18, qui sert à assujettir les courbes de bois.

Toutes ces chevilles & plusieurs autres sont faites de barres de fer doux & de bonne qualité, des échantillons qui approchent le plus de celles que doivent avoir ces différentes chevilles, relativement à leur destination, & à la grosseur des bâtiments. On fait à un des bouts une tête en forme de champignon ; on les forge d'un bout à l'autre toujours un peu en diminuant.

Je ne parlerai point de la façon de faire la tête ni d'ouvrir l'œil, parce que toutes ces choses ont été amplement expliquées ailleurs.

EXPLICATION des Planches du Chapitre second.

PLANCHE IV.

CETTE Planche représente les gros fers pour la solidité des bâtiments. La *Figure* 1 est une ancre droite; *A B*, sa longueur; *C* un morceau de fer qui fait saillie pour empêcher que l'ancre ne coule dans la boucle du tirant.

Figure 2 *A C*, partie du tirant; *B*, l'ancre qui entre dans l'œil *C* : en *D* est un pli pour que l'œil *C* devienne vertical.

La *Figure* 3 est une ancre formée en *Y. A B*, est la partie droite ; *C*, le talon pour retenir la barre dans le tirant. *E D*, les deux branches qui se renversent pour former un *Y.*

La *Figure* 3ª représente deux barreaux destinés pour faire une ancre en *Y. A D*, un grand barreau; *C E*, un petit qu'on soude au grand en *C.*

La *Figure* 4 est une ancre figurée en S. *A B*, les deux extrémités qui sont contournées ; *C*, le talon.

La *Figure* 5 est une ancre en X. *A A, B B*, les extrémités qui sont contournées; *C*, le talon ; *DE*, l'œil & l'extrémité du tirant : quelquefois les tirants sont retenus par des harpons; si ces harpons sont attachés à une poutre, on les termine par un talon *B Figure* 6 ; s'ils doivent être attachés à un mur, on les termine par un fcellement *A Fig.* 7 ; quand on veut que le tirant traverfe tout le bâtiment , on termine les barres qui le forment par des crochets qu'on voit en *A B Fig.* 15 , qui entrent l'un dans l'autre ; ou encore mieux, on fait des chaînes *Fig.* 8 , & les yeux *B B & D* étant difpofés comme on le voit en *A* , font traverfés par une clavette *H* qui entre à force. On eftime encore mieux les chaînes mouflées *Fig.* 9 ; l'extrémité des barres eft recourbée comme on le voit en *C Fig.* 12 , & en *B Fig.* 13 ; ou encore mieux, on foude la partie recourbée comme on le voit *Fig.* 10 ; la partie *Q Q G Fig.* 9 , qu'on nomme la *moufle* , eft repréfentée à part *Fig.* 11 , & le coin *H* fe voit *Fig.* 14.

La *Figure* 17 repréfente deux ancres *A B* , & un tirant *E* , qu'on met aux tiges de cheminées pour empêcher que le vent ne les renverfe. La partie *CD* traverfe le tuyau de la cheminée , & l'extrémité *E* du tirant va s'attacher à une piece de la charpente.

La *Figure* 18 eft une ceinture de fer qu'on met aux cheminées de briques qui léfardent ; on la nomme *une embraffure* ; elle eft quelquefois formée par quatre bandes de fer plat affemblées à tenon & mortaifes en *A B C D* ; d'autres fois (*Fig.* 19) les deux bouts de la piece *CD* font coudés en équerre , & font affemblés à mortaife dans la piece *A B*.

La *Figure* 20 repréfente de forts fentons qui s'accrochent les uns dans les autres , & qu'on noye dans le mortier pour empêcher les cheminées de briques de léfarder. Les *Fig.* 21 & 22 font de petits fentons qu'on met dans les cheminées de plâtre , pour les empêcher de fe fendre.

La *Figure* 23 eft un manteau de cheminée droit. La *Figure* 24 eft un manteau cintré , les bouts *C D* font fcellés dans le mur ; les parties *AC , BD* , portent fur les jambages.

La *Figure* 25 repréfente de menues ferrures ; *A & F* des crochets & une patte ; *B* , un crampon ; *E* , une chevillette ; *D* , un clou à tête ronde, & *C* une broche. *Figure* 25² , une patte de marbrier.

Les *Figures* 26 , 27 , 28 font des harpons de différentes fortes , les uns à fcellement , les autres à talon ; les uns droits , les autres courbes : leur ufage eft de retenir plufieurs pieces qui tendroient à fe féparer.

La *Figure* 29 eft une équerre où le fer eft plié fur le plat. La *Figure* 30 , une équerre où le fer eft plié fur le champ. Les *Figures* 31 & 32 font des brides coudées & non coudées , qui fervent à fortifier des pieces de bois qui font entamées d'une partie de leur épaiffeur. La *Figure* 33 eft encore une bride pour lier une poutre qui menace de rompre.

La *Figure* 35 repréfente des boulons ; *A* , boulons à clavette ; *B* , à vis ; *C* , à fcellement. *Figure* 36 , enchevêtrures ; *Figure* 37 , bande de trémie pour mettre fous les âtres des cheminées , afin de prévenir les incendies.

Figure 38 , corbeau qu'on fcelle dans les murailles pour foutenir les fablieres. *Figure* 39 , étrier double qu'on met fur les poutres pour foutenir les lambourdes.

Figure 40, gâche ou crampon pour foutenir le long des murs, les tuyaux de defcente ; *Figure* 41 & 44, crochet à chêneau ; *Figure* 42, barre de godet pour foutenir les gouttieres qui font faillie en dehors ; *Figure* 43 , font des crochets qui fervent aux Couvreurs & aux Plombiers, pour affermir leurs échelles, ou pour attacher leur corde nouée.

PLANCHE V.

O n a repréfenté fur cette Planche les guirlandes & les courbes qui fervent à la liaifon des Vaiffeaux.

La *Figure* 1 repréfente ce qu'on nomme dans la conftruction des Vaiffeaux *une Guirlande*: on les fait communément en bois ; mais comme il eft bien difficile de trouver des pieces qui aient une figure convenable , on en fait en fer qui font une très-bonne liaifon. J'en dis autant pour les courbes de jottereaux de Pont & de faux-Pont , dont je parlerai dans la fuite. C'eft la difette des bois courbes qui a excité l'induftrie des Forgerons fur un point qui eft très-avantageux.

Je préviens encore pour toutes les figures qui font contenues fur cette Planche, que les petits caracteres indiquent les pieces féparées , & les gros caracteres les mêmes pieces réunies.

Je n'ai fait graver qu'une guirlande, qu'une courbe de jottereaux, &c. Cependant fuivant les endroits où ces pieces font placées , & la nature des bâtiments, il y a de ces pieces de grandeur & de forme différente ; mais comme il ne s'agit ici que de la façon de les forger , ce que je dirai aura fon application à toutes.

Une guirlande eft une piece courbe *Figure* 1 , qui fe met à l'avant & dans l'intérieur des Vaiffeaux. Elle s'attache fur les membres qui font en cet endroit, & en forment la liaifon. *ACF*, eft le talon de la guirlande ; *AB* & *CD*, en font les branches, qui font percées de trous aux endroits *E*. Le renfort eft à la partie la plus épaiffe du côté de *A C* ; *G H*, eft l'arcboutant.

La *Figure* 2 repréfente une courbe de jottereaux. Elles fe placent en dehors du Vaiffeau. Elles fervent à joindre l'éperon au corps du Vaiffeau : ainfi une branche eft chevillée fur les membres , & l'autre fur l'éperon ; *A B* , eft la branche qui s'attache fur les membres ; *C D*, eft celle qui porte fur l'éperon ; elles font percées en *E* : *F* , eft le renfort ; *GH*, l'arcboutant.

La *Figure* 3 eft une courbe de faux-pont ; les deux branches *A B* & *A C* font plates. Elles font percées de trous en *F*, & elles ont des renforts pour recevoir les extrémités de l'arcboutant *E D* ; le talon eft en *A*.

La *Figure* 4 repréfente une courbe de pont : la branche *A B* fe préfente de plat , la branche *A C* de champ ; l'une & l'autre font percées fur le plat en *F* , & elles ont des renforts en *D* & en *E*, pour recevoir les bouts de l'arcboutant ; le talon *A* eft auffi fortifié par des mifes qui forment un renfort.

PLANCHE

PLANCHE VI.

Cette Planche repréfente les ferrures du gouvernail, & celles des bouts de vergues.

Comme il eft queftion d'affujettir le gouvernail fur l'étambot, de forte qu'il ait un mouvement de charniere, les ferrures du gouvernail confiftent en gonds qu'on nomme *Crocs*, & en pentures qu'on appelle *Conaffieres* ou *Rofes*.

Figure 1, le croc le plus élevé repréfenté en plan en *A*, & de profil en *B*; *a a*, les branches; *b b*, les pattes ou ailes; *c*, la cheville du gond.

Figure 2 eft le gond qui eft placé le plus près de la quille; *a a*, les branches, qui font longues, parce qu'en cet endroit le gouvernail a beaucoup de largeur; *A* le repréfente en plan, & *B* de profil.

Figure 3 eft le gond ou croc qu'on place entre les deux précédents; *A* le fait voir en plan, & *B* de profil.

Figure 4 eft la penture ou rofe qui eft placée la plus près de la quille.

Figure 5 eft la penture la plus élevée.

Figure 6 eft l'intermédiaire.

La *Figure* 7 eft une ferrure de bout de vergue à la Françoife; *A*, anneau qui embraffe la vergue; *B*, anneau dans lequel paffe le boute-dehors.

La *Figure* 8 eft la même ferrure à l'Angloife qui differe en ce que l'anneau *B* porte un rouleau *e*, fur lequel porte le boute-dehors, ce qui fait qu'on le manœuvre plus aifément.

Ces ferrures fe placent entre le quart & le tiers de la moitié de la longueur de la vergue.

On place au bout de la vergue la ferrure *Figure* 9, qui, à la grandeur près, reffemble à celle qui eft repréfentée *fig.* 7; l'anneau *D* embraffe la vergue, & le boute-dehors paffe dans l'anneau *E*.

Les Anglois font cette ferrure en forme de lardoire *Figure* 10, qui embraffe le bout de la vergue; le boute-dehors paffe dans l'anneau *I*, & roule fur le rouleau *K*.

La *Figure* 11 eft un chandelier à pivot qui reçoit un boute-dehors pour la voile qu'on nomme *Tape-Cul*; il a un rouleau comme le cercle de bout de vergue à l'Angloife.

La *Figure* 12 eft une cheville à organeaux, qui fervent pour tenir les canons en batterie.

Figure 13, cheville à clavette qui paffe dans le taillemer & l'étrave.

La *Figure* 14 eft auffi une cheville à clavette qui traverfe l'étambot & fa courbe.

La *Figure* 15 eft une cheville à rivet, qui traverfe l'étambot. *Fig.* 16, autre cheville à rivet. *Fig.* 17 cheville à rivet, qui fert à l'affemblage des courbes.

SERRURIER. Q

La *Fig.* 18 est une cheville quarrée à clavette, qui sert aussi à assujettir les courbes.

CHAPITRE III.

Des Ouvrages de Serrurerie qui servent à la sûreté de ceux qui habitent les Maisons.

Apre's avoir détaillé les ouvrages de Serrurerie qui servent à augmenter la solidité des bâtiments, & de plus quelques-unes des pieces principales qui contribuent à la liaison du corps des Vaisseaux, nous nous proposons de traiter des ouvrages qui sont employés pour la sûreté de ceux qui habitent les maisons ; il faut des ouvertures aux murs pour former les portes d'entrée, & les fenêtres qui éclairent les appartements. Mais il est nécessaire que ces ouvertures soient impraticables à ceux qui voudroient piller ce qu'on y a renfermé. D'un autre côté, rien n'est plus agréable que d'avoir, aux murs des jardins & des parcs, des percées qui permettent d'étendre la vue dans la campagne. Mais il ne faut pas que ces jardins & ces parcs soient accessibles à tout le monde. Rien n'est plus propre à remplir ces intentions que les grilles ; aussi nous nous proposons d'en traiter dans le plus grand détail. Mais pour ne point interrompre ce que nous aurons à dire sur les différentes especes de grilles, nous allons nous écarter un peu de notre marche, pour parler des croisées que l'on peut faire avec du fer, d'autant que ces ferrures se rapprochent assez des grilles, tant pour leur construction que pour leur usage ; car une croisée garnie d'un chassis en fer seroit aussi sûrement fermée, que si l'on avoit mis une grille de fer devant un chassis de bois.

Article I.

Des Chassis à verre qu'on peut faire en fer.

Tous les vitraux des Eglises sont garnis de panneaux de verre montés en plomb, & ces panneaux sont reçus dans des bâtis de Serrurerie. Comme ces bâtis sont communément des ouvrages de forge, c'est ici véritablement le lieu d'expliquer la maniere de les faire.

Ces bâtis consistent ordinairement en des montants *A B* (*Planche VI*, *Fig.* 1), & des traverses semblables à *C D* : ces montants & ces traverses sont faits avec du fer plat de 18 lignes de largeur sur sept à huit d'épaisseur, & qu'on nomme à Paris *Fer à Maréchal*. Pour les assembler, on fait aboutir les traverses semblables à *C* & à *D* sur les montants *A B*, & on les unit au moyen d'une petite bande de fer plat *E F*, qu'on attache avec des rivets tant sur les montants que sur les traverses, de sorte que sur le côté opposé qui répond au dedans de l'Eglise, les montants & les traverses sont arrasées comme *G H* ; & quand on les regarde du côté du dehors de l'Eglise, on voit la petite bande de fer *E F* qu'on a ajoutée pour réunir les traverses aux montants : ces chassis sont entiérement dormants ; il n'y a que quelques panneaux qui puissent s'ouvrir, ayant un petit chassis particulier qui est ferré sur les montants avec de petits gonds ou des couplets dont les ailerons sont rivés sur les montants, comme on le voit en *I K*.

Il n'y a point de feuillures à ces vitraux ; c'est pourquoi autrefois on rivoit sur les montants & sur les traverses des crochets *L L L*, qui tenoient lieu de feuillure ; maintenant on fait mieux, on rive sur les montants & les traverses *a a* des broches *b* qui se terminent par une vis ; ces broches traversent une lame de fer mince *c c* ; les bords du panneau de vitre se placent entre la lame de fer mince *c c*, & la traverse *a a* ; & en serrant les écrous semblables à *d* le panneau est pincé tout autour par les bords *c c*, & assujetti plus solidement qu'il ne le seroit dans une feuillure. Cependant les panneaux seroient immanquablement enfoncés par les coups de vent, s'ils n'étoient pas soutenus par des vergettes de fer, faites de petits fentons qui se terminent à chaque bout par un œil qui entre dans les broches à vis *b*, & sont assujettis par l'écrou *d*. Les Vitriers arrêtent les panneaux de verre sur ces vergettes, au moyen de petites bandes de plomb ou de fer blanc qu'ils soudent sur les plombs du panneau, & qui se replient sur les vergettes.

Ces bâtis de Serrurerie sont faits ordinairement assez grossiérement, parce qu'étant toujours vus de loin, un ouvrage recherché ne s'appercevroit pas, & le travail qu'il exigeroit seroit en pure perte.

On pourroit faire, & l'on fait effectivement en certaines circonstances, des vitraux d'Eglise, beaucoup mieux travaillés. Pour en donner une idée, je vais expliquer comment sont faits les chassis à verre des serres du Jardin Royal des Plantes : ceux-ci reçoivent de grands carreaux de verre ; mais il est aisé de concevoir comment, en retranchant ce qu'on nomme dans la Menuiserie *les petits bois*, pour ne conserver que les traverses, on pourroit les rendre propres à recevoir des panneaux.

Voici donc comment sont faits les chassis des serres en question : les portes & les baies sont formées par un bâti de fer, solidement assemblé à tenons & à mortaises, comme je l'expliquerai en parlant des grilles, & c'est à ces bâtis que sont attachés les pivots & les fiches à gond qui tiennent les portes-battantes ; les petits fers qui tiennent lieu de ce que les Menuisiers appellent *les petits bois*, qui comme l'on sait, doivent recevoir les carreaux de verre, ces petits fers, dis-je, sont faits avec du petit carillon, & les traverses s'assemblent avec les montants à mi-fer, comme nous l'expliquerons en détail lorsque nous parlerons de certaines grilles de Religieuses qui sont faites avec des barreaux quarrés. Il faut maintenant des feuillures pour recevoir les carreaux ; elles sont faites en attachant sur le carillon avec des rivures, des bandes de fer

plat affez minces , mais fuffifament larges pour excéder les barreaux de caril-
lon de trois lignes de chaque côté , & les carreaux font retenus dans ces feuil-
lures par quelques chevilles & du maftic ; ces chaffis qui ferment avec des ef-
pagnolettes , font fort folides & affez propres.

On pourroit, fans augmenter beaucoup le travail, former avec l'étampe, les
feuillures aux dépens du carillon. Mais le fieur Chopitel , célebre Serrurier de
Paris , a fait des chaffis à verre infiniment plus propres. Nous allons en dire
un mot, quoique ces ouvrages fortent de la fimplicité de ceux dont il s'agit
dans ce Chapitre.

Il avoit imaginé , & fait exécuter à Effonne un laminoir qui étoit formé
de deux forts cylindres de fer que l'eau faifoit tourner en des fens contraires
l'un de l'autre. Ces rouleaux parfaitement bien ajuftés portoient fur leur cir-
conférence des entailles , les unes quarrées , les autres en gorge ronde , & les
autres en forme de moulures ; en paffant des barres de carillon chauffés
dans un four comme on le fait à certaines fenderies , dans les entailles quar-
rées , elles fortoient du laminoir calibrées avec de vives arrêtes mieux for-
mées qu'on n'auroit pu les faire avec la lime , en y employant beaucoup de
temps. En paffant des barres dont on avoit abattu les arrêtes dans les gorges
rondes , elles fortoient propres à faire des tiges d'efpagnolette ou des trin-
gles de rideaux ; au moyen des entailles en moulures , on formoit avec des
fers méplats des plate-bandes ornées de moulures , & propres à être attachées
fur les rampes des efcaliers, fur les baluftrades , &c. Et ce même laminoir four-
niffoit au fieur Chopitel le moyen de faire à peu de frais des chaffis à verre,
très-propres & ornés des mêmes moulures que les chaffis à verre qui for-
tent des mains des Menuifiers.

Les *Figures* 2 , 3 & 4 marquent quelques-uns des profils des plate-bandes
pour les baluftrades.

La *Figure* 5 repréfente ce que portoient d'épaiffeur & de largeur , les
deux montants du milieu des deux chaffis à verre d'une croifée de fix pieds fix
pouces de hauteur , & de quatre pieds de largeur repréfentée *Fig.* 10; la
Fig. 5 repréfente donc les deux battants de cette croifée : il y a à un de ces
battants une plate-bande à doucine , & à l'autre une plate-bande unie fur la-
quelle eft pofée l'efpagnolette , comme on le voit *Fig.* 10: ces deux bar-
reaux ont auffi chacun une feuillure *a a* pour recevoir les chaffis à verre.

La *Figure* 6 repréfente les deux montants du dormant; la partie *b* qui eft
creufe reçoit la partie faillante *c* de la *Figure* 7 , & l'autre partie creufe mar-
quée *o* , fert à ajufter une aile de fiche.

La *Figure* 7 fert à repréfenter les deux montants du chaffis à verre ; d'un
côté *a* eft la feuillure pour recevoir les carreaux de verre ; il y a de plus une ef-
pece de talon dont la partie ronde marquée *c* fe loge dans le creux marqué
b de la *Figure* 6 , & la partie *d* du même talon fert à ajufter les fiches.

La

La *Figure* 8 repréſente les deux traverſes du chaſſis dormant ; à l'égard des traverſes du chaſſis à verre, on peut avoir recours à la *Figure* 7, excepté qu'elles doivent être quarrées du côté du talon.

La *Figure* 9 ſert à faire voir les petits fers dont un côté porte deux doucines oppoſées l'une à l'autre, & de l'autre côté ſont deux feuillures *a a* pour recevoir les carreaux de verre. On a repréſenté (*Fig.* 11) quatre carreaux de verre, deſſinés plus en grand qu'à la *Figure* 10, pour qu'on puiſſe appercevoir comment on arrête les carreaux au moyen de petites roſettes *a a* qui ſont aſſujetties dans les angles par des vis.

Le jet-d'eau du chaſſis à verre ſe voit *Fig.* 12, & il eſt attaché à la traverſe d'en bas par des goupilles priſonnieres ſemblables à *g*.

Le jet-d'eau du dormant ſe voit *Fig.* 13, & il eſt attaché à la traverſe par des goupilles priſonnieres ſemblables à *h*.

Nous expliquerons ailleurs ce que c'eſt que des goupilles priſonnieres.

Le ſieur Chopitel étant mort, ce beau laminoir a été détruit ; mais on peut voir chez le ſieur Durand, célebre Serrurier, qui demeure à S. Victor, un modele très-proprement exécuté d'une pareille croiſée, & une porte vitrée battante très-proprement exécutée, qui eſt en place depuis pluſieurs années.

Aſſurément les croiſées en fer coûteroient plus que celles en bois ; mais elles ne ſont point ſujettes à ſe déjetter, & ce ſeroit un ouvragé dont on ne verroit pas la fin. Comme les petits fers ſont plus menus que les petits bois, ces croiſées laiſſent paſſer plus de jour, & la dépenſe de ces chaſſis ſeroit conſidérablement diminuée, ſi l'on employoit des verres de Bohême, parce qu'alors on ſupprimeroit preſque tous les petits fers.

Je vais maintenant parler fort en détail des grilles de fer de toutes les eſpeces.

ARTICLE II.

Des Grilles ſimples & ſans ornements.

Les Grilles qu'on met aux fenêtres du raiz-de-chauſſée pour les rendre plus ſûres contre les voleurs, celles des portes de jardins, & celles qu'on met au lieu de murs aux endroits où l'on veut ſe ménager de la vue, doivent être les plus ſimples de toutes, non-ſeulement pour des raiſons d'économie, mais encore afin que les grilles des croiſées ne diminuent le jour que le moins qu'il eſt poſſible, & que les autres n'offuſquent point la vue. Les ornements ſeroient déplacés dans ces circonſtances, puiſqu'ils ſeroient incommodes.

De plus, notre intention, en expliquant d'abord la maniere de faire les grilles ſimples, après avoir parlé des gros fers des bâtiments, eſt de commencer toujours par les ouvrages les plus aiſés à exécuter, avant que de paſſer à ceux qui ſont plus difficiles.

SERRURIER. R

Celles d'entre ces grilles qui font les plus fimples n'ont que deux pieds & demi à trois pieds de hauteur, (*Planche VIII, Fig.* 1), foit qu'elles foient deftinées à faire des baluftrades vis-à-vis les fauts-de-loup, & au bord des foffés, ou les balcons les plus communs ; elles ne font formées que par des barres montantes femblables à *a a,* qui font affemblées haut & bas dans les fommiers *A A* (*Planche VIII, Fig.* 1).

Cet affemblage fe faifant à tenons & mortaifes, il convient d'expliquer comment on s'y prend pour faire promptement & folidement tant les tenons que les mortaifes ; & ce point étant une fois bien expliqué, nous ferons difpenfés d'y revenir toutes les fois que nous aurons à parler de cette forte d'affemblage, ce qui arrivera affez fréquemment.

Il eft fenfible qu'on pourroit faire les tenons *E* (*Planche VII, Fig.* 13) à la lime, & les mortaifes *Figure* 6, à peu près comme les font les Charpentiers en perçant avec le foret des trous tout près les uns des autres, & en emportant le fer qui refteroit entre les trous, d'abord avec un burin, & enfuite avec la lime ; mais ces opérations feroient fort longues, & elles ne rempliroient pas fi bien le but qu'on fe propofe, que la méthode que fuivent les Serruriers : il faut la décrire.

Pour affembler les montants *a a* avec les fommiers *A A* (*Planche VIII, Fig.* 1) du haut & du bas, il faut former des tenons aux bouts des barres montantes *a,* comme on le voit auffi en *f* & *h* (*Planche VII, Fig.* 5), ou au bout du barreau *P* (*Planche VIII, Fig.* 13), & faire des mortaifes *Q* (*Planche VIII, Fig.* 13), aux endroits *D D* des fommiers *AA* (*Planche VIII, Fig.* 1) : les tenons entrent dans les mortaifes, & on les rive fur les fommiers *A* aux endroits *D D.*

Les tenons ayant moins de diametre que le corps des barres, on doit forger l'extrémité des barres un peu plus menue que le refte ; mais ce tenon doit être taillé quarrément un peu méplat, & fortir d'un endroit plus renflé que le corps de la barre, comme on le voit en *C* (*Planche VIII, Fig.* 13) & en *E,* (*Planche VII, Fig* 13) ; car ce petit renflement rend l'affemblage beaucoup plus folide.

Pour équarrir le tenon, on fe fert de chaffes quarrées, & à chanfrein ou à bifeau *I* & *K* (*Planche VII, Fig.* 18), qui font des efpeces de marteaux à tête quarrée & plate, fur les deux faces, & dont le manche qui eft de fer eft plus long que celui des marteaux ordinaires. Un Ouvrier (*Fig.* 1 *Planche VII dans la Vignette*) tient fermement fur l'enclume la barre dont le bout fort de la forge, & le Maître Forgeron (*Fig.* 2 *dans la Vignette*) après avoir un peu refoulé le fer pour former le renflement dont nous avons parlé, tient de la main gauche, dans une pofition verticale, le manche *a b* de la chaffe, & dans la main droite un marteau ordinaire ; il appuie l'angle de la chaffe qui eft en bas contre un des côtés qu'il veut difpofer en tenon ; & frappant avec son marteau sur la chasse, il forme une des faces du tenon, & refoule le fer, ce qui fait au-dessus du tenon le petit renflement qu'on voit au bout du barreau *P* (*Planche VIII, Fig.* 13), & aussi au bout de la barre *E* (*Planche VII, Fig.* 13) ; faisant ainsi parcourir à la chasse les quatre faces du tenon, on les finit les unes après les autres.

Dans quelques Boutiques, au lieu des chasses dont nous venons de parler, on en a de fendues *F* (*Planche VII, Fig.* 13), ou de creusées comme une clouyere d'un trou quarré ou rond *n o* (*Planche VII, Fig.* 21 & 22), propre à mouler un tenon d'une certaine grosseur. Ils font entrer dans le creux de cette étampe le bout de la barre qui est fort chaud, & qui a été amené à peu près à la grosseur du tenon ; & frappant ensuite sur l'étampe ou la chasse creuse (*Fig.* 21 ou 22), le tenon se trouve formé avec un petit renflement au-dessus. On ne met point ordinairement de manche à cette espece d'étampe ; on la fait assez longue pour qu'on puisse la tenir dans la main sans courir risque de se brûler au fer qui est chaud.

Ce qui empêche beaucoup de Serruriers d'avoir de ces étampes, est 1°. Qu'il en faut un assortiment pour faire des tenons de toutes les grosseurs.

2°. Parce que le fer est corrompu par le refoulement, & que les tenons sont sujets à se rompre ; c'est pourquoi plusieurs préferent de rapporter un lardon (*Planche VIII, Fig.* 14) : nous en parlerons dans la suite.

Les tenons étant faits aux deux bouts de toutes les barres, il s'agit de faire aux sommiers *A A,* (*Planche VIII, Fig.* 1), les mortaises qui doivent les recevoir, telles qu'on les voit en *Q* (*Planche VIII, Fig.* 13), & en *l* (*Planche VII, Fig.* 6.*)

Pour percer réguliérement les mortaises, on commence à poser sur l'éta-bli une bande ou regle de fer qui doit être de la longueur des sommiers. On la divise avec un compas pour marquer les endroits où il faut faire les mortaises, pour que les barreaux soient convenablement espacés. Ce sera, si l'on veut, cinq pouces & demi ou six pouces, si les barres montantes *a a* (*Pl. VIII, Fig.* 1) ont un pouce de grosseur ; & on les placera plus près à près, si les barres font plus menues ; mais il faut tantôt augmenter & tantôt diminuer un peu la distance des barres, pour qu'au bout du balcon, ou de la balustrade, ou de la porte, il ne reste pas une distance plus grande ou plus petite qu'entre les autres barreaux. Ces distances étant exactement marquées sur la regle, on y donne un coup de lime pour que la marque ne s'efface point ; & comme en perçant les mortaises, les barres des sommiers s'alongent un peu, on présente sur le sommier à chaque trou qu'on perce, la regle divisée afin que les mortaises soient bien placées.

Pour former les mortaises *l* (*Planche VII, Fig.* 6), on fait rougir à la forge l'endroit où on veut les former, on pose la barre sur l'enclume, & on commence le trou avec une langue de carpe ; sur le champ, plaçant la barre de plat sur la perçoire R (*Planche VII, Fig.* 17), on perce le trou *l* (*Pl. VII, Fig.* 6), avec un poinçon *p* ou *q* (*Fig.* 23) qui diminue un peu de grosseur par en bas, mais qui prend ensuite la forme quarrée que doit avoir la mortaise, & son extrémité doit être plate pour détacher le morceau de fer qui tombe dans la perçoire; si c'est du fer plat, on frappe sur le poinçon, comme le fait l'Ouvrier *Figure* 3 *dans la Vignette.* Ordinairement on fait le poinçon *p* ou *q* un peu en diminuant de grosseur par le bout; & au-dessus il a la grosseur & la figure que doit avoir le tenon, afin que quand le trou est ouvert par le bout du poinçon, la mortaise soit formée par la partie qui est au-dessus, qui dans ce cas sert de mandrin; ou bien ayant retiré le poinçon, on chasse dans le trou un mandrin, & on laisse le mandrin dans la mortaise pendant qu'on frappe sur les deux faces opposées de la barre, pour effacer au moins en partie l'élargissement qui s'est fait vis-à-vis les mortaises.

Quand le fer est gros, on emmanche le poinçon *P* dans une hart *Fig.* 20, & on frappe dessus avec un gros marteau à deux mains.

Quand les tenons & les mortaises sont faites, il ne s'agit, pour monter ces grilles, que de faire entrer les tenons dans les mortaises, ayant attention que les deux sommiers *A A* (*Planche VIII*) soient bien parallèles l'un à l'autre, & que les barres *a a* soient exactement perpendiculaires, ou qu'elles soient d'équerre avec les sommiers. Ensuite on rive l'extrémité des tenons qui excede les sommiers; alors si ces balustrades doivent être placées dans une embrasure, on scelle les extrémités *A A* (*Planche VIII, Fig.* 1), des sommiers dans les jambages; si ces balustrades sont longues, on leur met de distance en distance des arcboutants (*Planche VIII, Fig.* 2 ou 3); on couvre aussi quelquefois le sommier d'en haut d'une plate-bande ornée de moulures; ce qui sera expliqué dans la suite. Nous remettons encore à un autre lieu à faire remarquer que quelquefois les barres présentent à celui qui les regarde une de leurs faces plate, & d'autres fois un de leurs angles; ce qui se peut faire ou par la disposition de la mortaise, ou par celle du tenon. Tout cela deviendra clair par ce que nous dirons plus bas.

Les sommiers *A* du haut & du bas suffisent pour assujettir fermement des barreaux qui n'ont que trois pieds de longueur (*Planche VIII, Fig.* 1), comme sont ceux des balustrades & des balcons; mais il seroit aisé de fausser & même de rompre des barreaux montants qui auroient six ou huit, ou douze ou quinze pieds de longueur, comme sont les grilles des portes des jardins (*Planche VII, Fig.* 12), ou celles qui ferment les croisées (*Fig.* 7 & 8): dans ces circonstances, on fortifie les barreaux *CC* (*Fig.* 12) en les faisant passer dans des traverses *B B*, qui sont percées de trous assez grands pour que les barres montantes *C C* passent au travers. Voici comme l'on fait ces traverses.

Ayant coupé les barres qui doivent faire les traverses de même longueur que celles des sommiers, & ayant marqué, comme nous l'avons dit, les en-
droits

droits où l'on doit percer les trous, soit qu'on les veuille percer fur une des faces des barres comme *M* (*Fig. 9*), ou diagonalement fur cette face comme *L* (*Fig.* 19), ou fur l'angle formé par deux faces comme *N* (*Fig.* 10), on donne une bonne chaude à l'endroit où l'on veut percer les trous qu'on commence à ouvrir avec un large cifeau ou une tranche *P* (*Fig.* 20), ou une langue de carpe *H* (*Fig.* 11); on refoule un peu le fer, foit en frappant avec le marteau fur le bout des barres rougies, foit en frappant le bout des barres pofé perpendiculairement fur l'enclume, & par ce moyen on fait ouvrir les fentes; enfuite on acheve de les former avec un mandrin, qui eft lui-même une efpece de cifeau *Q* (*Fig.* 15), qui à quelque diftance de la pointe, a précifément la même figure & la même groffeur que celle qu'on veut donner au trou; ou ce qui eft la même chofe, un peu plus que celle du barreau montant qui doit paffer dedans.

C'eft toujours à chaud qu'on perce les barres, & pendant qu'on les perce avec le mandrin, elles font pofées fur une perçoire *R* (*Fig.* 17), comme on le voit *Fig.* 3 *dans la Vignette*. La perçoire, comme nous l'avons déja dit, eft une efpece de cylindre creux dont les bords font fort épais *R* (*Fig.* 17); il eft à propos que la perçoire ait deux entailles diamétralement oppofées *a* & *b* fur les bords fupérieurs, pour que la barre retenue dans les entailles chancele moins quand on frappe fur le cifeau ou fur le mandrin; & pour cela il faut que l'entaille de la perçoire foit quarrée quand on veut percer les trous fur le plat des barres, & triangulaire quand on veut les percer fur les angles; ce qu'on ne fait pas ordinairement, parce que les joues du trou feroient affoiblies.

Il eft bon de remarquer qu'en perçant les traverfes, on n'emporte pas le morceau comme aux fommiers; on écarte feulement le fer pour ouvrir les trous: c'eft pourquoi il y a toujours un nœud ou un renflement aux deux côtés des trous.

Dans les Boutiques où l'on n'eft pas bien monté en outils, on fe fert, au lieu de la perçoire *Fig.* 17, d'une piece de fer folide, & pliée à peu près comme une *S*, ou en arcade *Fig.* 24 : ils pofent la barre à percer fur cette piece de fer, & le trou fe trouve entre les deux branches.

L'effort du mandrin qui ouvre le trou évafe la barre en ces endroits, ce qui forme, comme nous l'avons dit, des nœuds fans qu'on foit obligé d'y rapporter du fer; vis-à-vis ces nœuds aux côtés des trous, le fer étant divifé en deux, n'a que la moitié de l'épaiffeur que la traverfe a ailleurs; & pour que la barre fe déforme moins, on la forge quelquefois fur une étampe *O* (*Planche VII*, *Fig.* 10). Les barres s'accourciffent plutôt que de s'alonger dans cette opération; cependant on fera bien de préfenter de temps en temps la regle divifée, comme lorfqu'on fait les fommiers; car il eft important que les trous des fommiers & des traverfes fe rapportent exactement, fans quoi il ne feroit pas poffible de monter la grille.

SERRURIER. S

On voit des grilles telles que (*Planche VII*, *Fig* 8,) où les faces des barres montantes telles que *C C* , font paralleles à la face du sommier d'en bas *A A* : alors on perce les traverses sur une des faces des barres, comme *M* (*Planche VII*, *Fig.* 9); on fait aussi les faces des tenons paralleles aux faces des barres, & on perce les traverses *E E* sur le plat, de façon que les faces des trous soient paralleles aux côtés de la barre *M* (*Fig.* 9).

D'autres fois on trouve quelque chose de plus agréable de préfenter en devant l'angle des barreaux montants ; alors on fait enforte que la diagonale des barreaux montants *CC* (*Fig.* 12) , tombe perpendiculairement fur la face du sommier *A A*; pour cela on dirige la face la plus large du tenon d'un angle à l'autre des barreaux montants, de façon que cette face soit parallele à la face du sommier, & en ce cas on perce les trous des traverses *B B*, ou fur l'angle des barreaux qui doivent faire ces traverses comme *N* (*Fig.* 10), ou plus communément pour ménager la force du fer, on perce les trous fur le plat des sommiers *L* (*Fig.* 19).

Suivant qu'on veut rendre les grilles plus ou moins folides, ou l'on ne met qu'une traverse *Fig.* 12 , ou on en met deux *Fig.* 7 , ou même un plus grand nombre.

Si nous avons fuppofé qu'on affembloit les barres montantes *C*, dans les sommiers *AA* (*Fig.* 12), à tenons & mortaifes, c'eft pour expliquer comment on fait cette forte d'affemblage ; car pour l'ordinaire on fait des trous ronds dans les sommiers qu'on perce à chaud avec un poinçon , & l'on termine les barres montantes par des lardons ronds qu'on rapporte ou qui fe font comme les mortaifes avec une efpece de clouyere *O* (*Planche VII*, *Fig.* 22). Quand les rivures font bien faites, cet affemblage eft très-bon, & il exige beaucoup moins de travail & de précifion que les tenons & mortaifes qu'on ne peut cependant fe difpenfer de faire pour les bâtis des portes & panneaux, comme nous le dirons dans la fuite.

Quand on emploie du fer doux, on peut faire les grilles comme nous venons de le dire ; mais comme les fers aigres font moins chers que les doux , on a coutume de les employer pour ces fortes d'ouvrages qui confomment beaucoup de fer, & qui n'exigent point des opérations délicates & précifes : cependant fi l'on n'employoit que du fer aigre, on auroit peine à percer les traverfes ; ainfi les traverfes & les fommiers fe font en fer doux. Il feroit auffi difficile de faire les tenons avec du fer aigre ; c'eft pourquoi les Serruriers fendent le bout des barres de fer aigre, *a* (*Planche VIII*, *Fig.* 14), & y rapportent un bout *b* de fer doux; quand ce bout eft bien foudé avec la barre, elle eft terminée par du fer doux avec lequel on peut faire les tenons quarrés ou les lardons ronds, comme nous l'avons expliqué, & cet ouvrage eft prefque auffi bon que s'il étoit entiérement de fer doux avec des tenons.

On s'attache fur-tout à faire réguliérement les tenons & les mortaifes des

barres principales *N E* , *I F* , *L G* , *H O* , entre lesquelles font les bar‑
reaux montants *a* (*Planche VIII* , *Fig.* 1) , & en rapportant le lardon
de fer doux , on ménage un petit renflement dans les angles pour donner
plus de folidité à l'affemblage. Ces renflements qu'on voit aux angles *L G*
(*Fig.* 1) &c , font des efpeces de gouffets qui fortifient ces parties ; &
comme on les fait avec du fer doux , on a , aux extrémités des fommiers , de
l'étoffe pour y former de bons tenons. Il eft fur‑tout effentiel d'apporter
ces attentions aux bâtis des portes & aux pieces voifines des endroits où
les portes font pendues , & auffi aux montants qui font continuellement
ébranlés par le battement des portes.

Pour monter les grilles femblables à la *Figure* 12 , *Planche VII* , on com‑
mence par paffer les barres montantes dans les trous des traverfes ; enfuite
on met leurs tenons dans les mortaifes des fommiers , & ayant tout établi
bien quarrément , on rive les barreaux fur les fommiers , comme nous l'avons
dit en parlant des grilles à hauteur d'appui.

S'il s'agit d'une porte , les fommiers du haut & du bas , ainfi que les traver‑
fes , font rivés fur un fort barreau *F I* (*Planche VIII* , *Fig.* 1) , lequel fe ter‑
mine en bas par un pivot femblable à *I* ou *i* (*Planche VII* , *Fig.* 6) ,
qui eft reçu dans une crapaudine ; & par le haut il eft embraffé par un collet
K ; & le dernier barreau *L G* (*Planche VIII* , *Fig.* 1) , eft rivé fur le fom‑
mier d'en bas *I L* , & fur celui d'en haut *G* , pendant que les traverfes fem‑
blables à *B B* (*Planche VII* , *Fig.* 12) , quand il y en a , font rivées par un
de leurs bouts fur le montant *F I* (*Planche VIII* , *Fig.* 1) & par l'autre fur
celui *LG* (*même figure*) , ce qui forme un chaffis dans lequel font les barreaux
montants *c c c* (*Planche VII* , *Fig.* 12).

S'il eft queftion d'une grille qui ferme une percée faite au mur d'un
Parc , comme la *Figure* 7 , *Planche VII* , peut le repréfenter , le fommier
d'en bas *A A* eft encaftré de toute fon épaiffeur dans des tablettes de pierre
de taille fur lefquelles la grille repofe ; les bouts de ce fommier , ainfi que
l'extrémité de toutes les traverfes , fe terminent par un fcellement comme *E* ,
& elles font fcellées dans les jambages de pierre de taille qui bordent la
percée.

Souvent aux grilles à hauteur d'appui (*Planche VIII* , *Fig.* 1) , le fom‑
mier d'en bas n'eft point encaftré dans la tablette , mais il y eft attaché de
diftance en diftance par des crampons *N* ou *O* qui fouvent enfilent une
boule comme on le voit en *M*.

Quand les grilles ont une certaine longueur , on les fortifie par des arc‑
boutants (*Planche VIII* , *Fig.* 2 & 3). On en met fur‑tout aux barreaux qui
reçoivent le battement ou qui fupportent les portes comme *E N O H* (*Pl.*
VIII , *Fig.* 1) , & les uns comme *Q Fig.* 2 , font arrêtés au barreau montant
par un collet , & fcellés par en bas dans un dé de pierre ; d'autres *Fig.* 3 , font

joints au barreau par un lien *S*, & sont liés par en bas au moyen d'un autre lien *T* au sommier *T Y*, lequel est scellé dans la pierre par un crampon *X*, & le sommier *X T Y* embrasse le barreau montant par un enfourchement qui est en *Y*.

Au-dessus de la derniere traverse *E* (*Planche VII*, *Fig.* 7), on termine les barres montantes en pointe ou toutes droites *D*, ou en flammes ondoyantes comme *F*; quand on ne veut point interrompre cet ornement au-dessus des portes, on rapporte ces pointes sur une barre qui forme le dessus de la baie de la porte.

Nous avons dit que les portes rouloient par en bas sur un pivot dans une crapaudine *i* (*Planche VII*, *Fig.* 6), & que par le haut elles étoient retenues par un collet qui fait l'effet d'une bourdonniere. Ce collet se fait de différentes façons, c'est ce qui nous reste à expliquer : les plus solides sont faits par un morceau de fer courbé en anneau *A* (*Planche VIII*, *Fig.* 4); les deux bouts de ce morceau de fer se réunissent pour faire un fort tenon *B* qui entre dans une mortaise qu'on fait au barreau *C*; ce tenon est rivé en *B* & goupillé en *D*; cela est plus solide que la simple bride *K* (*Fig.* 1.)

Quand on scelle des grilles dans l'embrasure des croisées, on n'appointit pas le bout *D* des barres (*Planche VII*, *Fig.* 7); on les fait entrer dans des trous qu'on fait à la plate-bande du haut, & on scelle dans les jambages les bouts *E B* des traverses & le bout *A* du sommier d'en bas.

Quelquefois pour jouir de l'appui des croisées, & pouvoir appercevoir ce qui se passe au-dessous des croisées, on plie les barreaux montants *G H*, en *E F* (*Fig.*8), de sorte que la partie d'en haut des barreaux montants est dans l'embrasure des croisées, pendant que la partie basse depuis *F* jusqu'à *H* fait saillie en dehors, ce qui oblige de couder le bout du sommier *A*, ainsi que l'extrémité de la traverse *E*, afin de regagner le dedans du tableau où l'on doit les sceller ; c'est pourquoi on termine toutes ces parties par un scellement ; enfin on scelle le haut des barreaux montants dans les pierres de la plate-bande du haut de la croisée, ou bien on les termine en pointe comme *D* (*Fig.* 7), ou encore on replie les pointes en dedans vers la croisée comme *K G* (*Fig.*) 8.

Les grilles des Parloirs des Religieuses sont faites de deux façons: les unes le sont avec des barres parfaitement équarries, & on assemble les traverses avec les montants en entaillant les unes & les autres, aux endroits où elles se croisent, de la moitié de leur épaisseur, de sorte qu'elles s'arrasent en dehors & en dedans. On perfectionne les entailles à la lime, on joint les montants avec les traverses aux endroits où ils se croisent, au moyen des goupilles arrasées, & quand cet ouvrage est bien exécuté, on n'apperçoit point les joints.

D'autres grilles de Religieuses sont faites avec des barres rondes, tant pour les montants que pour les traverses ; elles se font précisément comme les

grilles

grilles dont nous avons parlé d'abord , excepté qu'on perce les traverses *e*
(*Planche VII , Fig.* 16) , avec un poinçon rond , & on fait de petits nœuds
bien arrondis.

On fait encore des grilles qu'on nomme *entrelacées* , *Fig.* 16 , parce que
tantôt les montants passent au travers des traverses , & à d'autres endroits les
traverses passent au travers des montants ; mais ce ne sont pas des ouvrages
ordinaires , ces grilles sont plus difficiles à faire que les autres sans être meil-
leures. On leur attribue cependant un avantage , mais qui est bien peu consi-
dérable : ondit que si un montant de grille de fenêtre ou de soupirail de
cave étoit assemblé à tenons en haut & en bas , ce qui fait le plus solide
ouvrage des grilles communes , on pourroit tirer un barreau de place lorf-
qu'on auroit coupé les tenons du haut & du bas , au lieu qu'après avoir coupé
près des deux bouts un montant des grilles entrelacées , l'entrelacement em-
pêcheroit qu'on ne tirât le barreau.

D'abord nous ferons remarquer que dans les grilles ordinaires , l'appui em-
pêche qu'on ne tire les barres ou montants , & qu'on les dégage des traver-
ses , lorsqu'il y en a. D'ailleurs , cela ne feroit favorable à cette difpofition des
montants que quand on auroit befoin de les ôter en entier , & les voleurs trou-
veroient affez de paffage au travers d'une grille entrelacée , après avoir ôté
la partie d'un montant qui ne reçoit point de traverse ; c'est ce que l'on com-
prendra aifément en examinant la *Figure* 16 , *Planche VII* , où à la partie
c c , d-d , ce font les traverses qui paffent dans les montants , & à la partie
TTVV , ce font les montants qui paffent dans les traverses ; & avec un peu
de réflexion , on concevra comment s'affemblent ces fortes de grilles , c'est à
quoi se réduit tout ce qu'elles ont de particulier.

Jouffe qui s'est attaché dans fon Livre à ne rapporter que ce qui lui pa-
roiffoit de plus difficile dans fon Art , a repréfenté deux de ces fortes de gril-
les : dans un quarré qui est au milieu de la première , il y a ajufté la figure
d'un *Nom de Jefus* qui est foudé à une des traverses ; mais c'est un ornement
indépendant du travail propre à cette grille , qui au reste est la même qu'on
a repréfentée *Fig.* 16 , & femblable à une que j'ai vue & démontée à
Breft.

L'autre grille que Jouffe a repréfentée , a cinq quarrés garnis de fleurons , &
a bien plus d'entrelacements que la première , les montants y font plus lacés
avec les traverses ; mais pour faire ces entrelacements , il faut brifer des mon-
tants & les fouder enfuite ; or quand on voudra profiter de cet expédient &
employer le temps néceffaire pour l'exécuter , on entrelacera , tant qu'on
voudra , les montants avec les traverses.

Nous allons maintenant traiter des grilles qui font faites de fers contournés
& roulés , & qui pour cette raifon fortent de la fimplicité de celles dont nous
venons de parler.

SERRURIER. T

Article III.

Des Grilles ornées par les seuls contours du fer, & des différentes manieres de rouler le fer ou d'en former des volutes que les Serruriers nomment des Rouleaux *; avec les différentes façons de les assembler.*

Dans les ouvrages de fer où l'on veut sortir de la simplicité des barres droites dont nous avons parlé dans l'Article précédent, comme sont les grilles qui servent à la décoration des Eglises & des autres grands édifices, les balcons des maisons particulieres, la plupart des rampes des escaliers un peu considérables, tous ces ouvrages sont plus composés que ceux dont nous avons parlé ; ils exigent plus d'adresse, & ils ne pourroient être exécutés sans des précautions & des industries particulieres qui méritent d'être décrites.

Comme il ne s'agit point encore d'ouvrages très-riches, la plupart des ornemens dont nous nous proposons de parler, & qui effectivement sont très-agréables, se réduisent à des contours qu'on donne aux barres de fer, qu'on sçait varier d'une infinité de manieres ; mais dans ces contours on emploie très-fréquemment les volutes : on les appelle dans la Serrurerie *du Fer roulé*, & on nomme *un rouleau* une barre de fer contournée en volute, telle que *A* & *B* (*Planche VII, Fig.* 26) : on voit que le panneau de Serrurerie *Fig.* 14, reçoit son principal ornement de quatre rouleaux *A B C D*, les parties *E F* étant du fer droit.

Ces parties de Serrurerie sont faites tantôt de fer en barre qui est communément du carrillon, & tantôt du fer en lame qui a été applati par les cylindres des applatisseries qui donnent à ces lames une forme bien réguliere, sur-tout quand elles ont passé plusieurs fois entre les rouleaux. Quand les Serruriers ont besoin pour certaines parties de fer d'un échantillon qui ne se trouve point dans les magasins, ils les étirent & les applatissent eux-mêmes dans leurs forges avec leurs marteaux ; mais si ce travail étoit beaucoup répété, il augmenteroit considérablement le prix de l'ouvrage.

Assez souvent il entre dans une même grille ou dans un même balcon du fer quarré ou du carrillon, & du fer applati ou en lame. Le dessein exige quelquefois qu'on emploie de l'un & de l'autre fer, & les parties qui sont en fer applati exigent bien moins de travail que celles qui sont en fer quarré ; mais comme elles ont moins de force, on a l'attention de mettre du fer quarré aux endroits qui courent plus de risque d'être rompus. D'ailleurs les ouvrages qui sont faits en fer quarré ont toujours l'air plus mâle & plus satisfaisant à la vue que ceux qui sont faits avec du fer en lame.

Le Serrurier commence par transporter le dessein qu'il a imaginé ou qui lui a été fourni par l'Architecte fur une grande table de la même grandeur que l'ouvrage doit être, afin de s'épargner la peine de faire des réductions, & principalement pour qu'il puiffe préfenter fur le deffein les pieces à mefure qu'il les travaille pour s'affurer s'il les exécute réguliérement; au refte ce deffein confifte dans un fimple trait, les ombres feroient inutiles.

Si la grille devoit être plate & formée d'une répétition de panneaux femblables, tels par exemple que celui *Fig.* 14 *Planche VII*, ou des *Figures* 5 & 6 *Planche VIII*, il fuffiroit d'avoir un deffein de ce panneau ou d'une partie pour faire tout le refte.

Mais comme ordinairement on fépare les panneaux femblables par d'autres qui forment des efpeces de pilaftres, à peu près femblables aux *Figures* 8, 9, 10 & 11, *Planche VIII*, il faut avoir deux patrons, un pour les panneaux, l'autre pour les pilaftres.

Lorfque les grilles forment un rampant, comme aux efcaliers, il faut que le patron fuive le rampant *Fig.* 7, *Planche IX*, au droit des quartiers tournants *Planche IX*, *Fig.* 8 ; il faut que le deffein foit fait fur une furface convexe qui fuive les contours du limon, parce que dans tous ces cas il faut que la difpofition des enroulements change beaucoup. C'eft là où l'on reconnoît les Serruriers qui ont du goût. Car il faut que ces parties foient conformes au deffein courant, quoiqu'on foit obligé de beaucoup changer le contour de toutes les parties, qui le forment, & il y a quelque difficulté à y parvenir fans eftropier le deffein. Les habiles Ouvriers parviennent cependant à varier toutes les parties de leur ouvrage fans que rien paroiffe rompu. Nous rapporterons dans un inftant comment ils s'y prennent pour fe tirer de ce petit embarras. Il faut encore que le patron fuive le bombement d'un balcon, fuppofé que ce balcon fût bombé ; mais on doit fur-tout avoir foin que tous les montants s'élevent perpendiculairement, fans quoi la grille feroit difforme quand on viendroit à la mettre en place. Par exemple, il faut que dans la rampe *Fig.* 7, *Planche IX*, les fommiers *CC* & *B B* foient bien paralleles aux limons de l'efcalier, & que les montants *B C* fe trouvent bien à plomb, quand la grille fera en place; les entre-toifes horizontales *F* (*Fig.* 7), doivent être paralleles aux fommiers, & les verticales *G G* doivent fe trouver à plomb ou paralleles aux montants *B C*; fans ces attentions l'ouvrage n'auroit rien de fatisfaifant, il choqueroit immanquablement tous ceux qui auroient le coup d'œil un peu jufte.

Comme les Serruriers font affervis à fuivre les contours que les Charpentiers ont donnés aux limons, ils relevent ces contours avec du fer en lame paré, mince & bien recuit, qu'ils appliquent exactement fur le limon; & c'eft fur le contour de cette barre qu'on divife les panneaux & les pilaftres, comme nous l'expliquerons dans un inftant.

A mefure qu'on a contourné les pieces, on les préfente fur le patron, &

On les rectifie quand on s'apperçoit qu'elles n'en suivent pas exactement les contours.

Comme dans toutes les grilles & les balcons, il y a toujours plusieurs pieces de fer qui sont roulées de la même façon, le Serrurier commence par préparer une espece de moule sur lequel il courbe les pieces qui doivent être semblables. Ce moule qu'on appelle *un faux Rouleau* est un barreau *Planche VII, Fig.* 25, ou *Fig.* 10 *Planche IX*, auquel on fait prendre le contour qu'on veut donner à un nombre de pieces semblables; mais afin que les faux rouleaux *t t* (*Planche VII, Fig.* 25), ou *O P Q* (*Planche IX, Fig.* 10), conservent leur figure, on les rive quelquefois en plusieurs endroits sur une forte barre plate *s s*, & cette barre sert à les saisir dans l'étau, comme on le voit *Fig.* 4 *Planche VII*, dans la Vignette.

D'autres fois le faux rouleau est terminé par un crampon qui entre dans le trou qu'on fait sur l'enclume pour recevoir une fourchette ou une tranche.

Lorsqu'on travaille de gros fer, on attache quelquefois le faux rouleau sur un gros billot de bois; mais dans l'un ou l'autre cas il faut toujours que le faux rouleau soit horizontal; il seroit difficile d'en faire usage si on lui donnoit une autre position.

Quand on veut rouler un barreau, on lui donne une bonne chaude, on recourbe dans l'étau avec le marteau, celle de ses extrémités qui doit faire le centre ou la naissance de la volute, en un mot on forme avec le marteau les plus petites révolutions de la volute *a b c d e* (*Planche VII, Fig.* 27), d'abord comme *a*, ensuite comme *b*; on engage ensuite l'extrémité de la plus petite révolution du faux rouleau dans l'angle que forme le petit commencement de la volute, puis on tourne peu à peu le barreau *d e* (*Fig.* 27), comme fait l'Ouvrier *Fig.* 4 *Planche VII*, dans la Vignette, sur les révolutions de ce faux rouleau, & on le force à s'y appliquer exactement par les griffes *u x y z &* (*Fig.* 28, *Planche VII*); si le barreau s'éleve trop, on le force à s'abaisser dans le faux rouleau avec le tourne-à-gauche *x* ou *z*; s'il se gauchit, on le redresse avec le tourne-à-gauche ou les fourchettes *z* ou *&*.

Comme il faut que le fer soit flexible, on le met de temps en temps au feu; mais à chaque chaude, avant que de le remettre dans le faux rouleau, quelques-uns trempent dans de l'eau la partie qui a été roulée pour qu'elle ne se déforme pas. Cette pratique n'est cependant pas bonne, l'eau fait ouvrir le fer & le déforme; d'ailleurs si le fer étoit acérain, il se tremperoit, & on ne pourroit plus le forer ni le limer; & sans le tremper dans l'eau, on parvient à faire suivre l'enroulement au fer qu'on travaille. On conduit donc successivement la barre sur chaque tour du faux rouleau, jusqu'à ce qu'elle les ait enveloppés tous, & qu'elle ait été appliquée exactement sur chacun d'eux. Nous avons déja dit que pour faire entrer la barre dans le faux rouleau, pour faire qu'elle s'applique exactement sur tous ses contours, & qu'elle ne

l'excéde

l'excéde point par en haut, on se sert de différents outils qui étant assez longs fournissent au Forgeron un levier qui augmente beaucoup sa force; au reste il y en a de différente forme, mais en général ce sont des especes de crochets qui peuvent embrasser en même temps la barre & le faux rouleau *Fig.* 28, *Pl. VII*; au bout des barres *u y* & *&*, il y a deux dents.

Quelques-uns de ces outils qu'on nomme *Tourne-à-gauche*, ont leurs deux bouts recourbés & ramenés parallélement au corps de l'outil dans une longueur de deux ou trois pouces, comme on le voit *Fig.* 28, aux deux bouts du barreau *x*, & à un des bouts des barreaux *u y z*; ils servent, comme nous l'avons dit, pour dégauchir la barre. Les autres ne sont, comme on le voit *Fig.* 28, recourbés de la sorte qu'à un de leurs bouts; leur autre bout est recourbé à angle droit; & à quelque distance du coude, on a soudé une piece de fer qui égale la partie recourbée, & qui lui est parallele, formant toutes les deux ensemble deux dents qui ont fait donner à ces outils le nom de *Griffe*. Une dent porte sur le faux rouleau, l'autre sur la barre, & leur usage est d'obliger la barre à s'appliquer sur les révolutions du faux rouleau; d'autres, comme *z*, ont un de leurs bouts fourchu, & leur usage est de redresser le fer quand il prend un faux contour, & quand une de ses faces ne s'applique pas sur le faux rouleau. Enfin il y en a de semblables à *&*; & suivant la grosseur des fers qu'on travaille, on se sert de griffes plus ou moins fortes & plus ou moins longues.

On voit aux extrémités des barres *Figure* 27, *Planche VII*, des rouleaux plus ou moins avancés, & ceux *Fig.* 26, sont finis. On voit encore *Figure* 10, *Planche IX*, un faux rouleau d'une autre forme; car il faut en avoir de bien des formes différentes suivant les différents contours qu'on veut faire prendre aux rouleaux, quelques-uns de ces contours sont représentés en *STV* (*Planche IX, Fig.* 11). On forme les arcades des *Figures* 5 & 6 *Planche VIII*, sur une espece de faux rouleau, ou plutôt sur un mandrin *Figure* 24, *Planche VII*; il porte à sa partie convexe une petite cheville qui doit entrer dans un trou qu'on a fait au milieu de la barre qu'on veut tourner en arcade; on saisit la branche *r* dans un fort étau; & sur la partie convexe *f*, on contourne les barres qui doivent faire les arcades *t* ou *f* des *Figures* 5 & 6, *Planche VIII*.

Quand les Serruriers n'ont pas besoin d'un grand nombre d'enroulements de même forme & de même grandeur, ils savent se passer de faux rouleaux: plusieurs même ne s'en servent jamais.

Pour cela ils mettent dans l'étau, ou encore mieux dans un trou qu'on a pratiqué sur la table de l'enclume une fourchette *A* (*Planche VIII, Fig.* 15) à peu près semblable à l'extrémité fourchue *z* & de la *Fig.* 28, *Planche VII*; ils engagent dans cette fourchette le barreau qu'ils veulent rouler; & au moyen d'une griffe à dents *a b* (*Planche VIII, Fig.* 15) ils obligent le fer de fe rouler. Cette méthode exige plus d'adreffe que le faux rouleau ; mais il y a d'habiles Ouvriers qui contournent ainfi leur fer avec une régula- rité furprenante. Il y a même quelques circonftances où on ne peut fe fervir ni de faux rouleaux, ni de griffe, & où l'on eft obligé de rouler le fer avec le marteau en frappant à peu près comme fi l'on vouloit le refouler.

Très-fouvent les rouleaux terminent des barres droites, comme on voit les rouleaux *A B C D* aboutir aux parties droites *E F* (*Planche VII*, *Fig.* 14) ; la même chofe fe voit auffi au bas des *Figures 5 & 6*, *Planche VIII*. On ne foude pas les rouleaux au bout des parties droites en *E* ou en *F* (*Planche VII*, *Fig.* 14) ; les foudures fe font en *K* : il faut donc faire des retours d'équerre en *E* & en *F* : pour que ces angles foient bien formés, il eft néceffaire de ménager de l'étoffe en ces endroits. Si l'on travaille fur du fer quarré, on peut en refouler le fer pour le rendre plus gros aux en- droits où l'on doit former les angles ; mais fi l'on travaille fur du fer plat, on ne peut pas fe difpenfer d'y fouder un morceau de fer doux. Ce que nous venons de dire à l'occafion de la *Figure* 14, *Planche VII*, a fon application aux *Figures 5 & 6*, *Planche VIII*.

Pour donner plus de grace aux rouleaux, on a coutume de diminuer un peu l'épaiffeur du fer à mefure qu'il approche des petites révolutions des vo- lutes ; & fi ces premieres révolutions font faillantes & très-rapprochées les unes contre les autres, elles font une maffe comme à la *Figure 7*, *Planche VII* ; on évide cet endroit avec le burin & la lime, & on fait la rainure de la volute aux dépens du fer, ce qui augmente confidérablement le travail.

Quelquefois il part d'une même volute, deux branches qu'on roule dans des fens différents, comme on voit dans la *Figure 7*, *Planche VIII*, les deux branches *a d c* & *c b* de la volute *d* : en ce cas on foude deux barreaux *AB* (*Fig.* 18), en *C* ; la partie *D* fait le rouleau *c* (*Fig.* 7) ; la partie *A* fe con- tourne comme *a*, & la partie *B* comme *b* ; de cette façon un habile Ouvrier peut faire toutes les poftes comprifes depuis *d* jufqu'en *e* (*Fig.* 7), d'un feul morceau, fans être obligé d'employer ni liens ni rivures ; mais par cette mé- thode le fer n'eft point évidé jufqu'au fond de la volute, & l'ouvrage devien- droit bien plus confidérable fi on vouloit l'évider au cifeau. Pour que la volute foit évidée à la forge comme *A* (*Fig.* 16), on forme deux talons qu'on foude à plat, comme on le voit en *B* (*Fig.* 17) ; la partie *a* de la *Figure* 16 eft faite du barreau *a* (*Fig.* 17) ; la volute *b* (*Fig.* 16), eft faite de la partie *b* (*Fig.* 17), & elle eft formée au marteau ; enfin la partie *c* (*Fig.* 16) eft faite de la partie *c* (*Fig.* 17) ; pour joindre la partie *e f g*, avec la partie *abc*, on fait une foudure en *d*.

Quelquefois il part trois rouleaux d'un même endroit, comme on le voit en *A* (*Fig.* 20) ; pour cela on forme trois talons aux barres *a b c* (*Fig.* 19) ; le talon de *a* eft foudé avec le talon de *b*, & ces deux talons avec celui *c* ; le rouleau *a* (*Fig.* 20) eft formé par la barre *a* (*Fig.* 19) ; le rouleau *b* (*Fig.* 20), par la barre *b* (*Fig.* 19), & le rouleau *c* (*Fig.* 20,) par la barre *c* (*Fig.* 19.) Mais il faut être bon forgeron pour faire ces fortes d'ornements.

Quand les pieces, foit droites, foit roulées, dont les grilles doivent être faites, font forgées, on fonge à les affembler ou à les réunir de façon qu'elles faffent un tout pareil au deffein que la grille doit avoir.

Ces affemblages fe font de quatre manieres : ou par des foudures, ou à tenons & mortaifes, ou avec des rivures ou par des liens.

Les parties *E F* du panneau *Fig.* 14 , *Planche VII* , font foudées en *K* ; ainfi les deux enroulements *A B* avec l'entretoife qui les lie *F E* , forment un membre d'ornement qu'il faut réunir avec l'autre qui eft pareil & préparé pour remplir le panneau.

Les montants *GG* (*Planche VII* , *Fig.* 14), & (*Planche VIII* , *Fig.* 8 & 9), s'affemblent à tenons & mortaifes, comme nous l'avons expliqué en parlant des grilles fimples.

Pour faire les affemblages à rivure, on perce les deux pieces dans les endroits où elles doivent fe toucher, comme en *I* (*Planche VII* , *Fig.* 14), & on fait entrer dans ces deux trous une goupille de fer doux qu'on rive par les deux bouts ; c'eft ce qu'on nomme une *Rivure*.

La quatrieme maniere d'affembler eft par des liens qui embraffent les deux pieces qu'on veut réunir ; entre ces liens, il y en a de fimples *H* (*Planche VII* , *Fig.* 14), & d'autres qui font ornés de moulures *N* (*Planche VIII* , *Fig.* 5, 6 & 9), ou *N* (*Planche IX* , *Fig.* 7 & 9) : ces derniers contribuent à la décoration de l'ouvrage.

A l'égard des affemblages à tenons & mortaifes , nous n'avons rien à ajouter à ce que nous en avons dit à l'occafion des grilles les plus fimples ; nous y renvoyons donc entiérement.

Nous ferons remarquer feulement que les baluftrades *Figures* 5 & 6 , *Pl.* *VIII* , font affemblées avec des rivures en *t* & en *f* , à tenons & mortaifes en *u u* , par des liens fimples en *H* , & par des liens ornés en *N*.

Pour ce qui eft de l'affemblage à rivure, comme la principale opération confifte à percer les trous aux endroits où doivent entrer les goupilles, nous n'en parlerons pas non plus , parce que nous avons fatisfait à tout ce qu'on peut defirer à l'endroit où nous avons expliqué les différentes manieres de percer le fer à froid & à chaud. Il nous fuffira de faire ici les trois réflexions fuivantes. 1°, En général pour qu'une rivure tienne bien, il faut, quand on a mis fa goupille dans le trou , donner au fer qui l'embraffe quatre coups de langue de carpe, pour ferrer le trou contre la goupille , enfuite on forme la rivure.

2°. Quand la rivure fe trouve dans certains endroits d'un rouleau , comme vers les premieres révolutions , la goupille ne peut être frappée immédiatement par le marteau ; alors pour fe procurer un point d'appui affez folide pour que le bout de la rivure où le marteau ne peut atteindre, se rebrousse, on passe un morceau de fer coudé qu'on appelle *un Poinçon coudé, Figure* 21 *A, Planche VIII*, de façon qu'il recouvre le trou qui est dans la révolution du rouleau, afin que le bout de la rivure sur lequel on ne peut frapper rencontrant le morceau de fer, se rive; & on acheve de perfectionner cette rivure en frappant sur le poinçon coudé, pour qu'il agisse sur le bout de la rivure. Quand il est possible d'entrer la rivure par l'endroit où le marteau ne peut atteindre, on commence par faire une petite tête à la goupille *Figure* 21 *B, Planche VIII*. Il faut toujours que les goupilles soient de fer doux.

3°. Quand deux pieces ne se touchent pas exactement, on les joint quelquefois par une rivure qui porte à son milieu une graine ou boulle *A* (*Pl. VIII, Fig. 6 & 9.*)

4°. On fait encore des rivures qu'on nomme *Prisonniers*. Pour cela on fait dans une barre de fer ou une plate-bande un trou qui ne perce que de deux lignes, & on essaie que ce trou soit un peu plus large au fond qu'à son entrée, ce qui se peut faire en balançant un peu le haut du foret; mais de plus on retrécit l'entrée du trou avec la langue de carpe; on met dedans un lardon au bout duquel on a fait une petite tête *Fig.* 21 *B, Planche VIII*. Quelques coups de marteau sur le bout de ce lardon, & quelques coups de langue de carpe auprès, suffisent pour le river assez dans le trou, pour qu'il n'en puisse sortir, & les coups de marteau qu'on donne ensuite sur l'autre bout pour le river, ne peuvent qu'augmenter l'adhérence du lardon.

A l'égard des liens les plus simples qui ne peuvent servir que dans les endroits où les pieces se touchent comme *H* (*Planche VII, Fig.* 14), ils tiennent lieu des rivures, & ne leur sont pas beaucoup préférables. Ils sont formés par une piece *k*, qui porte deux petits tenons traversant une petite piece quarrée qui les lie, & sur laquelle on les rive; mais il y a des pieces qu'on lie ensemble quoiqu'elles ne se touchent pas, les ouvrages ornés de rouleaux en donnent fréquemment des exemples. On en voit un en *N* (*Planche VIII, Fig.* 5, 6 & 9); la piece qui embrasse & assujettit les deux pieces un peu éloignées l'une de l'autre, est appellée un *lien*, & maintenant presque toujours un *lien à cordon* à cause des moulures dont ils sont décorés. On apprendra dans l'article où il s'agira d'étamper les ornements, comment on forme les moulures sur ces sortes de liens. *a a* (*Planche IX, Fig.* 12) est un morceau de fer étampé, & propre à faire un lien à cordon; *b*, est un ciseau propre à couper le cordon; *c*, un morceau de fer coupé pour faire un lien à cordon; il est vu du côté de la moulure: *c²*, le même morceau vu du côté plat; *c³*, la piece qui avec la piece *c²*, fait le lien entier semblable à *c⁴*. Pour faire le corps du lien *c³*, qui embrasse les pieces qui doivent être liées, on y ajoute une seconde piece qui fait le quatrieme, & un des longs côtés du rectangle; celle-ci est appellée *la bride du lien*: elle s'assemble avec le

corps

corps du lien par les pieds à rivure du lien ou de petits tenons.

Dans les ouvrages propres, le lien dont nous venons de parler , eſt une eſpece de boîte *c⁵* fermée par deſſus & par deſſous , *Pl. IX , Fig.*12 . On n'y voit point de vuide, il ſemble entiérement maſſif , parce qu'on ferme le deſſus & quelquefois le deſſous du lien avec deux pieces minces *c⁶* , qu'on appelle *les couvertures du lien* : les uns les aſſemblent avec le cordon par des entailles & des tenons à queue d'aronde ; les autres attachent deux petits étoquiaux près de chaque bout de la couverture qu'ils arrêtent par de petites rivures qui paſſent au travers du cordon & dans les étoquiaux.

Les mâchoires des étaux ordinaires ne ſeroient pas commodes pour tenir les liens pendant qu'on les rive ; on les met dans une eſpece de tenaille qu'on nomme *Mordache N*¹ (*Planche IX, Fig.* 13) , & on ſerre les mordaches dans l'étau ordinaire. Ces mordaches ſont formées de deux branches qui ſont jointes , comme les forces , par un reſſort qui tend à les écarter , & par conſéquent à ouvrir la mordache ; leurs deux bouts ſont coupés quarrément , mais entaillés de façon qu'il reſte intérieurement à chaque branche une partie plate & ſaillante ; ces deux parties ſaillantes ſont une eſpece de petite table ou enclume ſur laquelle porte la piece qu'on veut river ; c'eſt un point d'appui qui l'empêche de deſcendre.

Souvent deux rouleaux ne ſont tenus enſemble que par une barre droite, aſſemblés par chaque bout avec l'un d'eux à tenons & mortaiſes : ces pieces *F* (*Planche IX, Fig.* 7 *& 9*) , ſe nomment des *Entre-toiſes,* terme que la Serrurerie a emprunté de la Charpenterie & de la Menuiſerie qui les emploient en quelques circonſtances à peu près pareilles.

Il manqueroit à la partie de l'Art du Serrurier qui regarde les grilles un article bien important, ſi nous négligions d'expliquer comment on doit conduire le travail des rampes d'eſcalier , & la façon de les mettre en place. Des Serruriers qui ſauroient faire des grilles d'appui ou des balcons avec du fer droit ou contourné, pourroient bien être embarraſſés à faire & à mettre en place des rampes d'eſcalier, s'ils ignoroient certaines pratiques qui fourniſſent aux Serruriers des moyens de faire ſuivre à leur ouvrage les contours qu'exigent les limons tant dans le ſens horizontal que dans le vertical. Car nous avons déja dit en paſſant que les Serruriers ſont aſſervis à ſuivre les contours que les Charpentiers ont donnés aux limons des eſcaliers : quoique les habiles Serruriers parviennent à corriger une partie des défauts qu'ils apperçoivent dans les limons. Mais il faut ſuppoſer le limon bien conduit : en ce cas ils relevent avec une bande de fer en lame, parée , mince & bien recuite , les contours des rampes en appliquant ce fer exactement ſur le limon , à quoi leur ſervent beaucoup les tourne-à-gauche , & les griffes dont nous avons parlé, ſur-tout aux endroits des quartiers tournants. Ce travail ſe fait à froid n'ayant communément pour enclume qu'un billot de bois ou un grès ; & comme

cette lame eſt de pluſieurs pieces, on a ſoin de la couper dans les parties droi-
tes à l'approche des quartiers tournants.

Le Charpentier doit avoir eu l'attention que la face ſupérieure de ſon li-
mon ne s'incline ni du côté des marches ni en dehors, afin que la bande de fer
plat que poſe le Serrurier, ne s'incline pas non plus ni d'un côté ni d'un autre:
ſans cette attention, il ne ſeroit pas poſſible de monter la rampe, à moins que le
Serrurier n'eût reparé par ſon induſtrie les fautes qu'auroit fait le Charpentier.

On tranſporte à la Boutique cette bande de fer qui eſt de pluſieurs mor-
ceaux ; mais on fait à ces différents morceaux des marques de rencontre ou
des repaires, parce qu'ils doivent s'ajuſter les uns avec les autres pour donner
les contours du limon.

C'eſt ſur les contours de cette lame qu'on diviſe les panneaux & les pi-
laſtres, ou les endroits où ſe doivent trouver les barreaux montants qui
ſerviront à former le bâti, ſoit que la rampe étant des plus ſimples doive être
formée de barreaux montants comme la baluſtrade *Fig.* 1, *Planche VIII*,
ou d'arcades comme celles *Fig.* 5 & 6 *même Planche*, ou de panneaux
Fig. 7 & 9, *Planche IX.* Ce que nous nommons le *bâti* de la rampe,
doit être formé par le ſommier d'en bas *c c* (*Fig.* 7), par le ſommier d'en
haut *B B*, & de temps en temps, ſuivant le deſſein, par des barreaux mon-
tants *c B* qui doivent entrer dans le limon, & donner de la ſolidité à la ram-
pe. Les montants *c* ſont terminés à leur bout d'en haut par des tenons qui
ſont reçus dans des mortaiſes que l'on fait au ſommier d'en haut *B* : au con-
traire chaque partie du ſommier d'en bas eſt terminée par des mortaiſes qui
embraſſent des tenons qu'on pratique aux montants *c*. Ainſi le ſommier d'en
bas doit être coupé vis-à-vis chaque montant *c* ; à l'égard du ſommier d'en
haut, on peut le couper où l'on voudra, à moins que ce ne ſoit une rampe
à panneaux ; car alors l'empatement qui joint les différentes pieces du ſom-
mier doit tomber ſur un des barreaux montants.

Pour ce qui eſt des rampes en arcades ſemblables à la baluſtrade *Fig.* 6,
Planche VIII, qui ne ſont point interrompues par des barreaux mon-
tants *c* comme la baluſtrade *Fig.* 5, ou celle à panneaux *Fig.* 7, *Planche
IX*, on attache le ſommier d'en bas au limon par de forts gougeons *c Fig.*
6, *Planche VIII*, clavettés dans le limon, on en met de diſtance en
diſtance, & le ſommier d'en haut eſt retenu par des rivures qui ſont en *D.*

On fait à la boutique ſur la lame de fer plat avec laquelle on a pris le
contour de la rampe, le ſommier d'en bas qui doit être de fer quarré doux,
ayant grand ſoin que ce ſommier ſuive exactement tous les contours de la
lame à laquelle on a fait prendre ceux du limon.

Comme le ſommier d'en haut qui ſert d'appui doit ſuivre tous les contours
de celui d'en bas, & lui être parallele dans toutes ſes parties, on le contourne
ſur le ſommier d'en bas qui alors ſert de patron ; à l'égard de la plate-bande, on

la contournera quand les panneaux feront montés à la boutique.

On fait que la plate-bande eft une bande de fer plat, ornée de moulures. Nous dirons dans la fuite comment on les fait fur une étampe.

Il faut que le fommier d'en bas ait une forme réguliere ; lors même que le limon a des défauts, l'habile Serrurier fait les corriger.

Comme on a marqué fur la lame qui fuit les contours du limon, la divifion des panneaux & des pilaftres, on coupe le fommier d'en bas vis-à-vis ces marques, & on forme à chaque bout des tenons qui doivent entrer dans des mortaifes qu'on fait aux barreaux montants pour les recevoir.

Quand il y a des barreaux montants qui s'étendent du fommier d'en bas au fommier d'en haut, comme *C B* (*Planche VIII* , *Fig.* 5 , & *Planche IX* , *Fig.* 7) , on fait enforte que les barreaux montants excedent le deffous du fommier d'en bas de fix pouces comme *C* , afin qu'ils entrent de cette quantité dans le limon où on les arrête avec des clavettes , ce qui rend l'ouvrage très-folide.

Il faut que les barreaux montants foient bien à plomb ; ainfi on conçoit que pour que les tenons qu'on fait dans le fommier d'en bas qui eft rampant , s'ajuftent exactement avec les barres qui doivent être à plomb , il faut faire une fauffe coupe, on la prend avec une fauffe équerre que les Serruriers nomment *Sauterelle* , qui fert auffi à faire réguliérement les tenons qui terminent les pieces du fommier d'en bas, & les mortaifes des barreaux montants qui doivent les recevoir.

A l'égard des rampes à arcades *Fig.* 6 , *Planche VIII* , qui n'ont point de barreaux montants , ainfi que les deffeins courants *Planche X* , *Fig.* 6 & 7 , on ne peut fe difpenfer, pour prendre les fauffes coupes dont nous venons de parler, d'y mettre des barreaux poftiches *F F* (*Planche VIII* , *Fig.* 6) , qui font ponctués , & qu'on ôte à mefure qu'on met en place les arcades ou les deffeins courants.

Quand les fommiers d'en haut & d'en bas, ainfi que les barreaux montants font faits, il faut les préfenter fur la place pour s'affurer que tout le bâti s'ajufte bien ; car la perfection de la rampe dépend beaucoup de l'exactitude qu'on a obfervée dans le bâti ; ainfi après avoir examiné fi le fommier d'en bas fuit exactement les contours du limon, il faut vérifier avec un fil à plomb , fi les barreaux montants font exactement à plomb , puis placer le fommier d'en haut , & s'affurer encore s'il eft bien parallele à celui d'en bas.

Quand le bâti eft bien réguliérement établi, on peut compter avoir fait une partie confidérable de l'ouvrage ; car c'eft dans les efpaces compris entre les deux fommiers & deux montants qu'on doit rapporter ou des barres fimples, fi c'eft une rampe femblable à la baluftrade *Fig.* 1 , *Planche VIII*, ou des arcades, fi la rampe doit être dans le goût des *Figures* 5 & 6, ou d'autres ornements comme ceux de la *Figure* 14, *Planche VII* , ou de la

Figure 7 , *Planche* IX. Il faut donc , avant que de démonter le bâti de la rampe pour la reporter à la Boutique , se mettre en état de le monter dans la Boutique , précisément comme s'il étoit en place ; pour cela on prend l'ouverture de tous les angles que les barreaux montants font avec les sommiers tant du haut que du bas. On pourroit prendre ces ouvertures avec une fausse équerre, & les conserver ; mais les Serruriers s'accommodent mieux d'un petit instrument qu'ils nomment *Griffe* , *Planche* X , *Fig.* 1 : c'est un petit barreau de fer qui porte une pointe acérée à chacune de ses extrémités.

Ils numérotent leurs barreaux 1 , 2 , 3 , &c , *Fig.* 2 , & la petite griffe fait l'office d'un compas à verge qui ne change point d'ouverture ; pour conserver l'ouverture de l'angle *a* , ils mettent une pointe de la griffe sur le milieu du barreau montant 1 , & l'autre sur le sommier , & avec un pointeau ils font un petit trou aux endroits où répondent les pointes de la griffe : pour avoir l'ouverture de l'angle *b* , ils transportent de même la griffe du côté *b* , & ils font une marque sur le montant & une sur le sommier ; ils font les mêmes opérations sur les angles *c* & *d* , de même sur les quatre angles formés par la rencontre du barreau montant *n*° 2 , avec les sommiers du haut & du bas , & de même sur tous les autres barreaux : ils démontent ensuite tout leur bâti ; ils le portent à la boutique ; quand ils ont établi leurs sommiers , & quand ils ont mis chaque barreau à sa place , ils vérifient s'ils ont conservé leur même position relativement aux sommiers , en représentant la griffe dans les trous précédemment marqués tant sur les barreaux que sur les sommiers.

Le bâti étant ainsi exactement établi dans la même position où il étoit en place sur le limon , il s'agit de transporter entre les montants & les sommiers les panneaux qui doivent les remplir , ce qui seroit bien difficile à qui ne sauroit pas comment on s'y prend pour qu'un dessein qui remplit un quadre quarré en remplisse un qui est en losange. Mais toutes les difficultés s'évanouissent quand on connoît la méthode que suivent les Serruriers. Pour la faire comprendre , je suppose qu'on veut transporter le panneau *a b c d* (*Pl.* X , *Fig.* 3) qui est dans un bâti quarré , dans celui *Fig.* 4 , qui est en losange; il faut diviser les côtés *a b* & *d c* en quatre parties égales , & les côtés *a d* & *b c* en huit parties plus ou moins , & tirer par ces points des lignes verticales paralleles au côté *b c* , & des lignes horizontales paralleles au côté *a b* , ensuite on divise de même la ligne *a b* de la losange *Fig.* 4 , en quatre parties , & la ligne *b c* en huit , on tire par ces points les lignes verticales & horizontales qui sont marquées sur cette *Figure* 4 , qui se trouve divisée en losange , au lieu que la *Figure* 3 l'est en quarré ; ensuite faisant répondre toutes les parties du dessein de la *Figure* 3 , à la losange de la *Figure* 4 , le dessein se trouve figuré , comme il le doit être, pour le rampant.

Les quartiers tournants *Fig.* 5 , se transportent tout de même sur la convexité d'un tambour qui a la même courbure que le quartier tournant : mais

pour

pour divifer en quatre ou en un plus grand nombre de parties la circonférence de la courbe *a b c*, on prend cette circonférence avec une regle très-mince qu'on plie fur le tambour ; & l'ayant redreffée, on divife fa longueur en quatre parties. Si l'on veut même tranfporter le deffein avec plus d'exactitude, on multiplie les divifions, afin que les quarrés qu'on forme fur le tambour foient plus petits ; car plus on fait les carreaux petits, plus on a de facilité pour tranf-porter le deffein du quarré dans la lofange, & d'une furface plane fur une convexe. Pour tracer fur le tambour les lignes horizontales, on fe fert auffi de cette même regle mince qu'on applique exactement fur toutes les divifions de la ligne *c d*, & de toutes les autres verticales qui lui font paralleles. Les lofanges étant ainfi tracées fur la circonférence du tambour, on y tranfporte le deffein de la *Figure* 3, comme nous l'avons dit en parlant de la *Figure* 4.

On travaille alors toutes les parties qui doivent former le panneau, comme nous l'avons expliqué plus haut. On les affemble à mortaifes, ou par des rivures ou avec des liens, & on perce des trous tant dans les fommiers du haut & du bas que dans les montants, pour y affujettir les ornements des panneaux ; enfin on apporte à l'efcalier les panneaux tout montés pour les mettre en place.

Il fe trouve certains efcaliers où dans les endroits des quartiers tournants les fommiers tant du haut que du bas approchent tellement de la pofition verticale, qu'il ne feroit pas poffible d'y rapporter le deffein en entier ; en ce cas on retranche une partie du deffein, ou on y fubftitue quelques ornements qu'on effaie, qui s'écartent le moins qu'il eft poffible du goût des autres panneaux.

Les ornements du panneau *Fig. 6*, *Planche X*, font prefque entiére-ment de fer roulé, au lieu que les ornements du panneau *Fig.* 7, font pref-que tout de fer relevé & embouti. Nous allons expliquer la façon de les travailler.

Article IV.

Des Ornements fimples qui fe font à l'Etampe ou fur de petits tas.

Ordinairement le fer roulé occupe la plus grande partie des panneaux des balcons & des grilles ; cependant il refte prefque toujours entre ces pieces de fer roulé d'affez grands vuides qu'on remplit d'ornements qui repré-fentent diverfes fortes de feuilles, de tiges ou de jets chargés de graines : d'ailleurs les montants & les traverfes qui forment les chaffis des panneaux, font quelquefois décorés de quarts de rond ou de moulures, & les plate-bandes qui recouvrent les appuis des balcons, des baluftrades d'appui & des rampes, font toujours, ou prefque toujours, ornés de moulures ; la plupart de ces ornements feroient très-longs à exécuter avec le burin, le cifeau, la lime ou le rabot ; on les fait très-vîte au moyen d'une efpece de moule dont nous avons déja parlé Chapitre I, qu'on nomme *Etampe*. Et comme je me fuis plutôt étendu fur la façon de faire les étampes que fur la maniere d'en faire ufage, je

SERRURIER. Y

vais reprendre ce dernier point & entrer dans des détails fuffifants.

L'étampe *Fig.* 14 *Planche IX*, eft une piece de fer épaiffe chargée d'a-cier où font formées en creux les moulures ou figures qu'on veut exécuter en relief, & on fait en relief fur l'étampe les moulures qu'on veut faire en creux fur l'ouvrage ; c'eft une efpece de cachet qui imprime fon empreinte fur le fer chaud & attendri par le feu. Nous avons déja vu faire ufage des étam-pes à l'occafion des tenons & des têtes des boulons, & nous avons expliqué la maniere de s'en fervir.

Les étampes les plus fimples, dont nous devons pour cette raifon parler en premier lieu, font celles qui fervent à imprimer des cordons, des quarts de rond, des doucines & d'autres moulures fur des pieces longues & droi-tes. La même étampe fert quelquefois pour faire des ornements de différen-tes largeurs, & même pour des ornements de différente efpece ; tout dé-pend des moulures & des différentes cannelures qui y font formées.

Pour fe fervir de l'étampe, on l'affujettit fur la table d'une forte enclu-me ; enfuite on pofe fur quelques-unes de fes cannelures la partie de la barre qu'on veut étamper, & qu'on vient de faire rougir à la forge ; on frap-pe deffus à grands coups de marteau *Fig.* 2 *Planche IX*, *dans la Vignette* ; la barre eft forcée d'entrer dans les cannelures de l'étampe, & d'en prendre la fi-gure ; en chauffant de même & en forgeant fur l'étampe fucceffivement toutes les parties d'une barre, on lui donne d'un bout à l'autre le même ornement.

Pour que les moulures foient formées bien réguliérement, il faut que les étampes foient fermement affujetties fur la table d'une forte enclume. On les y met tantôt en long, *Fig.* 15, & tantôt fuivant la largeur de l'enclu-me, *Fig.* 16 ; celles qu'on place en long font moins longues que la table de l'enclume, & cependant elles font beaucoup plus longues que larges. Elles ont à chaque bout un crochet *a a* (*Fig.* 14), & on paffe dans chacun de ces crochets une bride de fer *m m* (*Fig.* 15) ; on paffe le milieu de ces brides dans les crochets *a a* de l'étampe, on ramene les deux bouts de cha-que bride fous la table de l'enclume ; & comme elles font percées à leur ex-trémité, on retient les deux bouts enfemble par un boulon *g* qui paffe dans les deux trous *n n*, & qui eft lui-même arrêté par une clavette *h*.

Les étampes qui fe mettent en travers de l'enclume *Fig.* 16, font auffi plus longues que larges, & il faut que leur longueur excede un peu la lar-geur de l'enclume : elles ont à chaque bout un crochet qui fe trouve hors de la table : deux bandes de fer *e f* (*Fig.* 16²), qu'on arrête fous l'enclume par le boulon *g*, qu'on paffe dans les trous *f f* & qu'on retient avec la cla-vette *h*, fuffifent pour affujettir fermement cette étampe fur l'enclume.

Pour épargner un Ouvrier, on place fouvent auprès de l'enclume fur la-quelle l'étampe eft attachée, une barre de fer verticale *i* (*Fig.* 16), dont le bout inférieur *l* qui eft recourbé & pointu, enfonce dans le billot qui

porte l'enclume ; le bout supérieur *k* de la même barre est aussi recourbé , &
il forme un crochet ; cette piece tient lieu d'un Ouvrier ; car en passant le
bout de la barre qu'on étampe sous ce crochet, elle est assujettie sur l'étampe,
& le crochet l'empêche de sautiller après chaque coup.

On recommence à frapper le fer qui repose sur l'étampe jusqu'à ce que les
moulures soient bien imprimées dans le fer ; & quand on travaille des ouvra-
ges qui demandent à être bien finis , on répare les endroits défectueux avec
la lime droite ou courbe & le burin.

Il est certainement avantageux d'assujettir les étampes sur la table de l'en-
clume. Cependant cette méthode a des inconvéniens : il se détache nécessai-
rement des écailles du fer rouge qu'on pose sur l'étampe ; si on les y laissoit,
elles se logeroient dans les creux de l'étampe, & empêcheroient que les mou-
lures ne se formassent ; il faut les ôter ou avec un plumeau ou en soufflant ;
pendant ce temps le fer se refroidit : c'est pourquoi on a bien plutôt fait de
renverser l'étampe. Cette raison engage bien des Serruriers à ne les point atta-
cher sur l'enclume ; & en les faisant plus pesantes, elles s'y tiennent assez bien
d'elles-mêmes pour qu'on puisse forger dessus le fer sur lequel on veut impri-
mer des moulures.

Quand dans des cas particuliers & rares on ne peut pas se servir de l'étampe,
l'ouvrage est beaucoup plus long à exécuter,& rarement aussi parfait : par exem-
ple , pour faire une plate-bande qui auroit un quart de rond de chaque côté &
une moulure au milieu *Fig.* 17 , il faudroit abattre à coups de marteau les an-
gles des deux côtés sur une même face , achever de leur donner de la rondeur
avec la lime ; & enfin pour faire paroître une partie saillante entre ces deux
quarts de rond, il faudroit forger une seconde bande plus mince & plus étroite
que la première , & l'attacher avec des rivets entre les deux quarts de rond *S*
(*Fig.* 17). On trouve quelques anciennes grilles où les plate-bandes sont tra-
vaillées de cette façon ; apparemment que dans le temps qu'elles ont été faites,
on ne connoissoit pas les étampes qui d'une seule opération font des ouvrages
bien plus parfaits, comme une baguette entre deux plate-bandes *q* (*Fig.* 17),
des doucines , en un mot toutes les moulures que les Menuisiers font sur le
bois avec leurs rabots.

Dans les ouvrages dont nous venons de parler , l'étampe fait presque tout,
& il ne reste souvent rien où l'Ouvrier puisse faire paroître son adresse ; on
en a fait même où les moulures étoient encore mieux suivies. Le sieur Cho-
pitel, célebre Serrurier de Paris , avoit établi sur la riviere d'Essone près Cor-
beil comme nous l'avons dit, un laminoir où une barre passant entre deux
rouleaux sur un desquels les moulures étoient tournées en creux, elle sortoit
ornée de moulures très-bien détachées ; on en voit plusieurs profils à la
Planche VI Fig. 2 , 3 & 4 ; ici la pression des rouleaux faisoit l'effet des
coups de marteau pour faire entrer le fer dans l'étampe.

Il y a bien des ouvrages de Serrurerie où l'étampe n'eſt pas d'un auſſi grand ſecours. Elle ne ſert qu'à façonner de petites pieces qui par leur aſſemblage doivent en former de conſidérables ; c'eſt ce qu'on verra par les différentes feuilles dont nous allons parler.

De toutes les eſpeces de feuilles, celles dont les Serruriers font le plus d'uſage ſont celles qu'on nomme *feuilles d'eau* ; elles entrent dans preſque tous les ouvrages chargés d'ornements. En général les feuilles d'eau *Fig.* 18, *Planche IX*, ſont beaucoup plus longues que larges ; elles ſont pliées en gouttiere juſqu'à quelque diſtance de leur bout qui ſe renverſe ſur le dos de la feuille ; cette partie renverſée ſe nomme *la lippe de la feuille* ; enfin les bords de cette feuille ſont ondés : voici comment on les fait.

Toutes les différentes formes qu'on donne à la tôle pour faire une feuille d'eau ſont compriſes ſous la *Figure* 18, & marquées de la lettre *u*, à laquelle nous avons ajouté des chiffres pour les diſtinguer ; & les outils qui ſervent pour faire ces feuilles, ſont compris ſous la *Figure* 9, & déſignés par la lettre *t* avec différents chiffres, ainſi des autres.

On commence par forger un morceau de fer plat ou de tôle, on le coupe quarrément à un de ſes bouts, & à l'autre il ſe termine en pointe aſſez arrondie *u* ; il a en largeur & en longueur de quoi fournir à l'étendue de la feuille qui eſt plus ou moins grande.

L'étampe ſert ici à imprimer une nervure qui s'étend de toute la longueur de la feuille, & à renverſer la lippe, ou à donner une courbure arrondie au bout de la feuille.

Cette étampe eſt une piece de fer *t*¹ (*Fig.* 19), dans laquelle eſt creuſé un trou en demi-ſphere ; au fond de ce trou, on a ménagé une arrête *t*² , propre à imprimer une cannelure dans la feuille ; on poſe ſur le trou de l'étampe le bout de la feuille qui a été chauffé ; & pour l'y faire entrer, on a un poinçon ou bouterolle *t*³ , dont le bout eſt proportionné au diametre de l'ouverture du trou ; il eſt arrondi & comme diviſé en deux parties égales par une cannelure proportionnée à l'arrête du fond de l'étampe ; on oblige la feuille à entrer dans l'étampe en frappant ſur la bouterolle, ſon bout *u*² y prend une figure arrondie, pendant que la nervure y eſt imprimée.

Quelques Serruriers creuſent la nervure & arrondiſſent le bout de la feuille avec le marteau ; alors leur étampe eſt une barre de fer *t*⁴ ſur laquelle ſont deux parties plus élevées que le reſte ; l'une & l'autre ſont arrondies & ſéparées par une cannelure ; on fait le milieu du bout de la feuille dans cette cannelure en frappant avec la panne du marteau : cette méthode eſt bien plus longue que l'autre, & les feuilles *u*³ ne ſont pas ſi bien formées.

Toute la partie depuis la lippe *u*⁴ juſqu'à l'autre bout, doit être creuſée en gouttiere ; on creuſe cette gouttiere avec une étampe *t*⁵ qui eſt en demi-anneau *x*, & qui a une oreille *y* à chaque bout. On ſerre cette étampe dans

un

un étau ; & avec la panne du marteau, on y fait entrer successivement toute la longueur de la feuille jusqu'à la lippe.

Jusqu'ici la partie creusée en gouttiere est droite ou à peu près droite comme u^4 (*Fig.* 19), il faut la renverser comme u^5 ; on lui fait prendre cette courbure en la battant à petits coups sur un petit tas fourchu t^6 ; les deux branches de ce tas sont paralleles l'une à l'autre, & toutes deux ont une courbure approchante de celle qu'on veut faire prendre à la feuille, le vuide qui est entre les deux branches sert à conserver la gouttiere ou nervure, on l'approfondit même lorsqu'on frappe immédiatement au-dessus de cette séparation.

Par cette opération la feuille est mise dans l'état représenté par u^5 ; il faut, pour la finir, onder ses bords comme le représentent u^6 u^7 : on forme ces ondes à petits coups de marteau sur de petits tas t^7, qui étant minces, laissent à l'Ouvrier la liberté de contourner les bords de sa feuille comme il le juge à propos.

Les feuilles d'eau sont ; de toutes celles que font les Serruriers, les plus difficiles à exécuter ; celles qu'ils nomment *Feuilles de Palmier* sont quelquefois un grand effet quoiqu'elles soient bien plus aisées à faire ; c'est un grouppe de feuilles semblables à B^3 (*Fig.* 20) qui sont longues, étroites, pliées en gouttiere jusqu'auprès de la pointe, & un peu cintrées ; elles n'ont ni ondes ni nervures. Quand on a forgé & coupé une piece de fer plat ou de tôle B^2 (*Fig.* 20) de la grandeur & de la figure propre à être étampée, la feuille est bientôt finie au moyen d'une étampe A^2 qui ressemble à de grands ciseaux ; la partie recourbée fait véritablement l'étampe, le reste, depuis le clou jusqu'au bout, sont des leviers qui sont nécessaires pour augmenter la pression ; les deux parties recourbées ne sont point en taillant, l'une est creusée en gouttiere, & l'autre plus mince se loge dans cette gouttiere A^3. Quand l'étampe est fermée, ces deux parties sont cintrées comme les feuilles de palmier le doivent être. On ouvre l'étampe, on pose la piece de tôle toute rouge sur la partie creusée en gouttiere, en pressant l'autre partie de l'étampe on contraint la feuille de tôle à en prendre la forme comme dans un moule, & la feuille est faite. On rassemble plusieurs de ces feuilles, on les monte sur une tige B^4, & on forme un grouppe D^2 pour monter les feuilles, & en former des branches. On fait passer des rivets de distance en distance dans la branche principale B^4, le même rivet porte de part & d'autre plusieurs feuilles pour imiter en quelque sorte la disposition des feuilles du palmier.

Les Serruriers font la plupart du temps les rivets avec de gros fils de fer. Ils enlacent quelquefois des branches de lierre ou d'olivier autour de celles de palmier, comme on le voit en D^2 ; les feuilles de ces branches E^2 E^3 E^4 sont encore plus aisées à faire : on en coupe les contours au ciseau, on les plie avec le marteau, & on forme la nervure sur un petit tas t^7 (*Fig.* 19)

SERRURIER.　　　　　　　　　　　　　　　　　　Z

qui a une nervure au milieu ; on réunit plusieurs de ces feuilles sur une branche commune E^5 , & celle-ci sur une branche principale E^7. l'Ouvrier 6 de la Vignette perce des trous dans une tige pour monter un de ces ornemens.

Les Serruriers qui ont du goût & du deffein, varient d'une infinité de manieres ces fortes de branchages ; ils y ajoutent des grappes de raifin E^6, ils imitent même certaines fleurs, & enlacent les branches E^7 ; mais la façon d'exécuter tous les ornemens, revient à ce que nous venons de dire, avec de fi petites différences que perfonne ne fera embarraffé de les imaginer.

Les graines entrent encore fouvent dans les ouvrages de Serrurerie. On donne ce nom à des boules pofées les unes au-deffus des autres, & qui vont toujours en diminuant de groffeur F^3 F^4 F^5 (*Fig. 21*), de forte qu'elles femblent enfilées par une même tige qui fert de bafe à la plus groffe des graines ou boules, & qui a un jet qui fort de la plus petite ; le tout eft pris dans une même piece de fer après qu'elle a été arrondie, terminée en pointe, en un mot façonnée au marteau & à la lime comme F^2. Pour tailler les graines, on commence par les efpacer & par marquer d'une entaille jufqu'où chacune doit aller. Ces entailles fe font avec un cifeau dont le taillant eft circulaire ou en portion de cercle H^3. Les Ouvriers 3 & 4 de la Vignette font cette opération. La féparation de chaque graine étant ainfi marquée, on les arrondit une à une par le moyen de deux étampes, la premiere ou celle de deffous s'arrête fur l'enclume, comme nous l'avons expliqué en parlant des moulures ; elle eft creufée en gouttiere H^3 & H^4, & elle a au fond une arrête tranchante dont la coupe eft femblable à l'efpace qui doit être entre deux graines. La figure de la partie creufe de l'autre étampe qui doit être deffus, eft la même que celle qui tient à l'enclume ; mais elle a un grand manche de bois H^2 ; la graine qu'on veut arrondir fe pofe fur l'étampe de l'enclume, de forte que l'arrête du fond de cette étampe entre dans l'entaille qui fépare les graines. On pofe de même au-deffus des graines l'autre étampe, un Ouvrier frappe deffus, & la graine fe moule dans l'une & l'autre étampe. On retourne à différentes fois la même graine dans les étampes ; à chaque fois on frappe deffus, & elles font faites bien plus promptement & plus réguliérement qu'elles ne le pourroient être avec la lime.

Maintenant on emploie une méthode encore plus expéditive : car ayant des étampes qui portent 4, 5, 6 graines, lorfque le morceau de fer eft forgé à peu près comme F^2, on étampe tout à la fois la file de graines précifément comme nous dirons qu'on fait les moulures auprès des nœuds dés efpagnolettes, & par ce moyen toutes les graines font faites à la fois plus réguliérement que quand on les fait les unes après les autres. Quelquefois le fil qui termine les graines, eft droit comme F^4, & quelquefois on le rend ondoyant fur la bigorne comme F^5.

On a vu qu'on se servoit très-avantageusement de certaines étampes, qu'on peut comparer aux clouyeres, pour former les tenons ; les mandrins sont des espèces d'étampes qui donnent la grandeur & la forme aux trous qu'on a commencés avec des poinçons ou des langues de carpe. On verra dans la suite qu'on fait encore usage des étampes pour donner des formes agréables aux têtes des vis, pour former les vases qui décorent certaines fiches, pour les boutons, & dans plusieurs autres circonstances.

On voit en *O Figure* 22, & aux *Figures* 23 & 24, les outils dont se servent les Ouvriers qui montent les ornements, pour percer leur fer. On peut consulter ce que nous en avons dit au commencement de ce Mémoire.

L'Ouvrier *Fig.* 5 *de la Vignette*, dispose les ornements qu'on se propose de mettre en place.

On imite quelquefois assez bien & très-aisément en fer, des fleurs naturelles. Pour faire la Tulipe *Fig.* 8 *Planche X* ; on découpe, pour faire les six feuilles de la fleur, deux morceaux de tôle comme *A* ; on fait un trou au milieu, on bat les trois parties *a a a* sur un tas pour creuser chacune comme une cuiller, & formant sur un tas fourchu des rainures dont celle du milieu s'étend jusqu'à la pointe, & les autres s'étendent moins haut, on imite la forme des feuilles des fleurs des tulipes ; on met deux pieces pareilles à *A* l'une dans l'autre pour faire les six feuilles de la fleur. Quand on a attaché sur la tige *C* les feuilles *D* qui sont plus simples & plus aisées à faire que les feuilles d'eau, on passe l'extrémité d'enhaut de cette tige dans le trou qui est au milieu de la piece de tôle découpée *A* qu'on a creusée & relevée comme nous venons de l'expliquer ; & quand on a rivé le bout de cette tige, on rapproche les feuilles pour en former la coupe d'une tulipe.

La fleur du Narcisse *Figure* 9, est formée de trois morceaux de tôle, une *E* qu'on creuse sur le tas pour faire le bassin du milieu, & deux découpées comme *A* pour faire les six feuilles de la fleur en les tenant plus arrondies que les feuilles des tulipes ; & les renversant un peu par les bords, on monte au bout d'une tige ces trois pieces qui par leur assemblage imitent assez bien la fleur d'un narcisse.

Tous ces ornements, comme on le voit, sont aisés à faire, & ils suffisent pour faire comprendre comment on imite les fleurs des Lis, les Grenades, &c. Mais il y en a dont l'exécution est plus difficile. Nous allons en parler dans l'Article suivant ; & ce que nous avons à dire, jettera beaucoup de jour sur ce que nous venons d'expliquer d'une façon trop générale.

ARTICLE V.

Des Ornements de Serrurerie emboutis au Marteau.

LES étampes que nous avons vu si commodes pour former des moulures sur de gros fer, & même pour commencer des ouvrages plus délicats, comme font les feuilles d'eau, les étampes fi utiles en bien des circonftances ne font pas propres à faire de grands morceaux d'ornement ; elles ne font bonnes que pour imprimer des moulures fur des pieces maffives, ou pour mouler quelques efpeces de petites feuilles : encore avons-nous vu en parlant des feuilles d'eau, qu'elles laiffent beaucoup de chofes à faire à l'adreffe du Serrurier.

Les ornements les plus légers qui, quoique minces, ont beaucoup de relief & d'étendue, fe font ordinairement de plufieurs morceaux ; par exemple, le rinceau Y (*Planche XI, Fig. 5*), eft compofé de trois fleurons $T^2 V^2 X^2$. On commence ces fleurons au marteau fur des efpeces de tas ou taffeaux, & c'eft ce qu'on appelle *des Ornements faits au marteau* : on concevroit mieux ce travail fi nous expliquions ce que c'eft qu'*Emboutir & Rétreindre*. Mais nous nous refervons à traiter ce point intéreffant dans l'Art du Chauderonnier ; il nous fuffit de dire préfentement que le taffeau eft une petite enclume qui foutient la piece pendant qu'on la releve en boffe avec le marteau ; ainfi ces ornements fe commencent à peu près comme nous avons dit qu'on finiffoit les feuilles d'eau, & c'eft de cette façon qu'on fait les plus grands morceaux dont les parties doivent être détachées & ouvertes, c'eft-à-dire, dont différentes feuilles doivent être fur différents plans ; c'eft à quoi fervent beaucoup les rapports de différents fleurons, ce que l'on concevra aifément en faifant attention que le rinceau Y (*Fig. 5*), eft compofé de trois fleurons. $T V X$ montrent les trois morceaux de tôle qu'on a découpés, & $T^2 V^2 X^2$, ces morceaux de tôle travaillés & qui n'ont plus befoin que d'être affemblés pour faire le fleuron Y.

Prefque tous les ornements de Serrurerie font relevés au marteau. Cependant les ouvrages faits fur le plomb font mieux finis ; les côtes, les nervures, & les autres parties délicates des feuilles & des fleurons font mieux repréfentées, de forte qu'on fait au marteau les parties d'ornements qui doivent être vues de loin ; il feroit inutile d'y mettre un grand fini, on ne l'appercevroit pas ; mais on travailleroit fur le plomb les ornements qu'on doit voir de près, & dont on peut confidérer tous les détails, fi on ne les faifoit pas en fonte de cuivre, ce qui épargne de la peine & eft meilleur, parce que les fleurons relevés étant fort minces, ils font fouvent rompus lorfqu'on les met à portée de la main. L'inconvénient de la fonte en plufieurs endroits eft qu'elle tente les voleurs, au lieu que les fleurons en fer ne font d'aucune valeur. On ne peut guere fe difpenfer de travailler fur le plomb les armoiries & les fupports qui quelquefois repréfentent des hommes & des animaux, lorfqu'on veut qu'ils foient très-finis.

Tous ces ornements fe font avec de la tôle, & on a grande attention de choifir la plus douce, comme eft celle de Suede ; l'Ouvrier la prend plus ou moins épaiffe fuivant qu'il fe propofe de lui donner plus de relief, ce qui exige qu'il l'étende davantage ; mais communément il préfere la mince, parce qu'elle eft moins chere & plus aifée à travailler.　　　　Quoique

Quoique la tôle de Suede soit assez ductile , cependant elle ne l'est pas autant que l'argent & le cuivre ; il faut que l'Ouvrier la travaille avec plus de ménagement; & comme elle se durcit & s'écrouit sous le marteau, il faut de temps en temps lui donner des recuits ; car tous les ouvrages relevés sur le tas se travaillent à froid : cependant si l'on avoit une grande quantité de petits fleurons à faire qui eussent tous la même forme , je croirois possible de les avancer beaucoup à l'étampe ; pour cela il faudroit avoir deux plaques d'acier, une desquelles porteroit le dessein en creux, & l'autre en relief ; on mettroit entre ces deux plaques la tôle rougie au feu, & au moyen d'un coup violent tel que celui que donne le balancier des médailles , le fleuron seroit imprimé, & il ne seroit plus question que de contourner les différentes parties suivant l'intention du dessein.

Nous avons déja dit que les desseins de Serrurerie se font de la grandeur que doit avoir l'ouvrage, & qu'on n'y trace que les traits sans ombres. On ponce le dessein des ornements sur un papier *n n* (*Fig.* 8), ou *i i* (*Fig.* 9), &c, qu'on découpe en suivant tous les traits, & on colle le papier sur la feuille de tôle qu'on veut travailler.

Le contour étant ainsi marqué , le Serrurier le suit avec un ciseau à froid, & il découpe sa tôle comme l'a été le papier qu'il a collé dessus. Ordinairement le tranchant du ciseau qu'on emploie pour découper la tôle, n'est point quarré, mais un peu arrondi ; c'est une espece de langue de carpe.

Il faut, quand on dessine des ornements pour la Serrurerie, avoir l'attention de choisir ceux qui peuvent être exécutés avec plus de facilité, & qui doivent faire un plus grand effet ; c'est pourquoi on ne dessine pas communément les feuilles que présentent les végétaux. On en a imaginé qui ne ressemblent guere à celles des plantes, que pour cette raison on nomme *Feuilles d'ornements*, qui sont fort découpées, & dont les bords se contournent en différents sens *Y* (*Fig.* 5 , *Planche XI*) ; il faut donc que la tôle qu'on a découpée prenne différents reliefs, que d'une tige il parte différentes feuilles, que ces feuilles soient mises dans différents plans, qu'elles prennent chacune différente convexité, qu'elles aient des nervures qui présentent un peu l'idée des vraies feuilles, c'est là où se montrent le goût & l'adresse de l'Ouvrier, talents qu'on ne peut acquérir que par un long exercice.

L'Ouvrier qui veut travailler un ornement au marteau, se place entre deux étaux. Dans l'un, il met différents tasseaux ou tas, comme nous le dirons dans un instant, & dans l'autre un morceau de bois ou de plomb. On voit *Fig.* 1 *dans la Vignette*, un Ouvrier qui travaille un fleuron au marteau, & le fleuron est appuyé sur un petit tas.

Les tas ou tasseaux *E, F G, H, I, K, L, M* (*Fig.* 6), sont des tiges de fer acéré & trempé d'environ un pouce de diametre, & qui ont depuis deux jusqu'à six pouces de hauteur. Ces tas different les uns des autres principalement par leur extrémité supérieure qui fait le dessus des tas ; les uns sont faits comme les têtes des marteaux , & ont toutes les variétés des différentes têtes , c'est-à-dire, qu'il y en a de plus ou moins convexes ; d'autres ressemblent aux pannes des marteaux , ils sont minces par rapport à leur largeur , mais toujours arrondis en dessus ; enfin d'autres tasseaux sont fourchus , ils se terminent par deux tranches plus ou moins écartées , & chacune plus ou moins mince.

Les tas qu'on nomme *fendus* , servent pour faire les grosses nervures ou côtes ; ce sont celles qu'on travaille d'abord , & qui servent à guider pour les autres , la largeur de la fente du tas détermine la grosseur de la nervure. On appuie la tôle sur le tas dans l'endroit où doit être la nervure, on frappe avec le marteau sur la fente du tas , & il se forme un sillon qui marque la nervure , & quand on veut faire des nervures plus fines , on prend des tas dont les fentes soient plus étroites.

Les fines nervures se font ou sur l'arrête d'un tas , ou sur un tas formé comme la panne d'un marteau ; plus le tas est mince, plus la nervure est fine ; car pour former les nervures, on frappe à droite ou à gauche aux deux côtés du tas.

Si l'on veut relever en bosse le milieu d'une feuille , on se sert de tas de différentes grosseurs dont la tête est arrondie.

Il ne suffit pas d'avoir des tas de différentes grosseurs & figures, il faut aussi avoir des marteaux de différentes formes comme A, BC, D (*Fig.* 7) ; l'Ouvrier choisit , suivant ses différentes intentions , les marteaux qui lui paroissent les plus propres à remplir ses vues.

Mais pour donner certaines rondeurs ou certaines courbures aux feuilles entieres, on se trouve très-bien de substituer aux tas ou tasseaux des morceaux de bois ou de plomb sur-tout pour former des concavités; on donne cette forme au bois *Fig.* 12 , mais le plomb la prend par les coups de marteau qu'on donne sur la tôle ; on appuie dessus la tôle , & on la forge avec un marteau à tête ronde, le bois ou le plomb cede aux coups des marteaux , & la tôle qu'on frappe dessus en prend d'autant mieux la courbure qu'on veut lui donner ; ce qui fait que le plomb est préférable au bois , parce qu'étant plus ductile , il obéit mieux aux coups de marteau , mais encore parce qu'à chaque coup de marteau on change sa figure , & on lui fait prendre celle qu'on desire. De même pour faire le fleuron QQP (*Fig.* 10) , on découpe la piece de tôle N pour faire le milieu P du fleuron ; les pieces de tôle OO sont destinées à faire les fleurons de côté QQ. Comme les extrémités de ces fleurons ss ont beaucoup de revers , il seroit difficile de les prendre dans le même morceau ; on travaille à part les différents revers RS, S qu'on rapporte ensuite avec des rivets. On les voit en place au fleuron QQP , ils sont marqués des lettres $r s s$.

Le vase *Fig.* 11 , est composé de l'assemblage d'un nombre de pieces séparées , ainsi que nous allons l'expliquer.

La bafe du pied du vafe qui forme une efpece de focle , eft formée par une piece femblable à *D D* , qui eft garnie de plufieurs étoquiaux *d d d* qui fervent d'attache à différentes pieces , comme nous allons l'expliquer : on plie cette piece pour en former un quarré 4 4 4 4 , comme on le voit en *E* ; *D* , font les étoquiaux ; quatre pieces femblables à *F* , forment la doucine du pied du vafe ; on y voit les trous qui fervent pour les affembler.

La cage quarrée *E* reçoit une traverfe *g g* qui porte une tige *G* qui s'éleve dans l'axe du vafe. On voit en *H* le pied fini & garni des doucines qui font faites avec les pieces *F*. On met au-deffus du pied en *i* une efpece de gland en virole *I* qui s'enfile dans la broche montante *G*.

On fait à part, & comme nous l'avons expliqué plus haut , un fleuron *K K* qu'on enfile auffi dans la broche *G* ; ainfi il fe trouve placé au-deffus du gland, & il embraffe le corps du vafe qui eft gaudronné. Ce corps du vafe eft formé d'une piece *M* qui en fait le fond. Sur ce fond *M* font affemblées des pieces détachées femblables à *N & N* , qui par leur union forment les gaudrons & le corps du vafe *L*.

On pofe au-deffus de cette efpece de tulippe qui forme le corps du vafe un cordon *O* , formé de petites pieces de tôle pliées en forme de ruban *Q* , & qui font attachées au cercle d'en haut & d'en bas *p p*. On voit cette virole féparée en *P* , & la virole roulée en ruban *Q* qui eft entre deux viroles *P* ; la virole roulée *Q* eft faite avec une lame de fer plat *R* un peu courbé , & on la roule fur un mandrin *S*.

Le couvercle du vafe *T* eft fait à peu près comme le corps ; une plaque ronde de fer *V* , porte des lames relevées en gaudron *u u* , qui font attachées fur une calotte de tôle. Au-deffus de ce couvercle , on met une virole renflée en cordon *t* , & par deffus un petit vafe *X* d'où il fort des flammes *Y* ; on pourroit les faire avec de petites lames de fer travaillées féparément , contournées en différents fens , & les affembler dans le petit vafe , comme nous l'avons expliqué ; mais ordinairement on les fait en bois ou en fonte.

Article VI.

Maniere de faire les Ornements relevés fur le tas , & finis fur le Plomb.

Les Serruriers ne font guere dans l'ufage de relever fur le plomb. Cependant on pourroit relever fur le plomb prefque tous les ornements qu'on fait fur les taffeaux ; l'ouvrage en feroit plus long , mais auffi il feroit plus parfait. C'eft pourquoi nous croyons devoir expliquer cette façon de travailler , quoiqu'on puiffe juger qu'elle eft trop recherchée pourdes ouvrages de Serrurerie. Il ne feroit pas poffible de donner fur le plomb les grands reliefs ; c'eft pourquoi on commence toujours par ébaucher l'ouvrage fur le tas, comme nous l'avons expliqué , & on ne fait que le perfectionner sur le plomb.

Quand on travaille sur le plomb , on est encore guidé par les traits du des-sein qu'on veut imiter, qu'on fait de la même grandeur que doit être l'ou-vrage fini ; mais comme il seroit difficile de travailler de grandes pieces , on coupe en plusieurs parties les rinceaux qui ont de l'étendue ; on travaille en particulier chaque feuillage ; & quand ils sont finis , on les assemble les uns avec les autres par des rivets , & nous avons déja dit qu'on devoit avoir recours à cet expédient lors même qu'on fait des ornements au marteau , sans cela les renversements de feuilles seroient bien difficiles à exécuter ; & quand toutes ces pieces séparées sont bien réunies , elles ne paroissent faire qu'un seul morceau , sur-tout quand on les voit d'une distance un peu con-sidérable.

On pourroit aussi travailler les ornements de fer avec le ciselet sur le mas-tic ; mais ce travail n'est guere du district des Serruriers : il faut l'abandon-ner aux Ouvriers qu'on nomme *Ciseleurs*, qui travaillent sur des métaux plus précieux , l'argent & l'or , quelquefois le cuivre.

Donnons un exemple de la division d'un corps d'ornements en plusieurs pieces. On conçoit, sans que nous le disions, que le fronton *Fig.* 5 , *Planche XII*, est formé d'un grand nombre de pieces dont une partie seront détaillées dans l'explication de cette Planche ; mais de plus chaque corps d'ornements est formé de bien des pieces ; c'est ce que nous allons faire appercevoir. Les parties *E F* qu'on nomme *les Consoles du couronnement* , sont chargées de plusieurs rinceaux & feuilles d'ornements : on voit cette console *Fig. 6*, représentée seule & plus en grand ; *G H* est la partie *E* de la *Figure* 5 , & *o p* de la *Figure* 6 ; ce n'est pas tout, *G H* est formée des deux pieces *I K* & *L L*.

La partie supérieure *F* de la *Figure* 5 , représentée par *R Q* (*Fig.* 6), est formée par les deux pieces *M N*. Ainsi *O P Q R* (*Fig.* 6), représentent toutes ces pieces montées & réunies par des rivures ; c'est ce que fait l'Ou-vrier *Figure* 2 *dans la Vignette*. R^2 (*Fig.* 6), est un des rinceaux de la con-sole *R* (*Fig.* 5), qui n'est pas encore à sa place, & ce rinceau-là même est souvent composé de deux ou trois pieces qu'on a travaillées séparément , ainsi que nous l'avons expliqué plus haut ; il en est de même des autres ornements qui décorent cette console, ainsi qu'on le voit en *E F* (*Fig.* 5).

Comme les deux côtés d'un fronton sont ordinairement semblables & sim-métriques , on travaille en même temps les deux pieces qui doivent former les deux côtés du fronton. On commence donc par couper deux morceaux de tôle égaux , & un peu plus grands que le trait du dessein , & pour cela ou bien on colle le papier sur lequel est le dessein sur la tôle , ou bien on le pique & on le ponce avec de la craie ; mais auparavant on a frotté légére-ment de suif la tôle , afin que la poudre de craie qui sort du poncif s'attache

mieux

mieux à la tôle ; par cette petite opération, le deffein eft tranfporté fur un des morceaux de tôle. Mais nous avons dit qu'on en mettoit deux l'un fur l'autre qui devoient être travaillés en même temps , & par les mêmes coups de marteau ; il faut donc que les traits du deffein fervent pour les deux feuilles , & il eft effentiel qu'elles ne fe féparent pas , & même qu'elles ne perdent pas leur premiere fituation réciproque ; pour cela on replie les bords en plufieurs endroits, comme on le voit à la Couronne *Fig.* 7 *Planche XII* , & au morceau d'ornement *Fig.* 8 & 9 *Planche XI.*

Comme il faut que les pieces qu'on doit travailler aillent plufieurs fois au feu , les traits de craie qui ne tiennent qu'à de la graiffe feroient bientôt effacés ; c'eft pourquoi on marque les contours du deffein avec un poinçon d'acier qu'on nomme *Pointeau* , & les marques fubfiftent jufqu'à ce que l'ouvrage foit prefque entiérement fini : on voit ces trous ponctués *Fig.* 8 & 9, *Pl. XI* & *Fig.* 7 *Pl. XII* ; mais ce deffein ne fert qu'à marquer les principaux contours des différentes parties dont les unes doivent former des reliefs & les autres des enfoncements. On commence à former ces creux & ces reliefs fur les taffeaux , & avec le marteau , comme nous l'avons dit en parlant des ornements qu'on fait au marteau ; mais on a grand foin de n'embouir que peu à peu , ne donnant qu'une concavité ou une convexité peu fenfible aux parties qui doivent en avoir beaucoup , puis on la fait recuire , & ce n'eft qu'à force de recuits répétés qu'on parvient à bien embouir : le fer n'a pas affez de foupleffe pour être traité brufquement ; ce n'eft qu'à force de ménagements & de patience qu'on parvient à l'étendre fans le rompre. Nous avons parlé plus haut de la forme des taffeaux & de celle des marteaux , ainfi nous pouvons nous difpenfer d'y revenir.

On bat auffi le fer fur le plomb ou fur le bois creufé en baffin *Fig.* 12 , *Planche XI* , comme nous l'avons dit plus haut ; & quelquefois on pofe le plomb fur un billot, comme on le voit *Fig.* 1 , *Planche XII dans la Vignette* ; à tous les recuits, on commence à travailler fur le taffeau , & quand l'ouvrage eft avancé à un certain point , on le releve fur le plomb qui fert à former les reliefs , les creux & les rondeurs.

Tout ce que nous venons de dire ne differe prefque pas des procédés que nous avons expliqués pour les ornements emboutis ; auffi n'avons-nous point encore parlé de ce qu'on appelle véritablement *relever fur le plomb.* Les ouvrages auxquels on fe propofe de donner cette perfection , doivent commencer par être emboutis , & alors l'ouvrage n'eft encore qu'ébauché ; il eft à peu près comme le repréfente *S S* (*Fig.* 7 , *Pl. XII*) , & il doit être comme les *Figures T T* , *V V* ou *X X* : ce dernier travail qu'on appelle *relever fur le plomb* ou *fur le maftic* , eft véritablement emprunté du Cifeleur.

Mieux l'ouvrage eft embouti, mieux il fe travaille fur le plomb. Pour cette derniere opération , on remplit de plomb fondu ou de maftic , tous les creux

SERRURIER. B b

qu'on a formés en emboutiffant ; pour cela on borde de terre graffe le pour-
tour de la tôle en fuivant tous fes contours ; & quand cette terre eft bien
feche, on coule du plomb fondu dans cette efpece de baffin ; on pofe la
face où le plomb fe monte, fur un billot de bois ; on y arrête l'ouvrage
avec de gros clous *a a* (*Fig.* 13 *Planche XI*), dont la tête eft en forme de *T*,
pour qu'elle appuie fur les bords de la piece ; car il faut que les coups qu'on
donnera pour travailler la piece, ne la dérangent pas ; c'eft pourquoi on met
tout autour de la piece les clous *a a* prefque touchants.

La piece étant bien affujettie, l'ouvrier travaille à la *relever* ; ce terme ex-
prime fort bien ce qui réfultera de fon travail. Il s'agit d'augmenter les re-
liefs & les creux des endroits emboutis, de détacher de nouvelles parties &
de donner du relief à tout l'ouvrage ; tout cela s'exécute avec des efpeces de
cifeaux qu'on nomme *Mattoirs*, *Planche XI*, *Fig.* 16 ; ils different des vrais
cifeaux en ce que l'extrémité qui porte fur la tôle, au lieu d'être tranchante,
eft toujours taillée par dents & hachures comme une lime, & cela afin que
l'outil engrene fur le métal, & qu'il ne gliffe pas lorfqu'on le frappe avec le
marteau : le mattoir du Serrurier eft, à la force près, le cifelet du Cifeleur, &
il fait l'effet d'un repouffoir.

Il faut avoir de grands & de petits mattoirs, & dont l'extrémité foit diffé-
rente ; dans les uns, elle eft quarrée, dans d'autres arrondie. On en a de min-
ces, d'épais, de larges, d'étroits, &c. afin de pouvoir travailler dans toutes
les efpeces de creux qu'on veut former. Pour commencer à relever, l'ouvrier
fe fert d'un des plus gros mattoirs, il le tient de la main gauche ayant la pointe
inclinée vers fon corps, *Planche XII*, *Fig.* 1, & *Planche XI*, *Fig.* 3 *dans la
Vignette*, & il frappe deffus avec le marteau ; commençant par relever ou
plutôt par enfoncer tous les traits qui marquent le contour de ce qui a été
embouti, en fuivant les lignes ponctuées que nous avons vu piquer au
commencement ; il releve enfuite les parties comprifes entre ces traits. Pour
relever, il faut, comme nous l'avons dit, placer obliquement le mattoir, &
frapper un peu au deffus du trait ; l'inclinaifon qu'on donne au mattoir
oblige le plomb & le fer à s'élever, le fer s'étend fous les coups, & ce dont
il s'étend eft employé en convexité ; ce qui le prouve, c'eft que le contour
du deffein n'augmente ni ne diminue ; cependant les reliefs augmentent. Il
eft vrai que pour produire cet effet, il fuffit fouvent de creufer les conca-
vités, & d'enfoncer les endroits qu'on veut fillonner pour faire paroître les
nervures des feuilles.

Les contours des feuilles ou des parties de feuilles étant marqués, com-
me nous l'avons dit, on trace les nervures & les côtes avec de la craie avec
laquelle on fait deux traits qui renferment la largeur de chaque nervure ; ils
fe rapprochent à leur origine où ils concourent prefque à un même point,
& ils s'écartent pour fe diftribuer aux différentes parties de feuilles, comme
on le voit en *R*² (*Fig.* 6 *Planche XII*).

Il faut prêter une singuliere attention à ces nervures ; car ce font elles qui font principalement diftinguer les ouvrages qu'on a travaillés fur le plomb de ceux qui font faits fur le tafleau ; les nervures fur le plomb font plus réguliérement & plus nettement tracées.

On enfonce avec les mattoirs la partie du fer qui eft fous chaque trait, d'où il fuit que l'entre-deux des traits prend du relief, & forme une côte ou arrête.

En général, quand on releve fur le plomb, il eft à propos de travailler les parties femblables les unes après les autres, & de ne pas finir tout de fuite un même côté ou un même fleuron, parce que fi l'on agifloit ainfi, comme on porteroit le plomb d'un même côté, on trouveroit des vuides fous la tôle, quand on viendroit à travailler un autre côté du même fleuron.

Quand les pieces font fuffifamment relevées & bien finies ; on coupe les bords au cifeau, & on fait fondre le plomb qui foutenoit la tôle pendant le travail ; & quand ces bords font bien ébarbés, il ne refte plus qu'à les affembler avec des rivets, comme le font les Ouvriers *Fig. 2, 3 & 4 Planche XII dans la Vignette* : l'explication des *Figures des Planches XI & XII* achevera de faire comprendre comment on affemble les différents fleurons qu'on a travaillés en particulier, & qui doivent faire un tout régulier.

Suivant ce que nous avons dit des ornements emboutis ou relevés fur le plomb, on conçoit que ce font des pieces minces, & terminées par quantité de pointes ; ces raifons font qu'on ne les place qu'à des endroits élevés, non-feulement parce que les pieds les dérangeroient, mais encore parce qu'ils accrocheroient les habits ; c'eft une attention qu'il faut avoir quand on deffine des ouvrages de Serrurerie. Et c'eft pour cette raifon que les Serruriers fe contentent ordinairement de relever leurs ouvrages fur le tas : le grand fini qu'on leur donneroit fur le plomb ou fur le maftic, feroit inutile pour des ouvrages qu'on ne voit que de loin.

On fait encore, nous l'avons déja dit, des ornements de Serrurerie en évidant une piece pleine ; comme on ne fait pas ufage de ces ornements pour les grilles, nous remettons à en parler lorfqu'il s'agira des verroux, des targettes, des mains, des olives, des poignées, &c. C'eft encore pour placer chaque chofe en fon lieu, que nous remettons à un autre endroit à parler des ferrures creufées au cifelet, au burin, avec différentes limes, &c. comme on fait quelquefois les boucles ou heurtoirs de porte cochere.

EXPLICATION des *Planches du Chapitre troisieme*,
PLANCHE VI.ᵉ

Où l'on détaille la façon de faire les Vitraux des Eglises, ainsi que des Chaffis de fer pour recevoir des carreaux de verre, & où l'on a représenté le profil de plusieurs plate-bandes ornées de moulures.

FIGURE 1, elle sert à faire voir comment on assemble les bandes de fer pour faire les vitraux des Eglises.

A B, les montants : pour y joindre les traverses *C D*, on met une bande de fer plat *E F*, qui traverse le montant *A B*, & qui entame sur les traverses *C D*, où elle est attachée par des clous rivés qui sont tant sur le montant que sur les traverses ; *H G*, représente le côté du dedans de l'Eglise, & *E F*, le côté du dehors. Pour retenir les panneaux de verre, on rivoit autrefois sur les traverses & sur les montants des crochets *L L L*, qui tenoient lieu de feuillure : pour faire concevoir comment on les arrête maintenant, *a a* représente un bout d'une des traverses *C D* ; *b*, est une broche taraudée ; elle est rivée sur la traverse *a a* ; *c c*, est une bande de fer mince percée de trous de distance en distance, dans lesquels entrent les broches *b* ; on met le panneau de vitre entre *a a* & *c c*, & on les assujettit en rapprochant *c c* de *a a* au moyen de l'écrou *d*.

Les *Figures* 2, 3 & 4 sont des profils de moulures pour des plate-bandes.

La *Figure* 5 est la coupe des deux montants *A B*, de la croisée *Fig.* 10, dans la grosseur qu'ils doivent avoir ; *a a*, sont les feuillures qui doivent recevoir les carreaux.

Les *Figures* 6 & 7 sont les montants *C D* & *E F* du chassis à verre *Figure* 10.

La *Figure* 8 est un morceau des traverses du chassis dormant *G H*.

La *Figure* 9 représente un morceau des petits fers *I K. a a*, feuillure pour recevoir les carreaux.

La *Figure* 10 est la croisée toute entiere.

La *Figure* 11 représente quatre carreaux plus en grand que dans la *Figure* 10.

La *Figure* 12 est le jet-d'eau du dormant.

La *Figure* 13 est le jet-d'eau du chassis à verre.

Explication de la Planche VII, qui représente la maniere de faire les différentes especes de Grilles simples, & de rouler le fer pour les Balcons, &c.

La *Figure* 1 *dans la Vignette* tient une barre de fer sur l'enclume.

La *Figure* 2 y fait un tenon ; elle tient de la main gauche le manche *a* d'une chasse *b* contre laquelle elle frappe.

La *Figure* 3 *dans la Vignette* perce une barre de grille, sur laquelle elle tient de la main gauche un mandrin *d*.

esi

e f, Chambriere qui porte un des bouts de la barre ; les dents *f* d'une cremaillere donnent la facilité d'élever le crochet *e* ; fouvent cette chambriere tient lieu d'un garçon Serrurier.

La *Figure 4 dans la Vignette* roule une barre de fer fur un faux rouleau ; la piece *h* fur quoi eft attaché le faux rouleau, eft ferrée par les mâchoires de l'étau.

i k font deux feux d'une même forge ; & on remarquera que la forme arrondie de la forge fait que la barre qui chauffe à un des feux, n'embarraffe point l'autre feu.

Bas de la Planche.

Figure 12, *A A*, *A A*, *B B*, grille commune telle que font celles de la plupart des portes de jardins. Les montants font affemblés à tenons & mortaifes avec les fommiers des deux bouts *A A*, & les barreaux *C C* font de plus affujettis au milieu par une traverfe *B B* qui laiffe paffer les barres.

Figure 7, *A A*, *D D*, grille femblable à celles qu'on met le plus fouvent aux fenêtres, dont les montants font terminés en pointes par le bout fupérieur *D D* ; *B B* eft une traverfe ; *E E*, autre traverfe dont les bouts font terminés par des fcellements.

Figure 8, autre grille de fenêtres, dont les montants font coudés en *E E* & *F F* ; *H K*, un des barreaux de cette grille ; on y voit 1°. le tenon *H* ; 2°, les deux plis *E F* ; 3°, la pointe *G* ; 4°, une pointe ondoyante *f*.

Figure 18 *I K*, efpece de marteaux appellés *chaffes* pour faire des tenons aux barres, telles que *E Fig.* 13 : la *Fig.* 2 de la Vignette y travaille.

Figure 19, *L*, morceau de barre percé par des trous dont les côtés font obliques à ceux de la barre comme ceux de la traverfe *B B Fig.* 12.

Figure 9, *M*, trous dont les côtés font paralleles aux côtés de la barre comme ceux des traverfes de la grille *E E*, *B B* (*Fig.* 8).

Figure 10, *N*, barre percée fur l'angle.

O O, eft une efpece d'étampe qui foutient la barre pendant qu'on répare le nœud fur un mandrin afin de ne point endommager l'arrête.

Figure 11, *H* ; *Fig.* 15, *Q* ; *Fig.* 20, *P*, mandrins ou poinçons pour percer.

Figure 17, *R*, rondeau appellé *perçoire* fur lequel on pofe les barres pour les percer. On met les barreaux dans les entailles *a b* pour les tenir plus fermement fur la perçoire.

Figure 16, *T T*, *V V*, *X X*, *Y Y*, *a a*, *b b*, *d d*, grille qu'on appelle *entrelacée*, parce qu'à des endroits les montants paffent au travers des traverfes, & à d'autres endroits les traverfes paffent au travers des montants.

La *Figure* les repréfente dans l'inftant où l'on eft près de les affembler.

On voit que les traverfes enfilent les montants *T T*, *Y Y* depuis *T T* jufques en *V V*, & que depuis *Y Y* jufques en *X*, les montants doivent paffer au travers des traverfes ; au contraire les mêmes traverfes comprifes en *X X* &

Y Y, passent dans la partie de tous les montants comprise entre *c c* & *d d*, & ces montants à leur tour enfilent les parties des traverses qui sont entre *a a* & *b b*.

e une barre de cette grille.

Fig. 5 *f f*, montant de grille ou de balcon qui a des tenons aux deux bouts; *g h*, autre montant qui n'a qu'un tenon au bout *h*.

i k l m n, *Fig.* 6, assemblage de pareils montants pour la porte d'une balustrade; en *i* est un pivot & sa crapaudine, & en *l* des mortaises.

Figure 21 & 22, *n o*, étampes ou chasses à tenons ou à pointes, ou sorte de clouyere.

Figure 23, *p q*, sont des mandrins.

Figure 25, *s s, t t*, faux rouleau; *s s* est la piece sur laquelle est assujetti le faux rouleau *t t*.

Figure 28, *u x y z* &, diverses sortes de griffes, de fourchettes, de tourne à gauche pour faire entrer les barres dans les faux rouleaux.

Figure 27, *i i i*, barres droites.

a b c d e, diverses barres plus ou moins avancées à rouler.

Figure 26, *A B*, deux morceaux de fer roulé qu'on assemble quelquefois dans la position où ils sont ici.

Figure 14, *G G*, panneau d'une balustrade ou d'un balcon, dont les ornements sont faits par les différents contours du fer.

Explication de la Planche VIII, où l'on a représenté des balustrades, des frises, des arcboutants, des pilastres & d'autres détails.

FIGURE 1, une balustrade simple à hauteur d'appui avec une porte au milieu; *M N O*, les crampons pour la sceller dans la plate-bande de pierre de taille; *I*, le pivot de la porte & sa crapaudine; *K*, le lien qui sert de bourdonniere; on peut le faire plus solide comme il est représenté en *AB, Fig.* 4.

Les *Figures* 2 & 3 représentent des arcboutants, l'un simple, l'autre orné de rouleaux.

Les *Figures* 5 & 6 représentent des balustrades en arcade, les unes simples, les autres ornées de rouleaux & de liens de différentes sortes.

Les *Figures* 7 & 12 sont des frises de différents goûts.

Les *Figures* 8, 9, 10 & 11 sont des pilastres différemment composés.

La *Figure* 13 est un barreau *P*, terminé par un tenon en *C*, & au-dessous une mortaise *Q*.

La *Figure* 14 qui est dessinée plus en grand, sert à faire voir comment on rapporte un lardon de fer doux à un barreau de fer aigre pour faire un bon tenon; quelques Serruriers ne soudent point ce lardon, ils se contentent de le serrer dans la fente qu'ils ont faite au bout du barreau.

A la *Figure* 15 on fait un petit roulcau dans une fourchette.

La *Figure* 16 eft un morceau d'ornement pour une frife, & les *Figures* 17 & 18 font deftinées à expliquer différentes manieres de le travailler.

La *Figure* 20 eft un morceau d'ornement où trois enroulements partent d'une même origine, & on voit *Figure* 19, comment on doit fouder les barres pour faire cet ornement.

La *Figure* 22, *A*, eft une efpece de chaffe pour tenir coup dans les endroits où l'on fait une rivure lorfqu'on ne peut pas y atteindre avec la maffe d'un marteau.

La *Figure* 21, *B*, eft un rivet.

La *Figure* 23, *C*, eft une fauterelle, efpece de compas à verge, dont nous parlerons lorfqu'il s'agira de monter les rampes des efcaliers.

Explication de la Planche IX, qui repréfente la maniere de faire les Balcons & d'étamper le fer.

Nous avons dit quelque chofe dans le Chapitre I de la façon d'étamper le fer; mais ç'a été d'une façon fi générale, que je ne puis pas me difpenfer d'y revenir : je m'abftiendrai feulement de parler de la façon de faire les étampes, parce que je me fuis principalement attaché à traiter cet article.

Les *Figures* 1 & 2 *dans la Vignette*, frappent fur une barre de fer pour l'étamper.

La *Figure* 2 tient la barre fur l'étampe, & frappe fur le fer, ainfi que la *Figure* 1.

La *Figure* 3 étampe une feuille d'eau; elle tient de la main gauche le poinçon ou l'étampe en relief qui emboutit la feuille dans l'étampe qui eft en creux.

La *Figure* 4 tient avec des tenailles la feuille d'eau fur l'étampe qui eft en creux.

La *Figure* 5 arrange les pieces qui doivent compofer le quartier tournant d'un efcalier fur un moule de bois *b b*, qui en a le contour, & qui porte le deffein de la grille.

La *Figure* 6 perce une piece avec une machine à percer pareille à celle qui eft marquée au bas de la Planche par les *Figures* 23 & 24.

Les pieces qui font repréfentées fur le bas de la Planche, ne font point affervies à une échelle, parce qu'on en fait de différentes grandeurs; ainfi ce n'eft pas ici le cas où l'on peut être embarraffé pour les mefures. Le deffein de l'ouvrage regle les mefures de chacune de ces parties.

La *Figure* 9, *A A*, eft une moitié de panneau de balcon.

La *Figure* 7 eft une portion de rampe qui a un quartier tournant *C C C.* Les mêmes lettres marquent dans ces deux figures des parties femblables.

D D D, rouleaux en anfe de paniers; *E*, autre rouleau qui tient de l'anfe de panier.

F F , Entre-troiſes.

G G , Montants.

H H , Rouleaux ſimples ſoudés avec des rouleaux en anſe de panier.

I , Rouleau en cul-de-lampe.

L , Support.

K K K , Feuilles d'eau.

M , Graines.

a a & *N*, Liens à cordon.

La ſuite donne en détail les pieces qui entrent dans les deux figures pré-cédentes.

Figure 10, *O P Q* , faux rouleau.

Figure 11, *S T*, *V V* , morceaux de fer qui ont été roulés.

Figure 8, *X Y*, modele de quartier tournant ſur lequel on poſe les pieces de fer pour voir ſi on leur a fait prendre la courbure & le rampant conve-nables, comme le fait l'Ouvrier , *Figure* 5 *dans la Vignette.*

Figure 12, *a a* , fer étampé propre à faire des liens à cordon.

b , Ciſeau avec lequel on coupe le cordon.

C 1, morceau de fer coupé pour faire un lien à cordon ; il eſt vu du côté de ſon quart-de-rond.

C 2, le même vu du côté plat.

C 3, autres pieces qui avec la précédente forment le lien à cordon.

C 4, le lien à cordon fini.

C 5, un lien à cordon recouvert.

C 6 , la couverture vue ſéparément.

Figure 16, *d*, étampe propre pour les plate-bandes quarderonnées, poſée ſur l'enclume.

e , lien ou bride qui arrête l'étampe.

f f, trous pour recevoir une clavette.

g , cette clavette.

h, clou qui arrête la clavette.

i , crochet qui retient un des bouts de la barre ſur l'enclume pour l'empê-cher de ſe déranger, afin d'épargner un Compagnon.

i k l , le même crochet vu ſéparément.

Figure 15, *l*, autre étampe retenue ſur l'enclume par deux brides.

m m , ces deux brides.

n n m, *Figure* 15², bride de l'étampe *l*, *Figure* 15 , vue ſéparément.

e f f, *Figure* 16², bride de l'étampe *d*, *Fig.* 16 , vue ſéparément.

Figure 14, *p*, étampe détachée de l'enclume ; *a a*, les crochets qui ſervent à l'attacher ſur l'enclume.

Figure 17, *q*, bout de plate-bande étampé.

s, bout de plate-bande de pieces rapportées comme on les faiſoit avant
qu'on

qu'on eût imaginé les étampes. On voit auprès la coupe de cette plate-bande.

Figure 19 , t^1 , Etampe à feuilles d'eau.

t^2 , Coupe de cette étampe.

t^3 , Poinçon pour emboutir les feuilles d'eau dans l'étampe.

t^4 & t^5 , autre sorte d'étampe.

u , Feuille d'eau simplement forgée & coupée de grandeur.

u^2 , Feuille d'eau emboutie , vue du côté convexe.

u^3 , Feuille d'eau emboutie , vue du côté concave.

t^5 x , Etampe dans laquelle on plie le corps de la feuille d'eau en gouttiere.

u^4 , Feuille d'eau qui a été pliée en gouttiere dans l'étampe précédente.

u , Feuille d'eau qui a été cintrée sur la bigorne.

u^6 , Feuille d'eau qu'on a commencé à onder.

u^7 , Feuille d'eau qui a toutes ses ondes.

t^5, t^6, t^7, Tas qui servent à onder & à perfectionner les feuilles d'eau.

Figure 20 , A^2 , Etampe pour les feuilles de palmier.

A^3 , Coupe des deux branches de cette étampe.

A^4 , Une des branches.

B^2 , Feuilles de palmier simplement forgées , & découpées.

B^3 , Les mêmes embouties.

B^4 , Feuilles de palmier montées sur une tige où un rivet en tient plusieurs assemblées.

D^2 , Branche de palmier où sont entortillées des feuilles de lierre.

E^2 , Feuille de lierre qu'on a commencé à forger.

E^3 , Deux feuilles soudées ensemble.

E^4 , Feuille de lierre finie.

E^5 , Feuilles de lierre assemblées.

E^6 , Graine de lierre.

E^7 , Tige autour de laquelle on a entrelacé des feuilles de lierre.

Fig. 21 , F^2 Piece de fer enlevée qui doit servir de tige à plusieurs graines.

F^3 F^4. Graines coupées ou détachées.

H^2 , Etampe à graines.

H^4 & H^5 , Autre étampe pour détacher les graines.

H^3 , Ciseau à couper les graines.

F^5 , Piece qui a ses graines & feuilles d'eau.

Figure 22 , 23 & 24 , Machines à percer : nous les avons décrites au Livre premier.

Figure 13 , N^2 , Espece de mordache fort commode pour travailler les liens à cordon.

SERRURIER.   D d

Explication de la Planche X, où l'on explique la façon de faire & de poser les Rampes des Escaliers.

FIGURE I est un petit instrument qui se termine par deux pointes, & qui fait l'office d'un compas à verge pour prendre l'ouverture des angles *a* & *b*, *c* & *d* de la *Figure* 2.

Figure 2, elle représente le bâti d'une rampe d'escalier, les montants 1, 2 & 3 doivent être bien d'à plomb.

Figure 3 est un panneau de Serrurerie quarré pour mettre sur un palier, & la *Figure* 4 fait voir comment on transporte le dessein de la *Figure* 3, pour lui donner une forme de losange, lorsqu'on veut en former une rampe.

La *Figure* 5 fait voir comment on peut transporter ce même dessein sur la superficie d'un cylindre, pour le mettre à un quartier tournant.

La *Figure* 6 est une grille dont le rampant est fort doux, & elle emprunte tous ses ornements des enroulements du fer, des feuilles d'eau & des graines, ce qui est beau, mais tient un peu du goût gothique.

La *Figure* 7 est une grille dont le rampant est un peu plus roide, & qui est formée de feuilles d'ornement, de rinceaux & de consoles, dans le goût moderne, comme les ouvrages dont nous allons parler dans la Planche suiv.

Explication de la Planche XI, sur la maniere de faire des Ornements au marteau, & sur le tas.

LA *Figure* I dans la *Vignette*, travaille un fleuron au marteau ; on voit ce fleuron appuyé sur un petit tas.

La *Figure* 2 emboutit un morceau de tôle sur le plomb : le billot porte la piece de plomb.

La *Figure* 3 travaille à proprement parler sur le plomb, elle releve un fleuron avec le mattoir qu'elle tient de la main gauche.

La *Figure* 4 joint ensemble par des rivures différentes parties d'un même branchage ou rinceau.

Bas de la Planche.

Figure 7, *A*, marteau qui sert à emboutir ; *B C*, marteau dont la tête *B* est propre à emboutir, & la panne *C* propre à relever.

D, Marteau dont les deux bouts servent à relever.

Figure 6, *E*, Tasseau fourchu par les deux bouts.

F G, Tasseaux fendus par un bout, & arrondis à l'autre.

H, Tasseau qui se termine en coin par les deux bouts.

I, Tasseau plat.

K, Tasseau ou perçoire qui sert à percer les petites pieces ; on les appuie sur son bout *K*, & on frappe dessus avec un poinçon.

L, Ce poinçon.

M, Tasseau ou perçoire qui sert à percer de plus grandes pieces que le tasseau *K*; on le gêne dans l'étau ; & on pose la partie à percer vis-à-vis un de ses trous. Quelquefois on se sert de ces tasseaux pour faire de petits enfoncements ; alors on prend un poinçon mousse & on ne frappe pas assez fort pour percer le fer.

Figure 10 , *N*, Piece de tôle coupée pour faire le milieu d'un fleuron.

O O, Côtés de ce fleuron.

P Q Q, Le fleuron relevé au marteau.

R *s s*, Différents revers du fleuron qui se rapportent avec des rivures.

Figure 5, *T V X*, Trois pieces de tôle coupées pour composer un rinceau.

T² V² X², Ces trois pieces embouties & percées où elles doivent être jointes ensemble par des rivures.

Y, Rinceau fini & composé des trois pieces précédentes.

Z, Revers fini au marteau.

Z², Autre revers découpé.

* { *Z³*, Ce revers relevé au marteau.

Fig. 13, *aaa*. Clous pour attacher sur le billot la piece à relever sur le plomb.

Figure 16 , *c d e f g h*, Différents mattoirs.

Figure 9, *i, i, i, i*, Deux pieces de tôle posées l'une sur l'autre : les coins *i i ii* renversés les tiennent assemblées. On voit les points qui marquent le dessein du fleuron.

k l, Deux parties opposées qui font déja relevées ; on releve de même les unes après les autres les parties opposées.

m m, Le fleuron précédent fini.

Figure 8 , *n n*, rinceau prêt à être relevé sur le plomb.

Figure 12, *o p*, billot sur lequel on attache la piece qu'on veut relever ; la surface de ce billot est quelquefois creusée, & d'autres fois en relief.

Figure 11, *A B C*, Vase de fer qui se forme des parties suivantes.

DD, Piece garnie de divers étoquiaux *d d*, qui font l'embase ou le socle du pied du vase.

E, La piece précédente pliée.

F, Une des pieces des côtés du pied qui en forment la doucine.

G, Tige vue séparément, & en place dans le pied.

H, Pied fini.

I, Virole qui se met au-dessus.

K, Fleuron qui se met au-dessus de la virole précédente.

L, Le corps du vase.

M, La partie qui en fait le fond.

N, Une des petites lames qui s'assemblent sur le fond, & dont plusieurs ensemble forment le corps du vase & ses godrons.

* Ils se voyent à côté du Vase *Fig.* 11.

O, Cordon qui fépare le corps du vafe de fon couvercle.

P, Une des viroles qui compofent le cordon.

Q, Virole de fer roulée qui eft entre deux viroles plates.

R, Lame de fer plate & un peu courbée pour compofer la virole.

S, Mandrin fur lequel fe roule la bande *R*.

T, Couvercle du vafe.

V, Le haut du couvercle où font affemblées les lames dont il eft formé.

u u, marque deux lames en place.

X, Petit vafe au-deffus du grand, d'où fort une flamme.

Y, La flamme : on la fait ordinairement de bois peint en couleur de fer, ou il faudroit la faire de fonte.

Explication de la Planche XII , où l'on travaille l'Ornement.

La *Figure* 1 *dans la Vignette* releve une Couronne fur le plomb.

La *Figure* 2 affemble les confoles du couronnement.

La *Figure* 3 affemble les pieces qui compofent le cordon de l'Ordre.

La *Figure* 4 monte des fleurs de Lys fur un écuffon.

Bas de la Planche.

Figure 5, *A A E E F F* , repréfente un couronnement de grille.

A A, en eft la bafe.

B B , Le plan de cette bafe.

C C, La piece qui fait la face de devant.

D, Profil de la bafe.

E F, *E F*, font les confoles du couronnement. Elles font chargées chacune de divers rinceaux & fleurons.

Figure 6, *G H*, eft la partie inférieure de la confole *E* vue féparément.

I K L L, Les deux pieces *G H* féparées ; *L* eft l'endroit où elles fe rivent.

M N, Les deux pieces dont la partie fupérieure de la confole *F* eft compofée.

O P Q R, Les quatre pieces dont la confole eft compofée , réunies par des rivures.

R, Un des rinceaux de la confole.

Figure 7, *S S* , Couronne emboutie & prête à être travaillée fur le plomb.

T T V V, Couronne finie deffus le plomb , & qui eft déja tirée ou découpée en *V V*.

X X, Couronne à laquelle on a ajouté les cordons du haut & du bas du bandeau.

Y, Un de ces cordons.

Z, Diamants de la couronne qui ne font que des têtes de clous taillées à facettes.   *a a*, *a a*, La couronne garnie de ses diamants.

b b, Ecusson avec quatre rivures pour recevoir un cordon.

c c, Ecusson entouré de son cordon, & garni de ses fleurs de Lys.

d, Fleur de lys séparée.

e e, Cordon de l'Ordre de Saint Michel.

ff, Fait voir comment on fait ce cordon sur le plomb.

g, Une des coquilles du cordon.

h, Sa médaille.

i, Cordon de l'écusson.

k k, Collier de l'Ordre du S. Esprit.

l l, Quelques-unes de ses parties : elles se font sur le plomb.

o o o, Fil de fer auquel on rive toutes les pieces du cordon : il est garni de perles en *o o o*.

p, La croix du Saint-Esprit.

q, Vase qui se fait à peu près comme celui de la Planche précédente.

r, Son pied.

ſ, Espece de cornet, sorte de vase.

t, La flamme qui sort du vase *ſ*.

CHAPITRE IV.

Des Ouvrages de Serrurerie qui ont rapport à la fermeture des Portes, des Croisées, des Armoires & des Coffres.

CETTE partie de la Serrurerie donne beaucoup d'occupation aux Ouvriers ; ainsi nous devons essayer de la traiter en détail.

Il faut commencer par mettre les portes, les croisées, les armoires en état de s'ouvrir & de se fermer au moyen des charnieres ou de pieces qui en tiennent lieu, telles que les pentures, les gonds, les fiches à broche ou à vase, les couplets, &c. ensuite on les garnit de loquets, de verroux, d'espagnolettes, de bascules & de targettes, & d'autres petites ferrures qui les tiennent fermées, mais qui permettent en même temps à tout le monde de les ouvrir ou de les fermer. Enfin, pour interdire à tous autres qu'aux Propriétaires, la faculté d'ouvrir ou de fermer les portes & les coffres, on fait usage des serrures & des cadenas. Ce dernier travail où l'adresse & l'industrie des Ouvriers a plus brillé que dans tous les autres, exige de plus grands détails : mais heureusement il s'est trouvé fait dans les papiers de M. de Réaumur ; c'est pourquoi, à cause de son étendue, & de son importance, il fera un Chapitre particulier qui sera le cinquieme de cet Ouvrage.

ARTICLE I.

Des différentes sortes de Pentures ; Paumelles, Briquets & Fiches ou Charnieres qui rendent les portes , battantes , ouvrantes & fermantes.

On fortifie les assemblages de Menuiserie par des équerres qu'on encastre de leur épaisseur dans le bois , & qu'on attache soit avec des clous soit avec des vis ; & quelquefois , pour plus de solidité , on met des équerres en dehors & en dedans , & les têtes des clous rivés sont sur l'équerre du dehors ; l'autre bout se rive sur l'équerre du dedans ; pour les croisées battantes & les portes légeres , on se sert de petites équerres à peu près comme *Fig.* 1 *Planche XIII ;* mais pour les portes cocheres, on met des équerres *B B* (*Fig.* 2) , qui ont toute la longueur de la traverse , & portent à leur extrémité deux branches *A A* qui remontent sur les deux montants ; ces branches ne sont pas toujours aux extrémités des équerres, & le corps des équerres *B B,* ainsi que les branches *A A*, sont souvent contournés pour s'ajuster à la forme des pieces sur lesquelles elles doivent être attachées : nous en donnerons des exemples , principalement en parlant de la ferrure des équipages. Quelquefois on termine les branches par des fleurons *C C* , & quelquefois aussi on arrête le bout des branches par des crampons *D D.*

On ferre donc différemment les portes suivant leur grandeur & leur pesanteur , & aussi suivant le degré de propreté qu'elles exigent.

Les grandes portes des fermes & des granges où l'on ne cherche que de la solidité , sont suspendues par un pivot & une bourdonniere.

Le pivot *E F* (*Fig.* 3 *Planche XIII*), est un fort étrier composé de deux branches *E* & d'un mamelon *C* ; les deux branches de l'étrier embrassent le chardonnet de la porte, & elles sont traversées par des clous rivés qui ont pour point d'appui l'une & l'autre branche. Le mamelon *C* repose sur la crapaudine *Figure* 4 , & c'est ce pivot qui supporte tout le poids de la porte : quelquefois le pivot *C* (*Fig.* 5), est porté par une équerre dont les deux branches *A* & *B* sont arrêtées sur l'épaisseur du chardonnet & de la traverse d'en bas par des clavettes *A* (*Fig.* 6) qui sont goupillées : voilà la ferrure du bas. Celle du haut ne sert qu'à empêcher le déversement de la porte au moyen de ce qu'on appelle *la bourdonniere ;* les plus simples sont faites par le haut du chardonnet de bois *B* (*Fig.* 7) , qui est arrondi & qui entre dans une bride ou un lacet *A* (*Fig* 7ᵉ) , qu'on scelle au haut du jambage ; d'autres fois la bourdonniere est formée par une douille de fer *A* (*Fig.* 8) , qui est scellée au haut du jambage , & dans laquelle entre un gond *B* qui répond à un enfourchement qui embrasse le chardonnet , & est retenu sur le haut de la porte par des clous rivés. On le met dans une situation renversée, pour que quand le pivot ou la crapaudine s'usent, le poids de la porte ne charge point ce gond qui ne doit servir qu'à empêcher le devers, & prévenir que la porte ne baisse du nez, comme disent les Ouvriers, ou ne s'incline du côté opposé à la bourdonniere.

Aux grandes portes propres & à panneaux, on fait les crapaudines en équerre AB (*Fig.* 5); la branche horizontale de l'équerre passe sous la traverse du bâti, & la branche perpendiculaire sur l'épaisseur du montant; le pivot C est la prolongation de la branche verticale, & ces branches sont retenues sur la Menuiserie par des clavettes A (*Fig.* 6), qui sont traversées par des goupilles B.

Le bout du pivot est reçu par la crapaudine *Fig.* 4, & le devers de la porte est retenu par des fiches à gonds $ABCD$ (*Fig.* 9), composées des deux gonds AB, liés par la broche C, qui sont représentés séparément *Fig.* 10, avec la fiche à gond D, qui est représentée seule en D (*Fig.* 11); les deux gonds sont liés par le boulon C (*Fig.* 9 & 10); mais il faut laisser du jeu entre les deux gonds AB (*Fig.* 9), & l'aile D pour que le poids de la porte repose toujours sur la crapaudine & le pivot, même quand l'une & l'autre s'usent; à l'égard des deux gonds AB (*Fig.* 10), ils doivent être scellés dans les jambages de la porte, & l'aile D de la fiche à gond doit être ferrée dans le montant de la porte, étant retenue avec des broches comme nous l'expliquerons dans le Chapitre du Ferreur.

Pour faire le pivot en étrier, on soude au bout F (*Fig.* 3), & entre les deux barres EE qui doivent embrasser le chardonnet, un morceau de fer pour faire le mamelon C, & on forge le dedans de l'étrier ou sur la bigorne ou dans l'étau.

Le pivot à équerre *Fig.* 5, se fait à peu près de même, excepté qu'on ouvre à ouverture d'équerre celle des branches qui doit être posée horizontalement sous la traverse de la porte, & qu'au lieu de simples trous, on ouvre des mortaises qui reçoivent les clavettes *Fig.* 6: nous remettons à expliquer comment se font les fiches à gonds, & les gonds, après que nous aurons parlé de toutes les especes de pentures.

Les pentures les plus simples qui servent pour les portes d'entrée dans les différents bâtiments, sont de longues barres de fer dont un bout est roulé en anneau sur un mandrin *Fig.* 12; mais pour le mieux, il faut que l'anneau qu'on appelle *le nœud* de la penture soit soudé à la barre comme *Fig.* 13.

Il y a des pentures qui sont composées d'une double bande appliquées de part & d'autre de la porte, de sorte qu'elles reçoivent entr'elles deux toute l'épaisseur du bois, c'est ce que Jousse a appellé *Pentures flamandes*, *Fig.* 14; quelquefois les deux branches sont égales & semblables, quelquefois elles sont de différente forme & grandeur comme dans la *Fig.* 14, pour s'ajuster à la menuiferie fur laquelle les pentures doivent être attachées.

Les portes de chambres qui font légeres, & qui ne font pas travaillées avec beaucoup de foin, fur-tout les portes battantes qui n'ont qu'un bâti couvert d'étoffe, fe ferrent avec des pentures qu'on nomme *Paumelles; elles* different des autres en ce qu'elles font plus courtes & plus larges; comme on veut les attacher fur le bâti immédiatement auprès du nœud, elles s'élargiffent pour prendre la forme d'une platine, afin que s'étendant haut & bas fur le bâti, leur largeur fupplée en partie à ce qui manque à leur longueur pour leur donner de la force : il y en a qui s'évafent comme une patte percée de trois trous *A (Fig.* 15), on les nomme *à queue d'aronde*, d'autres qu'on nomme *en S, B même figure*, fe partagent en deux parties dont une remonte & l'autre defcend, le nœud étant entre deux.

Toutes ces pentures s'affemblent avec des gonds qui font, les uns à fcellement, les autres à patte & les autres à pointe *Fig.* 20, 21, 22 & 23, fuivant qu'ils doivent être attachés à de la maçonnerie ou à de la menuiferie : il y a cependant des pentures dont le bout fe termine en pivot *A B (Fig.* 16), & alors ce pivot eft reçu dans une crapaudine *Fig.* 17, qui eft ou à fcellement ou à pointe. Il y a des pentures qui font droites *Fig.* 12, 13, d'autres font coudées *Fig.* 18; quelquefois le gond eft rivé fur l'équerre qui fortifie l'affemblage *Fig.* 19; celles-ci font employéespour les portes qui fe ferment d'elles-mêmes. Il y a auffi des gonds droits *Fig.* 20 & 21; d'autres coudés *Fig.* 22 & 23; entre les uns & les autres, il y en a à fcellement *Fig.* 20 & 22, d'autres à patte *Fig.* 23, qui fe clouent fur la menuiferie, & d'autres à pointe *Fig.* 21, qu'on enfonce dans le bois du chambranle.

Quand une fois on eft prévenu que les nœuds des pentures fefontfur un mandrin, on ne peut être embarraffé à les forger, à moins qu'on n'y mette beaucoup d'ornements qui nefont que des acceffoires inutiles, & qu'on fait comme les autres ornements dont nous avons parlé à l'occafion des grilles, ou dont nous aurons encore occafion de parler dans la fuite.

On pourroit citer comme un chef-d'œuvre en ce genre les pentures des deux petites portes qui font aux deux côtés de la grande porte de l'Eglife de Notre-Dame de Paris. M. de Réaumur, comme bien d'autres, a été frappé de la fingularité de cet ouvrage, & je trouve dans fes papiers, fur une feuille volante, une note que je crois devoir inférer ici.

« Il eft certain, dit M. de Réaumur, que peu de Serruriers aujourd'hui ofe-
» roient entreprendre un pareil ouvrage. Plufieurs même ont imaginé que
» ces pentures ont été jettées en moule, & que Bifcornet, (c'eft le nom du
» Serrurier qui l'a fait) avoit le fecret de faire du fer moulé de la qualité du
» fer forgé. Jouffe regrette la perte de ce fecret qui effectivement feroit
» fort à regretter, s'il avoit été découvert. Au lieu que nos pentures font en
» dedans des bâtiments, celles-ci font en dehors des portes. Le corps de la

«penture

» penture eſt à l'ordinaire une large bande de fer qui forme une eſpece de
» tige qui jette de toutes parts une infinité de branchages, chacun deſquels
» en fournit d'autres. Trois pareilles pentures ſoutiennent chaque porte, &
» de part & d'autre de la penture du milieu, c'eſt-à-dire, entre elle & la
penture d'en haut ; & entre elle & la penture d'en bas, il y a une *fauſſe pen-*
» *ture* ; je donne ce nom à une bande de fer qui ſert de tige à divers orne-
» ments pareils à ceux des pentures. Ces portes qui ſont fort grandes ſont
» partout couvertes d'ornements qui prennent leur naiſſance de ces cinq pen-
» tures ; ils font le même effet que ſi la porte étoit ſculptée par tout, & les
» ornemens d'une penture rencontrent ceux de l'autre.

» Quoi qu'on en diſe, le corps des pentures & les ornements ſont de fer
» forgé & faits, comme on les feroit aujourd'hui, de divers morceaux ſou-
» dés tantôt les uns ſur les autres, tantôt les uns au bout des autres ; ce qu'il
» y a de mieux n'eſt pas même la façon dont ils l'ont été ; les endroits où il y
» a eu des pieces rapportées ſont aſſez viſibles à qui l'examine avec attention ;
» on n'a pas pris aſſez de ſoin de les réparer, quoique cela fût aiſé à faire.

» Quoi qu'il en ſoit, ces pentures ſont certainement un ouvrage qui a de-
» mandé un temps très-conſidérable, & qui a été difficile à exécuter. Il n'eſt
» pas aiſé de concevoir comment on a pu ſouder enſemble toutes les pieces
» dont elles ſont compoſées ; il y a cependant apparence que toutes celles
» d'une penture l'ont été avant qu'elle ait été appliquée ſur la porte ; car on
» auroit brûlé le bois en chauffant les deux pieces qui devoient être réu-
» nies.

» On n'a pas mis non plus une pareille maſſe à une forge ordinaire ;
» il paroît néceſſaire que dans cette circonſtance la forge vînt chercher l'ou-
» vrage ; on s'eſt ſervi apparemment de ſoufflets portatifs comme on s'en ſert
» encore aujourd'hui en divers cas ; on a eu ſoin de rapporter des cordons,
» des liens, des fleurons, &c, dans tous les endroits où de petites tiges &
» des branches menues ſe réuniſſoient à une tige ou branche plus conſidéra-
» ble. Les pieces rapportées cachent les endroits où les autres ont été ſou-
» dées ; c'eſt ce qu'on peut obſerver en pluſieurs endroits où les cordons ou
» fleurons ont été emportés, ces cordons & fleurons avoient ſans doute été
» rapportés & réparés après avoir été ſoudés.

» Ce n'a pas non plus été choſe facile que de rapporter ſur la porte & d'y
» ajuſter une penture de cette grandeur ; il y a même ici une choſe qui em-
» barraſſe ceux qui examinent ces pentures.

» Le corps de la penture eſt, comme nous l'avons dit, en dehors ; mais il
» faut que le nœud ſoit à l'ordinaire en dedans ; pour cela, la penture ſe cou-
» de à angle droit à quelque diſtance du bord de la porte le plus proche des
» gonds ; là elle paſſe au travers de la porte dans une mortaiſe ; de l'autre
» côté de cette mortaiſe elle a un nœud pareil à ceux des portes ordinaires

» qui a pourtant moins de hauteur que ceux des gonds ordinaires proportion-
» nellement à la grandeur de la penture.

„ Ce nœud embarraſſe ceux qui n'y regardent pas d'aſſez près ; ils croient
» qu'il faut qu'il ait été ſoudé après que la penture a été attachée, & ne peu-
» vent point imaginer comment il l'a été.

„ Mais toute leur difficulté naît de ce qu'ils croient que le nœud n'a pu
» paſſer au travers de la porte, parce qu'il ne paroît pas en dehors qu'on ait
» fait une mortaiſe aſſez grande pour le laiſſer paſſer, parce que la penture
» recouvre elle-même une partie de cette mortaiſe. Il n'y a pourtant rien en
» cela que de ſimple ; & ſi l'on vouloit aujourd'hui ſuſpendre une porte avec
» une penture attachée en dehors, & qui pour aller joindre le gond paſſât au
» travers de la porte, on s'y prendroit préciſément comme on s'y eſt pris
» pour faire paſſer le nœud de ces grandes pentures ; mais, comme nous ve-
» nons de le remarquer, on a donné peu de hauteur à ces nœuds, afin de
» n'être pas obligé de tailler une trop grande mortaiſe dans la porte.

Comme M. de Réaumur a beaucoup travaillé ſur l'adouciſſement du fer
fondu, il a été engagé à examiner avec attention ces belles pentures qui ont
toujours paſſé pour avoir été fondue, & qui ſe trouvent être d'un fer doux.

Les pentures dont M. de Réaumur vient de parler ſont donc très-char-
gées d'ornements, plus remarquables parce qu'elles ſont difficiles à exécuter,
que par leur bon goût ; on peut même dire que ces ornements ſont déplacés
& poſtiches ; une grande partie de la difficulté de l'exécution auroit été
ſauvée, ſi le Serrurier avoit mis ces trois fortes pentures en dedans de l'E-
gliſe, & qu'il eût couvert le dehors de la porte d'une dentelle de Serrure-
rie, qu'on auroit pu faire d'un meilleur goût que le nombre infini d'enroule-
mens qu'on voit ſur ces portes. Mais dans ces temps où le goût gothique
régnoit, il ſembloit que les ouvrages étoient d'autant plus beaux qu'ils
étoient plus difficiles à exécuter. Au moins en réſultoit-il qu'il ſe formoit
d'habiles Ouvriers qui auroient exécuté avec facilité des ouvrages de meil-
leur goût. C'eſt ce qu'on peut dire de plus avantageux pour les ouvrages go-
thiques.

Je reviens à mon ſujet, & je dis que comme il n'eſt pas probable qu'on
retombe dans ce mauvais goût, les pentures ſont des ouvrages ſur leſquels
il n'y a pas beaucoup de préceptes à donner pour la façon de les forger ; tout
le travail ſe réduit, comme on l'a déja vu, à étirer une barre, à en rouler un
des bouts ſur un mandrin, à percer des trous tout du long de la barre pour
recevoir les clous qui doivent l'attacher ; lorſque le nœud eſt fait, on en
ſoude le bout avec le corps de la penture ſur l'arrête de l'enclume.

Il y a des eſpeces de paumelles comme *Figure* 19, *Pl. XIII*, où le nœud
eſt fait d'une piece rapportée ſur l'équerre qui fortifie l'aſſemblage du bâti
de menuiſerie. On n'en fait uſage que pour des portes battantes très-légeres &
garnies d'étoffe.

Pour donner aux paumelles une figure en *S* (*Fig.* 15), on fend la piece de fer, & on écarte l'une de l'autre les parties fendues.

Il y a des façons plus compofées de ferrer ou de pendre les portes ; on les emploie dans les appartements : mais avant que d'en parler, il faut dire quelque chofe des gonds qui entrent dans les pentures.

Les gonds confiftent en un morceau de fer qui doit s'attacher par un bout dans l'embrafure des portes, & porter à l'autre bout une cheville ou gougeon qui entre dans le nœud d'une penture.

Comme les gonds doivent être attachés ou à de la maçonnerie ou à du bois, on les termine, au bout qui fait leur attache, ou par un fcellement comme *Figures* 20 & 22, ou par une pointe comme *Figure* 21, ou par une patte comme *Figure* 23 ; à l'égard de la tige, on la fait le plus fouvent droite comme à la *Figure* 20, & quelquefois coudée comme aux *Figures* 22 & 23.

La plus fimple maniere de faire les gonds foit en bois foit en fcellement, eft de prendre la cheville qu'on nomme *le mamelon* dans la même piece dont eft fait le corps du gond, en refoulant un peu le bout du barreau pour donner du corps au mamelon, & le courbant enfuite à l'équerre. Ces gonds font les moins chers & auffi les moins bons ; la petite attention qu'ils exigent eft, par le refoulement dont nous avons parlé, de laiffer le fer plus renflé qu'ailleurs à l'endroit où doit être l'angle faillant du gond ; fans cette précaution, l'angle feroit arrondi, & le mamelon ne feroit pas bien ajufté au bout du corps du gond, ce qui arrive fréquemment à ces fortes de gonds.

Les gonds font beaucoup mieux faits quand on rapporte le mamelon, comme nous allons l'expliquer : mais cela fe fait de deux façons différentes, une pour les gonds à fcellement, & l'autre pour les gonds en bois.

Pour les gonds à fcellement, on perce à chaud d'outre en outre avec un poinçon & un mandrin le bout du corps du gond où doit être le mamelon ; on fait entrer dans ce trou le boulon qui doit faire le mamelon, & on les foude principalement en rivant à chaud l'extrémité du mamelon qui excede en deffous le corps du gond ; car fi l'on frappoit fur le nœud, il s'étendroit & fe fouderoit mal avec le mamelon. Comme en perçant le nœud du gond avec un mandrin, on a étendu le fer en cet endroit, il s'enfuit que le fer faillit tout autour du mamelon, & cette faillie forme un point d'appui à l'endroit où doit repofer le nœud de la penture. Quelques coups de marteau donnés quand on perce le trou, ou fur le mandrin, ou quand on rapporte le mamelon, arrondiffent cette partie comme on le voit à la *Figure* 20.

Comme les gonds en bois font plus foibles que les autres, & comme ils fe terminent fouvent en pointe ; on courroit rifque de les fendre fi on les perçoit comme les autres, c'eft pourquoi on y apporte plus de ménagement. On applatit & on arrondit le bout où doit être le mamelon ; on y forme un nœud, à

peu près comme celui des pentures ; & quand le mamelon a été mis dans
ce nœud, on foude les deux pieces enfemble. Je reviens aux autres efpeces
de ferrures qu'on emploie pour pendre les portes.

Ce qu'on nomme des *fiches* differe des pentures & des paumelles en ce
que leur attache eft dans le bois, comme la partie D de la fiche à gond, *Plan-
che XIII, Fig.* 9 & 11, au lieu que les autres font appliquées deffus la me-
nuiferie. La partie D de la fiche *Fig.* 11, peut être regardée comme un tenon
qui entre dans une mortaife qu'on fait dans le bâti de bois, elles y font en
quelque façon fichées, ce qui probablement les a fait appeller des *fiches.*
Quoique cette ferrure convienne aux portes légeres, on ne laiffe pas d'en
mettre aux grandes portes cocheres, principalement aux *Poutis* ou guichets ;
mais ces ferrures font toujours deftinées pour les portes de menuiferie pro-
pres & ornées de panneaux auxquelles il feroit defagréable de voir les mou-
lures coupées par des bandes de fer.

La partie des fiches qui entre dans le bois fe nomme *l'aileron D* (*Fig.*
11, *Planche XIII*) ; celle qui eft en dehors & qui eft analogue au nœud
des pentures, eft nommée *la boîte*, E *même Figure.*

Dans certaines fiches qu'on nomme *à vafe* (*Planche XIV Fig.* 5 & 6),
cette boîte plus alongée que le nœud, eft terminée d'un côté par un petit
ornement qu'on appelle *le Vafe*, parce qu'il en a ordinairement la figure.

La boîte de la fiche à vafe reçoit un gond M comme les nœuds des
pentures ; ce gond eft ajufté à une partie $F\,G$ (*Fig.* 25), qui eft entiére-
ment femblable à la boîte, qui porte comme elle un aileron qui fert à arrê-
ter ce gond dans le chambranle, comme l'aileron de la boîte B (*Fig.* 21),
l'eft dans le montant de la porte.

Il y a des fiches qui ne portent point de gond, on les appelle *des fiches à
nœuds*, (*Fig.* 11), ou quand elles font très-groffes, des *fiches à chapelet, Fig.*
24, *Planche XIII* : ce font de vraies charnieres qui au lieu de boîte ont
deux ou un plus grand nombre de nœuds ; la diftance d'un nœud à l'autre
eft égale à la longueur du nœud même ; c'eft une boîte qui a été pour ainfi
dire coupée en plufieurs parties, on emploie enfemble deux pareilles fiches
dont l'une a un nœud moins que l'autre ; les nœuds de celle-ci font reçus
entre les nœuds de celle-là à la maniere des charnons d'une charniere or-
dinaire, & on les retient enfemble par une broche b (*Fig.* 27, *Planche XIII*),
ou X (*fig.* 8 *Planche XIV*), qui enfile tous les nœuds : on voit de ces
fiches aux volets brifés, ainfi qu'aux poutis des portes cocheres.

Pour les poutis des portes cocheres, les chapelets font faits, comme nous
l'avons dit, d'autant de pieces détachées qu'il y a de nœuds tout-à-fait fembla-
bles $a\,a$ (*Fig.* 27, 28 & 29, *Pl. XIII*), qui font embrochés par un fort bou-
lon b (*Fig.* 27 & 28) ; pour les croifées, les portes d'armoires ou les vo-
lets, les fiches à nœuds ont une aile commune à toutes $Y\,Y$ (*Fig.* 7,
Planche XIV). On

On nomme *Fiches coudées* celles dont les ailerons font pliés en équerre, on les emploie dans certaines difpofitions de portes d'armoires.

Une autre forte de ferrure moyenne entre les paumelles & les fiches eft ce qu'on nomme *les couplets Fig.* 13, *Planche XIV*; ils s'affemblent à charnieres comme les fiches à nœud, & ils s'attachent fur le bois comme les paumelles; ils peuvent auffi fervir à des volets, brifés ou non; mais on ne les emploie jamais que pour des ouvrages de menuiferie légers, & qui ne font pas faits avec beaucoup de foin.

Pour la fermeture des boutiques, on emploie quelquefois des pentures brifées par des nœuds *A* qui forment des couplets *Planche XIII*, *Fig.* 36; après ce que nous avons dit, la feule infpection de la figure fuffit pour que l'on conçoive la maniere de les faire.

On donne le, nom de *Briquet* à une efpece de couplet *A,B,C* (*Fig.* 15, 16 & 17, *Planche XIV*), qui ne fçauroit fe plier que d'un côté, & qui a deux nœuds, deux parties en faillie qui empêchent qu'on ne le plie des deux côtés oppofés.

On les applique par le côté oppofé au nœud *Planche XIV*, *Fig.* 15; les nœuds *Fig.* 16 & 17, n'entrent point l'un dans l'autre; mais il y a une piece *D* (*Fig.* 18), qui forme deux nœuds, & qui au moyen de deux broches, complette la charniere, comme on le voit *Fig.* 15 & 17.

Les tables à manger qui ne fe plient que d'un côté, font ordinairement affemblées par des briquets.

On peut fans doute varier ces efpeces de ferrure; mais les exemples que nous venons de donner fuffifent pour jetter du jour fur les ferrures dont nous ne parlons point. Il nous refte à expliquer la façon de faire les fiches; elle eft plus recherchée & plus induftrieufe que celle des pentures.

Pour faire une fiche à boîte *Planche XIV*, *L K* (*Fig.* 5), on prend un morceau de tôle forte *A* (*Fig.* 20); on le coupe de la largeur que doit avoir la fiche, non compris le vafe, & on lui donne affez de longueur, pour qu'étant pliée en deux, elle fourniffe la boîte & les deux pieces qui doivent former l'aileron. On plie cette tôle fur un tas ou fur une bigorne, & on forme une gouttiere au milieu de la piece qui doit faire la boîte *A* (*Fig.* 20); en mettant un mandrin dans cette gouttiere, on rapproche les deux parties qui doivent faire l'aileron; au moyen du mandrin, ce rapprochement forme la boîte, & on fait l'aileron en foudant l'un à l'autre les deux morceaux de tôle *B* qui excedent le cylindre creux ou la boîte *Fig.* 21.

Pour des ouvrages très-recherchés, on prend la boîte, l'aileron & le vafe dans un même morceau, & on perce la boîte au foret comme on feroit une clef; mais ces fiches exigent beaucoup de travail, & elles ne font guere meilleures que les fiches ordinaires lorfqu'elles font bien faites.

Pour faire le vafe de cette fiche, on forge un morceau de fer cylindrique *C*

(*Fig.* 22), terminé à un de ses bouts par un lardon *D* aussi cylindrique, mais plus menu, de telle sorte que ce lardon puisse entrer juste dans la boîte de la fiche, & que la partie qui surmonte le lardon soit de la grosseur de l'extérieur de la boîte. Le lardon qui entre dans la boîte, y est retenu par une rivure, & la portion plus grosse *D* (*Fig.* 23), doit excéder la boîte pour être figurée en forme de vase *E* (*Fig.* 24); la boîte ne sera donc fermée que par un de ses bouts où sera le lardon, & l'autre bout ouvert en cylindre creux pourra recevoir le gond. Assez souvent, au lieu de la goupille, on soude dans la boîte la partie *D* (*Fig.* 23) qui doit faire le vase.

Si l'on vouloit avoir une fiche à gond, il n'y auroit qu'à faire entrer par un bout de la boîte un gond ou une broche, & ne mettant point de vase le river sur le bout de la boîte où nous avons dit qu'on attachoit le vase; la fiche à boîte seroit par-là changée en fiche à gond; mais il est bon pour les fiches à vase que cette broche excede par le bas de la boîte, & qu'elle y soit un peu renflée *Fig.* 25 *F*, pour y faire un vase semblable à celui qui termine la boîte. On voit les deux pieces réunies aux *Figures* 5 & 6, & 27.

Une fiche à nœud ou à charniere se prend suivant la force qu'elle doit avoir ou dans une piece de fer battu, ou dans une piece de tôle pareille à celle dont on fait les fiches à boîte; mais pour les fiches à nœud on évide en *R* la piece de fer, comme on le voit *Fig.* 30. En la découpant, on laisse au milieu un nombre de bandes séparées pareil au nombre des nœuds que doit avoir la fiche.

Chacune de ces bandes a en longueur & en largeur de quoi fournir à la hauteur & au contour d'un nœud, & elle est découpée tant plein que vuide; on conçoit qu'en repliant en deux & roulant sur un mandrin la partie du nœud où sont les bandes, en rapprochant les ailes, & en les soudant, comme nous l'avons expliqué pour les fiches à vase, on fait une fiche à nœud *S* (*Fig.* 9) & *T* (*Fig.* 10), de sorte qu'en réunissant ces deux parties comme on le voit en *V* (*Fig.* 11), & en passant une broche *X* (*Fig.* 8), dans tous les nœuds, la charniere *Y* (*Fig.* 7) est complete : c'est ce qu'on nomme *une fiche à nœud* ou *à broche*.

Les couplets *Z* (*Fig.* 13 & 14), se font comme les fiches à nœud, excepté qu'ils ont moins de nœuds, & que le nœud est entiérement jetté sur une des faces de l'aileron.

A l'égard des briquets *Fig.* 15, 16 & 17, ils se font comme les couplets, excepté que les deux parties sont liées par une piece postiche *Fig.* 18, qui est un double nœud; & quand on a mis les deux broches, il y a deux charnieres accollées l'une à l'autre.

Comme les fiches s'emploient sur des ouvrages propres, on blanchit à la lime les nœuds & les boîtes, & on a soin de tirer les traits en long, plusieurs même sont très-exactement polies; à certain couplets les ailerons sont découpés à jour pour les rendre plus propres.

Si l'on faifoit les vafes à la main, ils exigeroient bien du temps ; mais ordinairement on les fait affez vîte en leur donnant leur figure dans une étampe. Cette étampe eft quelquefois faite de deux pieces féparées, comme nous l'avons repréfenté fur la *Planche III*, qui portent chacune en creux la forme de la moitié du vafe, & on leur ménage un repaire pour que la rencontre foit précife ; d'autres fois ce font des efpeces de tenailles *OP* (*Planche XIII, Fig.*28), au bout de laquelle *P* eft gravée la figure de la moitié du vafe ; on renferme la portion de fer rougie au feu & ébauchée pour former le vafe, entre ces deux parties de l'étampe ; un Ouvrier les tient bien exactement placées pendant qu'un autre Ouvrier frappe avec le marteau fur l'endroit où font figurés les vafes en creux : à la vérité par cette opération les vafes ne font pas finis, on eft obligé de les réparer au fortir de l'étampe avec la lime & fur un tas *N* (*Fig.* 26), s'aidant d'un cifeau, dont le taillant eft circulaire & qu'on nomme *Dégorgeoir*, parce que ces efpeces d'étampes fervent à former les gorges, & à creufer les parties qui détachent le corps du vafe *Q* (*Fig.* 29).

Mais quand on travaille des fiches très-propres, on répare les vafes fur le tour.

A R T I C L E II.

Des Ouvrages de Serrurerie qui fervent pour tenir les Portes & les Croifées fermées, tels que les Verroux, les Targettes, les Efpagnolettes, les Crémones, &c.

Nous avons fuffifamment détaillé toutes les efpeces de ferrures qui procurent aux portes & aux battants d'armoires un mouvement de charniere, au moyen duquel on peut les ouvrir & les fermer ; mais pour que ces portes & ces battants d'armoires foient véritablement utiles, il faut ajouter d'autres ferrures fans lefquelles celles dont nous avons parlé ne feroient pas d'une grande utilité ; elles ne tiendroient rien à couvert puifqu'il leur feroit indifférent d'être ouvertes ou fermées, le moindre vent les mettroit dans l'un ou l'autre état ; auffi les Serruriers ne manquent-ils jamais de les garnir de ferrures, qui remédient à ces inconvéniens : les unes les tiennent fermées affez exactement, pour que le vent ni les animaux ne puiffent les ouvrir ; mais de façon que l'accès des appartements foit facile à ceux qui veulent y entrer ; la plupart des loquets font de ce genre : par d'autres ferrures, comme font quelques efpeces de loquets, & les verroux, le Propriétaire peut s'enfermer ; mais elles ne garantiffent rien de la rapine des voleurs, lorfque le Propriétaire eft forti : ce font des ferrures de ce genre dont nous allons parler. Pour que la fermeture des appartements & des armoires foit complete, il faut non-feulement que le Propriétaire puiffe s'enfermer chez lui, de façon qu'on n'y entre qu'avec fa permiffion ; mais de plus il faut qu'elles foient exactement fermées quand il fort : c'eft à quoi fervent les ferrures &

les cadenas. Nous nous proposons de suivre en détail ces différents objets, & nous commencerons, comme nous avons fait jusqu'à préfent, par les ouvrages les plus fimples avant que de paffer à ceux qui font plus compliqués, & pour cette raifon nous parlerons des ferrures dans un Chapitre particulier.

§. I. *Des Verroux.*

Les verroux fourniffent la façon la plus fimple de s'enfermer chez foi ou dans fa chambre. Ils font tous faits d'une piece de fer ronde ou quarrée qui a une certaine longueur, & qui coule dans deux crampons qui tiennent le corps des verroux affujettis dans la pofition où ils doivent être, & un des bouts du verrou entre tantôt dans un trou fait à une des pierres de l'embrafure de la porte, tantôt dans un crampon, & quelquefois dans une gâche ; ce font ces crampons & gâches qui les tiennent fermés. Au milieu du corps du verrou eft ou un bouton, ou une queue, ou une efpece de palette affemblée à charniere avec le corps du verrou ; ces queues & boutons fervent à ouvrir ou à fermer commodément le verrou.

Le plus fimple de tous les verroux qu'on emploie pour les portes des fermes, parce qu'il eft très-folide, & qu'il ne lui manque que de la propreté, ce verrou *A* (*Planche XIII, Fig.* 38), eft fait d'un bout de fer forgé rond *a b* ; on le fend à chaud en *c* pour y attacher, au moyen d'une goupille, une queue *d* qui fert à l'ouvrir & à le fermer. Ce barreau coule dans les deux crampons *ee* dont les queues traverfent la porte, & font rivées fur l'autre côté. Ces crampons font fouvent faits comme le lacet *B* (*Fig.* 38), & fouvent le bout *a*, quand on ferme le verrou eft reçu dans un pareil lacet, la forme de la queue *d* varie, quelquefois elle s'affemble au point *c* à charniere, & étant plate comme *C*, elle porte un paneton ou auberon qui entre dans la fente de la ferrure plate *D*, & alors la porte eft auffi bien fermée que fi elle l'étoit avec une ferrure à pêne : on ne fait ufage de ces ferrures plates que quand on met les verroux en dehors des portes.

On en fait d'un peu plus propres *Fig.* 39, dont le corps *a b* eft quarré, les crampons *e e* le font auffi, & on rive ordinairement au milieu un bouton *d* qui fert à le fermer & à l'ouvrir. On pofe fouvent ces verroux quarrés fur une platine *Fig.* 40.

On met ordinairement les verroux *Fig.* 38, en dedans des maifons ou des appartements ; mais quand on les met en dehors, on fait la queue droite & fendue, pour que quand le verrou eft fermé, elle fe rabatte fur un crampon qui la traverfe & dans lequel on paffe un cadenas, qui tient le verrou fermé. Quand les verroux font plats ou quarrés comme la *Figure* 40, ils ne peuvent tourner dans leur crampon ; c'eft pourquoi, au lieu du bouton, on y ajufte une queue qui étant attachée au corps du verrou par une charniere,

peut

peut se relever ou s'abaisser pour entrer dans une serrure plate, comme nous l'avons dit, ou recevoir le crampon & le cadenas dont nous venons de parler.

A l'égard des verroux qui se posent en dedans, comme en faisant un petit trou à la porte, il seroit facile avec un crochet de pousser la queue du verrou & d'ouvrir la porte, on met quelquefois au-dessus du verrou *Figure* 40, *Planche XIII*, un petit crochet *f* qui retombe de lui-même derriere le verrou quand il est fermé, & on ne peut ouvrir ce verrou qu'auparavant on n'ait soulevé le crochet.

On met aux portes cocheres propres des verroux plus ornés *Figure* 41, qui sont, à proprement parler, de grandes targettes semblables à celles qu'on employoit autrefois pour tenir les volets fermés; & ces targettes n'étoient, à proprement parler, que de petits verroux de l'espece dont nous parlons : *B* est la gâche du verrou *A* (*Figure* 41). On voit que la targette ou le verrou *C* (*Figures* 5 & 6, *Planche XV*) repose sur une platine *AA* (*Fig.* 6), qui porte les deux crampons ou cramponnets *BB*, servant de coulisse au verrou qu'on mene par un bouton *D*; on attache la platine de ces verroux ou de ces targettes sur la menuiserie avec des vis en bois ou des clous. Il est vrai qu'on a fait des targettes dont la platine recouvroit le verrou *Figure* 43, *Pl. XIII*; le bouton *a* tenoit à une queue qui excédoit la platine *bb*, & le verrou couloit au-dessous de la platine dans une cage de tôle à laquelle il y avoit une fente qui recevoit un petit bouton pour empêcher le verrou d'en sortir; la partie du verrou recouverte par la platine est marquée sur cette *Figure* 43, par des lignes ponctuées : comme ces targettes se mettoient à des volets arrasés, le verrou entroit dans une espece de gâche. Maintenant la platine est presque toujours entre le verrou & le bois; & comme on fait les battants des croisées à recouvrement, le verrou est reçu dans un crampon ou une gâche *B* (*Fig.* 41), qu'on dispose de différentes façons suivant la place.

Les verroux dont nous avons parlé jusqu'à présent, se meuvent horizontalement : il y en a dont le mouvement est vertical, & le plus simple de tous est celui représenté *Figures* 30 & 31, *Planche XIII*, qu'on mettoit anciennement au bas des portes cocheres; ce verrou n'est qu'un gros barreau de fer quarré taillé en chanfrein par en bas, pour qu'il entre mieux dans la gâche. On soude au milieu un talon pour empêcher qu'il ne sorte des crampons qui le retiennent. On ajuste en haut une boucle ou un anneau qui sert à l'arrêter à un crochet pour le tenir ouvert. Ce verrou glisse dans des crampons *B* qui traversent le battant de la porte; & quand on l'a décroché, il retombe & se ferme par son propre poids; le crochet *A* qui l'empêche de retomber, est représenté à part *C* (*Fig.* 31); on a fait de ces verroux *Figure* 30, qui étoient ajustés sur une platine. Enfin pour fermer le haut des portes, on a encore fait des verroux à queue *Figures* 44 & 45. Nous en parlerons en détail lorsqu'il s'agira des croisées.

SERRURIER. H h

Je n'explique point ici comment on fait les platines ornées & à jour, parce que j'en ai parlé au commencement de cet Art, Chapitre I, pag. 30 & suivantes. On peut encore consulter sur ce sujet les *Figures* 31, 32, 33, 34, 35 & 36 de la *Planche XIV*, avec l'explication de cette Planche.

Je suis obligé de m'écarter un peu de mon objet pour faire mieux comprendre ce que j'ai à dire sur la fermeture tant des croisées que des portes à deux vantaux.

§. I I. Des Croisées anciennes.

Anciennement on laissoit un montant dormant ou meneau *q q* (*Fig.* 4, *Planche XV*), au milieu des baies des croisées, & on les traversoit au milieu de leur hauteur par un imposte *r s*, de sorte que la baie étoit divisée par une croix dormante; à ces croisées, les chassis à verre étoient arrasés, & les volets étoient à recouvrement; les chassis à verre, tant du haut que du bas, étoient fermés par des targettes qui entroient dans des gâches, & on n'ouvroit presque jamais les chassis à verre du haut; les volets du bas étoient fermés par des targettes dont le verrou entroit dans un crampon; & comme on ne pouvoit se dispenser d'ouvrir les volets d'en haut qui étoient trop élevés pour qu'on pût les ouvrir, si l'on y avoit employé des targettes, on faisoit usage des loqueteaux.

§. III. Changements qu'on a faits aux Croisées, & qui ont engagé à faire
des Verroux à ressort.

Peu à peu on a élevé l'imposte pour faire la partie d'en bas des croisées beaucoup plus grande que celle d'en haut, comme on le voit *Figure* 4; alors on ne pouvoit plus atteindre aux targettes qui étoient au haut de cette partie; c'est ce qui a fait imaginer les verroux à ressort & à queue *Planche XIII*, *Figures* 44 & 45; le verrou *A* est retenu sur une platine par deux crampons *B B* comme le verrou des targettes; mais comme ce verrou est dans une position verticale, son propre poids l'auroit fait descendre & ouvrir de lui-même, si par le frottement d'un ressort qu'on met entre le verrou & la platine, on n'avoit pas fait un obstacle à sa descente. On voit sur les côtés du verrou deux petits oreillons *e e* (*Fig.* 10, *Pl. XV*) qui servent à limiter sa course entre les deux crampons *B B* (*Fig.* 44 & 45, *Pl. XIII*); ces verroux ferment dans un crampon qu'on met au-dessus de la croisée sur l'imposte, & ils se ferment sur le montant de la croisée. Il est sensible qu'en alongeant la queue de ces verroux, le bouton se trouvoit à portée d'être saisi de la main; & pour maintenir toujours cette longue queue dans une même situation, on l'entretenoit en différents endroits par de petits crampons *E* qui faisoient l'office de conducteurs.

On a fait encore un grand usage de ces verroux à ressort pour fermer les armoires; le verrou qui fermoit le haut avoit une longue queue, & celui du bas en avoit une aſſez courte.

On a toujours fait le bout des verroux en chanfrein Z (*Fig.* 10, *Planche XV*), afin que ſi le bois ſe déjettoit, la pointe du verrou prenant dans le crampon, on pût, en forçant un peu, obliger le bois de revenir dans ſon joint. Afin de rendre le chanfrein plus conſidérable, on a fait des verroux très-étroits & fort épais Z (*Fig.* 10, *Planche XV*); mais il falloit que le battant ſe fût peu déjetté pour que ce moyen le fît revenir. Il en a été à peu près de même des verroux qui portoient à leur extrémité un crochet g (*Fig.* 12), & qui ſe fermoient en tirant le bouton en enbas; l'avantage qu'on ſe procuroit, ſe réduiſoit à ce qu'on a plus de force en tirant le bouton en enbas qu'en le relevant; mais quand la croiſée étoit aſſez déjettée pour que le crochet ne prît point dans le crampon elle bâilloit toujours par le haut.

La forme des croiſées a encore changé, & au lieu de les arraſer dans le montant ou le meneau du milieu, on les a faites à recouvrement ou à noix; dans l'un & l'autre cas, un battant s'appuyant ſur l'autre, & n'y ayant plus de meneau dormant, il ſuffiſoit d'arrêter le vantail qui s'appliquoit ſur l'autre pour que les deux le fuſſent ainſi avec deux verroux à reſſort attachés ſur le vantail qui recouvroit l'autre; les deux étoient fermés, le verrou d'en bas entroit dans une gâche qui étoit ſur l'appui de la fenêtre, & celui d'en haut dans un crampon.

Il a enſuite paru plus commode de n'avoir à porter la main que ſur un bouton pour ouvrir ou fermer une porte d'appartement, une croiſée, une armoire.

§. IV. *Deux Verroux liés par une barre de fer nommée* Crémone.

La plus ſimple maniere de produire cet effet étoit de joindre le verrou d'en haut avec le verrou d'en bas par une verge de fer, ou de faire que les queues des deux verroux ſe joigniſſent, & qu'elles fuſſent ſoudées l'une à l'autre, en faiſant le verrou d'en bas comme les autres verroux à reſſort, & le verrou d'en haut à crochet *Fig.* 12, *Planche XV*, & en mettant à la hauteur de la main un bouton ou une main k (*Fig.* 13.) Il eſt clair que lorſque l'on abaiſſoit la main, les deux verroux ſe fermoient, & qu'en pouſſant en haut la même main, les deux verroux s'ouvroient, parce qu'au moyen du crochet *Figure* 12, les deux verroux ſe fermoient en baiſſant, & ils s'ouvroient en montant. On faiſoit la main k (*Fig.* 13), à charniere, afin qu'elle n'accrochât point lorſqu'on paſſoit par les portes. Ces verroux qu'on a nommés *Crémone*, ne ſont plus d'uſage; on leur a préféré les eſpagnolettes à baſcule *Figure* 15, *Planche XV*.

§. **V.** *Des Espagnolettes à bascule.*

A & *B* sont les queues des deux verroux à ressort *a b*, *a b*. *C D* est un levier qui a son point d'appui au point *G* où est un tourillon *H*, sur lequel il tourne, & ce tourillon *H* est fermement attaché à la platine *E F* qui est arrêtée par des vis au montant de la croisée ou de la porte, l'extrémité *I* du verrou *A* est attachée à l'endroit *i* du levier *C D*, & le bout *K* du verrou *B* est attaché au point *k* de ce même levier ; ces attaches *i* & *k* sont des goupilles rondes qui ont la liberté de tourner dans les trous *I* & *K* qui sont l'extrémité des verroux. Il y a un bouton en *D*, & on fait le levier *C D* assez long pour que celui qui ferme la croisée puisse vaincre la résistance que les verroux éprouvent pour entrer dans leurs gâches. Ces espagnolettes à bascule sont fort bonnes, sur tout depuis qu'on a beaucoup diminué le balancement des queues des verroux, occasionné par le levier *C D*. Voici comme on y est parvenu : d'abord les queues des verroux n'étoient point coudées ; elles alloient s'inclinant un peu de côté & d'autre répondre tout droit aux points *i k*, ce qui produisoit un grand balancement qu'on a évité en partie en faisant à l'extrémité des queues des verroux les coudes arrondis qu'on voit dans la *Figure* 15 ; maintenant on pose sur une platine *E F* (*Fig.* 15) une rondelle de fer retenue par le tourillon *H* qui lui permet de tourner quand on appuie sur la queue *D*, qu'on fait assez longue, & qui emporte avec elle la rondelle *G* : à la circonférence de cette même rondelle sont attachés par deux goupilles rivées les bouts des deux verroux *A B* qui peuvent tourner sur les goupilles *i k*, il est évident que quand on hausse ou quand on baisse le levier *D* pour faire tourner la rondelle, les deux verroux montent ou descendent en même temps ; le balancement des verroux est moindre qu'il n'étoit d'abord à cause du coude de la queue des verroux *A B*, ainsi qu'il est représenté dans la *Figure* 15. On recouvre ordinairement ces bascules par une espece de palâtre qui les rend fort propres.

§. **V I.** *Des Espagnolettes à pignon.*

On est encore parvenu à faire que les coudes des verroux ne balancent point du tout par un moyen fort ingénieux & commode, qui est connu sous le nom d'*Espagnolette à pignon* *.

On place *Figure* 16, au milieu de la platine *F F*, un pignon ou une petite roue dentée qui tourne sur un axe qui traverse la platine *F F*, ainsi que la couverture ou le palâtre qui recouvre tout cet engrenage, & qu'on n'a point représenté dans la figure ; le bout des deux verroux *A B* est coudé à angle

---

* Je sçais ce qui a fait *appeller Espagnolettes* toutes les ferrures dont nous parlons ; car il est probable qu'elles ont été imaginées par les Serruriers de Paris.

droit

droit en *CD*, & chacun porte un rateau qui engrene dans la roue dentée placée au centre de la platine. On voit que quand on hauffe le bouton *G*, on éleve le verrou *B*, mais en même temps on éleve auffi le rateau de ce verrou qui engrene dans le pignon, lequel engrenant dans le rateau du verrou *A*, fait defcendre ce verrou de la même quantité que l'autre s'éleve, ce qui rend très-fenfible le jeu des deux verroux, tant pour ouvrir que pour fermer la porte ou la croifée.

Pour empêcher que les rateaux ne s'écartent du pignon, on a pratiqué fur chaque piece une ouverture longue dans laquelle il y a des conducteurs ou petites chevilles qui font rivées fur la platine *FF*. On met de diftance à autre le long des queues des verroux, des conducteurs *L*, & on couvre tout l'engrenage d'un palâtre qui rend ces efpagnolettes fort propres.

Toutes ces efpagnolettes ont cet avantage que les queues des verroux fe prolongeant fur toute la longueur des battants, elles les empêchent un peu de fe voiler, mais elles n'ont pas celui de les faire revenir à leur place quand ils le font : c'eft ce qui a fait donner la préférence aux efpagnolettes dont nous allons parler ; mais auparavant il eft bon de faire remarquer qu'on eft parvenu à tenir les volets fermés par les mêmes efpagnolettes à verrou que nous venons de décrire : le moyen eft bien fimple ; on mettoit fur la queue des verroux un paneton qui, quand le verrou s'élevoit ou s'abaiffoit, portoit fur un autre paneton attaché au volet ; & quand on changeoit le verrou de fituation, comme les deux panetons ne fe recouvroient plus, on pouvoit ouvrir les volets fans ouvrir les chaffis à verre ; il eft vrai que la rencontre de ces deux panetons exigeoit de la précifion, & qu'ils étoient expofés à fe détraquer.

§. VII. *Des Efpagnolettes à agraffe & à pignon.*

L'Efpagnolette dont nous allons parler, fert en même temps à fermer les chaffis à verre & les volets, on peut la nommer *à agraffe & à pignon* ; fa principale partie *Fig. 18*, *Planche XV*, eft une verge de fer ronde *r r*, auffi longue qu'un des montants du chaffis à verre, elle eft retenue contre le montant qui eft à recouvrement par des lacets à vis *t t u u*, elle a autant de colets, c'eft-à-dire, d'endroits où elle a moins de diametre qu'ailleurs, qu'il y a de lacets employés à la retenir. Chaque lacet *A B* (*Fig. 19*), a une tête ronde formant une efpece d'anneau qui entoure un des collets de la verge *r r* (*Fig. 18*) ; comme le diametre de la verge eft plus grand au-deffus du collet, on ne refferre l'anneau du lacet que quand la verge y eft engagée : on voit un collet en *b b* (*Fig. 20.*)

Il eft déja aifé de comprendre que la méchanique qu'on emploie ici ne reffemble point à toutes les efpagnolettes dont nous avons parlé jufqu'à préfent, puifque la verge ne peut ni s'élever ni s'abaiffer ; mais elle peut tourner autour d'elle-même. Voyons d'abord comment, en tournant, elle ferme le chaffis haut & bas : chaque extrémité de la barre *r r* (*Fig.* 18) a une partie *r s* en crochet qui eft perpendiculaire au corps de la verge ; ce crochet qu'on appelle *le paneton de l'efpagnolette*, eft perpendiculaire au chaffis lorfque l'efpagnolette eft ouverte, & il eft parallele au plan du chaffis, lorfque l'efpagnolette eft fermée ; ce paneton eft coudé à angle droit près de fon extrémité : quand le corps du paneton eft parallele au chaffis, fon coude fe trouve accroché dans un crampon, ou quelque chofe d'équivalent, & il s'en dégage quand le corps du paneton devient perpendiculaire à la traverfe de la croifée.

La piece qui fert de crampon peut être faite de différentes manieres ; mais avant que de nous occuper de ces petites variétés, voyons le fecond effet de l'efpagnolette qui confifte à tenir les volets fermés. On a imaginé quelque chofe de plus fimple ; mais voici comme on s'y prenoit d'abord.

Il y avoit deux platines de fer $z z$ attachées contre le montant du chaffis à verre qui fait le recouvrement : l'une eft proche du bout fupérieur de la verge, & l'autre de fon bout inférieur. Dans chacune de ces platines étoient arrêtés deux des lacets à vis *t t*, qui arrêtoient la verge de l'efpagnolette ; la partie de la verge qui eft entre ces deux lacets étoit affujettie à une partie de pignon qui n'avoit de dents que fur un quart de fa circonférence *a a* (*Fig.* 18 & 20) ; le nombre de ces dents n'alloit ordinairement qu'à trois ; le refte de la circonférence du pignon étoit uni & circulaire ; la partie où les dents étoient taillées étoit circulaire par rapport au chaffis ; quand l'efpagnolette étoit fermée, ce pignon portoit une efpece de long paneton Z d'environ fix pouces de longueur, on le nommoit *l'aileron*, & il étoit perpendiculaire à la verge de l'efpagnolette. Quand cet aileron s'appliquoit contre le volet, il le tenoit fermé ; un autre aileron pareil Z^1 (*Fig.* 18 & 21) s'appuyoit fur l'autre volet, & le tenoit de même fermé ; ce fecond aileron étoit auffi la queue d'un fecond pignon *y* qui n'avoit, comme l'autre, des dents que dans le quart de fa circonférence ; mais celui-ci avoit un effieu particulier qui étoit retenu par deux petites pieces V, perpendiculaires à la platine fur laquelle elles étoient rivées ; le pignon *a* de la verge, & celui *b* qui en eft féparé, s'engrenoient l'un dans l'autre ; ainfi lorfqu'on tournoit la verge dans ces fens, on tournoit les deux ailerons jufqu'à les obliger de s'appliquer l'un contre l'autre ; l'aileron Z qui tenoit au pignon *a* de la verge, en fuivoit le mouvement ; mais en même temps, au moyen de l'engrenage, il faifoit tourner l'autre pignon *b* dans un fens contraire du fien, & l'aileron Z^1 s'approchoit de l'aileron Z ; alors on pouvoit ouvrir les deux volets. On arrêtoit au contraire les deux volets en faifant tourner la verge dans un fens contraire ; car les deux ailerons s'écartoient l'un de l'autre jufqu'à ce qu'ils fuffent dans une même ligne droite, l'un & l'autre étant exactement appliqués contre les volets.

Pour que les volets & les chaſſis à verre reſtaſſent fermés, il ne s'agiſſoit plus que de fixer la verge dans cette poſition ; pour cela, entre les deux nœuds *u u* (*Fig.* 18), on joignoit à la verge une eſpece de queue *x* qui lui étoit attachée par un boulon ou une charniere ; cette queue pouvoit s'élever ou s'abaiſſer, par conſéquent on pouvoit la faire aiſément entrer dans un crampon à patte *y* qui étoit attaché à un des volets, & alors tout étoit fixé ; c'eſt cette même piece qui ſervoit de main ou de levier pour ouvrir la croiſée, ce qui s'exécutoit en levant la queue *x* pour la dégager du crampon *y*, enſuite on la faiſoit tourner horizontalement, la verge ſuivoit ce mouvement, les ailerons ſe relevoient, & déja on pouvoit ouvrir les volets ; en même temps les griffes ou agraffes *r s* ſe dégageoient de leurs crampons, & rien n'empêchoit qu'on n'ouvrît les chaſſis à verre. Ces pignons étoient ſujets à ſe détraquer ; les ailerons étoient embarraſſants. C'eſt pour ces raiſons qu'on a abandonné ces ſortes d'eſpagnolettes, & celles qu'on fait aujourd'hui ſont infiniment plus ſimples. Nous allons en parler.

§. VIII. *Des Eſpagnolettes à agraffe ſimple.*

Les eſpagnolettes à agraffe dont il s'agit ſont, pour le corps de l'eſpagnolette, tout-à-fait ſemblables à celle dont nous venons de parler ; le chaſſis à verre eſt fermé par les crochets ou agraffes qui ſont en haut & en bas ; elles n'en different que par l'ajuſtement qui eſt deſtiné à tenir les volets fermés ; cet ajuſtement eſt beaucoup plus ſimple, auſſi maintenant on n'en fait preſque point d'autres. L'eſpagnolette à agraffe *Figure* 22, a une tige de fer aſſujettie ſur un montant de la croiſée par des pitons à vis *Fig.* 19, reçus dans des collets ; les bouts de cette tige de fer portent pareillement des crochets qui prennent dans des gâches tenant au dormant : ces eſpagnolettes ont, comme les autres, un levier *D* en forme de poignée pour tourner l'eſpagnolette ; mais elles n'ont point les pignons dentés & à aileron qu'on voit aux *Figures* 18, 20 & 21.

On ſoude ſur la barre deux ou trois panetons *a* (*Fig.* 22, 23, 24), dont la ſaillie doit être dans le même plan que la main ; quand donc on met la main perpendiculaire au plan de la croiſée, les petits panetons le ſont auſſi ; on a attaché ſur le volet qui doit fermer le chaſſis à verre qui porte l'eſpagnolette, & vis-à-vis le petit paneton dont nous venons de parler, une eſpece de porte *b* (*Fig.* 22 & 25), qui n'eſt autre choſe qu'une plaque de fer qui a un œil quarré, ou qui eſt ſuffiſament évidée pour recevoir le paneton, & ces pieces ſont un peu courbées par leur bout, de façon que quand le volet eſt fermé, cette partie recourbée embraſſe la verge de l'eſpagnolette.

On conçoit que les petits panetons *a* étant dans une ſituation perpendiculaire au plan de la croiſée, ſi l'on abat le volet, le paneton *a* entre dans l'ouverture de la porte *b* , & ſi l'on retourne la main pour fermer l'eſpagnolet-te , les panetons *a* s'agraffent dans la porte *b* , & ce volet ſe trouve fermé. A l'égard de l'autre volet, on attache deſſus de petites pattes *c* (*Fig.* 22 & 26) dont le bec *c* a aſſez de longueur pour être un peu attrapé par le bout du paneton *a* (*Fig.* 22 & 23) : on conçoit donc que par les trois petites pie-ces *a b c* (*Fig.* 22) , les volets ſont auſſi exactement fermés par les eſpagno-lettes que ſi l'on avoit mis les pignons de la *Figure* 18.

Quelquefois on a compris ces agraffes entre deux nœuds qui traverſoient une petite platine *d* (*Fig.* 22 & 24). Mais communément on n'en met point, & on met tout ſimplement les agraffes comme *a b* (*Fig.* 28) ſans platines.

Une choſe qu'il eſt plus important de faire remarquer, c'eſt qu'on ne peut pas ſe ſervir d'un crochet à patte *y* (*Fig.* 18 ou 30), pour arrêter ſur le chaſſis à verre la main des eſpagnolettes , quand on veut qu'elle ferme en même temps les volets, parce que l'épaiſſeur de ces crochets empêcheroit les volets de s'approcher des chaſſis à verre ; dans ce cas on met ſur le de-hors des volets le crochet à patte *y* (*Fig.* 18) , & ſur les chaſſis à verre, on met de petits crochets plats *G* (*Figure* 27 ou 35), qui ſe briſent à charniere en *G* tout auprès du montant, afin que ce crochet puiſſe ſe coucher ſur le montant ſans faire d'épaiſſeur , lorſqu'on veut fermer les volets.

La *Figure* 28 nous ſervira à faire remarquer qu'on trouve encore quelques eſpagnolettes qui ſervoient par en bas à faire monter & deſcendre un verrou au moyen d'un pas de vis très-alongé *A* , qui prenoit dans un écrou ta-raudé dans l'intérieur du verrou ; on voit que tournant la barre de l'eſpa-gnolette , on faiſoit monter & deſcendre le verrou. Aſſurément cette conſ-truction ne vaut pas le crochet dont on fait uſage aujourd'hui ; mais il y a ap-parence qu'on ne s'eſt pas déterminé tout d'un coup à abandonner les ver-roux qui étoient preſque la ſeule fermeture dont on fît uſage.

En examinant toutes les eſpeces d'eſpagnolettes qui ſe trouvent dans des bâtiments qui commencent à devenir anciens, on reconnoît que les eſpagno-lettes ne ſont pas parvenues tout d'un coup au degré de perfection où nous les voyons aujourd'hui. Les premieres eſpagnolettes étoient très-ſimples, & ſem-blables à la *Figure* 29. Les pitons étoient attachés ſur les montants par des eſ-peces de pattes *a a* ; ils ne pouvoient ſervir qu'à fermer des chaſſis à verre ; & comme la main ne devoit point embraſſer de volets , on ſe contentoit de fendre le barreau , & de retenir dans cette mortaiſe l'extrémité de la main avec une goupille , de façon néanmoins qu'elle pouvoit s'élever & s'abattre ; ou bien on faiſoit la main à charniere , comme on le voit en *b* (*Fig.* 29 & 30). On ſe ſert encore de ces eſpagnolettes ſimples pour fermer les croiſées qui n'ont point de volets , ou certaines portes.

Si dans le commencement de l'invention des eſpagnolettes , on vouloit couvrir de volets les chaſſis à verre , ou bien les volets étoient tenus fermés

par

par des verroux , des targettes ou des loqueteaux ; ou bien on mettoit une seconde espagnolette sur un des volets ; cette espagnolette *Fig.* 30, avoit haut & bas des crochets qui tenoient fermé le volet où elle étoit attachée , & outre cela elle avoit , comme nous l'avons dit , deux grands ailerons *C C* qui , quand il s'agissoit de fermer les volets , s'appliquoient sur le volet auquel la verge de l'espagnolette n'étoit pas attachée ; cette seconde espagnolette avoit aussi une main *b* pour la tenir fermée.

§. IX. *Comment on fait les Espagnolettes pour fermer les Volets aux Croisées qui ont un Imposte.*

Quelquefois les Propriétaires desirent avec raison qu'il reste au haut de leurs croisées au moins quatre carreaux dormants , comme on le voit à la *Fig.* 4, *Planche XV*: les chassis à verre compris dans ces croisées depuis l'imposte jusqu'au haut restent toujours fermés , ainsi point d'embarras à cet égard. On peut les tenir fermés avec des verroux , des targettes & des loqueteaux qui ne servent que quand on nettoie les vitres ; & l'espagnolette ne s'étend que depuis l'imposte jusqu'en bas, ce qui suffit pour les chassis à verre ; mais les volets sont rarement interrompus , ils s'étendent depuis le bas jusqu'au haut de la croisée ; si l'espagnolette se termine en *q* (*Fig.* 4) , ou à l'imposte, la partie *q r* des volets n'est point soutenue par l'espagnolette ; souvent il n'y a pas grand mal : comme cette partie n'est pas considérable , pour peu que les bâtis soient forts & de bois sec, cette partie se maintient sans se déjetter : mais on veut quelquefois qu'elle soit assujettie ; alors on emploie deux moyens, l'un est de prolonger l'espagnolette jusqu'en *r* , & tout l'inconvénient qui en résulte se réduit à ce que quand le chassis à verre est ouvert, on voit un bout d'espagnolette qui en excede le bâti : l'autre moyen qu'on emploie plus communément consiste à couper l'espagnolette en *q* (*Fig.* 31) , d'attacher la partie *q r* sur la partie dormante *q r* du chassis à verre de la croisée *Fig.* 4 , le bas de cette partie se termine par un enfourchement dans lequel entre le tenon *S* qui termine la partie d'en bas de l'espagnolette ; & au moyen de ce tenon qui se loge dans l'enfourchement , quand on ferme la croisée , la partie *q r* est emportée par la partie d'en bas , & elle en suit tous les mouvements, comme si l'espagnolette étoit d'une seule piece.

§. X. *De quelques façons de fermer les Contrevents.*

A la campagne, sur-tout aux croisées du raiz-de-chaussée qui donnent sur les parcs , on desire quelquefois avoir des contrevents qui rendent les appartements plus sûrs contre les voleurs , & qui protegent les croisées qui sans cela restent exposées aux injures de l'air, même pendant l'absence des Maîtres; la plupart de ces contrevents sont ferrés avec des pentures qui font clouées fur les contrevents , & des gonds fcellés dans les pierres de taille qui forment le tableau ; de cette façon toute l'eau qui coule le long du mur , tombe fur le contrevent , qui pourrit quoique fouvent on ait la pré-caution de mettre au haut des contrevents une emboîture de chêne qui réfifte mieux à la pourriture que le bout des planches de fapin dont eft formé le contrevent. Il eft mieux de ferrer les contrevents par en bas avec un pivot coudé qui aboutiffe à une crapaudine fcellée dans l'appui, & de mettre en haut une penture coudée pour que le contrevent étant fermé, il entre dans l'em-brafure de la croifée , & qu'il foit un peu à l'abri de la pluie. Comme on veut que les contrevents paroiffent le moins qu'il eft poffible quand ils font ouverts, on les peint en blanc fur le côté qui alors fe montre en dehors ; & comme d'un autre côté on trouve agréable que les baies des croifées foient marquées quand les contrevents font fermés , on peint en brun l'envers du contrevent, ou la face qui fe montre ; moyennant cette attention, les contre-vents paroiffent peu quand ils font ouverts ; & quand ils font fermés, l'ouver-ture des croifées fe diftingue bien des murs.

Pour tenir ces contrevents fermés , on ne peut pas fe fervir de crochets , parce que les chaffis à verre font maintenant à noix ; mais les Serruriers ont imaginé différents moyens qu'ils ont variés fuivant les circonftances , & qui la plupart produifent affez bien ce qu'on defire.

Les contrevents dont nous venons de parler font fort bons ; mais ils ne font pas auffi propres que ceux qui font ferrés fur le dormant de la croifée , & qui s'appliquent immédiatement fur le chaffis à verre ; ces contrevents ont à l'ordinaire deux vantaux , & chaque vantail fe plie en deux ; quand les murs ont affez d'épaiffeur, le contrevent ainfi brifé n'excede point, quand il eft ouvert , le tableau de la croifée ; mais quand le mur n'a pas affez d'épaiffeur relativement à la largeur des croifées, on forme la brifure de façon qu'elle fe trouve fur l'angle du tableau, & une partie du contrevent fe replie en de-hors fur le mur ; quand le contrevent eft fermé , il doit s'appliquer exacte-ment fur le chaffis à verre : il refte à favoir maintenant comment avec des chaffis à verre qui font à noix , on peut tenir les contrevents fermés. C'eft ce que nous allons expliquer le plus clairement qu'il nous fera poffible.

L'efpagnolette n'a aucun rapport avec le contrevent , ainfi elle eft faite à l'ordinaire. Comme les contrevents font brifés, ils font garnis dans leur hau-teur de trois pentures reçues dans trois gonds à pointe qui entrent dans les montants du dormant, & à l'endroit de la brifure elles ont une char-niere comme une fiche à broche ; l'extrémité de ces pentures s'étend juf-qu'au bord du contrevent, & les bords font taillés en chanfrein, afin que les deux vantaux puiffent rentrer d'environ un demi-pied dans l'intérieur de la chambre, lorfque les chaffis à verre font ouverts ; c'eft pour cette raifon que les contrevents ne portent pas jufqu'à l'appui ; ils fe terminent par en bas à la hauteur du jet-d'eau du chaffis à verre : on retire donc en dedans les deux vantaux du contrevent dont les bords s'éloignent l'un de l'autre, d'autant plus qu'ils entrent davantage dans la chambre pour la même raifon qu'ils s'éloignent quand on les pouffe en dehors pour les ouvrir. Or il y a fur le montant du chaffis à verre qui porte la gâche de la noix, fix crochets qu'on place pour plus grande folidité à la hauteur des bandes des pentures des contrevents, & trois de ces crochets ont leur croc à droite, & les trois autres ont leur croc à gauche. Suppofons maintenant qu'on a tiré en dedans de la chambre les deux vantaux des contrevents, & que pour la raifon que nous avons dité, il s'en faut d'une certaine quantité que les bords ne fe touchent ; on pouffe les chaffis à verre dans leur baie pour les fermer à l'ordinaire ; les crochets paffent entre les bords des deux vantaux du contrevent ; & continuant à pouffer les chaffis à verre, on pouffe en même temps les contrevents, dont les bords fe rapprochent d'autant plus qu'ils font plus près d'être dans le plan de la croifée ; ils s'engagent ainfi fous les crochets qui les retirent, & empêchent qu'on ne les puiffe ouvrir jufqu'à ce qu'ayant ouvert les chaffis à verre, & ramené les contrevents en dedans de la chambre, les bords des vantaux du contrevent s'écartent, & fe dégagent des crochets qui font fur le montant du chaffis à verre ; alors ayant ouvert les chaffis à verre, on pouffe en dehors les contrevents.

Comme ces contrevents s'appliquent très-exactement fur les chaffis à verre, il faut qu'ils s'ouvrent de toute la hauteur   arce que l'épaiffeur de l'impofte, s'il y en avoit un, ne permettroit pas d'en faire ufage.

Comme le contrevent fe termine au-deffus du jet-d'eau du chaffis à verre, ce qui eft néceffaire pour qu'il entre dans la chambre, ce jet-d'eau femble fait pour le contrevent lorfqu'il eft fermé.

On pourroit placer les crochets du chaffis à verre à la hauteur qu'on voudroit ; ils ne retiendroient pas moins les contrevents : mais il eft mieux qu'ils fe rencontrent fur l'extrémité des pentures.

On a coutume de mettre fur les contrevents aux endroits où fe rencontrent les crochets, un morceau de fer recourbé, ou une efpece de gâche qui les recouvre, & qui empêche qu'avec une pince on ne puiffe les rompre.

§. X I. *De la façon de faire les Efpagnolettes.*

APRE's avoir amplement décrit toutes les bafcules & efpagnolettes qui ont été, ou qui font en ufage, il faut dire quelque chofe de la façon de les faire ; mais je m'attacherai particuliérement à celles qui font le plus d'ufage, celles dont j'ai parlé en dernier lieu, & qu'on connoît fous le nom d'*Efpagnolettes à agraffe.*

Pour faire une de ces efpagnolettes, on prend un barreau de carillon, *Fi-*

gure 46 , *Planche XIII*. qui doit avoir une longueur pareille à la hauteur de la croisée ; on en abat les angles & on lui forme huit pans ; ensuite on l'arrondit à l'étampe comme je l'ai dit plus haut , c'est-à-dire , qu'on le forge entre deux étampes qui sont creusées chacune en demi-rond , & en retournant fréquemment le barreau dans l'étampe , il est bientôt arrondi comme une tringle. Il est question ensuite de renforcer les endroits qui approchent des nœuds ; pour cela , on forge des mises en viroles ou des anneaux qui restent ouverts , & on les soude aux endroits qui avoisinent les nœuds comme *a b c d* (*Fig.* 47) ; comme ces endroits doivent avoir des collets & être ornés de moulures ainsi que *c de f* (*Fig.* 35) , on finit par les forger sur une étampe qui porte en creux les moulures qu'on veut faire en relief sur le barreau ; on frotte l'étampe de suif ; on retourne fréquemment le barreau à mesure qu'on le forge dans l'étampe, & en très-peu de temps les ornements des moulures sont faits ; il n'est plus question que de les repasser un peu avec la lime.

Lorsqu'on fait des espagnolettes très-propres , on ne se sert point d'étampe , on met sur le tour les endroits où doivent être les moulures comme *b c* (*Fig.* 48) , & on forme toutes les moulures avec l'outil , ensuite on soude ces morceaux travaillés au tour sur la tige de l'espagnolette.

Quand on se propose de les bronzer , on se contente de les blanchir ; mais si l'on veut les mettre en couleur d'eau , il faut leur donner un beau poli ; alors il ne s'agit plus que de les attacher sur le montant du chassis ; cela se fait, comme nous l'avons déja dit, par des lacets ; auxquels on donne différentes formes suivant le goût du Serrurier. Mais il est plus important de dire comment on met ces lacets en place à l'endroit *f* (*Fig.* 47) : les parties *a b c d* étant plus grosses que le collet *f* qui les sépare , il n'est pas possible d'enfiler le lacet par le bout de l'espagnolette ; les Serruriers s'y prennent de deux façons différentes , qui sont à peu près aussi bonnes l'une que l'autre. On forge un morceau de fer *b c* (*Fig.* 48) , qui est assez large au milieu pour former le corps du lacet , & il se termine en pointe par les deux extrémités pour en faire la queue ; on étampe le corps pour lui donner la forme qu'on juge convenable , on replie ce lacet sur un mandrin qui doit être de la même grosseur que la partie du collet *f* (*Fig.* 47) , où il doit être placé ; les deux pointes rapprochées, soudées, & taraudées jusqu'en *e* (*Fig.* 50) , forment la queue du lacet ; mais on chauffe & on ouvre le corps du lacet, comme *f* (*Fig.* 50) , pour le mettre en place ; & quand on l'a mis à l'endroit *f* (*Fig.* 47), on le resserre avec l'étau pour lui faire reprendre sa premiere forme ; d'autres (*Fig.* 49) , après avoir soudé la queue *a* du lacet à la partie *b c* qui en doit faire le corps, roulé & soudé cette partie *b c* , coupent l'anneau comme on le voit en *a* (*Fig.* 51) ; puis ayant chauffé & ouvert l'anneau , ils le passent dans le collet , & le resserrent dans l'étau ; & quoique le corps du lacet ne soit que rapproché , la seule force du fer suffit pour qu'il ne s'ouvre jamais , quand

on

on l'a mis en place comme *g* (*Fig.* 35), la queue ayant traversé le montant de la croisée, est arrêtée par l'écrou *D* (*Fig.* 50) qui est de l'autre côté du montant : on voit *Fig.* 52 , toutes les pieces séparées qui doivent former la main d'une espagnolette semblable à *C* (*Fig.* 35).

On a représenté en *D* (*Fig.* 53), un paneton préparé pour être mis en place comme on le voit en *D* (*Fig.* 35).

On voit *Planche XV* , *Fig.* 19 , *A* & *B* , des lacets dont nous avons déja parlé plus haut.

Pour rendre les poignées & les agraffes des espagnolettes plus propres, on les découpe quelquefois comme on le voit *Planche XV* , *Fig.* 34 , 35 , 36 & 37.

Les crochets des espagnolettes s'agraffent quelquefois dans des crampons à peu près semblables à celui qui est représenté *Figure* 39 , mais plus communément dans une gâche *Figure* 33 , *Planche XV.*

Nous allons parler dans un article séparé des grosses & fortes ferrures qu'on emploie pour les portes cocheres. Nous reviendrons ensuite à ce qui regarde les portes d'appartement, & les vantaux des armoires.

A R T I C L E III.

De la fermeture des Portes Cocheres.

Autrefois pour tenir les portes cocheres fermées, on mettoit au bas les gros verroux *Fig.* 30 ou 31 , *Planche XIII* , & en haut on mettoit le fléau *Figure* 32 ; c'étoit un gros barreau de fer quarré *L L* , qui étoit percé dans son milieu pour recevoir le gros boulon *N* , ce boulon traversoit le montant de la porte environ aux deux tiers de sa hauteur ; on mettoit entre le fléau & la porte, la platine *O* , & par-dessus le fléau, la rondelle *P* ; le tout étoit arrêté par une clavette qu'on passoit dans l'œil du boulon ; le fléau dans cette situation n'empêcheroit pas qu'on n'ouvrît la porte ; mais on posoit sur les deux vantaux deux forts panetons & crochets *M* , qui étoient attachés dans des sens contraires, de sorte que quand on faisoit tourner le fléau sur le boulon qui le traversoit, il s'accrochoit dans ces deux crampons ; & quand on vouloit ouvrir la porte, on tiroit en en bas la barre *R* , & le fléau sortant des crochets & devenant perpendiculaire, se rangeoit sur le montant de la porte qui pouvoit s'ouvrir aisément ; la barre *R* portoit en *S* un paneton ou un auberon qui entrant dans la ferrure plate *T* , empêchoit ceux qui étoient en dedans de la maison d'ouvrir le fléau.

Outre le gros verrou & le fléau, pour assurer la fermeture des portes cocheres, on mettoit encore sur le poutis une crémaillere *G* (*Fig.* 33), dans laquelle s'accrochoit la barre *I H* (*Fig.* 34), qui entrant dans les différents crans de la crémaillere, permettoit d'assujettir le poutis à telle ouverture qu'on jugeoit convenable. Au moyen de toutes ces ferrures , les portes étoient bien fermées. Mais on emploie maintenant des ferrures beaucoup plus simples & qui sont à peu près aussi sûres.

On ferme le haut de la porte au moyen d'une demi-espagnolette très-forte à peu près comme *A B* (*Fig.* 35) , qui s'étend depuis le haut de la porte jusqu'à la hauteur de la serrure , & le bas *A* est terminé par des moulures en cul-de-lampe ; le crochet *B* tient le haut de la porte exactement fermé , & le corps de l'espagnolette qui est un fort barreau , empêche que le montant de la porte ne se déjette : on ne met point en bas de verrou qui rouille ordinairement , & ne peut plus couler dans ses crampons ; mais on met une barre *I H* (*Fig.* 34) , qu'on pose assez bas pour assujettir très-solidement la partie basse de la porte en s'accrochant dans les pitons *K* ou *K* qui sont ou à vis ou à rivure.

A l'égard du poutis , il est tenu fermé par une grosse serrure à deux tours & deux forts verroux *Fig.* 38 , 39 , 40 *&* 41.

On conçoit que ceux qui sont en dedans de la maison peuvent lever le crochet , & ouvrir l'espagnolette , ainsi que les verroux ; alors la porte n'étant fermée que par le pêne , il seroit possible à celui qui auroit ouvert l'espagnolette , la barre & les verroux, d'ouvrir la porte en forçant sur le pêne ; pour obvier à cet inconvénient , on met dans l'œil *K* de la barre *Fig.* 34 , & au bout de la main *C* (*Fig.* 35) , un moraillon & auberon qui entre dans une serrure plate *T* (*Fig.* 32) , au moyen de quoi il n'est pas possible de lever la barre ni d'ouvrir l'espagnolette ; mais ces moraillons sont desagréables ; de plus il faut avoir de petites clefs pour ouvrir les serrures plates , & ces petites clefs sont souvent égarées.

Voici comme nous avons remédié à ces petits inconvénients; d'abord pour empêcher qu'on ne puisse décrocher la barre *E* (*Fig.* 42) , nous avons ajusté dans la gâche *B* de la serrure *A* un faux pêne *C*, qui étant poussé par le pêne *D* de la serrure , recouvre le crochet *E* de la barre , & empêche qu'on ne le dégage de son crampon : tant que la porte est fermée , le pêne *D* empêche qu'on ne fasse rentrer le faux pêne *C* dans la gâche *B* ; mais quand la serrure est ouverte , on fait aisément reculer le faux pêne , & alors on peut lever le crochet pour ouvrir les deux battants de la porte ; ce qu'il y a de commode, c'est que quand on a fermé le premier battant , & mis le crochet, le faux pêne *C* est poussé par le pêne *D*, & placé sur le crochet *E* sans qu'on y fasse attention. Nous avons fait usage avec grand succès de cette petite méchanique.

Nous avons encore imaginé un moyen tout aussi simple pour empêcher qu'on n'ouvre les espagnolettes sans avoir recours aux moraillons ni aux serrures plates. *A* (*Pl. XIII, Fig.* 37) est une portion de la tige d'une espagnolette à la hauteur de la serrure ; cette portion de l'espagnolette traverse la gâche *B* qui doit recevoir le pêne *C* de la serrure ; vis-à-vis ce pêne *C*, nous fai-

fons fouder à la tige *A* de l'efpagnolette, un petit paneton femblable à *D*
(*Fig. 35*), qui s'éleve dans la gâche quand on ouvre l'efpagnolette, &
qui fe couche au fond de la cage de la gâche, quand on ferme l'efpagnolet-
te ; quand la ferrure eft ouverte, rien ne s'oppofe à ce mouvement, & on eft
maître d'ouvrir ou de fermer l'efpagnolette comme on le juge à propos.
Mais fi l'efpagnolette étant fermée, le paneton *D* eft couché au fond de la gâ-
che, & qu'on vienne à fermer la ferrure, le pêne *C* coule fur le pane-
ton, & alors il n'eft plus poffible d'ouvrir l'efpagnolette ; ce moyen eft bien
fimple & extrêmement commode.

Si l'on vouloit en même temps & d'une feule opération tenir l'efpagno-
lette & le crochet fermés fans avoir recours aux moraillons, il faudroit
ajufter à la tige de l'efpagnolette à la hauteur du crochet, un pignon
denté feulement dans la moitié de fa circonférence, & que ce pignon engre-
nât dans des dents qui feroient à la queue d'un faux pêne, formant com-
me une crémaillere ; car en tournant l'efpagnolette pour la fermer, le pi-
gnon feroit fortir le faux pêne qui fe placeroit au-deffus du crochet.

Nous avons parlé plus haut des ferrures qu'on fait pour fortifier les affem-
blages des portes cocheres, ainfi que des pivots, gonds, fiches à gond & à
nœuds qu'on emploie pour les tenir battantes ; ainfi il ne s'agiffoit dans cet
article que de détailler les moyens qu'on peut employer pour les tenir
exactement fermées ; ayant fatisfait à ce point, nous allons revenir à la fer-
rure des portes des appartements & des armoires.

A R T I C L E IV.

Des ferrures que les Serruriers emploient pour tenir les Portes fermées,
telles que les différentes efpeces de Loquets & de Becs de Canne.

On peut regarder les loquets comme un genre particulier de fermeture
qui en quelques circonftances a prefque les avantages des ferrures, puif-
qu'on eft obligé d'employer une clef pour les ouvrir.

Le loquet ordinaire eft compofé d'une longue piece de fer *A B* (*Fig.*
1, Planche XVI), appellé le *Battant*, & en quelques pays la *Clinche* ; c'eft
une efpece de levier qui tourne librement autour d'un clou qui eft le plus
fouvent à un des bouts du battant *A* ; l'autre bout *B* qu'on appelle *la tête*
eft retenu par un crampon *C C* qui modere fon mouvement fans l'empêcher
de s'élever & de s'abaiffer d'une certaine quantité ; quand la tête du battant
eft abaiffée, elle eft engagée dans une efpece de crochet *H* & *T Fig. 2 & 3*, qu'on
nomme le *Mentonnet* qui eft attaché au chambranle dans l'embrafure, ou à
l'huifferie de la porte, laquelle eft ainfi retenue fermée par le battant du loquet.
La *Figure 2 H*, repréfente un mentonnet à pointe pour mettre dans la menui-
ferie, & le mentonnet *T* (*Fig. 3*), eft à fcellement pour les embrafures en
plâtre.

Pour ouvrir la porte, il faut élever le battant du loquet par le moyen d'une piece de fer *L M* (*Fig.* 4), qui traverse la porte dont on éleve quelquefois la queue en appuyant le pouce sur un évasement *L* qui est au bout de ce petit morceau de fer, & qui se présente au dehors de la porte ; c'est ce qu'on appelle un *Loquet à poucier* ; il y a au-dehors de la porte une espece de poignée *K* (*Fig.* 4), qui sert à tirer la porte pour la fermer : cette poignée & ce poucier *L M* sont retenus par une platine *N O* qui est clouée sur la porte. D'autres fois il y a au-dehors de la porte une boucle *F* (*Fig.* 5), une olive *D* (*Fig.* 1), ou un bouton qu'on tourne pour élever le battant. On fait assez communément usage de cette disposition de loquet pour les portes des chambres, en tournant l'olive *D* ou l'anneau *F*, le petit morceau de fer *G* ou *E* souleve le battant ; quelquefois la tige de l'olive *D* ou de l'anneau *F* est quarrée ; elle entre dans le trou *A* (*Fig.* 1), qu'on fait alors quarré, & en tournant l'olive, le battant se leve ; mais il y a souvent trop de frottement & de résistance. Il y a d'autres loquets plus industrieusement disposés qu'on ne peut ouvrir qu'avec une clef. On fait de ces loquets de deux sortes différentes, les uns qu'on appelle *à Vielle*, & les autres *à la Cordeliere*.

Les loquets à vielle *Figure* 6, ont une entrée semblable à celle des serrures ; quand la clef *Figure* 10, est assez enfoncée pour que son paneton excede l'épaisseur de la porte, en la tournant, le paneton souleve une espece de manivelle *N O Fig.* 7 & 8, ou un levier recourbé qui souleve le battant, comme on le voit *Figure* 9.

Les loquets à la Cordeliere qui sont fort en usage dans les Dortoirs des Couvents, ont aussi une clef *Figure* 15, mais qu'on ne tourne point ; on ne fait que la soulever ; le bout du paneton de cette espece de clef éleve une petite piece de fer *f* (*Fig.* 12), qui tient au battant ; ce paneton est évidé en plusieurs endroits dans lesquels passent des morceaux de fer de pareille figure, ce qui forme une espece de garniture assez ingénieusement imaginée.

Ce que nous venons de dire des différentes especes de loquets, ne peut qu'en donner une idée générale ; pour les faire mieux connoître, il faut les suivre les uns après les autres plus en détail. Nous allons essayer de le faire.

§. I. *Des Loquets simples.*

Il est clair que si l'on attachoit sur le battant d'une porte, & en dedans de l'appartement, un morceau de fer semblable à *A B* (*Planche XVI, Fig.* 1), en mettant un clou dans l'œil *A* pour que ce morceau de fer qu'on nomme *le battant du loquet* puisse tourner sur le point *A*, & qu'on mît sur le chambranle de la porte aussi en dedans de l'appartement un mentonet *H* (*Fig.* 2), dans lequel s'engageroit le bout *B* du battant *A B* (*Fig.* 1), il ne seroit pas possible à celui qui seroit en dehors d'entrer dans l'appartement, & celui qui est en dedans en sortiroit en levant avec le doigt le bout

B

B du battant pour le dégager du mentonnet *H* (*Fig.* 2) ; afin d'empêcher le bout *B* (*Fig.* 1), de tomber par son propre poids dans la perpendiculaire ponctuée *A F* & afin qu'il ne s'éleve point trop , on le renferme dans le crampon *C C* (*Fig.* 1) , qui limite son mouvement ; quand la porte bat dans une embrasure de plâtre, au lieu du mentonnet *H* (*Fig.* 2), on en met un coudé *T* (*Fig.* 3) , qui a deux scellements pour l'assujettir dans l'embrasure.

Ordinairement on souhaite que les loquets puissent s'ouvrir en dedans & en dehors des appartements , & on leur donne cette propriété de plusieurs manieres très-simples.

La plus commune a été d'attacher sur le dehors de la porte une platine *I* (*Fig.* 4) , de la traverser par une branche courbe *K* , qui étant rivée en dedans de la chambre, fournit une poignée pour tirer la porte à soi, & la fermer ; la platine *I* est encore traversée par une broche *L M* assujettie à la platine par une échancrure & une goupille ; cette broche s'évase en dehors de la chambre par une palette *L* qu'on nomme *le Poucier*, parce qu'en appuyant le pouce sur cette palette, on contraint la partie *M* de s'élever & de soulever le battant du loquet jusqu'à ce qu'il ait échappé le crochet du mentonnet ; quand on est en dedans de l'appartement, on ouvre le loquet ou en soulevant le bout *M* , ou en soulevant immédiatement le bout *B* du battant *Figure* 1 ; mais communément on met un bouton vers *G* par lequel on le leve.

Une maniere encore plus simple , & qu'on pratique souvent pour produire le même effet, est de faire le trou *A* (*Fig.* 1) quarré , de passer dedans une broche quarrée retenue en dedans de la chambre par un écrou, & qui répond en dehors à un bouton ou à une olive semblable à *D* (*Fig.* 1), qui porte sur une platine en rosette ; il est clair que ce bouton qui sert à tirer la porte, sert aussi à ouvrir le loquet en le tournant ; le seul inconvénient est que s'il y a du frottement du battant dans le mentonnet, comme cette résistance est appliquée à un long bras de levier, on a peine à tourner le bouton, ce qui oblige de le faire ovale, ou de lui donner un assez grand diametre ; souvent à ces sortes de loquets , on rive en dedans de la chambre sur le battant vers *G* un petit bouton qui sert à soulever le battant & à tirer à soi la porte, lorsqu'on l'ouvre.

La *Figure* 1 représente une autre disposition de loquet à bouton ; *D* est un bouton qui est au dehors de la chambre ; à son centre est une broche *E* qui porte une partie en saillie *E E* faite en portion de cercle, & qui souleve le battant ; quelquefois on substitue au bouton une boucle *F* (*Fig.* 5) , & on ajuste à la broche une piece de fer *G* qui souleve le battant quand on tourne la boucle *F* ; quelquefois en poussant un bouton , on fait agir une bascule qui souleve le battant ; & puisqu'il ne s'agit que de lever le battant , on peut imaginer une infinité de moyens pour produire cet effet : ainſi nous. n'inſiſterons pas davantage ſur ce point ; & nous allons parler des loquets un peu plus compoſés.

§. II. *Des Loquèts à vielle.*

On a voulu qu'il y eût quelque difficulté à ouvrir les loquets pour entrer dans des cabinets , & par-là mettre les loquets en état de tenir en quelque façon lieu de ferrures à la vérité bien imparfaites, mais qui ſont ſuffiſantes pour renfermer des effets peu précieux , ou pour tenir fermées des portes qui , étant dans des Dortoirs , ſont déja aſſez ſûres ; il faut une clef, ou quelque choſe d'équivalent , pour ouvrir ces loquets, qu'on nomme *à vielle* , apparemment parce que leur jeu ſe fait par une manivelle qu'on a comparée à celle d'une vielle.

Ces loquets ſont formés d'une platine P (*Fig. 6*) , qui eſt attachée ſur la porte par quatre vis , & au milieu eſt l'entrée pour la clef ; le battant du loquet eſt attaché de l'autre côté de la porte ; ſur la face oppoſée *Fig.* 7 , eſt rivée une broche ou un étoquiau O qui porte le levier coudé N, ou la vielle qui eſt mobile autour de la cheville O ; on apperçoit encore une petite garniture en M : ainſi il faut concevoir *Figure* 8 , que l'étoquiau S eſt ſolidement attaché à la platine ; que la manivelle étant terminée au bout S par une douille enſilée par l'étoquiau, elle peut tourner autour du point S, & l'on voit que le paneton de la clef s'appuyant au point T, il ſouleve la vielle , & la branche R repréſentée en V (*Fig.* 9) , leve le battant $A B$ juſqu'à ce qu'il ſoit échappé du mentonnet ; on conçoit que la platine $P P$ (*Fig.* 9) ſert de palâtre ſur lequel on attache l'étoquiau O , la garniture M (*Fig.* 7) , & l'entrée de la clef ; pour éviter que toutes ces ferrures n'éprouvent du frottement , on ajoute la couverture X (*Fig.* 9) , percée d'un trou dans lequel l'extrémité de la clef *Figure* 10 , qu'on tient pour cette raiſon un peu longue , peut entrer. On attache encore ſur la platine un crampon à rivet Z (*Fig.* 11) qui ſert de conducteur à la partie B du battant.

Ces loquets ſont d'un uſage très-commun pour fermer des garde-robes & d'autres cabinets qui ne renferment pas des effets très-précieux ; cependant on peut les ouvrir aiſément avec un crochet. Ceux dont nous allons parler ſont un peu plus difficiles à ouvrir quand on n'en a pas la clef ; on les nomme *à la Cordeliere.*

§. III. *Des Loquets à la Cordeliere.*

$A B$ (*Fig.* 12) eſt le battant du loquet ; C eſt le crampon qui lui ſert de conducteur ; D eſt un bouton attaché ſolidement à la partie g du battant ; $g f$ eſt une tige de fer attachée ſolidement au bout g de la broche du bouton D , & qui forme en cet endroit un retour d'équerre ; tout cela eſt en dedans de la chambre , & on voit que pour ſortir de la chambre, on ouvre ce loquet en foulevant le bouton *D*, & qu'étant en dehors de la chambre, on ouvrira le loquet en foulevant le bout de la broche *f*; mais afin d'obliger d'avoir une clef pour foulever le petit barreau *fg*, on a mis fous la platine *Figure* 13, une efpece de garniture. Pour donner une idée de ce petit ajuftement, confidérons la chofe dans un autre point de vue.

a a (*Fig.* 13) eft une platine clouée fur la face de la porte qui regarde le dehors de la chambre ; elle porte l'entréc *b* du loquet à la Cordeliere, & elle lui fert de palâtre ; la cloifon *c* qui divife en deux fuivant fa longueur l'entrée *b*, eft formée par l'aileron *c a e* de la *Figure* 14. Cette piece *Figure* 14, eft attachée fur la platine *Figure* 13, à l'endroit *c* par l'évafement *e* (*Fig.* 14) ; la partie *e* (*Fig.* 14) divife l'entrée en deux par la cloifon *c* (*Figure* 13), & la partie arrondie *b* (*Figure* 14), forme une partie de la garniture, parce qu'on verra dans un inftant qu'elle doit paffer dans la partie arrondie *i* de la clef *Figure* 15.

e e (*Fig.* 12) eft une platine creufée en gouttiere qui eft attachée fous le palâtre *a* (*Fig.* 13) ; elle tient lieu d'un foncet de ferrure pour empêcher la clef d'entrer trop avant ; & la courbure concave de cette piece doit correfpondre à la courbure convexe de la partie *h g* (*Fig.* 15) de la clef.

Pour concevoir la maniere de fe fervir de ce loquet, imaginons la platine *a* (*Fig.* 13) clouée fur le derriere de la porte, que le loquet *A B* (*Fig.* 14) foit ajufté fur la partie de la porte qui eft en dedans de la chambre par une vis ou un clou qui entre dans l'œil *A*, & à l'autre bord par le crampon *C* ; ajoutons qu'on a fait une échancrure dans l'épaiffeur de la porte pour recevoir le foncet *e e* (*Fig* 12), qui tient à l'intérieur de la platine *a* (*Fig.* 13), qui fert de palâtre où entre la partie *g h* de la clef *Figure* 15 : en la préfentant de plat dans l'ouverture *g h* de la *Figure* 13, la cloifon *c c* (*Fig.* 13 & 14), entre dans la rainure *a* de la clef *Figure* 15, la partie arrondie *b* de la *Figure* 14, entre dans l'ouverture *i* de la clef *Figure* 15 ; les ailes *a d* de la *Figure* 14, entrent dans l'ouverture *b c* de la *Figure* 15 ; en foulevant cette clef, elle appuie fous l'extrémité *f* du petit morceau de fer *f* (*Fig.* 12) & fouleve le battant *g* du loquet *A B* (*Figure* 12), jufqu'à ce qu'il ait échappé le paneton. La garniture de ces efpeces de loquets confifte au rapport qu'il doit y avoir entre toutes les parties des pieces *c c e d* (*Fig.* 14) & *e e* (*Fig.* 12), avec la forme de la clef ; ce qui fait que les loquets à la Cordeliere font plus difficiles à ouvrir que ceux en vielle.

§. IV. *Des Loqueteaux à reffort.*

On mettoit autrefois très-fréquemment, & on met encore quelquefois aux volets des croifées qui font élevées, des loqueteaux à reffort ; ces loqueteaux *Figure* 1, *Planche XV*, font compofés d'une platine ordinairement découpée ; fur un des bords de la platine eft rivé un cramponnet X, dans lequel entre l'extrémité Y d'un battant de loquet YZ ; ce battant eft percé d'un trou en T, & attaché en cet endroit fur une platine par une goupille rivée, de forte qu'on peut regarder ce battant de loquet comme un levier qui a fon point d'appui au milieu de fa longueur où eft la goupille T qui lui permet de fe mouvoir : un reffort de chien V * retenu en K par un étoquiau a fes branches engagées dans le cramponnet, & elles appuient la partie Y du battant fur le bas du cramponnet. Il eft maintenant évident qu'en tirant le cordon qui eft dans l'œil Z, on fouleve l'autre bout du battant, & on le dégage du mentonnet Y (*Fig.* 2) ; & en tirant un peu ce cordon en dehors, le volet s'ouvre ; pour le fermer, on conduit fortement par le cordon le volet contre la croifée ; l'extrémité Y du battant *Figure* 1, gliffe fur la partie inclinée du mentonnet Y (*Figure* 2) ; le reffort le fait defcendre dans la coche de ce mentonnet, & le volet refte fermé jufqu'à ce qu'on tire le cordon.

On a été long-temps à fe fervir de ces loqueteaux pour fermer les volets $n\,n$ de la partie d'en haut de la croifée *Fig.* 4, *Planche XV*, parce qu'on n'y pouvoit pas atteindre avec la main. Mais ces loqueteaux qui n'étoient pas bien forts étant expofés à effuyer de violentes fecouffes, exigeoient d'affez fréquentes réparations. C'eft pourquoi on leur a fubftitué des ferrures plus folides & plus propres à faire revenir un volet qui fe feroit dejetté. Nous en avons parlé affez amplement.

§. V. *Des Becs de Canne.*

On fait une efpece de petite ferrure à pêne employée affez fouvent par les Moines au même ufage que les loquets, & qui s'ouvre avec une clef fans paneton. La forure de la clef eft quarrée ou à plufieurs pans, comme celle des clefs de pendules *Planche XVI*, *Fig.* 18 ; q eft la clef ; p, le quarré qui tient à la ferrure, & qui entre dans la clef ; elle reçoit donc une broche p (*Fig.* 16) de pareille figure, cette broche eft arrêtée fur la couverture, mais elle y tourne aifément. La même broche porte une lame de fer O (*Fig.* 17), affez femblable au paneton d'une clef, & qui en fait auffi la fonction : ici la clef eft donc en quelque façon divifée en deux, fon paneton eft rivé fur la broche p (*Fig.* 16, 17 & 18) ; quand la clef tourne, elle fait tourner la broche, & le paneton pouffe en même temps le reffort n^2 (*Fig.* 17 & 20), ainfi que les barbes du pêne $s\,s$, alors le pêne KK avance ; $i\,i$ (*Fig.* 16 & 17) eft une platine ou le fond d'un palâtre ; n (*Fig.* 16) eft le foffet ; $l\,m\,n^2$, (*Fig.* 16 & 17), le grand reffort, il eft repréfenté féparément *Figure* 20.

KK, le pêne ; on le voit féparément *Fig.* 19 ; s, fes barbes ; t, fes encoches ; u, (*Fig.* 16 & 17), les picolets ou cramponnets qui conduifent le reffort.

---

* Je crois qu'on nomme ces refforts *de chien*, parce que ce font des refforts pareils que les Arquebufiers mettent aux chiens des platines de fufil.

On

On voit que la sûreté de ces especes de verroux à ressort dépend de ce qu'il faut que la douille quarrée de la clef soit de grosseur à recevoir la broche quarrée qui doit y entrer : aussi n'emploie-t-on ces especes de serrures que pour renfermer des choses qui ne sont pas très-précieuses, & qu'il suffit de mettre un peu à couvert de la main.

Voici encore une espece de petite ferrure qui est moins sûre que la précédente, puisque ce qui tient lieu de la clef, reste toujours attaché à la porte ; c'est un bouton en dedans de la chambre, & un en dehors qu'il n'y a qu'à tourner pour ouvrir la serrure, ou, si l'on veut, le petit verrou à ressort qu'on nomme *un Bec de canne.*

Figure 22 est le palâtre ou la cage d'une petite ferrure ; *A,* le trou par où passe la tige des boutons ou olives qui servent à ouvrir le pêne ; *B,* trou pour mettre une des vis qui servent à l'attacher à la menuiserie ; *C,* trou dans lequel on rive l'étoquia sur lequel est roulé le ressort à boudin ; *D E,* un trou & une petite mortaise qui servent l'un & l'autre pour attacher le picolet qui embrasse le ressort ; *F,* ouverture pour le pêne ; *Fig.* 23, le palâtre garni de toutes les pieces qui font jouer le pêne ; *G H I,* le pêne qu'on voit séparément *Figure* 24 ; *K L,* le cramponnet ou picolet qui sert de conducteur au pêne ; il est représenté séparément *Figure* 25 ; il est assujetti par la vis *M,* & on voit qu'il limite le mouvement du pêne à la longueur de l'entaille *N O* (*Fig* 24) ; *P,* ressort à boudin qui pousse le pêne en dehors ; il est représenté séparément *Figure* 26. *Q R* (*Fig.* 23), est un morceau de fer qui tient lieu du paneton de la clef pour faire mouvoir le pêne ; on l'a représenté séparément *Figures* 27 & 28.

On peut y remarquer un trou quarré *S* dans lequel doit entrer la partie quarrée *V* de la tige des olives *X X* (*Fig.* 29). La face qu'on voit *Figure* 28, est celle qui regarde le côté du palâtre, & on apperçoit un petit congé *t t* qui empêche que les ailes *q r* ne portent contre le palâtre. Supposons maintenant, pour appercevoir l'effet de cette espece de ferrure, que la broche quarrée *V* (*Fig.* 29), soit dans l'ouverture quarrée *S* (*Fig.* 23) ; on voit que quand on tournera une des olives *X* (*Fig.* 29), une des ailes *R* ou *Q* du bec de canne pressera la partie recourbée *H I* du pêne qui sera par-là obligé de rentrer dans la ferrure ; & la partie *G* de ce pêne étant dégagée de sa gâche, on pourra ouvrir la porte quand on laissera les olives en liberté ; le ressort *P* s'appuyant sur la partie recourbée du pêne, le poussera en dehors, & la partie *G* entrant dans sa gâche, la porte sera fermée. On taille ordinairement la partie *G* du pêne en chanfrein pour qu'il glisse sur sa gâche, & que la porte se ferme en la poussant, sans qu'on soit obligé de tourner les olives ; c'est ce qu'on appelle *un bec de Canne.* La *Figure* 30 est une rosette découpée qu'on attache sur la porte à l'endroit où l'on a fait le trou par lequel passe la tige *V* qui répond aux olives *X.*

SERRURIER. N n

Il y a encore de petits becs de canne qu'on emploie pour les portes de Bibliotheque & qui font beaucoup plus fimples que ceux dont nous venons de parler ; ils confiftent en une feule platine *A A* (*Planche XVII, Fig.* 16) qui s'attache avec des vis fur le battant intérieur de l'armoire : *B B* eft une petite portion de rebord qui fournit un paffage au pêne , & qui fert à le guider dans fa marche ; *C D* (*Fig.* 14 *&* 16) eft le pêne ; *C* en eft la tête qui eft taillée en chanfrein ou en bec de canne ; on voit *Figure* 14, qu'en *E* ce reffort diminue beaucoup d'épaiffeur , ce qui fait que le bout du reffort à boudin *K* s'appuie fur la partie faillante , & chaffe le pêne en dehors. On peut remarquer auffi à ce pêne une ouverture *G* dans laquelle eft une cheville à tête quarrée *I*, qui fert de conducteur au reffort , & qui limite fa courfe. Au deffous du pêne eft une barbe *H* fur laquelle s'appuie le paneton *L* (*Fig.* 14, 15 *&* 16), quand on tourne le bouton *M* (*Fig.* 15) qui eft en dedans de la chambre ; lorfqu'on veut ouvrir l'armoire , il eft clair qu'en tournant le bouton *M* le paneton *L* s'appuie fur la barbe *H* du pêne , ce qui l'oblige de rentrer dans la ferrure ; & quand on lâche le bouton , l'extrémité du reffort *K* pouffe le pêne en dehors ; *N* (*Fig.* 15) eft une petite platine qu'on attache avec des pointes fur le battant de l'armoire pour recouvrir le trou qu'on a fait pour paffer la broche *O* du bouton *M*.

Les Serruriers ne fe bornent pas à faire leur ouvrage, ce font encore eux qui le mettent en place , c'eft ce que nous allons traiter dans l'article fuivant.

Article III.

Ouvrages de la Serrurerie qui regardent le Ferreur.

Ferrer des portes , des chaffis de fenêtres, des contrevents , &c , c'eft y attacher les ferrures néceffaires pour les tenir en place & pour les ouvrir ou fermer, favoir, les pentures , les fiches ou couplets, & les ferrures, loquets, verroux , targettes ou crochets. Le Ferreur fuppofe toutes ces pieces faites , il n'a aucunement à façonner le fer ; ce qu'il a même fouvent de plus difficile à faire, c'eft d'entailler le bois ; ainfi les Arts qui ont pour objet de travailler le bois, fembleroient avoir droit de revendiquer cet article : auffi les Menui-fiers adroits ferrent-ils très-bien ; & pour les ouvrages propres, il eft bon, dans la plupart des Provinces , que le Menuifier & le Serrurier fe réuniffent pour mettre les ferrures en place. Nous regarderons néanmoins l'Art du Ferreur comme une partie de la Serrurerie , d'autant que les Statuts des Serruriers leur donnent, par privilege, le droit de ferrer ; d'ailleurs il eft bon de voir tout de fuite mettre en place les pieces que nous avons vu travailler.

§. I. Des Portes à Pentures & à Gonds.

Le Ferreur n'a pas occafion de montrer fon adreffe , quand il n'a qu'à fuf-pendre une porte avec des pentures ordinaires. Il commence par la préfen-ter à l'huifferie ou à la baie , & à l'y appliquer comme il veut qu'elle y foit tenue ; il marque alors par deux traits fur le mur ou fur le montant du chambranle ou du dormant, la place d'un des gonds. Il tire avec l'angle d'un cifeau un trait le long de la partie inférieure du gond, & un autre au bout de fon mamelon ; avec le même outil, il trace deux autres traits fur la porte, l'un en fuivant le bord fupérieur du nœud de la penture, & l'autre en fuivant le bord inférieur du même nœud ; & de la même maniere, il marque tout de fuite la place de l'autre gond & de l'autre penture, ou des autres gonds & pentures, s'il y en a plus de deux ; il eft feulement important que le deffous de la porte oppofé aux gonds releve plutôt un peu au lieu de plonger, car c'eft un grand défaut à une porte que de baiffer du nez, & de traîner fur le plancher.

La porte étant retirée de l'ouverture, le Ferreur la couche à plat, & y attache les pentures entre les traits précédemment marqués : car c'eft prefque toujours par elles qu'on commence ; on eft plus gêné quand les gonds font pofés les premiers ; on attache les pentures ou avec des clous ordinaires, & alors leur tête eft fur la penture même, ou ce qui eft la même chofe, vers le dedans de la porte, ou bien on les attache avec des clous rivés qui font des clous à groffe tête, pareils à ceux qu'on voit fur les portes cocheres ; la tête de ceux-ci eft en dehors de la porte. Pour les faire paffer, on perce dans le bois des trous vis-à-vis ceux des pentures, les clous doivent y entrer avec affez de peine pour être gênés, & ils doivent être affez forts pour qu'on ne rifque point de les caffer en les enfonçant ; enfin on rogne la tige du clou à une ou deux lignes de la penture, & on rive le bout excédant fur la penture même ; comme les clous rivés font chers, on fe contente fouvent de mettre deux clous rivés fur chaque penture près des nœuds, & les autres font des clous à pointe. Autrefois on faifoit des clous dont la tête étoit à pointe de diamant, & la tige étoit fendue ; on mettoit la tête en dehors de la porte fur le bois & quelquefois fur une virole mince découpée qui faifoit comme une efpece de rofette ; la tige traverfoit la porte ainfi que la penture, & on écartoit les deux branches du clou qui embraffoient la penture dans le fens de fa largeur.

Les pentures étant attachées, il faut fceller les gonds. Ceux qui le doivent être dans le mur, n'occupent que les Serruriers de Province. Le droit de les fceller appartient à Paris aux Maçons. On les fcelle communément avec du plâtre ; mais comme le trou qu'on a fait pour les recevoir eft fouvent beaucoup trop grand, on le remplit de morceaux de tuileau qui avec le plâtre compofent un maffif fort folide ; au lieu de tuileau, d'autres Ouvriers furtout quand, faute de plâtre, ils font obligés de fceller en mortier, enfoncent des morceaux de bois taillés en coins ; ils font entrer les premiers par le gros bout, & les autres par la pointe. Jouffe a raifon d'avertir que des gonds fcellés de la forte ne le font folidement qu'autant que le bois refte fain ; mais quand on emploie de bon cœur de chêne, il subsiste long-temps sans se pourrir.

Dans les Pays où le plâtre est cher, on scelle les gonds avec du mortier de chaux & de ciment, dans lequel on mêle de la mousse qui donne du soutien au mortier & qui ne pourrit jamais. On se sert encore, pour sceller les gonds, de limaille de fer détrempée dans du vinaigre ; on en entoure le gond qu'on enveloppe ensuite de filasse, on le fait entrer à force dans son trou qu'on remplit de limaille autant qu'on peut. Le vinaigre fait rouiller cette limaille, la rouille unit les grains ensemble jusqu'à en faire une masse solide & très-dure ; d'autres ajoutent à la limaille du tuileau pilé & passé au tamis. Le défaut de ce mastic est d'être long-temps à prendre corps ; & comme la limaille gonfle en rouillant, elle ne manque pas d'éclater les pierres lorsqu'elles sont tendres, ou quand le scellement est près du bord de la pierre ; en ce cas on pourroit employer un mastic fait avec de la poudre de chaux bien détrempée avec une huile desficcative, de la filasse & du ciment passé au tamis de crin, sans se dispenser de fourrer dans le trou des morceaux de tuileau frottés d'huile. Il y a des endroits à la campagne où cette poudre de tuileau fait le corps de la composition ; on la lie en la mêlant avec des limaces rouges broyées ; enfin d'autres se servent de diverses especes de ciment, comme de la chaux vive & du ciment gâchés avec du fromage mol & du lait. Enfin dans les Pays où il y a des meulieres pour travailler le fer, j'ai vu faire de très-bons scellements avec la boue qui se trouve au fond des auges où trempe la meule, qui n'est autre chose que de la limaille de fer & du grès.

Si les gonds sont en pointe, c'est l'affaire du Ferreur de les enfoncer dans le chambranle qui est de bois ; mais on n'arrête jamais ni les uns ni les autres avant que d'avoir remis la porte garnie de ses pentures en place ; elle fixe la position qui leur convient.

Le défaut le plus ordinaire des portes est de traîner en bas du côté opposé aux gonds ou le plus proche de la serrure. Le poids de la porte semblable à celui d'un levier dont les gonds seroient le point d'appui, fait effort pour faire sortir le gond supérieur, & pour enfoncer davantage le gond inférieur ; si la porte étoit solidement suspendue, les axes des deux gonds devroient être dans une même ligne verticale tirée à distances égales du mur de la porte ; mais comme il arrive souvent que les gonds ou les pentures cedent un peu, il est à propos de donner au gond inférieur un peu plus de saillie qu'au gond supérieur ; mais cette différence doit aller à bien peu de chose, & c'est à la prudence de l'Ouvrier à la régler.

Nous ne croyons pas devoir nous arrêter à expliquer la maniere d'attacher les pivots, les verroux, les loquets, les serrures, les gâches à ces sortes de portes. Il seroit encore superflu de faire observer que toutes les ferrures des portes qui donnent sur la rue, & sur-tout des portes cocheres, doivent

être

être très-fortes, non-seulement parce que ces portes sont fort lourdes, mais encore parce que ce sont elles qui font la principale sûreté des maisons ; & pour cette raison on attache ces ferrures avec de forts clous rivés.

§. II. *Maniere de ferrer les Fiches à nœuds ou à gonds.*

Où il y a le plus de soin à apporter pour le Ferreur, & où la propreté de son travail peut paroître, c'est dans la maniere de ferrer les fiches soit à nœuds soit à gonds. Il commence toujours par présenter la porte soit de maison, soit de chambre, soit d'armoire, à l'ouverture qu'elle doit fermer ; il prend ensuite deux fiches emboîtées comme elles le seront lorsqu'on les aura fichées ; & appliquant l'aileron de l'une sur la porte, & l'aileron de l'autre sur le chambranle ou montant de la baie à la place où il convient qu'elles soient placées, il marque avec deux traits l'endroit où répond le bord supérieur & le bord inférieur de chaque aileron qui servent d'une regle, le long de laquelle il tire ses traits. Il marque tout de suite & de même la place des autres fiches qui seront employées.

Pour ferrer à présent chaque fiche, il y a deux choses à faire, 1°, de creuser dans l'épaisseur du bois une mortaise qui reçoive son aileron qu'on peut regarder comme un tenon, 2°, d'arrêter cet aileron dans la mortaise, par le moyen de deux pointes qui traversent le montant de la porte ou du chambranle. Après avoir forgé l'aileron, on y a percé deux trous, ou souvent le Ferreur les perce lui-même ; ces trous doivent recevoir & laisser passer les pointes. Il faut marquer en quels endroits de l'entaille se trouveront ces trous quand la fiche y sera logée ; autrement il ne seroit pas aisé de les faire enfiler par les pointes. La largeur des ailerons, & les endroits qui seront vis-à-vis de leurs trous étant marqués, on creuse la mortaise.

Pour la commencer, on perce avec un vilebrequin *q* (*Fig.* 47), garni d'une meche *s* (*Fig.* 38), des trous presque touchants dans toute la longueur de la mortaise qui doit être égale à la largeur de l'aileron ; la mortaise ne doit avoir de profondeur que la longueur de l'aileron, ainsi chaque trou du vilebrequin ne doit pas pénétrer à une plus grande profondeur ; c'est pourquoi le Ferreur marque sur la meche du vilebrequin la longueur de l'aileron, & on ne la fait entrer dans le bois que jusqu'à cette marque : on voit dans la Vignette, *Fig.* 4, *Planche XIV*, un Ferreur occupé à percer ces trous. A ses pieds sont à terre deux fiches à vase, un panier & une espece d'étui où sont ses outils.

On coupe ensuite avec un ciseau *Fig.* 39 & 40 sur lequel on frappe à l'ordinaire avec un marteau, le bois qui est resté entre les trous, & on enleve ce bois, ou on nettoie la mortaise avec le bec d'âne *Figure* 41, & le crochet *y* (*Figure* 45).

Ce qu'il y a de plus long dans le travail du Ferreur, est de creuser ces mor-

SERRURIER. O o

taifes ; quelques Ouvriers fuivent une méthode qui l'abrege beaucoup. Après avoir percé les premiers trous, ils en percent d'autres qui rencontrent ceux-ci obliquement en inclinant le vilebrequin ; ainfi au lieu que les autres trous étoient paralleles aux bords de la porte, ceux-ci leur font inclinés. Le vilebrequin expédie bien plus d'ouvrage que le cifeau & le bec d'âne, il refte peu à faire à l'un & à l'autre de ces outils.

Mais cette pratique a fon inconvénient ; en perçant obliquement, on conduit fouvent la pointe du vilebrequin par de-là l'endroit où feront les côtés de l'aileron ; cela ne fait à la vue aucun mauvais effet, mais la fiche en eft moins fermement affujettie ; elle n'eft plus retenue que par les feules pointes, au lieu que quand l'entaille n'a précifément que la largeur de l'aileron, les côtés mêmes de l'entaille la foutiennent. Il en eft comme d'un tenon qui ne fait jamais un bon affemblage quand il eft à l'aife dans fa mortaife.

Quoi qu'il en foit, l'entaille étant faite, on perce les deux trous qui doivent la traverfer, & laiffer paffer les pointes *Fig.* 44, qui affujettiront l'aileron ; on fait enfuite entrer cet aileron dans la mortaife. On cherche alors fi les trous percés dans le bois fe rapportent bien à ceux qui le font dans le fer ; car malgré les précautions qu'on a prifes, & dont nous avons parlé, il arrive fort fouvent qu'ils ne font pas bien précifément l'un vis-à-vis de l'autre. On fait entrer par un des trous un outil appellé *Cherche-pointe* χ (*Fig.* 42), & qui eft lui-même pointu ; on frappe deffus : quand on fent qu'il n'avance pas aifément, ou que les coups de marteau donnent un certain fon plus clair que celui du bois, c'eft une preuve que la pointe ne rencontre pas le trou de l'aileron ; alors on change l'inclinaifon de l'outil ; ou on prend un cherche-pointe qui eft un peu courbé χ^2 (*Fig.* 43), jufqu'à ce qu'on ait trouvé l'inclinaifon convenable pour rencontrer le trou de l'aileron ; alors on retire cet outil, & on fait entrer une pointe de fer *Fig.* 44, ou un clou fans tête en fuivant l'inclinaifon qu'avoit le cherche-pointe, & enfin on coupe cette pointe de part & d'autre à fleur de la porte. On apperçoit au haut du cherche-pointe un crochet qui eft très-commode pour le retirer lorfque les coups de marteau l'ont rendu très-ferré dans fon trou ; c'eft auffi pour donner prife aux tricoifes lorfqu'on eft dans le cas de retirer la pointe *Fig.* 44, qu'on y pratique une petite tête.

Nous devons faire remarquer que les portes fe placent de deux manieres : ou elles font en recouvrement fur les dormants, ou elles font arrafées, c'eft-à-dire, qu'elles ne débordent ni de part ni d'autre les montants. Quand les portes font en recouvrement, l'ouverture de la mortaife qui reçoit l'aileron des fiches à gond, ou de celles qui en tiennent lieu, eft fur une des faces du dormant qui eft recouverte par la porte, c'eft-à-dire, que le plan de l'aileron eft perpendiculaire au plan de la porte fermée ; c'eft le cas où les fiches qui entrent dans la porte demande le moins de fujétion. Quand on perce leur mortaife, il faut feulement prendre garde qu'il y ait

depuis le milieu de cette mortaise jufques à la partie de la porte qui s'appli-
que fur le montant, le demi-diametre de la fiche, & quelque petite chofe
de plus; cet excédant n'eft pas néceffaire, mais il eft avantageux quand les
gonds tirent trop la porte.

Quand les portes font arrafées ou qu'elles ne font point en recouvre-
ment, l'ouverture des mortaifes qui reçoit les ailerons des fiches à gonds ou
de celles qui en tiennent lieu, eft dans la face qui marque l'épaiffeur du dor-
mant; dans ce cas, les ailerons des fiches font paralleles au plan de la porte
fermée. L'ouverture de ces mortaifes fe prend alors pour l'ordinaire auprès
de l'angle ou dans l'angle même. C'eft auffi ce qu'on appelle *ferrer fur l'an-
gle c* (*Figure* 17).

Dans ces cas, les nœuds des fiches empêcheroient la porte de s'approcher
affez près du dormant; il y refteroit un vuide dont le diametre feroit égal à
celui du nœud, fi l'on n'entailloit en feuillure la partie de la porte, & celle
du montant qui répondent aux fiches. On donne à chacune de ces entailles
autant de largeur que le nœud a de diametre.

Les volets brifés fe ferment auffi d'une maniere femblable. Il eft impor-
tant pour ces fortes de ferrures de marquer bien précifément jufques où
peut aller la boîte ou nœud, ou, ce qui eft la même chofe, marquer bien pré-
cifément le centre de la mortaife qui reçoit l'aileron. On le peut faire avec
le compas après avoir pris le demi-diametre du nœud. Mais le trufquin
Planche XIV, *Figure* 46, qui eft décrit dans l'explication de cette Planche,
eft un outil bien plus précis; il ne donne pas feulement le diametre de la
fiche, il fert à tracer la ligne qui doit être tout du long du milieu de la mor-
taife, & dans fa vraie direction.

Si l'on emploie des fiches à nœuds, l'ufage eft d'arrêter celles qui en ont
le plus contre le dormant.

Au refte celles qui tiennent lieu de gond, qui font celles du dormant s'ar-
rêtent, ou en terme de l'Art, *fe pointent* les dernieres; il eft plus aifé de les
hauffer, baiffer, avancer & enfoncer, felon qu'on le trouve néceffaire, qu'il
ne feroit aifé de le faire fur les autres. Il n'y a que les fiches à gonds des chaffis
à verre, qui ont des volets, où l'on pointe les fiches à gonds les premieres;
comme dans le même endroit du même montant il doit y avoir deux fiches
féparées par peu d'épaiffeur, on n'eft pas libre de changer leur place à vo-
lonté; auffi commence-t-on par elles, & on vient enfuite à celles des volets
& des chaffis à verre qui demandent des Ferreurs exercés.

Il n'y a point d'efpeces d'ouvrages à Paris qui ne puiffent occuper plufieurs
Ouvriers. Il y a des Serruriers qui ne s'occupent qu'à ferrer des fiches, &
ce font ceux qu'on nomme *Ferreurs*. On n'a guere recours à eux pour fer-
rer les pentures qui exigent peu de favoir. On donne communément depuis
deux fols jufqu'à trois pour ferrer chaque fiche, c'eft-à-dire, pour ferrer une
fiche en boîte, & celle qui lui fert de gond.

§. III. *De la façon de mettre en place les Espagnolettes.*

Pour mettre en place les espagnolettes , ayant établi le châssis sur des tre-teaux comme *Fig. 4, Planche XIV* dans la Vignette , le Ferreur pose l'es-pagnolette sur le montant de la croisée où elle doit être attachée précisément comme elle sera en place ; il marque sur le montant les endroits où répondent les lacets qui doivent assujettir les espagnolettes ; il perce des trous pour recevoir la queue de ces lacets , & il les arrête avec les écrous faisant une petite entaille dans le bois pour que ces écrous soient arrasés ; il met ensuite en place les volets pour marquer vis-à-vis les panetons les en-droits où il faut placer les portes & les agraffes qui servent à assujettir les vo-lets. Enfin il met dans leur dormant la croisée ou au moins les châssis à verre pour tracer en place les entailles qui doivent recevoir les crochets , & il finit par y attacher les gâches. Tout cela s'exécute assez aisément , & n'exige pas autant d'adresse que les fiches. Ce que nous venons de dire suffit pour in-diquer aux Ouvriers comment ils doivent s'y prendre pour mettre en place les autres ouvrages de Serrurerie.

Voilà les portes & les croisées ouvrantes & fermantes , & de plus elles sont garnies de petites ferrures telles que les loquets qui suffisent pour empê-cher le vent & les animaux de les ouvrir ; quelques-unes même de celles que nous avons décrites, telles que les loquets à vielle ou à la cordeliere , exi-gent qu'on ait des especes de clefs pour ouvrir les portes ; d'autres enfin tien-nent les portes & les fenêtres très-sûrement fermées pour celui qui se ren-ferme dans sa chambre ou sa maison , de ce genre sont les verroux, les cro-chets , les fléaux , les espagnolettes ; mais aucune de ces ferrures ne remplit l'office d'une bonne serrure : si le Propriétaire se renferme dans sa chambre , elle équivaut à un bon verrou ; s'il en sort emportant avec lui sa clef, il est très-difficile à un étranger d'y entrer ; souvent les voleurs trouvent plus de facilité à rompre les portes ou à percer les murs. Ce que je viens de dire a son application aux coffres & aux armoires : pour peu donc qu'on réfléchisse à la grande utilité des serrures, on doit convenir que c'est une belle inven-tion, & que cette partie de la Serrurerie méritoit d'être bien décrite : heureu-sement M. de Réaumur s'est chargé de ce soin , & le Chapitre V sera en-tiérement de lui. *

---

* On sera peut-être choqué de voir que nous n'avons point observé un ordre régulier & rela-tif au discours dans l'arrangement des Figures que nous avons données jusqu'à présent ; en voici la raison. J'ai trouvé dans le dépôt de l'Académie un nombre de Planches gravées , & ne connoissant pas l'ordre que M. de Réaumur s'étoit proposé de suivre , j'ai été obligé de faire effacer plusieurs Figures pour y en substituer d'autres. Je n'ai pu même me dispenser de faire graver en entier plusieurs Planches que j'ai intercalées entre les autres ; ce qui fait que le discours renvoie à la Planche VII, par exemple, puis à la Planche VIII, puis à la Planche IX , & il oblige de revenir en-suite tantôt à la Pl. VII , & tantôt à la Pl. VIII. Mais ayant eu soin de renvoyer assez exactement aux Planches qui représentent les objets dont je parle, j'espère qu'on pourra, sans beaucoup d'em-barras, suivre mon Discours.

EXPLICATION

EXPLICATION des Planches du Chapitre quatrieme.
PLANCHE XIII.

Où sont représentées les Ferrures qui servent à tenir battantes & fermées les portes communes, & à fortifier les assemblages de Menuiserie ; on y voit aussi les ferrures pour les Portes Cocheres.

FIGURE 1, Une équerre simple pour donner du soutien aux tenons.

Figure 2, Une équerre à deux branches qui sert pour les portes cocheres : le corps *B B* se prolonge tout du long de la traverse d'en bas, & les branches *A A* remontent sur les montants ; elles sont attachées par des clous rivés & quelquefois avec des crampons *D D* ; on a rompu le corps *B B* pour ne point embarrasser la Planche.

Figure 3, Pivot à enfourchement ou à étrier pour les portes des fermes ; *E E*, ses branches ; *C*, son mamelon ; *F*, la réunion des deux branches.

Figure 4 est une crapaudine dans laquelle tourne le pivot des portes cocheres, & autres portes ou volets.

Figure 5, Equerre qui porte un pivot *C* ; la branche horizontale *B* de cette équerre passe sous la traverse d'en bas de la porte, & la branche verticale *A* est attachée sur l'épaisseur du chardonnet ; l'une & l'autre sont attachées par des chevilles à clavette *A*. *Figure 6*, la clavette est marquée *B*.

La *Figure 7* fait voir comme on arrondit le haut du chardonnet d'une porte de ferme pour entrer dans une bourdonniere qu'on voit *Figure 7¹*.

On fait de ces bourdonnieres en fer comme *A Figure 8*, qui reçoit le mamelon d'un gond à enfourchement *B*.

Figure 9 est une fiche à gond. *A B C D* fait voir comment les différentes parties qui la composent s'ajustent les unes avec les autres ; *D* est l'aileron de la fiche qui entre dans le chardonnet ; *A*, un gond avec son boulon *C* qui traverse le nœud *E* de la fiche & la bourdonniere *B* ; les *Figures 10 & 11* représentent les mêmes choses développées & indiquées par les mêmes lettres.

Figure 12, Penture ordinaire.

Figure 13, Penture plus forte dont le nœud est soudé, & qui porte un talon.

Figure 14, Penture appellée *Flamande*, qui est fort bonne, parce qu'elle embrasse l'épaisseur de la porte : celle-ci a une de ses branches en patte ; il y en a qui ont leurs deux branches droites, d'autres les ont de différentes figures suivant la sorte de menuiserie où on les pose.

Figure 15, Penture dont la queue refendue en deux, se prolonge haut & bas sur le bâti de la menuiserie ; celle cotée *B* est en *S*, & celle cotée *A* est en patte.

Figure 16, Paumelles : celle cotée *A* est à pivot recourbé, & celle cotée *B* est à pivot droit. *Figure 16* est une paumelle qui termine une barre.

SERRURIER. P p

Figure 17 , Crapaudine des paumelles précédentes.

Figure 18 , Penture coudée.

Figure 19 *S* , nœud de penture rivée fur une équerre.

Figure 20 , Gond à fcellement & à repos ; le boulon ou mamelon eft rapporté.

Figure 21 , Gond à bois & à repos ; le mamelon eft rapporté.

Figure 22 , Gond à fcellement coudé ; le mamelon eft pris dans la piece.

Figure 23 , Gond à patte.

Figure 24 , Fiche à chapelet.

Figure 27, 28 & 29, *a*, une des fiches dont l'affemblage forme le chapelet ; *b*, broche des fiches à chapelet terminée par un vafe ; *b c*, une broche féparée en deux parties, ainfi qu'elles le font avant que l'on ait enfilé les fiches ; on affemble les deux parties *b c* par une rivure qui traverfe une des fiches.

Figure 36, Penture à charniere pour la fermeture des boutiques ; les nœuds de la charniere font en *A A*.

Figure 30 , Gros verrou dont le mouvement eft vertical , & qui eft attaché fur une platine.

Figure 31 , Verrou femblable au précédent qui eft retenu par des crampons *B. A, C*, crochet qui fert à le tenir ouvert. Ces verroux fe mettent pour tenir le bas des portes cocheres fermé.

Figure 32 *L L*, Fléau qui fert à tenir fermés les deux grands battants des portes cocheres ; *N*, boulon du fléau ; *O P* , virole & plaque du boulon ; *M*, les mains du fléau ; *R* , verge qui tient l'auberon *S* qui doit entrer dans une ferrure plate dont *T* eft l'entrée.

Figure 33 , *G* Crémaillere où s'engage le bout *I* de la barre à crochet.

Figure 34 , *L* lacet à fcellement qui retient la queue *H* de la barre *HI*, & *K* eft un fort piton où entre le crochet *I* ; il eft bon que ce piton foit à vis & rivé.

Figure 38 , *a b* Verrou rond retenu par des crampons *e e* ; fa queue *c* porte un auberon *d* qui entre dans la ferrure plate *D* ; *B* eft un lacet fervant de gâche à ce verrou.

Figure 39 , *a b* Verrou quarré retenu par les crampons *e* ; en *d* il y a un bouton pour l'ouvrir ou le fermer.

Figure 41 eft encore un verrou quarré dont le mouvement eft horizontal ; mais fa platine *A* eft ornée , & le verrou eft reçu dans une gâche *B*.

Figure 43 , Verrou à queue *a* dont le mouvement eft horizontal , & qui eft recouvert par la platine *b*.

Figure 44 , Verrou vertical & à queue , affujetti fur la platine *A B C* ; il y a entre le verrou & la platine en *e* , un reffort pour l'empêcher de defcendre par fon propre poids.

Figure 45 , *A* Verrou à queue femblable au précédent , mais plus proprement travaillé ; il eft pofé fur la platine *B B* ; en *E* eft une conduite pour empêcher la queue de balancer.

La *Figure* 42 sert à faire voir comment, au moyen d'un verrou ou faux pêne *C*, qui est placé dans la gâche *D*, & qui est poussé par le pêne de la serrure *A*, on peut empêcher qu'on ne leve le crochet *E* de la barre quand la serrure est fermée.

La *Figure* 35 est une demi-espagnolette à agraffe dont on se sert assez souvent pour fermer le haut des portes cocheres ; il faudroit en *A* une moulure en cul de lampe ; le paneton *D* est inutile, & il faudroit que la main *C* fût plus du côté de *A*.

La *Figure* 37 sert à faire voir comment en mettant dans la gâche *B* un paneton semblable à *D* (*Fig.* 52) le pêne *C* de la serrure coule dessus lorsque l'espagnolette est fermée, & empêche que ceux qui sont en dedans de la maison ne puissent ouvrir l'espagnolette lorsque la serrure est fermée.

La *Figure* 46 est une barre de carillon destinée à faire une espagnolette.

Les *Figures* 47, 52 & 53 servent à faire voir comment on fait les collets *f*, & comment on assemble les panetons *D*, & les mains *C* des espagnolettes.

Les *Figures* 48, 49, 50 & 51 servent à faire voir les différentes manieres de faire les lacets qui doivent être placés dans les collets *f*, pour assujettir les espagnolettes sur la menuiserie.

EXPLICATION de la Planche XIV, où l'on représente la maniere de faire les Fiches, & comment le Serrurier qu'on nomme Ferreur, *les attache aux* Portes, *aux* Battants d'Armoires *& aux* Volets ; *& aussi la maniere de faire les* Platines *pour les* Verroux *&* Targettes.

LA *Figure* 1 *dans la Vignette* représente un Ouvrier qui coupe une barre en morceaux propres à faire des fiches ; la barre est soutenue en *b* par un crochet qu'on nomme *Chambriere*, pour épargner un compagnon Serrurier. On éleve ou on abaisse le crochet à volonté au moyen de la corde qui le porte, qui passe deux fois au travers du manche *c d* du crochet ; le frottement de la corde fait un arrêt suffisant pour que le crochet ne descende pas ; & le frottement est d'autant plus fort que le poids est plus considérable.

La *Figure* 2 représente un Ouvrier qui répare à la lime le vase d'une fiche.

L'Ouvrier *Figure* 3, lime de long le nœud d'une fiche ; *Figure* 4, est un Ferreur qui perce avec le vilebrequin, un chassis de bois qu'il veut ferrer. On voit à terre une espece d'étui & un panier, où sont les outils du Ferreur, avec les deux fiches qu'il va mettre en place. Les autres figures sont au bas de la Planche. Je vais commencer par détailler les outils du Ferreur.

La *Figure* 9, *x* est un tournevis que le Ferreur met quelquefois dans son vilebrequin, pour tourner les vis dont la tête est fendue.

La *Figure* 10, *u* eſt un morceau de fer diſpoſé pour faire une meche de vile-brequin. La *Figure* 12, *t* eſt une meche de vilebrequin vue du côté de la gout-tiere. *Figure* 38, *s* eſt une meche de vilebrequin vue par le dos. *Figure* 47, *q* eſt un vilebrequin garni de ſa poignée & de ſa vis. *Figure* 13 *r*, eſt ce vilebre-quin dont on a ôté la poignée & la vis qui ſont à côté.

La *Figure* 39 *p*, eſt un ciſeau pour nettoyer les mortaiſes. La *Figure* 40 *o*, autre ciſeau plus mince. *Figure* 45 *y*, eſt un crochet en bec d'âne pour vuider les mortaiſes. *Figure* 41 *y²*, autre bec d'âne plus fort pour les groſſes ferrures. *Figure* 42 *ʒ*, eſt un cherche-pointe droit. La *Fig.* 43 *ʒ²*, un cherche-pointe courbe, & la *Figure* 44 une broche ou pointe pour retenir les fiches dans leurs mortaiſes.

La *Figure* 46 *f g h i*, eſt un truſquin ou une eſpece de compas avec lequel on prend ſoit les diametres, ſoit les longueurs des fiches pour tracer les di-menſions des entailles. On prend ces meſures entre la pointe *g* du truſquin & ſon corps *h* ; *k l* eſt le corps du truſquin traverſé en deux ſens par deux trous *l k* qui ſe rencontrent un peu dans l'intérieur ; *l* eſt l'entaille où paſſe la bran-che *h* qui porte la pointe ; *k* l'autre entaille où entre le coin *i*. On voit au-deſſus en *m*, la branche qui porte la pointe, & en *n* l'autre branche faite un peu en coin qui ſert à fixer la branche *m* en la preſſant contre l'entaille.

La *Figure* 17 *a a* repréſente le montant d'une armoire qu'on ferre; la mor-taiſe eſt faite en *b*, ainſi que les trous *d d* qui doivent recevoir les pointes. On voit en *c* une des fiches à nœuds en place, & en *e* on voit l'aileron qui doit entrer dans le battant. Voilà tout ce qui regarde le Ferreur.

La *Figure* 20 *A*, eſt un morceau de tôle préparé pour faire une fiche à ſimple nœud équarri & roulé en partie. *Figure* 21 *B*, le morceau de tôle entiérement roulé. *Figure* 22 *C*, morceau de fer préparé pour le vaſe qui doit être mis au bout de la fiche. *Figure* 23 *D*, fiche au bout de laquelle le cy-lindre *C* de la figure précédente eſt ſoudé. *Figure* 24 *E*, vaſe fini rivé au bout d'une fiche. *Figure* 25 *F*, fiche qui porte un gond *G* propre à recevoir une des fiches précédentes. *Fig.* 27 *H*, les deux fiches aſſemblées, ou, ſi l'on veut, une fiche miſe ſur ſon gond. *Fig.* 5 *L*, fiche miſe ſur ſon gond, & dont les vaſes ſont finis. *Fig.* 6 *M*, fait voir comment le gond entre dans la fiche. *Figure* 28 *O P*, eſt une étampe en tenaille propre à faire les vaſes beaucoup plus promptement que lorſqu'on les travaille à la main. On a coupé une de ſes branches en *O*. *P*, repréſente une des moitiés de l'étampe, & l'autre moi-tié eſt dans l'autre branche. *Figure* 29 *Q*, eſt un vaſe étampé dans la tenaille dont nous venons de parler. *Figure* 26 *N*, eſt un dégorgeoir pour prépa-rer les collets des vaſes avant que de les travailler à l'étampe. On pique la queue du dégorgeoir dans un billot, on poſe le morceau de fer où l'on veut faire le vaſe ſur ce dégorgeoir. Un ſecond Ouvrier en tient un autre pareil deſſus, & tandis qu'il fait tourner d'une main le fer entre ces deux dégor-geoirs, un Ouvrier frappe ſur le ſupérieur.

La

La *Figure* 30, *RR* est un morceau de tôle équarri & évidé pour faire une fiche à double nœud. *Fig.* 9, *S* est la fiche à double nœud roulée & soudée. *Figure* 10, *T* est une fiche à trois nœuds. *Figure* 11, *V* les deux fiches précédentes assemblées. *Figure* 8, *X* broche qui doit passer dans les nœuds de cette fiche. *Figure* 7, *Y Y* est une fiche assemblée avec sa broche ; les ailerons *Y Y* sont étendus.

La *Figure* 13, *Z* représente un couplet assemblé. *Figure* 14, les deux pieces qui composent le couplet. *Figure* 15 est un briquet ou une espece de couplet qui ne s'ouvre que dans un sens. Ils servent ordinairement pour les tables à manger. *Figure* 16, les deux pieces qui composent le briquet. *Figure* 17, le briquet vu dans un autre sens. La *Figure* 18 sert à réunir les deux pieces 16 au moyen de deux broches.

Il ne nous reste plus à parler que de la façon de faire les platines, & nous le ferons fort en bref, parce qu'il en a déja été question dans le Chapitre I.

Figure 32, 1, 1, morceau de tôle découpé pour faire une platine.

Figure 31, 6, piece d'acier trempé qui a la figure de la rosette qu'on se propose de faire. On en a deux pareilles entre lesquelles on met plusieurs feuilles de tôle qu'on découpe toutes à la fois ; à la *Figure* 34, les platines 4, 4, 5, sont en partie découpées, & à la *Figure* 33, elles le sont entiérement ; 2, 2 & 3, 3 marquent les vis qui assujettissent les platines entre les deux moules. Quand il y a de petites parties qu'on ne peut découper de cette façon, on les marque avec le traçoir *Figure* 35, qui sert aussi d'alésoir pour arrondir certains contours.

La *Figure* 36 est une espece d'étau pour assujettir à plat les rosettes & les platines qu'on veut polir : on le saisit dans un autre étau par la partie *a*. On couche la platine ou la rosette sur la planche *d d*, & on l'y assujettit par l'étrier & la vis *b* ; cet étrier *b c d* est représenté à part *Figure* 37.

La *Figure* 19 est une espece de gouge pour découper les ajours des platines & rosettes des *Fig.* 31.

EXPLICATION de la Pl. XV, où sont représentés plusieurs ouvrages de Serrurerie qui servent à tenir les Portes & les Croisées fermées.

FIGURE 1, loquet à ressort ; *Y Z*, le battant du loquet ; auprès de *T* est un clou sur lequel tourne ce battant ; en *Z* est un cordon qui sert à ouvrir le loquet ; *V* est le ressort qui le ferme ; *X*, le picolet ou cramponnet qui sert de conducteur & au battant & au ressort ; *K*, l'étoquiau du ressort.

Figure 2, le mentonnet de ce loquet ; ce mentonnet est formé par une piece arrondie sur laquelle coule le battant du loquet ; & quand le ressort l'a fait retomber derriere cette partie saillante, le volet est fermé ; ce mentonnet est attaché en *V* sur une platine.

Figure 4, une croisée garnie de ses volets brisés ; *m m*, dormant ; *r s*, impost.

SERRURIER.   Q q te; *q q*, montant du milieu du chaſſis à verre qui porte la noix, & ſur lequel eſt ferré l'eſpagnolette ; en *p* eſt la main de cette eſpagnolette ; cette eſpagnolette eſt à pignon comme on le voit en *o o*.

Figure 5 & 6, petit verrou ou targette; *C* en eſt le verrou avec ſon bouton *D. B B*, les picolets ou cramponnets qui ſervent à l'attacher ſur la platine *A A* ; il ferme dans un crampon tel que la *Figure 39*, qui ſert de gâche à ce verrou.

Nous avons parlé précédemment des verroux verticaux qu'on nomme *à reſ-ſort*, parce que pour les empêcher de retomber par leur propre poids, on met entre le verrou & la platine qui le porte, un petit reſſort ſemblable à *dd* (*Fig.* 9). On peut ſe rappeller que nous avons dit que, pour ouvrir les croiſées fermées avec ces ſortes de verroux, on étoit obligé de porter la main ſucceſſivement ſur le verrou d'en haut & ſur celui d'en bas, pour les ouvrir l'un après l'autre, & de même pour les fermer ; pour parvenir à ouvrir à la fois le haut & le bas, on a imaginé de faire le verrou d'en haut à crohet *g* (*Fig.*) 12 ; & pendant qu'avec la main *k* (*Fig.*) 13, on faiſoit deſcendre le verrou d'en bas dans ſa gâche, celui d'en haut *Figure* 12, s'engageoit dans un crampon *Figure* 11 ; & en levant la main *k* (*Figure* 13), le verrou d'en bas ſe dégageoit de ſa gâche, & celui d'en haut de ſon crampon.

On a produit le même effet au moyen des verroux à baſcule *Figure* 15 ; les verroux *a b*, l'un montant, l'autre deſcendant, dont le prolongement de la tige du deſcendant eſt repréſenté par *K B*, & celui du montant par *I A*, ſont rivés par les bouts *I & K*, aux goupilles *i k* qui ſont ſur l'évaſement de la main *C D* ; au milieu de cet évaſement eſt un trou *G* dans lequel entre la broche qui eſt au centre de la piece *H* rivée ſur la platine *E F* ; on voit qu'en élevant la main *D*, les deux verroux ſortent de leurs gâches, & qu'en abaiſſant cette main, les deux verroux rentrent dans leurs gâches ; ces verroux ont été très-à-propos nommés *à baſcule* ; on voit que les queues des verroux éprouvent un petit balancement, c'eſt un fort petit inconvénient ; cependant on l'a évité par les verroux à pignon *Figure* 16, appuyant ſur le bouton *G*, on abaiſſe dans ſa gâche le verrou d'en bas *B* ; mais en même temps au moyen de la crémaillere *D*, on fait tourner la roue dentée *E* qui fait élever le verrou d'en haut *A*.

Tous ces verroux ne peuvent faire revenir dans leur place les volets qui ſe ſont déjettés, qu'autant que le biſeau du verrou peut prendre dans la gâche ou le crampon qui eſt deſtiné à le recevoir ; c'eſt pour cette raiſon qu'on taille toujours en chanfrein le bout *Z* (*Fig.* 10) des verroux ; & pour augmenter cet effet, on place les verroux de champ, les faiſant étroits & fort épais dans le ſens qui eſt perpendiculaire à la croiſée comme *Z* ᵃ (*Fig.*7), au lieu que la forme ordinaire eſt repréſentée par la *Figure* 10 ; *e e* ſont deux petites oreilles qui limitent le mouvement du verrou à la diſtance qu'il y a entre les chevilles *c c Figure* 9 ; en ſuppoſant des verroux à pignon attachés au montant du milieu d'un chaffis à verre, on conçoit qu'il fera aifé de l'ouvrir & de le fermer; mais on a voulu le rendre propre à fermer en même temps les volets. Pour faire comprendre comme on s'y eft pris, j'ai repréfenté *Figure* 8, la queue du verrou *B* (*Figure* 16) plus en grand; on foudoit fur cette queue *a* (*Figure* 8), un paneton *f* qui eft repréfenté beaucoup trop grand; & quand on fermoit les verroux, ce paneton prenoit fur une petite piece de fer plat qui étoit fur le volet; & en ouvrant le chaffis à verre, comme le paneton ne répondoit plus à cette petite plaque de fer, le volet avoit la facilité de s'ouvrir.

On a continué à perfectionner les ferrures qui devoient fervir à ouvrir & à fermer les croifées, & au lieu de lever & de baiffer les queues des verroux, on a attaché une forte barre de fer ronde fur le battant du chaffis à verre qui portoit la noix, & cette tringle de fer ronde *Figure* 28, y étoit retenue par des lacets *a b*, reçus dans des collets femblables à *b* (*Fig.* 20) qui permettoient à la barre de tourner fur elle-même. On étoit alors bien près d'imaginer les efpagnolettes telles que nous les avons aujourd'hui; mais accoutumé qu'on étoit aux verroux, on ne les a pas abandonnés tout de fuite; en employant cette tringle qui empêchoit les chaffis de fe voiler, on a cherché à faire mouvoir verticalement des verroux *A B* (*Fig.* 28), lorfqu'on feroit tourner la barre; on y a réuffi au moyen de la vis *A* qui avoit des pas très-alongés, afin que le verrou *A B* parcourût plus de chemin dans la révolution d'un demi-tour. Enfin on a entiérement abandonné les verroux, & l'on a imaginé les efpagnolettes à agraffe *Figure* 29; la barre *A B* fermement affujettie au montant du chaffis à verre par des lacets *a*, retenus par des pattes ou plus fréquemment par des vis, portoit à fes extrémités *A* & *B*, deux crochets tels que celui qu'on apperçoit en *A*; en faifant tourner cette barre fur elle-même au moyen d'un levier appliqué en *b*, ces crochets ou agraffes prenoient dans le crampon *Figure* 39, ou la gâche *Figure* 33, ou dans une cheville de fer recouverte par la gâche *Figure* 40, & le chaffis étoit fermé; en tournant en fens contraire le levier, les agraffes fortoient du crampon ou de la gâche, & on pouvoit ouvrir la croifée. Par cette méchanique très-fimple non-feulement on tient les croifées exactement fermées, mais de plus la barre empêche qu'elles ne fe déjettent, & les crochets font revenir les chaffis qui malgré cela fe feroient déjettés.

D'abord ces efpagnolettes à agraffes ne fermoient que les chaffis à verre, on fermoit les volets avec des verroux à reffort, des targettes, des loqueteaux à reffort, &c, puis on a pris le parti de mettre fur un des volets une feconde efpagnolette *Figure* 30, qui par fes crochets tenoit ce volet fermé; mais cette efpagnolette portoit deux longs panetons *C* qui s'appuyoient lorfque l'efpagnolette étoit fermée fur l'autre volet qui par ce moyen étoit exactement fermé. Mais voilà deux efpagnolettes au lieu d'une, & les Serruriers ont employé leur induftrie pour faire enforte que les volets fuffent fermés par la même efpagnolette qui fermoit les chaffis à verre.

D'abord ils ont imaginé de mettre fur la verge de l'efpagnolette un paneton *C* (*Fig.* 20), qui s'appliquoit fur un des volets, en voilà déja un de fermé d'une façon bien fimple ; pour fermer l'autre volet, ce paneton *C* (*Figure* 20), ou plutôt la verge de l'efpagnolette portoit un pignon *a* armé de trois ou quatre dents qui engrenoient dans un autre pignon *b* placé au bout d'un autre paneton Z^2 ; cet engrenage déterminoit le paneton Z^2 à s'appliquer fur l'autre volet qui fe trouvoit fermé : tout cet ajuftement eft repréfenté par la *Figure* 18, ainfi que les platines *Z. t t u u* font les lacets ; *x*, la main ; & *y*, le crampon à patte qui la retient.

Les Serruriers ont encore beaucoup fimplifié ces efpagnolettes : car *Figure* 22 & 24, pour tenir les volets fermés, il fuffit de fouder fur la verge de l'efpagnolette un petit paneton *a*, d'attacher fur un des volets une petite patte *C* (*Fig.* 26), & fur l'autre volet une efpece de porte *b* (*Fig.* 25) ; on voit que toutes ces pieces étant placées bien exactement l'une vis-à-vis de l'autre, quand on tourne la verge de l'efpagnolette pour fermer la croifée, le paneton *a* de la verge paffe dans l'ouverture de la porte *b*, & appuie fur l'extrémité du paneton *c*, comme on le voit *Figure* 22 ; & les volets font auffi exactement fermés que les chaffis à verre, par un ajuftement bien fimple & très-folide. Aujourd'hui on ne met plus de platine comme on en voit une en *d* au haut de la *Figure* 22 ; on ferre les lacets & les agraffes immédiatement fur le bois, comme on le voit au bas de la *Figure* 22.

Quand il n'y a point d'impofte aux croifées, les crochets des efpagnolettes prennent dans les traverfes du haut & du bas du dormant ; mais quand il y a un impofte comme à la *Figure* 4, il faut, fi l'on veut affujettir les volets dans toute leur hauteur, faire enforte qu'ils s'étendent de toute la hauteur par-deffus l'impofte. En ce cas on coupe l'efpagnolette à la hauteur de l'impofte, comme on le voit *Figure* 31 ; la partie *r t* eft attachée par deux lacets depuis l'impofte jufqu'au haut du dormant, & eft terminée au bout *t* par une entaille en enfourchement, & l'extrémité *s* de l'efpagnolette qui répond à la hauteur de l'impofte, eft taillée en tenon ; lorfqu'on ferme le chaffis à verre, ce tenon *q* entre dans l'enfourchement *t*, & pour lors l'efpagnolette eft comme d'une piece. Quand on tourne la poignée de l'efpagnolette, les crochets qui font aux deux extrémités tournent auffi, & l'efpagnolette eft fermée. On peut, fi l'on veut, mettre à la partie *r t* une agraffe qui affujettiffe les volets en cet endroit.

La *Figure* 27 eft un crochet qu'on met fur les chaffis à verre pour retenir la queue de l'efpagnolette ; il a une charniere en *G* pour qu'il puiffe fe coucher fur le chaffis à verre quand on ferme les volets.

A l'égard des crochets *Y* qui font fur les volets *Figure* 18 & 30, ils ne fe plient point.

On

On voit au bas de la *Planche Figure* 34, une main. *Figure* 35, un crochet à charniere. *Figure* 36 & 37, une agraffe décorée de quelques ornements.

EXPLICATION de la Planche XVI, qui repréfente plufieurs manieres fimples de tenir les Portes fermées.

Figure 1, *A B* battant d'un loquet à bouton; *A*, la queue du battant; *B*, fa tête; au milieu de la ligne ponctuée *F A*, eft un œil, où l'on met un clou fur lequel tourne le battant; *C C*, crampon qui empêche le loquet de s'écarter de la porte, de s'élever ou de s'abaiffer trop : quelquefois on fait l'œil quarré, & on entre dedans une broche quarrée qui répond à un bouton qu'on tourne pour lever le loquet.

D, bouton.

E, tige de fer avec une partie en faillie qui fert à foulever le battant quand on tourne le bouton.

Figure 5, *F* boucle de fer qui tient lieu du bouton pour lever le loquet au moyen de la petite piece *G*.

Figure 2, *H* mentonnet qui tient au chambranle, & qui fert à recevoir la tête du battant pour tenir la porte fermée. *Figure* 3, *T* autre mentonnet qui fe fcelle dans l'embrafure.

Figure 4, garniture pour un loquet à poucier; *I*, platine de ce loquet; *K*, branche qui fert de poignée, & qu'on tire pour fermer la porte; *L*, la piece qu'on abaiffe avec le pouce pour lever le battant du loquet au moyen de la partie *M*, qui eft en dedans de la chambre.

Figure 7, *M* loquet à vielle vu du côté qui eft appliqué contre la porte; la platine *P P* tient lieu de palâtre & d'entrée; *N O*, petite manivelle qu'on nomme *la Vielle*; *O*, étoquiau autour duquel elle tourne; *M*, petite garniture pour la clef.

Figure 6, *P P* la même platine vue par dehors; alors elle fert d'entrée; *A B*, partie du battant du loquet.

Figure 8, *R S T* la vielle vue féparément avec fon étoquiau.

Figure 9, le même loquet vu par derriere avec toutes les pieces qui en dépendent. *A B*, le battant du loquet; *K*, œil où l'on met le clou; *V*, branche de la vielle paffée fous le loquet, & qui le leve quand elle eft elle-même levée par la clef; *O*, étoquiau de la vielle; *P P*, la platine; *X*, couverture fous laquelle doit être la vielle. On la voit féparée indiquée par la même lettre *X*.

Figure 10, la clef.

Figure 13, loquet à la cordeliere vu par devant; *a a*, la platine où eft l'entrée, & qui fert de palâtre; *b*, l'entrée. On apperçoit en *c* une cloifon qui eft la partie *e c* de la piece *e c d* (*Figure* 14) qui tient lieu de garniture, & qui oblige, pour ouvrir ce loquet, d'avoir une clef qui lui foit affortie.

Figure 12 *e e*, eft une platine pliée au milieu en gouttiere; elle eft atta-

SERRURIER. R r

chée contre la platine *a a* (*Figure* 13) , & elle tient lieu de ce qu'on appelle dans les ferrures *le foncet*; *f* eſt une tige qui tient au loquet , & qui eſt libre , étant iſolée dans la gouttiere. Quand on ſouleve la clef, elle appuie ſur le bout *f* de cette tige qui leve le loquet *A B g*. *C* eſt le crampon qui limite le mouvement du loquet; *D* , eſt le bouton qui ſert à ouvrir le loquet quand on eſt en dedans de la chambre.

Figure 15 eſt la clef pour ouvrir cette eſpece de loquet ; *i* reçoit la partie arrondie *b* (*Figure* 14) ; la partie *c e a d* (*Figure* 14) entre dans *b a c* (*Fig.* 15) , & l'arrondiſſement *f* (*Figure* 12) reçoit la partie *g h* de la clef *Figure* 15.

Les *Figures* 16 & 17 ſont des eſpeces de petites ſerrures dont la clef n'a point de paneton ; toutes deux repréſentent cette ſerrure du côté qui eſt appliqué contre la porte.

La *Figure* 16 a toutes ſes pieces , & on en a emporté quelques-unes à la *Figure* 17.

i le palâtre; *K K*, le pêne; *l* , pied du reſſort; *m*, le reſſort qui a ſes arrêts en *m*; *n*, le foncet ; *n*¹, gorge du reſſort. *O*, palette qui tient lieu du paneton de la clef , les parties du reſſort ſont indiquées par les mêmes lettres à la *Figure* 20 ; *p* (*Figure* 18) eſt la tige où tient le paneton *O* ; *q* , la clef forée comme celle d'une pendule , pour recevoir le bout de la tige qui eſt quarré.

Figure 19, *K* le pêne ſéparé ; *s s s*, ſes barbes; *t t t*, ſes encoches; quand on tourne la clef, le paneton *o* (*Fig.* 17) porte ſur la partie convexe de la gorge du reſſort *n*¹ qui ſouleve la partie *m*, les arrêts ſe dégagent des encoches *t* (*Figure* 19); alors rien n'empêche que le pêne ne gliſſe dans les picolets *u u* , & le paneton portant ſur la barbe *s* qu'il rencontre , fait avancer le pêne; quand le paneton a échappé la gorge *n*¹ du reſſort, la partie *m* ſollicitée par la partie *l*, retombe à ſa place , un arrêt prend dans une encoche *t*, ce qui fixe le reſſort dans ſa ſituation , & la porte eſt fermée juſqu'à ce que la clef revenant ſur ſes pas produiſe les mêmes effets en ſens contraire pour retirer le pêne en dedans & ouvrir la porte.

q (*Figure* 20) eſt l'étoquiau marqué *q* (*Figure* 17).

La *Figure* 23 eſt une eſpece de verrou à reſſort qu'on nomme *Bec de canne*; *Figure* 22, *a a* le palâtre ; *b b* , la cloiſon ; *c c* , le rebord où eſt percé l'ouverture *F* pour le paſſage du pêne *G* (*Fig.* 23); *d*, étoquiaux; *K L* (*Figure* 23 & 25) , piece qui tient en quelque façon lieu du foncet , & qui ſert à diriger la route du pêne : elle eſt repréſentée à part *Figure* 25. *M* , la vis qui l'attache au palâtre ; *G H I* (*Fig.* 23 & 24), le pêne qui eſt coudé en équerre ; il eſt repréſenté à part *Figure* 24. *N O*, eſt une entaille qui limite la courſe du pêne , étant embraſſé par la piece *Figure* 25.

Figures 23 , 27 & 28, *R S Q* levier à deux branches, qui tourne ſur le point *S* , & qui appuyant contre la partie *H I* du pêne, le fait rentrer en dedans;

cette piece *R S Q*, est dessinée à part *Figure* 27 ; & à la *Figure* 28 , elle présente le côté qui regarde le palâtre. On voit en *t t* une petite partie saillante qui empêche les branches de cette piece de frotter contre le palâtre ; le trou quarré qui est au milieu *S*, reçoit la broche quarrée *Figure* 29 ; la partie ronde *Y* (*Fig.* 29) entre dans le trou *A* (*Fig.* 22) ; la partie quarrée *V* (*Fig.* 29) entre dans le trou quarré *S* (*Fig.* 23 , 28 ou 27, & la partie *VZ* entre dans le quarré du bouton X^2. on apperçoit qu'en tournant un de ces boutons, on pousse la partie *Q* ou la partie *R* de la piece *R S Q* , contre la partie *H I* de la queue du pêne, & la tête *G* rentre dans le palâtre ; pour le faire sortir, il est pressé en sens contraire par un ressort à boudin *p* (*Fig.* 23 & 26) qui est arrêté au centre des révolutions à un étoquiau.

La *Figure* 30 est une rosette qu'on cloue sur la menuiserie à l'endroit où elle est percée, pour recevoir la broche *Z Y* (*Figure* 29).

On trouvera dans la suite la maniere de faire les palâtres, les étoquiaux, les ressorts & toutes les pieces qui forment une serrure.

CHAPITRE V.

Des Serrures de toutes les especes , par M. DE REAUMUR.

ARTICLE I.

Des Serrures en général.

Nous voilà enfin parvenus aux serrures qui font la sûreté des fermetures des portes des armoires, des coffres & de tout ce qu'on veut y renfermer : heureusement cette belle partie de la Serrurerie s'est trouvée faite par feu M. de Réaumur ; c'est donc lui qui va parler.

Il n'y a point de machines plus communes que les serrures ; elles sont assez composées pour mériter le nom de *Machine* ; mais je ne sais s'il y en a qui soient aussi peu connues par ceux qui les emploient. Il est rare qu'on sache en quoi consiste la bonté d'une serrure , le degré de sûreté qu'on peut s'en promettre. Leur extérieur est presque la seule chose à quoi on s'arrête. Les usages importants auxquels elles sont employées, devroient cependant exciter la curiosité à les connoître , si la curiosité étoit toujours excitée raisonnablement. Il n'y a rien dans la Serrurerie qui demande plus d'adresse & d'habileté de la part de l'Ouvrier ; aussi est-ce toujours une serrure que les Statuts de cet Art proposent pour chef-d'œuvre à chaque aspirant à Maîtrise.

Il y a bien des especes de serrures , dont les unes conviennent mieux pour certaines fermetures , & d'autres pour d'autres. Elles ont chacune des parties ou des dispositions de parties particulieres ; les unes sont plus aisées à forcer que les autres ; il y en a qui donnent prise aux crochets simples, d'autres ne peuvent être ouvertes que par deux crochets ; d'autres plus parfaites font à l'épreuve des crochets : enfin il y en a d'aisées à ouvrir avec des rossignols ou des clefs corrompues, & d'autres qui ne le peuvent être que très-difficilement. Voici l'ordre que nous nous sommes proposés de suivre pour faire connoître toutes ces différences & en général tout ce qui contribue à rendre les serrures parfaites ou défectueuses.

1°. Nous ferons connoître les principales parties des serrures, celles qui leur sont communes à presque toutes, & nous donnerons en même temps une courte explication des termes dont nous aurons besoin dans la suite.

2°. Nous indiquerons après les principales especes de serrures, celles auxquelles toutes les autres peuvent être ramenées.

3°. Nous les ferons mieux connoître, chacune par une courte description, & sur-tout par une explication de la Planche où elles sont représentées.

4°. Les serrures étant connues, nous viendrons à la maniere de faire leurs parties, de les assembler ou de composer toute la serrure, les clefs, les garnitures, & la façon de les piquer.

5. Enfin nous ferons quelques remarques sur leurs défauts & leurs perfections. Nous décrirons les manieres dont on les ouvre sans la clef, & comment elles doivent être faites pour être le plus sûres qu'il est possible.

Article II.

Détail des différentes parties qui composent une Serrure.

On sait qu'une serrure *Planche XVII*, est une espece de boîte ordinairement rectangle ou quarrée *Figure* 1, qui renferme un ou plusieurs verroux qu'on ne peut ouvrir que par le moyen d'une clef. Cette espece de boîte est souvent ouverte d'un côté, c'est celui qui est appliqué contre le bois : le côté parallele à celui-ci ou à la piece de bois contre laquelle la serrure est attachée, & qui forme l'extérieur de la boîte *r* (*Fig.* 1, 2 & 3) s'appelle *le Palâtre* ; c'est sur le palâtre que sont assujetties la plupart des pieces de la serrure ; des quatre autres faces de la serrure, l'une *a a* (*Fig.* 1 & 2) est nommée *le rebord du palâtre* ; c'est celle où est une ouverture *z* par où sort & entre l'espece de verrou qui ferme la serrure qu'on nomme *le Pêne* : elle est nommée *rebord du palâtre*, parce qu'elle est faite de la même piece que le palâtre qui a été plié à angles droits.

Les trois autres faces *x x* de cette espece de boîte sont nommées ensemble *la cloison* ; elles sont composées d'une piece de fer pliée deux fois à angle droit, & arrêtée perpendiculairement sur le palâtre. Elle l'est par de petites pieces de fer *b b* (*Fig.* 1 & 2), appellées *Etoquiaux*, nom commun dans la Serrurerie à la plupart des petites pieces qui en portent ou qui en arrêtent d'autres ; celles-ci sont forgées quarrément ; elles ont très-peu de diametre,

metre, & font prefque auffi longues que la bande qui forme la cloifon, eft large; un des bouts de chaque étoquiau eft terminé par un tenon qui entre dans le palâtre, & eft rivé deffus; à quelque diftance de l'autre bout, l'étoquiau a un autre tenon en faillie fur un des côtés, c'eft-à-dire, perpendiculaire à fa largeur; celui-ci entre dans la cloifon, & s'y rive.

L'efpece de verrou que la clef fait aller & venir, & qui tient la porte fermée, eft appellée *Péle*, & plus fouvent *Péne*. M. Félibien a préféré ce dernier nom, nous l'adopterons auffi, quoique les Serruriers lui donnent prefque toujours le premier.

Le pêne eft retenu dans la ferrure par un crampon *A* (*Fig.* 5) qui lui tient lieu de couliffe; on l'appelle *le Picolet*; il eft attaché au palâtre par un tenon *a* & une vis qu'on met en *b*; on le voit en place *Figure* 3.

Le corps du pêne a des efpeces de petites dents *B* (*Fig.* 4), qui donnent prife à la clef, comme on le voit *Fig.* 6; ce font, en terme de l'Art, *les barbes du pêne*; le bout *D* qui fort de la ferrure, ou plus généralement celui qui tient la porte fermée, eft fa tête, & l'autre *E* fa queue: quelquefois le pêne a deux têtes, & il eft appellé *Pêne fourchu*; quelquefois il en a encore davantage.

Si le pêne n'étoit pas arrêté fixement où il a été conduit par la clef, ce ne feroit qu'une efpece de verrou, il feroit ouvert toutes les fois qu'on pourroit le pouffer avec une lame de couteau ou avec un clou; c'eft pour cela qu'en même temps que la clef le pouffe, elle le dégage de l'endroit où il eft arrêté. Dans plufieurs ferrures, le pêne a des entailles *C* (*Fig.* 4) appellées *Encoches*; une petite piece de fer qui, fuivant les conftructions de ferrures, eft tantôt fur le pêne & tantôt fur le reffort, & auffi quelquefois fur le palâtre, fe nomme l'*Arrêt du pêne* qui s'engage dans une encoche qui eft ou fur le pêne, ou fur la gâchette. Quand cet arrêt eft porté par le reffort, la clef le fouleve toutes les fois qu'elle fait marcher le pêne; fi la petite piece qui fert d'arrêt eft portée par le pêne, elle s'engage dans une encoche qui eft à une piece attachée contre le palâtre qu'on nomme *la Gâchette*: les Planches donneront des exemples de ces différentes difpofitions d'encoches & d'arrêts.

Mais ce qui caractérife principalement la ferrure, & ce qui la rend plus fûre, ce font les pieces appellées communément *les Gardes*, & dans la Serrurerie, *les garnitures*; ce font elles qui empêchent de tourner toute clef qui n'a pas certaines entailles. Il y en a de cinq fortes dont il fera plus aifé de donner l'idée quand nous aurons remarqué les différents endroits où les clefs peuvent être fendues.

Toute clef eft compofée d'une partie longue *b c* (*Fig.* 7), qui en eft la tige; un des bouts de la tige fe termine par un anneau *a*, l'autre bout eft tantôt percé, & alors la clef eft dite *forée*, *Fig.* 7, tantôt il eft façonné en bouton; on appelle ces clefs *à bout*, *Figure* 7²; près de ce dernier bout, la clef a une partie plate en saillie *e d* qui eſt appellée *le Paneton.* Le paneton eſt le plus ſouvent plat & toujours coupé quarrément. Le côté du paneton oppoſé & parallele à la tige eſt pour l'ordinaire plus épais que le reſte ; on le nomme *le Muſeau de la clef g g* ; il y a des panetons courbés deux fois ſelon leur longueur qu'on nomme *Panetons en S*, parce qu'ils en ont la figure. On ſait de reſte que c'eſt le paneton qui fait marcher le pêne ; l'ouverture de la ſerrure qui le laiſſe paſſer, s'appelle avec raiſon *l'Entrée*. On nomme auſſi *Entrée* un ornement de fer *Figure* 13, rapporté ſur la porte autour du trou qui laiſſe paſſer la clef ; mais afin que tout paneton qui peut entrer dans la ſerrure, n'y puiſſe pas tourner, on l'entaille, & on attache dans la ſerrure des pieces qui s'oppoſent au mouvement des clefs qui ont leurs entailles d'une autre figure ou d'une autre grandeur.

On fend les clefs de bien des manieres différentes, & qui peuvent encore être plus variées qu'on ne le fait ; elles ſe réduiſent à cinq eſpeces principales d'entailles qui conduiſent à toutes les autres. Celles qui ont leur ouverture ſur les côtés, ſoit inférieur ſoit ſupérieur du paneton *e e* (*Fig.* 7), ſont appellées *les Rouets* ; il y a pourtant une de ces ſortes de fentes qui a toujours le nom de *Bouterolle*, c'eſt celle qui eſt taillée vers le bout inférieur, & qui ſépare, pour ainſi dire, le paneton de la tige *f* ; les autres fentes plus avancées vers le muſeau ſont toujours nommées *Rouets.* Les entailles de la troiſieme eſpece ſont moins profondes que les rouets, elles ſont creuſées dans le muſeau ; il y en a pluſieurs paralleles les unes aux autres, on les appelle *les Rateaux g g* ; elles forment les dents de la clef ; mais lorſqu'une de celles-ci, c'eſt ordinairement celle du milieu, eſt pouſſée plus loin que les autres, & juſqu'auprès de la tige *m*, elle prend le nom de *Planche*, & fait la quatrieme eſpece de fente qui demande dans la ſerrure une partie très-différente de celle que demandent les rateaux. Enfin quand la fente appellée *Planche* s'élargit quelque part vers le milieu du paneton, ou proche de la tige, comme on le voit aux *Figures* 7, on donne un nom particulier à cet endroit de la fente, on le nomme un *Pertuis* ; & quoique ce ne ſoit qu'une modification de la planche, nous le mettons dans une claſſe particuliere, parce qu'il engage à un travail fort différent. Quand il y a une entaille iſolée dans le paneton, c'eſt-à-dire, qui ne communique ni avec la planche ni avec les rateaux, elle porte auſſi le nom de *Pertuis.*

Ainſi toutes les fentes des clefs ſe réduiſent aux rouets, bouterolles, rateaux, planches & pertuis : mais il y en a des unes & des autres de bien des figures différentes dont il n'eſt pas temps de parler : il ſuffit de remarquer à préſent que quand une clef tourne dans une ſerrure, chacune de ſes fentes reçoit une piece de fer qui lui eſt proportionnée, & ce ſont toutes ces pieces enſemble qui portent le nom de *Garniture.* Elles ont auſſi chacune le nom particulier de l'entaille de la clef, à qui elles conviennent : un rouet de la clef tourne, par exemple, autour d'une piece appellée *Rouet* qui eft une lame de fer roulée, & ainfi des autres ; mais quelquefois la clef ne rencontre que dans une partie de la circonférence qu'elle décrit, la piece qui arrêteroit une autre clef ; les pieces appellées *Rateaux* de la ferrure *Figure* 11, n'occupent prefque jamais qu'une petite partie de cette circonférence.

Quelquefois toutes ces pieces font recouvertes par une piece plate auffi grande que le palâtre, on la nomme alors *la couverture*, elle eft le deffus de la boîte ; mais plus fouvent elles font cachées feulement par une piece plate beaucoup plus petite *C* (*Fig.* 10) ou en place *Figure* 1 & 3 ; elle eft portée par deux pieds *e e* qui font arrêtés fur le palâtre par des vis, & cette piece eft nommée *le Foncet*, auffi eft-elle le petit fond ; elle porte, comme le palâtre, quelques-unes des garnitures ; fi la clef a, par exemple, des rouets de part & d'autre, un de ces rouets eft attaché au foncet, l'autre au palâtre.

Quand la ferrure n'a qu'une entrée, qu'on ne peut l'ouvrir que d'un côté, cette entrée eft du côté du foncet. Si la clef eft forée, il y a dans la ferrure une broche *Figure* 9, qui en porte auffi le nom, qui va au moins jufqu'au foncet, & même par-delà. Cette broche eft la garniture du trou de la clef.

Mais quand la clef n'eft pas forée, on attache fur le foncet une efpece de tuyau *C* (*Fig.* 6, *Planche XIX*), appellé *Canon* qui a autant de longueur à peu près que le bois de la porte a d'épaiffeur ; ce canon conduit la clef dans la ferrure. Celles qui ont des broches n'en ont pas befoin, la broche produit le même effet. Cependant pour les ferrures folides, comme font celles des portes, on met un canon quoiqu'elles aient une broche.

On appelle *Serrures à plufieurs fermetures*, celles qui fe ferment en plus d'un endroit ; ce qui fe fait ou par le moyen de pênes qui ont plufieurs têtes, ou des têtes divifées en plufieurs parties, ou par le moyen de plufieurs pênes différents, ou enfin par le moyen de quelques autres pieces dont nous parlerons dans la fuite. Car nous donnerons des exemples de tout ceci dans différentes planches.

La longueur que la clef fait parcourir au pêne pour l'ouvrir, eft nommée *la Courfe du pêne*.

Article III.

Divifion des Serrures, & expofition des parties qui font propres à chacune.

Toutes les ferrures fe rangent affez naturellement en deux claffes dont la premiere comprend celles hors defquelles eft le pêne, lorfqu'elles font fermées, & l'autre celles au-dedans defquelles le pêne refte en entier, quoiqu'elles foient auffi fermées. Nos ferrures ordinaires de portes de chambre, d'armoires, de bureaux, &c, font de la premiere claffe. Les ferrures de coffre fort, les ferrures en boffe, les ferrures plates qui retiennent les fléaux des portes cocheres, les ferrures antiques & les cadenas font de la feconde claffe.

Les premieres fe divifent en ferrures à broche, en ferrures befnardes, & en ferrures qui fans être befnardes, n'ont pourtant point de broches. Les ferrures à broches font celles dont les clefs font forées. Les ferrures befnardes, celles dont la clef n'eft point forée, & qui s'ouvrent de l'un & de l'autre côté de la porte par le moyen d'une même clef qui entre par des ouvertures pofées l'une vis-à-vis de l'autre. Enfin il y en a qui, quoiqu'elles n'aient pas de broche, ne s'ouvrent pourtant que d'un côté; on en a repréfenté une *Planche XXI*, *Fig.* 19. Les ferrures des portes de chambre font prefque toujours befnardes; celles des portes d'armoires & bureaux font à broche, ou au moins elles ne s'ouvrent que d'un côté.

La tête du pêne ou des pênes des unes & des autres eft tantôt quarrée, & tantôt taillée en bifeau, d'un côté. Il y en a quelques-unes qui ont prefque toujours ce bifeau, & qui en prennent le nom de *Serrure en bec de canne*; on en voit fouvent aux bureaux. Quand ces ferrures font fermées, les têtes de leurs pênes font ou arrêtées dans une entaille faite dans le bois pour les recevoir, ou paffées fous une piece de fer nommée *Gâche*; entre les gâches les unes fe fcellent en plâtre, & on les appelle *à fcellement*; les autres qu'on nomme *Gâches à pointe*, font effectivement terminées par des pointes qu'on enfonce dans le bois.

A préfent toutes les ferrures fe font pour être attachées en dedans de la chambre ou de l'armoire. Il n'y a plus que quelques ferrures de la feconde claffe qu'on attache en dehors. Pour rendre celles qui étoient en dehors auffi fûrement attachées, & afin qu'elles ne fiffent pas un effet défagréable, il falloit les charger de beaucoup d'ouvrage. On en verra des exemples dans les ferrures antiques.

Il y a des ferrures, foit befnardes, foit à broches, dont les unes font appellées *à pênes dormants*, & cela parce que le pêne ne fort de la ferrure, ou n'y rentre que quand il eft pouffé par la clef; & à d'autres qui font appellées *Serrures à tour & demi*, leur pêne n'eft entiérement dans la ferrure que quand on le tient ouvert; il y a un reffort qui tend continuellement à l'en faire fortir. Nous ferons voir dans les Planches fuivantes les différentes difpofitions qu'on donne à ce reffort. Ces ferrures fe ferment d'un demi-tour en tirant la porte, c'eft-à-dire, qu'il faut un demi-tour de clef pour les ouvrir de ce que le reffort les ferme; on les ouvre auffi par le moyen d'un bouton placé en dedans de la chambre, on les appelle *à tour & demi*, parce que la clef fait un tour & demi pour les ouvrir entiérement, ou un pour les fermer, parce que ce reffort a fermé le demi-tour.

On donne auffi affez fouvent pour nom aux ferrures le nombre des tours que fait la clef pour les ouvrir; on appelle *Serrure à demi-tour* celle que la clef ouvre en un demi-tour; on n'en fait point de celles-ci pour des portes,

&

& rarement en fait-on dont les pênes fortent en dehors : nous en avons pourtant un exemple dans les coffres forts d'Allemagne (*a*). On appelle *Serrure à un tour*, celle où la clef n'en fait qu'un ; *à deux tours*, celle où elle en fait deux. Il n'y a que des ferrures extraordinaires où les tours de la clef paffent ce nombre.

Outre le pêne, les ferrures de cabinet ont quelquefois une efpece de verrou qui fe ferme fans la clef ; de forte qu'une ferrure à pêne dormant fe ferme en tirant la porte, comme une à tour & demi ; ce verrou eft pouffé hors de la ferrure par un reffort comme le pêne des tours & demi, & on l'y fait rentrer par le moyen d'un bouton, ou avec la clef qui, en faifant marcher le pêne, fait auffi marcher le verrou, parce que le pêne le tire : on en trouvera un exemple dans les Planches.

On peut encore ramener à cette claffe de ferrure celles de buffet : outre les pênes dormants qu'elles ont de commun avec quelques-unes des précédentes, elles ont de plus des verroux qui fe ferment haut & bas, afin que l'argenterie foit plus en fûreté ; dans les unes, ces verroux hauffent & baiffent par le moyen d'un levier appellé *Bafcule* ; & dans d'autres, par le mouvement d'un pignon qui engrene dans des dents taillées dans ces verroux, & difpofées comme celles des crémaillers. On en trouvera le détail dans les Planches, & on y a joint une maniere de fufpendre les portes qui s'ouvrent des deux côtés, comme celles de quelques chaifes roulantes, parce que ces fortes de pentures ont au moins autant de rapport avec les ferrures de buffet, qu'avec les pentures ordinaires.

Les Serrures de la feconde claffe, outre l'entrée de la clef, ont une ou plufieurs ouvertures, felon qu'elles font à une ou à plufieurs fermetures, pour recevoir des efpeces de crampons appellés *Auberons*. Tantôt l'auberon eft rivé à une bande de fer qui fe baiffe & fe leve, comme on le voit aux portes cocheres, aux ferrures antiques ; cette bande eft nommée *le Moraillon* (*b*). Tantôt il tient au manche d'un verrou, tel eft celui des ferrures en boffe ; tantôt il eft attaché au couvercle d'un coffre. Les ouvertures qui laiffent entrer les auberons, font ou dans le rebord du palâtre ou dans le palâtre, lorfque les ferrures s'attachent en dehors. Toutes ces ferrures font fermées lorfque l'auberon eft arrêté dedans de façon à n'en pouvoir fortir : or il y a trois manieres dont on l'y arrête, favoir, 1°, par un pêne femblable à ceux des autres ferrures, tel eft celui des ferrures en boffe, ferrures de caffette qui s'attachent en dehors, & ferrures de fléaux de portes cocheres ; 2°, par le moyen d'un pêne qui a une longue branche perpendiculaire qui fe recoude ou fe termine par une tête parallele au rebord du palâtre : on nomme *Pênes en bord* les ferrures qui en ont de cette derniere efpece : 3°, enfin

(*a*) On peut en prendre l'idée par le petit Bec de canne, Planche XVII, Figure 16.
(*b*) Nous en avons parlé à l'occafion des Verroux.

SERRURIER.   T t

elles fe ferment par le moyen de *gâchettes*. La Serrurerie fait un double em-
ploi de ce terme; nous nous en fommes déja fervis pour exprimer des pie-
ces qui arrêtent les pênes ordinaires; peut-être pourtant que la fignification
ne fera pas équivoque, parce que les pieces qu'il fignifie, different affez de
figure & de pofition pour qu'il foit toujours aifé de reconnoître de laquelle
on veut parler. Nos gâchettes qui fervent à fermer, font portées par un éto-
quiau autour duquel elles tournent, comme un levier autour de fon point
d'appui; un des bouts qui eft d'un côté de l'étoquiau, donne prife au paneton
de la clef, & l'autre a une tête propre à s'engager dans un auberon. Quel-
quefois la même ferrure a des pênes & des gâchettes. Les plus mauvaifes de
toutes qu'on emploie quelquefois pour des coffres, n'ont qu'une feule gâ-
chette, on les nomme des *Houffettes*; elles s'ouvrent à un demi-tour, & fe
ferment à la chûte du couvercle.

Celles à pênes en bord & à gâchettes ont en dedans des pieces analogues
aux gâches des ferrures de la premiere claffe; on les nomme des *Coqs*; la
tête du pêne ou de la gâchette, après avoir paffé dans l'auberon, entre dans le
coq, elle fert à le foutenir.

Les cadenas font des ferrures qui ne s'attachent point à demeure contre
les portes qu'ils tiennent fermées. La plupart reviennent aux ferrures de la
derniere claffe; ils fe ferment par un pêne qui ne fort point : mais plufieurs
femblent compofer un genre particulier, ils ne fe ferment point par des pê-
nes, gâchettes, &c; mais par des refforts, ou d'autres difpofitions de pieces.

Tout ceci s'éclaircira par l'infpection des figures qui fuivent, & les expli-
cations qui y font jointes. Mais auparavant nous allons donner une idée fu-
perficielle de la maniere de faire les différentes pieces qui compofent une
ferrure; ce que nous aurons à dire dans la fuite en deviendra plus clair.

ARTICLE IV.

Idée générale de la maniere de faire les différentes pieces dont une
Serrure eft compofée, de piquer la Serrure & d'affembler
toutes fes Pieces.

Il faut commencer par faire la clef, comme nous l'expliquerons, c'eft la
bafe fondamentale de la ferrure.

Nous fuppofons donc que la clef de la ferrure qu'on entreprend eft finie,
ou au moins que fes garnitures font fendues, puifque c'eft la clef qui dé-
termine la pofition & même la figure de la plupart des autres pieces. Le pa-
lâtre eft la bafe où s'attachent ces mêmes pieces; on commence pour cette
raifon par le forger. On le fait ou de tôle ou d'une barre étirée, felon qu'on
le veut plus ou moins épais; on l'équarrit & on plie enfuite fon rebord,
qui eft ce qu'il y a de plus difficile à l'égard de la cage d'une ferrure; ce
rebord doit faire un angle droit avec le corps du palâtre; la maniere ordi-

naire eft de faire prendre fucceffivement différents angles à cette partie juf-
qu'à ce qu'elle foit arrivée à l'angle droit , & cela en la forgeant ou fur l'en-
clume, ou fur une mâchoire de l'étau. D'habiles Serruriers au contraire plient
d'une feule chaude la partie deftinée au rebord jufqu'à venir toucher le pa-
lâtre & s'appliquer deffus ; dans la chaude fuivante, ils relevent cette même
partie, ils la mettent à l'équerre avec le refte : la raifon qui leur fait préférer
cette pratique à celle qui eft le plus en ufage , c'eft qu'ils ont obfervé qu'en
fuivant la premiere, on affoiblit trop le rebord dans l'endroit où il fait un angle
avec le corps du palâtre ; à mefure qu'on le plie, les coups le rendent plus mince
en cet endroit, & c'eft cependant où il a befoin d'avoir plus de force. On
voit affez fouvent des ferrures où ce rebord baille, où il s'écarte de la cloi-
fon , ce qui ne feroit pas arrivé s'il eût eu plus d'épaiffeur du côté extérieur
de l'angle, au lieu qu'en ouvrant ce rebord après l'avoir entiérement plié ,
on refoule la matiere vers le fommet de l'angle, & on y en trouve de refte
quand on veut applanir l'angle du palâtre avec la lime.

Nous ne dirons point comment on ouvre dans le rebord du palâtre le trou
ou les trous qui laiffent fortir les têtes des pênes, ou qui donnent entrée aux
auberons ; il n'y a fur cet article aucune pratique à remarquer.

Le palâtre étant forgé , on forge la cloifon qui fe fait auffi d'une bande
de tôle , ou d'une barre de fer étirée à qui l'on donne un peu plus de lar-
geur que le paneton de la clef n'a de hauteur : on plie cette bande à an-
gles droits en deux endroits différents, à quoi il y a moins de fujétion qu'à
plier le rebord du palâtre, parce que la cloifon fatigue moins ; d'ailleurs elle
n'eft pas prife dans la piece qui forme le palâtre ; elle y eft affemblée comme
nous allons l'expliquer.

Nous avons vu des ferrures faites avec foin où la cloifon portoit les éto-
quiaux qui fervent à l'arrêter fur le palâtre ; ils font pris dans la piece même
dont elle eft formée. Ce font des endroits où l'on a réfervé plus d'épaiffeur ,
& qu'on a percés enfuite tout du long pour laiffer paffer des vis ; mais on
ne prend de pareils foins que pour des ferrures de chef-d'œuvre : les éto-
quiaux de toutes les ferrures communes font de petites pieces rapportées &
faites avec peu de façon , un même morceau de fer étiré fort long, & de la
groffeur qui leur convient en fournit plufieurs. Chaque étoquiau eft rivé par
un bout fur le palâtre ; il a pour cela un tenon à ce bout, & il a quelque
part dans fa longueur & fur le côté, une partie en faillie ou un tenon qui
fe rive fur la cloifon. On donne à la piece étirée pour faire des étoquiaux,
plufieurs de ces petites parties faillantes diftantes les unes des autres de la
longueur d'un étoquiau ; divifant enfuite cette piece entre deux de ces par-
ties faillantes, & autant de fois qu'on peut faire de pareilles divifions, on la
partage en plufieurs étoquiaux.

Il y a pourtant des étoquiaux un peu plus façonnés ; ils fervent auffi à un double ufage ; on les appelle des *Etoquiaux à patte* ; celui de leurs bouts qui ne fe rive pas dans le palâtre, porte une patte, une efpece de tête percée par un trou qui laiffe paffer une vis qui fert à affujettir la ferrure contre la porte, ce qui eft une maniere plus propre & plus fûre d'attacher les ferrures que la maniere ordinaire.

Le palâtre, la cloifon & les étoquiaux étant préparés, on encloifonne la ferrure, c'eft-à-dire, qu'on attache la cloifon fur le palâtre. On verra dans les Planches les places où fe mettent les étoquiaux, & qu'on en donne plus ou moins aux ferrures felon leur grandeur. On marque la place des éto-quiaux qu'on veut employer tant fur le palâtre que fur la cloifon, & on perce, avec un foret, des trous dans tous les endroits marqués. Chaque éto-quiau entre dans deux de ces trous, favoir dans un du palâtre, & dans un trou correfpondant de la cloifon ; on rive les tenons en dehors, on en fait de même à tous les étoquiaux.

Dans les ferrures communes, la cloifon n'eft point affujettie avec le re-bord du palâtre, & nous avons déja remarqué qu'il arrive auffi fort fouvent que ce rebord baille, qu'il s'écarte de la cloifon. Ce rebord eft appliqué fur le bord de la porte ; il réfifte aux efforts qui tirent la ferrure du côté des gonds, & il a de ces efforts à foutenir toutes les fois qu'on pouffe une porte contre fa baie avant que le pêne foit rentré, & encore plus dans d'au-tres circonftances. Le mieux feroit donc que le rebord du palâtre & la cloi-fon fuffent liés enfemble ; quelques-uns le font en entaillant les deux bouts de la cloifon, & ceux du rebord du palâtre, de façon qu'ils peuvent s'af-fembler à queue d'aronde.

Mais une manœuvre plus fûre, & auffi commode pour arriver au même but, c'eft de faire la cloifon plus longue qu'on ne la fait ordinairement ; au lieu qu'elle fe termine de part & d'autre où commence le rebord du palâ-tre, il faut qu'elle foit pliée à angle droit à chacun de ces endroits ; chacu-ne des parties qui font par-delà ces angles ou plis, deviennent par confé-quent paralleles au rebord du palâtre, avec lequel on les affujettit par des rivures. Il n'eft pas néceffaire de donner beaucoup de longueur à l'une & à l'autre de ces parties.

Voilà la boîte de la ferrure faite, il refte à la remplir de fes pieces, du pêne, du picolet, & des refforts, gâchettes, garnitures, foncets, &c. On for-ge & lime ordinairement toutes ces différentes parties avant que de commen-cer à en piquer ou affembler quelqu'une. *Piquer une piece*, c'eft marquer par des traits fa place fur le palâtre. Si la ferrure eft pour un coffre fort, & qu'el-le ait des coqs, ce font les premieres pieces qu'on pique, & qu'on affem-ble ; mais fi la ferrure eft du genre de celles dont le pêne fort, on commen-ce par piquer le pêne ; on marque par un trait à quelle diftance de la cloi-fon doit être celle de ces faces d'où partent les barbes, & cette diftance eft

au

au moins prife prife au diametre du cercle que décrit la clef ; on lui donne
même quelque chofe de plus ; car il faut que la clef tourne aifément.

Une autre chofe à déterminer dans la fituation du pêne, c'eft la longueur
de fa courfe ; or cette longueur eft toujours égale à la diftance d'une barbe
à l'autre, & de plus à l'épaiffeur d'une des barbes, de forte qu'en faifant les
barbes au pêne, on regle l'étendue de la courfe qu'il aura dans la ferrure ;
car fi cette ferrure eft bien faite, quelque nombre de barbes qu'il ait, la pre-
miere de fes barbes, ou la plus proche de la tête, doit fe trouver quand le
pêne eft entiérement ouvert à des diftances des deux bouts de la ferrure pa-
reilles à celles où en eft l'entrée de la clef, ou plus exactement pareilles à
celle où eft le centre du cercle que la clef décrit, & la derniere des barbes
doit être dans la même place quand le pêne eft fermé.

On enleve les pênes comme toutes les pieces maffives au bout d'une bar-
re, on les façonne felon que la ferrure le demande, & on efpace leurs bar-
bes proportionnellement au chemin qu'on veut qu'ils faffent dans leur cour-
fe, & on fait quelle eft cette diftance dans des ferrures communes. Les Ou-
vriers même qui fe font mis fur le pied de donner leur ouvrage à bon mar-
ché, & qui par conféquent n'y peuvent employer que peu de temps,
ont des étampes à barbes, c'eft-à dire, des fers où la figure des barbes eft gra-
vée en creux à la diftance où elles doivent être les unes des autres. On for-
ge le pêne fur ce fer, & on y étampe les barbes ; mais il y a encore à déter-
miner la longueur de ces mêmes barbes ; car plus une barbe eft longue, &
plus long-temps la clef a prife deffus pendant qu'elle fait fon tour : la raifon
en eft claire ; fi une barbe ne faifoit que toucher ou entrer peu dans la par-
tie fupérieure du cercle que la clef décrit, la clef ne feroit que toucher, ou
elle poufferoit peu cette barbe ; fi au contraire la longueur de la barbe éga-
loit celle du rouet que décrit la clef, & que le pêne fût fur la tangente du
bord fupérieur de ce cercle, la clef poufferoit la barbe pendant un quart de
tour, & pourroit amener la barbe fuivante par-delà la place que nous lui
avons affignée comme la plus convenable.

Or pour bien déterminer la longueur des barbes par rapport à leur dif-
tance, ou, ce qui eft la même chofe, par rapport à l'étendue de la courfe du
pêne, il faut, fi la ferrure eft à broche, piquer la broche, ou, fi elle a une
clef à bout, y piquer le centre de la tige. Pour cela on applique le paneton
de la clef contre le bord du pêne mis en place, mais entre fes barbes, &
on appuie le bout de la tige de la clef fur le palâtre ; on tire deux traits pa-
ralleles au pêne, qui font deux tangentes du bout de la tige ; au milieu de
ces deux tangentes, on perce un trou qui eft celui de la broche, ou le trou
qui laiffe paffer la tige de la clef à bout.

Souvent même l'Ouvrier ne prend pas tant de précautions pour marquer
le centre de la clef, & ne laiffe pas de bien faire ; il mouille le bout de la

clef avec fa falive, & l'applique, comme nous l'avons dit, fur le palâtre ; fi la clef eft forée, elle mouille la circonférence du cercle qu'il faut ouvrir ; fi elle eft à bout, elle mouille le centre de ce cercle.

Il eft de conféquence que la clef en tournant affleure le bord du pêne ; car par-là le pêne devient lui-même une garniture, puifqu'il empêche d'entrer toute clef qui auroit le paneton plus large que celle qui doit l'ouvrir.

Le centre de la clef étant piqué, il eft aifé de voir jufqu'où elle doit conduire chaque barbe, afin que celle qui fuit vienne dans la place où elle a pris la premiere quand elle abandonne cette premiere, & on pique auffi la place du picolet & celle des arrêts & des gorges du reffort du pêne. Les arrêts doivent trouver l'encoche chaque fois que la clef ceffe de pouffer une barbe, & la clef doit preffer la gorge des refforts toutes les fois qu'elle commence à agir contre une barbe.

Le picolet eft une efpece de crampon qui fe forge comme tous les autres.

Les grands refforts, les refforts à boudin, fouillot, refforts de chien, fe font d'acier de Hongrie peu trempé : s'ils l'étoient trop, ils feroient plus caffants, & il fuffit qu'ils aient fuffifamment d'élafticité ; à beaucoup de ferrures, ces refforts font de fer ; & pour leur donner de l'élafticité autant qu'il faut, après les avoir enlevés & forgés à chaud, on les bat à froid, on mouille de temps en temps le marteau avec lequel on les frappe ; les Ouvriers attentifs ne les frappent de la forte que fur une des faces, fur celle qui eft du côté où le reffort tend à s'ouvrir ; ce qui leur fait prendre une figure qui augmente encore leur action.

On fait toujours en acier les refforts à deux branches qui ferment le pêne d'un demi-tour, quand une des branches du reffort agit immédiatement contre la queue du pêne, qu'elle ne la preffe point par le moyen d'un fouillot, parce que dans ce cas le reffort doit agir plus loin, & que le fer ne conferveroit pas toute l'élafticité néceffaire. Ces refforts étant forgés, on les trempe, & on leur donne un recuit au fuif, ou on les recuit fans fuif : les bons Serruriers, au lieu de refforts de chien, emploient ceux à boudin, & généralement tous ceux qui doivent réagir avec force, font faits avec de bon acier de Hongrie, auquel ils donnent un recuit convenable.

Enfin le pêne, le picolet & les refforts étant piqués, ou, fi l'on veut, arrêtés, on pique les garnitures ; en faifant tourner la clef, on trouve les circonférences fur lefquelles doivent être les rouets. Les dents de la clef montrent auffi alors jufques où peuvent aller les rateaux. On marque avec des traits la place de toutes ces pieces. S'il y a des planches, des pertuis, la clef regle de même la hauteur de leurs pieds. Toutes ces pieces fe rivent à l'ordinaire.

La derniere piece à mettre eft le foncet, ou la couverture, fi la ferrure en a une ; la furface extérieure de l'une & de l'autre doit être mife de niveau avec le bord de la cloifon, autrement on feroit obligé d'entailler la porte où l'on veut attacher la ferrure, & il eft à propos de n'avoir à y faire d'autre entaille que celle qui laiffe paffer la clef ou fon canon.

Voilà en gros comme fe font les ferrures ; mais ces idées générales ne fuffifent pas, on trouvera les détails dans la fuite : il faut auparavant décrire toutes les efpeces de ferrures qui font en ufage ; & pour le faire avec ordre, nous parlerons d'abord des ferrures auxquelles la tête du pêne fort du palâtre pour entrer dans une gâche.

Nous parlerons enfuite de celles où le pêne refte dans la ferrure, & paffe dans une efpece de gâche qu'on y introduit & qu'on nomme *Auberon.*

Enfuite nous traiterons des Cadenas.

Article V.

Des Serrures auxquelles la tête du Pêne fort du Palâtre pour entrer dans une Gâche.

EXPLICATION des Figures du Chapitre cinquiéme.

PLANCHE XVII.

Où l'on a repréfenté un petit Bec de canne, & quelques parties d'une Serrure, pour commencer à les faire connoître d'une façon générale avant que d'entrer dans de plus grands détails. Ainfi cette Planche peut être regardée comme une continuation de la Planche XVI du Chapitre IV.

L A *Figure* 16 eft un petit bec de canne qu'on met aux portes des Bibliotheques, ou à des portes vitrées très-légeres ; comme ces petites ferrures conduifent peu à peu aux ferrures, j'ai profité d'un vuide qui fe trouvoit fur la *Planche XVII*, pour en placer un différend de ceux qui font fur la *Pl. XVI.*

A A, le palâtre ; *B*, petit rebord du palâtre par lequel fort le pêne ; *C D*, le pêne qui a une ouverture en *G*, dans laquelle eft une cheville à tête *I*, qui fert de conducteur au pêne, & tient lieu des picolets ; & cette cheville qui, par fa tête, affujettit le pêne, limite fa courfe.

On voit en *H* une efpece de barbe fur laquelle s'appuie le paneton *L*, qui eft foudé à la broche du bouton, & qui tient lieu du paneton d'une clef, pour retirer le pêne dans l'intérieur de la ferrure.

P, eft un picolet qui reçoit le bout de la broche *O* du bouton, & qui fert à l'affermir.

En *Q* font les trous pour attacher le palâtre au battant de la porte ; *K*, eft un reffort à boudin qui pouffe le pêne en dehors, quand le paneton du bouton le laiffe en liberté.

La *Figure* 14 repréfente le pêne *D C*, fa barbe *H*, fa fente *G*, qui reçoit la cheville à tête *I* ; une partie de la broche *O* du bouton, & fon paneton *L* ;

enfin le reſſort à boudin K, qui appuie contre le talon E, qu'on a formé en diminuant l'épaiſſeur du pêne à la partie EF.

On voit à la *Figure* 15 le bouton M, ſa broche O, ſon paneton L, & une petite platine N, qui recouvre le trou qu'on a fait au battant de l'armoire pour paſſer la broche O.

Je pourrois m'étendre beaucoup plus ſur de pareilles petites ferrures que les Serruriers ſavent varier ſuivant les circonſtances ; mais nous croyons devoir nous abſtenir d'entrer à ce ſujet dans de plus grands détails. Ainſi nous allons entamer ce qui regarde les ſerrures qui doivent faire l'objet du Chapitre V.

Les *Figures* 1, 2 & 3 repréſentent une ferrure à broche & à gâchette attachée ſur le palâtre.

La *Figure* 1 repréſente cette ſerrure preſque entiere, vue en perſpective du côté de l'entrée de la clef.

La *Figure* 2 eſt la même ſerrure à laquelle il manque pluſieurs parties.

La *Figure* 3 eſt le plan de cette même ſerrure.

Il faut remarquer que dans toutes les figures, les mêmes pieces ſont repréſentées par des lettres pareilles ; rr, le palâtre ; xx, ſa cloiſon dont une partie eſt briſée en y ; aux *Figures* 1 & 2, aa le bord du palâtre, dans lequel eſt l'ouverture χ du pêne ED. b, les étoquiaux qui ſervent à aſſembler la cloiſon avec le palâtre ; C (*Figures* 1 & 3), le foncet. On le voit ſéparément à la *Figure* 10, avec ſes pieds ou attaches ee, & l'entrée qui à ces ſerrures eſt percée dans le foncet ; F (*Fig.* 1 & 2) eſt la broche. On la voit ſéparément avec ſon pied *Figure* 9.

DE (*Figures* 1 & 3), le pêne ; il eſt vu ſéparément *Figure* 4 ; D, ſa tête ; E, ſa queue ; B, ſes barbes ; d, l'ouverture pour l'attache du bouton G (*Figures* 1 & 12).

H (*Figures* 2 & 8), la gâchette ; h, ſon pied autour duquel elle tourne comme on le voit *Figure* 6 ; g, ſa gorge.

I, le reſſort de la gâchette qui eſt attaché au palâtre en K, & qui va s'appuyer ſur la gâchette en ſe prolongeant derriere l'étoquiau h.

A eſt le picolet ; il eſt en place *Figures* 1 & 3 , & on le voit ſéparément *Figure* 5 : il ſert de conducteur au pêne, il a à un bout a un tenon qui entre dans le palâtre, & à l'autre b un œil pour recevoir une vis.

On voit à la *Figure* 6 , comment le paneton de la clef prend dans les barbes du pêne, & comment il leve la gâchette.

P (*Figures* 1 , 3 & 12) eſt un reſſort à deux branches qui ſert à fermer le demi-tour ; Q eſt ſon pied ou l'étoquiau qui l'attache au palâtre ; une de ſes branches s'appuie ſur la cloiſon, comme on le voit *Figures* 1 & 3 en b ; l'autre appuie ſur une levre ou talon qui eſt à la queue du reſſort, & il y a en R (*Fig.* 1, 3 & 12), un étoquiau qui empêche cette branche du reſſort de trop avancer.

On

On voit à la *Figure* 12 , comment le bouton & la coulisse s'ajustent avec le pêne pour ouvrir le demi-tour.

La *Figure* 13 est une platine de tôle découpée & percée pour recevoir la clef , c'est ce qu'on nomme *l'Entrée* ; on la cloue sur le battant de sorte qu'elle réponde exactement à l'entrée qui est ouverte dans le foncet.

Figure 11 est un rateau avec son pied : on verra dans la suite que c'est une garniture qui entre dans les dents qui sont au museau de toutes les clefs.

Figure 7 , clef forée ; *Figure* 7², clef à bout ; *a*, l'anneau ; *b c*, la tige ; *d e*, le paneton ; *g g*, le museau : nous parlerons ailleurs des garnitures.

EXPLICATION des Figures de la Planche XVIII, qui représente des Serrures à clef forée ou à broche, pour des Portes d'Appartements & d'Armoires.

CETTE Planche représente *Figures* 1 , 2 , 3 & 4, une serrure forée à tour & demi , à pêne en paquet , ou monté sur gâchette.

Les *Figures* 17 & 18 représentent des serrures plus petites , servant pour des Bibliotheques ; elles n'ont point de gâchette , mais ont un grand ressort placé entre le pêne & la cloison.

La *Figure* 1 représente la serrure parfaite & montée ; *A*, le palâtre ; *B* , la cloison ; *C* , le rebord du palâtre ; *D* , la queue du pêne ; *E* , sa tête ; *F* , le ressort double ; *G*, le foncet ; *P*, la broche ; *S*, l'entrée.

Figure 2 , la même serrure où l'on a ôté la cloison & le foncet, pour mieux faire appercevoir les parties du dedans ; *A*, le palâtre ; *C*, le rebord ; *D* , la queue du pêne ; *E* , sa tête ; *K K* , ses barbes ; *H* , le picolet ; *I*, l'ouverture pour recevoir le bout de la coulisse ; *L*, la gâchette ; *M*, sa gorge ; *O* , le rouet ; *P*, la broche ; *T*, les rateaux ; *F* , le ressort double.

La *Figure* 3 ne représente que le palâtre *A* ; *C*, son rebord où est l'ouverture du pêne ; *I* , l'ouverture faite au palâtre pour la coulisse ; *L*, la gâchette ; *M*, sa gorge ; *N*, son ressort ; *a a*, ouverture pratiquée au palâtre pour recevoir les pieds du rouet.

Figure 4 est le plan de cette serrure où l'on a ponctué le foncet ; *A*, le palâtre ; *D* , la queue du pêne ; *E* , sa tête ; *K K* , les barbes ; *H*, le picolet ; *M*, la gorge de la gâchette ; *F*, le ressort double ; *G*, le foncet qui est ponctué ; *S*, l'entrée ; *T T*, pieds des rateaux.

Figure 5 , *O* les rouets détachés.

Figure 6 , *F* le ressort double.

Figure 7 , *L* la gâchette ; *M*, sa gorge ; *N*, son ressort.

Figure 8 , *P* la broche avec son pied.

Figure 9 , *T* le rateau avec son pied.

Figure 10 , *H* le picolet.

SERRURIER.

Figure 11 , *Q* la couliffe ; *Figure* 12 , *R* fon bouton ; *Figure* 13 , *Q R* ces deux parties jointes enfemble.

Figure 14 , *E D* le pêne ; *K* , fes barbes ; *I* , ouverture pour recevoir la queue de la couliffe.

Figure 15 , *G* le foncet renverfé pour faire voir fes pieds , fon rouet & l'entrée.

Figure 16 , la clef dont le paneton eft refendu d'un rouet fimple , d'un rouet à pleine croix , & des dents pour le rateau.

Figure 17 , une petite ferrure à pêne dormant , & à deux tours.

A , le palâtre ; *B* , la cloifon ; *C* , le rebord du palâtre ; *D E* ; le pêne ; *K K* , fes barbes ; *L* , le reffort ; *M* , fa gorge ; *H* , le picolet ; *G* , le foncet ponctué ; *S* , l'entrée.

Figure 18 , la même ferrure vue en perfpective , & à laquelle on a ôté une partie de la cloifon & le foncet.

A , le palâtre ; *B* , la cloifon ; *C* , le rebord ; *D E* , le pêne ; *K K* , fes barbes ; *H* , le picolet ; *L L* , le reffort ; *M* , fa gorge ; *P* , la broche ; *S* , l'entrée ; *T T* , les pieds des rateaux.

Figure 19 , *D E* le pêne détaché ; *K K K* , les barbes.

Fig. 20 , *G* le foncet ; *a a* , les ouvertures pour river les pieds d'un rouet ; *S* , l'entrée ; *b* , un des pieds du foncet.

Figure 21 , *P* la broche avec fon pied ou fa patte.

Figure 22 , *H* le picolet.

Figure 23 , *T* le rateau.

Figure 24 , la clef qui eft fendue pour un rouet *i* , une bouterolle *b* , & les dents d'un rateau.

EXPLICATION des Figures de la Planche XIX, où font repréfentées des Serrures Befnardes.

ELLE repréfente une ferrure befnarde à deux tours à pêne dormant , qui eft arrêté par un grand reffort pofé au-deffus de ce pêne.

Cette ferrure peut fervir pour donner une idée générale des ferrures befnardes. L'entrée *B* de la clef de la *Figure* 1 , eft pour ouvrir la ferrure lorfqu'on eft dedans la chambre. Le canon *Y Y* de la *Figure* 2 , conduit la clef dans la ferrure lorfqu'on veut l'ouvrir étant en dehors. La partie de la Planche *Q Q* (*Figure* 3) partage l'épaiffeur de la ferrure en deux. Le pertuis *R* a autant de faillie du côté de *Q Q* , qui eft caché , que de celui qui eft en vue. De quelque côté qu'on faffe entrer la clef , la fente *a* (*Fig.* 5) qui partage fon paneton en deux parties égales , reçoit la planche *Q Q* de la *Figure* 3 autour de laquelle elle tourne , d'où il fuit que pendant que les dents d'une des moitiés du paneton foulevent le grand reffort *Figure* 3 , qu'elles pouffent la gorge *K* ; les dents d'une autre moitié du paneton pouffent une des barbes du pêne ; le pêne peut alors céder à l'effort de la clef, parce que l'arrêt du reffort ne fe trouve plus engagé dans les encoches du pêne , lorfque la clef éleve le grand reffort.

Cette difpofition de reffort eft commune à bien des ferrures : on voit dans la *Figure* 4 les encoches *H* du pêne où s'engage l'arrêt du reffort au bout de chaque tour , & les barbes *G* du pêne. La Figure féparée 25 repréfente ce pêne *p s* ; fon étendue vers *n* eft l'arrêt qui empêche le pêne de fortir de fon palâtre, plus loin que fa courfe ; *q* , les barbes ; *r* , les encoches. On voit en *s* un talon qui fert à éloigner le pêne du palâtre pour qu'il ait moins de frottement.

Les figures féparées montrent auffi la maniere dont fe forge le reffort , ainfi que les canons & les planches , & la maniere d'affembler les planches avec le pertuis. Entrons dans les détails.

La *Figure* 1 repréfente la ferrure vue du côté de la chambre.

Figure 2 la repréfente vue du côté qui s'applique contre la porte.

Les *Figures* 3 & 4 la repréfentent vue à peu près du même côté que la *Figure* 2 , mais avec beaucoup moins de parties.

Les autres figures font des parties détachées des figures précédentes.

A A A , le palâtre. Ils marquent auffi *Figure* 1 , les ouvertures par où paffent les vis qui attachent la ferrure.

B (*Figure* 1), l'entrée de la clef ; *C* , cache-entrée.

Figure 11 & 12, *D D* deux cache-entrées vus féparément , & de deux-différens côtés.

E E E (*Fig.* 1 & 2) la cloifon : on l'a ôtée aux *Figures* 3 & 4.

F , le rebord du palâtre percé en *F* , pour laiffer paffer la tête du pêne.

G (*Figure* 4) le pêne en place ; *G* , marque auffi fes barbes.

H (*Figure* 4) les encoches du pêne.

Fig. 25 féparée *I* , le pêne vu retourné , ou du côté qui eft le plus proche du palâtre dans la *Figure* 4 ; *p s* , la longueur du pêne ; *q* , les barbes ; *r* les encoches ; *n* , l'arrêt du pêne.

Figure 4 & 17, *M* le picolet du pêne.

N (*Fig* 4), le rouet du palâtre : on voit auffi ce rouet en *N* dans la *Fig.* 19.

O (*Figure* 20) la piece dont eft fait ce rouet.

P P (*Figure* 4) les trous où fe rivent les pieds de la planche.

Q Q (*Figure* 3) la planche.

R (*Figure* 3) pertuis de la planche.

Figure 15 , *S* piece féparée dont on fait la planche.

Figure 14 , *T T* planche qui a fon pertuis.

Figure 23 , *T*² *T*² pertuis féparé de la planche, vu en deux fens différens.

V (*Figure* 2) le foncet qui cache la planche & d'autres garnitures.

X , pied de la planche.

Y Y, canon de la clef.

Z a b (*Figure 9*) est le même foncet vu hors de la serrure ; *a*, son pied ; *b*, le canon.

Figure 6 , c canon vu séparément.

Figure 7 , d piece de fer roulée pour faire un canon.

Figure 8 , e canon sur le mandrin qui sert à le rouler.

Figure 10 , f piece de fer dégrossie pour faire le canon.

Figure 16 , g est le foncet renversé, c'est-à-dire, vu du côté intérieur de la serrure ; on voit qu'il porte en *g* un rouet.

h i k (*Figure 3 & 13*) séparée, est le grand ressort posé sur le pêne.

h, son pied ou étoquiau par lequel il est attaché au palâtre.

i, son encoche.

k, la gorge du ressort.

Figure 18 , m , n , o , p p le grand ressort séparé.

o, renvoi du ressort, & qui sert à former la rondeur qui reçoit le pied *p p*.

r, la lame du milieu du ressort.

m n, la partie la plus étroite.

u, partie qui doit s'encocher dans le pêne.

s t, la troisieme partie du ressort pliée en *s*.

q r, endroits où la partie du milieu est rivée contre la partie courbée.

s, gorge du ressort.

t, contour qui ne sert gueres qu'à l'ornement.

Figure 22 , x y ʒ piece forgée pour faire un ressort semblable.

y, l'arrêt ou partie qui doit s'encocher dans le pêne.

Fig. 21 , 3 , 4 , 5 , 6 la piece précédente qui est déja pliée en un endroit.

4, l'arrêt.

5, l'endroit où il reste à la plier.

Figure 24 , 7 rateaux pour la garniture.

Figure 5 , clef *8* ; & *9*, le paneton où sont marqués les deux rouets, *8, 9*, la planche *a*, & le rateau *b b*.

EXPLICATION des Figures de la Planche XX, qui représente une Serrure Besnarde à deux pênes, qui nous donnera lieu de faire diverses remarques sur le moyen de rendre les Serrures plus sûres.

10. ELLE donne un exemple des serrures qui ont une couverture. Dans la *Figure 1* , le palâtre est emporté ; *A A* est la couverture. Dans la *Fig. 2 & 3* , la couverture est emportée , & *B B* est le palâtre : mais la couverture ne sert souvent que pour une propreté assez inutile ; le foncet lui tient lieu de cette piece.

2°. Elle a deux pênes dont le fort est dormant, & à deux tours ; aussi lui

voit-on

voit-on dans les figures trois barbes & trois encoches. L'arrêt de ce pêne eſt double de ceux des pênes que nous avons vus ; car outre qu'il eſt tenu par un grand reſſort *H* (*Figure* 2), il porte encore une gâchette en paquet *Figure* 1 *D E E*. L'arrêt qui entre dans les encoches *E E* de cette gâchette, eſt rivé ſur le palâtre. On peut auſſi remarquer une poſition de gâchette différente de celle qui eſt ſur la *Planche XVII*, & quelque différence dans ſa figure & celle du reſſort.

Le pêne qui eſt ainſi arrêté par une gâchette & un grand reſſort , en vaut mieux, non-ſeulement parce qu'il eſt retenu par une force double, mais ſurtout parce qu'il eſt plus mal-aiſé aux crochets de l'ouvrir ; car ſi les garnitures permettent à un crochet de lever ou le reſſort ou la gâchette , celui des deux qui n'eſt pas levé, tient encore le pêne auſſi fortement que le pêne des ſerrures ordinaires eſt tenu.

3°. Elle a un ſecond pêne à demi-tour qui diſpenſe de fermer le plus fort quand on eſt dans la chambre. Un reſſort à boudin *Q* ferme le demi-tour de ce pêne ; on l'ouvre dans la chambre par le moyen d'un bouton *P* ; la clef ouvre auſſi ce petit pêne par dehors après avoir ouvert entiérement le plus gros , & cela parce qu'il y a une équerre mobile *O N M* (*Figure* 1) qui tourne autour du pied *N* ou étoquiau qui la porte ; ce pied paſſe au travers de l'angle de l'équerre , & eſt rivé ſur le gros pêne ; une des branches *O* de la même équerre eſt horizontale & couchée ſur le gros pêne , quand ils ſont tous deux entiérement fermés ou ouverts ; l'autre branche *M* alors eſt verticale, & engagée par le bout *V* dans une entaille faite dans le petit pêne *K*. La *Figure* 4 montre la diſpoſition des deux pênes *R S* & *I K* l'un par rapport à l'autre , & celle de l'équerre *O N M*, quand ils ſont tous deux entiérement ouverts ou fermés ; mais quand le gros pêne *R S* eſt entiérement ouvert, & que le petit *I K* ne l'eſt point encore, les deux branches de l'équerre prennent des poſitions inclinées comme on le voit *Figure* 5 , parce que la partie *M* de l'équerre marche avec le pêne ſur lequel elle eſt arrêtée ; alors le bout *O* de la branche qui étoit couché ſur le gros pêne eſt en deſſous de ce pêne, & dans un endroit où il peut donner priſe aux dents de la clef. Voyez *Fig.* 5 *O N M*. Par conſéquent ſi la clef tourne , elle releve cette branche *O* qui s'oppoſe à ſon paſſage ; l'équerre entiere tourne donc ſur elle-même , d'où il ſuit que la branche *M* qui eſt engagée dans le petit pêne , l'ouvre.

4°. Les coupes *o o p p* (*Figure* 15), font voir qu'on donne quelquefois des canons aux ſerrures beſnardes ; ce canon tourne avec la clef : il eſt arrêté dans la ſerrure, parce qu'il a plus de diametre qu'en dehors, ou que n'en ont les entrées de la clef ; ce qui eſt montré par *m* & *l* (*Fig.* 6). Ce canon eſt une bonne garniture pour les ſerrures beſnardes ; comme il tourne avec les crochets , il les empêche de trouver les barbes du pêne.

Reprenons ces objets pour les examiner plus en détail.

La *Figure* 1 repréſente la ſerrure ayant ſon palâtre emporté.

La *Figure* 2 la repréſente ayant la couverture & une partie de ſa cloiſon emportées.

La *Figure* 3 eſt un plan de cette ſerrure qui eſt en perſpective dans les *Figures* 1 & 2.

A A (*Figure* 1), la couverture.

B B (*Figures* 2 & 3), le palâtre.

C, le grand pêne.

D E E (*Figure* 1), la gâchette ; *D*, ſon pied ; *E E*, ſes encoches, dans leſquelles entre un étoquiau rivé ſur le palâtre qui ne ſauroit paroître dans aucune des trois figures.

H (*Figures* 2 & 3), grand reſſort avec ſes arrêts.

I (*Figures* 1 & 2) un des pieds de la planche ou pertuis qui n'a point été miſe ici pour éviter la confuſion.

K, le ſecond pêne.

L, ſon picolet.

M, une des branches de l'équerre qui ouvre le ſecond pêne.

N (*Figure* 1), le pied de cette équerre.

O (*Figure* 1), ſa gorge.

P (*Figures* 2 & 3), bouton qui ouvre ce pêne dans la chambre.

Q (*Figures* 1, 2, & 3), reſſort à boudin qui le ferme.

Figure 4, *R S* le grand pêne vu ſéparément avec ſa gâchette *D E* en paquet, & ſon équerre *O N M* dans la poſition où elle eſt quand le petit pêne *I K* & le grand ſont tous deux ouverts ou fermés.

Figure 5, *O N M* fait voir la poſition de l'équerre dans le cas où le grand pêne eſt ouvert, & le petit fermé ; elle montre comment la clef a priſe alors ſur la gorge *O* de l'équerre.

Figure 7, *O N M* équerre ſéparée.

a, autre eſpece d'équerre qu'on emploie quelquefois.

Figure 8, *b* piece dont on fait un reſſort à boudin *c*.

d, étoquiau pied de ce reſſort.

Figure 9, *e* le bouton du petit pêne.

Figure 10, *ff* planche coupée par le milieu où l'on voit ſon pertuis.

g, partie du canon tournant.

h (*Figure* 11), un des pieds de la planche.

i (*Figure* 12), picolet.

K (*Figure* 13), grand reſſort.

l m (*Figure* 6), canon tournant & ſa coupe ; il ne ſauroit ſortir de la ſer-rure à cauſe de la partie *m l* qui eſt plus groſſe que le reſte.

Figure 14, *n* clef beſnarde.

Figure 15, *o o* coupe de la ferrure prife par le milieu du canon qui eft garni de fa clef.

p p, autre coupe.

EXPLICATION des Figures de la Planche XXI, qui repréfente les Serrures propres aux Portes légeres.

CETTE Planche repréfente deux ferrures dont la premiere, *Figures* 1, 2 & 3, eft une ferrure befnarde à tour & demi, à pêne en paquet ou monté fur gâchette.

La feconde ferrure, *Figures* 18 & 19, eft une ferrure de même efpece, mais faite pour une porte vîtrée.

Les ferrures des portes de cabinet, & la plupart de celles des portes de chambres font pareilles à la premiere ; la clef fait un tour & demi pour les ouvrir, & n'en a qu'un à faire pour les fermer ; parce que le reffort qui pouf-fe le pêne, lui fait parcourir ce que feroit un demi-tour de clef.

La difpofition du reffort du demi-tour eft différente ici de celle de la *Planche XX* ; il ne pouffe pas immédiatement le pêne. Ce reffort *h i k* (*Fig.* 2, 3, 5 & 7), agit contre une piece appellée *Souillot l m, l m n* (*Figure* 3, 6 & 7), qui peut tourner comme autour d'un centre autour de l'étoquiau qui lui fert de pied ; cette efpece de reffort eft appellée *Reffort de chien.*

Mais nous avons eu fur-tout en vue de faire connoître dans cette ferrure ce qu'on appelle *un Péne en paquet* ou *monté fur gâchette.* C'eft un pêne qui porte avec foi la gâchette, & le reffort qui tient la gâchette abaiffée dans le temps que le pêne eft arrêté. La gâchette *X Y* (*Figures*, 3, 7, 8, 9 & 10), eft une lame de fer plus épaiffe à un bout qu'à l'autre. Les bons Ou-vriers font un trou dans cette épaiffeur, & les mauvais, au lieu de rendre le bout de la gâchette plus épais, fe contentent de le rouler. Dans le trou *X* qui eft au bout de la gâchette eft un étoquiau qui lui fert de pied, & qui eft rivé tout auprès de l'endroit où eft la tête *B* du pêne *Figure* 8. La gâchette va jufqu'auprès de la queue du pêne ; elle eft recourbée dans la partie *Y* qui doit fe trouver entre les deux barbes *P P* (*Figures* 3 & 8) ; elle y forme une con-vexité qu'on appelle *la gorge de la gâchette*, & qui donne prife aux dents de la clef, on fait quelquefois cette gorge d'une piece rapportée ; par-delà cette gorge la gâchette a deux encoches *z* (*Figures* 7, 8 & 10) dans le côté qui eft le plus proche du palâtre.

Le reffort &, *Figures* 7, 8, 10 & 11, d'où dépend en partie le jeu de la gâ-chette, eft une lame pliée prefque à angle droit en deux parties inégales : la plus courte a un pied *f* (*Figures* 7 & 11), rivé fur le pêne proche de fa queue, un peu par-delà le pli : la branche la plus longue s'incline & vient s'appuyer fur la gâchette prefque horizontalement, ayant fa gorge affez avancée entre les barbes du pêne ; la gâchette ne peut cependant avancer davantage vers le côté où le reffort la pouffe ; la feconde branche du reffort de la gâchette en empêche : elle paffe par-deffus le bout de la gâchette ; mais le reffort ne manque jamais de ramener la gâchette en fa place d'abord que la clef ceffe de lui faire violence ; & quand la gâchette eft dans cette difpofition, le pêne ne fauroit fe mouvoir horizontalement ; il y a au-deffous de P (*Figure* 3) un petit arrêt fixé fur le palâtre qui s'engage alors dans une des encoches *z* de la gâchette, d'où la gâchette n'eft dégagée que quand la clef l'éleve.

La *Figure* 12 *g*, eft un morceau d'acier difpofé pour faire un reffort de gâchette.

La ferrure des *Figures* 18, 19 & 20 eft, comme la précédente, une ferrure befnarde à tour & demi, à pêne en paquet, monté fur gâchette ; elle eft pour une porte vîtrée ; & comme ces fortes de portes donnent peu de place à la ferrure, au lieu de les faire oblongues, on les fait prefque quarrées ; le pêne *Figure* 21 y eft plus court, par conféquent on place le picolet plus proche du rebord du palâtre.

Le reffort qui ferme le demi-tour eft différent de ceux que nous avons vus, & eft un reffort à boudin *F*, c'eft-à-dire, qu'il eft roulé quelques tours autour de fon pied ; le bout de ce reffort eft engagé dans une entaille creufée dans le pêne entre le picolet & le rebord du palâtre.

Entrons dans de plus grands détails pour donner une idée encore plus jufte des ferrures dont il s'agit.

La *Figure* 1 eft la ferrure befnarde qui fert à une porte ordinaire vue du côté qui eft dans la chambre.

La *Figure* 2 eft le plan de la même ferrure vue du côté qui s'applique contre la porte.

La *Figure* 3 eft la même ferrure en perfpective vue du côté dont la *Figure* 2 donne le plan.

Les autres figures qui font entre les trois précédentes, font les parties de la ferrure repréfentées féparément.

A A A (*Fig.* 1 & 2) eft le palâtre ; auprès de ces lettres font les trous qui fervent à attacher la ferrure fur la porte.

A la *Figure* 18, comme cette ferrure eft courte, les trous pour l'attacher font en *a a a* fur le rebord du palâtre, & fur une efpece de patte qui eft attachée à la cloifon.

B (*Figures* 2 & 3), & *b* (*Figures* 18, 19 & 20), eft le rebord du palâtre dans lequel la tête du pêne paffe, comme quand il eft fermé à demi-tour.

C & *c* eft la cloifon ; on ne l'a pas mife à deffein de deux côtés aux *Figures* 3, 19 & 20.

D (*Figure* 1), le bouton qui ouvre le demi-tour ; on ne peut pas l'appercevoir

percevoir à la *Figure* 18 , & communément il n'y en a point à ces fortes de ferrures lorfqu'elles font deftinées pour des armoires.

E (*Figure* 3) petit étoquiau du bouton avec une clavette pour retenir le bouton *D Figure* 1.

F (*Figure* 1) le cache-entrée ; il n'y en a point aux ferrures d'armoires qui n'ouvrent que d'un côté.

G & *g*, le foncet, *Figures* 14 , 15 , 18 & 26.

H & *h* (*Figures* 15 & 26), fes pieds : on voit *Fig.* 2 & 3 , feulement la place où ils fe pofent.

I (*Figure* 13), le canon pour fervir de conducteur aux clefs qui ne font point forées.

K & *k* (*Fig.* 14, 15 & 18), l'entrée de la clef du côté de la couverture.

L & *l* (*Figure* 26 & 28), pertuis fait pour la clef *Figure* 4.

M (*Figure* 4 & 27), pertuis de la clef.

O Q R P P, & *o q p p* (*Figure* 21 & 29), le pêne féparé vu du même côté que dans la *Figure* 3.

O, entaille proche de la tête : à toutes les ferrures à demi-tour , la tête du reffort doit être en bifeau , ce qui les fait nommer *en Bec de canne*.

P P & *p p*, fes barbes.

Q, l'endroit entaillé pour l'étoquiau du bouton quand il y en a.

R (*Figure* 29), encoche pour recevoir l'arrêt de la gâchette.

V X Y Z & *P P*, & *u x y z p p* (*Figure* 8 & 22) , eft le même pêne vu d'un autre côté & renverfé de haut en bas pour faire voir fa gâchette & fon reffort.

V u, la tête du pêne.

X x, l'endroit où la gâchette eft portée par un pied.

Y y, gorge de la gâchette.

Z z, l'encoche de la gâchette où l'arrêt s'engage.

Figures 8 & 24 , & le reffort qui preffe la gâchette en *X*, & qui en retient pourtant la tête vers *Z*.

X Y Z & *Figure* 10 font voir la gâchette & fon reffort détachés du pê-ne, & ces pieces placées comme elles le doivent être l'une par rapport à l'autre.

X x Y y (*Figures* 9 & 23) , gâchette féparée ; la gorge *Y* eft prife dans la piece.

& (*Figures* 11 & 24) eft le reffort de la gâchette, vu féparément ; *e* eft le petit rebord qui arrête le bout de la gâchette.

f, eft le pied du reffort, par le moyen duquel on le rive contre le pêne.

g (*Figure* 12), piece dont eft fait le reffort précédent *Figure* 11.

h i k (*Figure* 5), reffort appellé *Reffort de chien.*

h, fon pied.

i, la branche qui s'appuie contre la cloifon.

SERRURIER. *Z z*

k, la branche qui presse le fouillot.

l m n (*Figure* 6), le fouillot ; *l*, son pied ; *m*, la partie entaillée qui laisse passer le pied du ressort ; *n*, le bout qui presse contre le ressort de la gâchette.

La *Figure* 7 fait voir comment le ressort de chien, le fouillot & la gâchette en paquet sont disposés les uns par rapport aux autres.

u u (*Figure* 2), les rateaux qui entrent dans les entailles *u u* de la clef *Figure* 4 & 27.

Les *Figures* 18 & 19 représentent une serrure de porte vîtrée : elle est vue du côté de la couverture ; mais dans la *Figure* 19, cette couverture & deux des côtés de la cloison ont été ôtés.

g (*Figure* 18), la couverture ou plutôt le foncet.

Figure 26 est ce foncet enlevé & renversé ; *l* est un rouet comme la clef *Figure* 27 le demande.

h, est un des pieds du foncet.

Figure 27, la clef.

b (*Figures* 18 & 19), le pêne qui est toujours taillé en bec de canne.

F (*Figures* 18 & 19), le ressort à boudin qui le ferme d'un demi-tour ; *F*, son pied ; *O*, son aile : on le voit séparé *Figure* 25.

Figure 21, le pêne séparé & renversé qui fait voir la place des étoquiaux qui portent la gâchette & son ressort.

Figure 22, le pêne avec son paquet, c'est-à-dire, avec la gâchette & son ressort.

Figure 23, gâchette séparée dont la gorge *y* est rapportée.

r, l'encoche de la gâchette.

Figure 20, pâlatre nud, où l'on ne voit que le petit étoquiau *m*, qui est l'arrêt de l'encoche de la gâchette, & l'entaille pour le jeu du bouton.

O (*Figure* 25), ressort à boudin avec son pied *F*.

Q Q (*Figure* 19), la planche.

R, le pertuis fait comme le demande la clef *D* (*Figure* 27).

EXPLICATION des Figures de la Planche XXII, où l'on a représenté une Serrure à broche, à double entrée & à plusieurs fermetures.

CETTE Planche qui représente une serrure à broche s'ouvre cependant des deux côtés, & elle se ferme à quatre fermetures par le moyen de deux pênes & d'un verrou.

Quoique les serrures à broche ordinaires ne puissent être ouvertes que d'un côté, il est aisé d'en faire qu'on ouvre de l'un & de l'autre côté, & cela sans multiplier aucune des pieces essentielles ; tout se réduit aux changements & aux additions suivantes.

A ne pas mettre les deux entrées l'une vis-à-vis de l'autre, quoiqu'on les mette sur une même ligne. Aucune ne doit être au milieu du palâtre ou de la couverture. Pour la distance qui doit être entre l'une & l'autre, & l'addition des parties, on en jugera aisément par celle que nous allons prendre pour exemple qui a un pêne dormant & à deux tours. Ce pêne est fendu ; mais ne nous arrêtons point encore à cette circonstance. Les arrêts de ce pêne sont portés par un grand ressort *G*, placé horizontalement en dessus du pêne, comme nous l'avons expliqué en parlant des pênes dormants simples *Planche XIX* ; ce que ce ressort a de particulier, c'est qu'il a deux gorges *Fig.* 2 *H* & *I* ; le milieu de l'une est vis-à-vis le milieu d'une des entrées, & le milieu de l'autre gorge vis-à-vis le milieu de l'autre entrée; par conséquent soit que la clef tourne dans l'une, soit qu'elle tourne dans l'autre ouverture, elle leve ce ressort, elle le desencoche. On multiplieroit en même proportion le nombre des gorges des gâchettes, si c'étoit un pêne en paquet.

On voit de même qu'il faut multiplier le nombre des barbes du pêne. Au lieu de trois, il faut en donner six à notre pêne dormant à deux tours, afin que la clef en puisse pousser trois par chaque entrée. Pour le nombre des encoches du pêne, il reste de même ; il ne faut aussi de même qu'un arrêt.

On met quelquefois moins de garnitures à celle des entrées par où on ouvre en dedans de la chambre, qu'à l'autre, parce qu'il n'importe pas autant qu'une serrure soit bien fermée quand on est dans une chambre, que quand on en est dehors : c'est ce qu'on voit dans la *Figure* 4, le rouet simple *b* répond à l'entrée du dedans de la chambre.

Pour ne pas trop multiplier le nombre des Planches, la même serrure nous servira encore à faire voir quelques structures particulieres. Celle-ci a deux pênes réels, & par dehors semble en avoir quatre.

1°. Le premier est un pêne fourchu, un pêne à deux têtes, qui ont chacune une ouverture particuliere dans le rebord du palâtre *c d* (*Figure* 4).

2°. Il a de plus un second pêne *e* (*Figure* 4), qui se ferme par un demi-tour, & qui s'ouvre immédiatement par la clef, & non par le moyen d'une équerre comme le petit pêne de la *Planche XIX* ; près de sa tête, ce pêne a une hasture, & cela afin que son corps s'éleve bien plus haut que la tête ; il va se placer horizontalement entre le palâtre & le pêne dormant ; & voici pourquoi il ferme toujours à un demi-tour. Un ressort de chien qui presse un fouillot, comme nous l'avons expliqué *Planche XIX*, tient ce demi-tour fermé. Le même pêne a un étoquiau, & il y a une coulisse ou entaille pour recevoir cet étoquiau taillé dans le pêne dormant *X*, de façon qu'il peut aller & venir dans la coulisse. Celui-ci n'a que deux barbes, le ressort de chien le ferme toujours d'un demi-tour, la clef fait faire le tour & demi-restant.

3°. Enfin il semble que cette serrure ait un quatrieme pêne *l* (*Fig.* 4); elle porte un verrou qui en a la figure ; ce verrou est posé sur la cloison ;

On l'ouvre & on le ferme à l'ordinaire d'un bouton ; il s'ouvre ici par le moyen d'une couliſſe *n* (*Figure* 3), qu'on a miſe ſeulement pour varier.

Les détails où nous allons entrer, acheveront de rendre ceci très-clair.

La *Figure* 1 eſt le palâtre ſans cloiſon ni rebord.

A, le paneton d'une clef dont la tige eſt cenſée par-delà le palâtre.

B, rouet qui remplit toutes les ouvertures qui ſont taillées dans la clef.

C, broche qui enfile la clef quand elle entre du côté de la couverture.

D, rouet ſimple tel qu'il eſt dans le bout du paneton de la clef.

La *Figure* 2 eſt la ſerrure en perſpective à laquelle on a ôté la couverture & la cloiſon d'un côté.

La *Figure* 3 eſt le plan de la figure précédente.

E, l'entrée du côté du palâtre ; on remarquera qu'il n'y a pas tant de garnitures ici qu'en *B* (*Figure* 1), & cela parce qu'on n'a pas beſoin de fermer ſa porte auſſi ſûrement quand on eſt dedans, que quand on eſt dehors.

F, place de la broche qui répond à l'entrée qui eſt du côté de la couverture.

G, grand reſſort qui ſert d'arrêt au pêne dormant.

H I, les deux gorges.

K G H I (*Figure* 7) vers le haut de la planche eſt le même reſſort ; *K* marque ſon entaille.

L (*Figures* 2, 3 & 4) reſſort de chien.

M, ſouillot preſſé par le reſſort précédent.

N M (*Figure* 9) montre l'entaille du ſouillot, & comment il peut atteindre le pêne à tour & demi ſans rencontrer le pêne dormant.

Figure 8, *L* le reſſort de chien ſéparé.

Figure 6 *O P P* le pêne dormant qui paroît avoir deux têtes *P P*, parce qu'il eſt fourchu.

Q Q Q, les encoches ; on y voit auſſi ſes barbes.

S, *même figure*, la tête du pêne à tour & demi.

S T V X, ce pêne en entier.

T, eſt ſa haſture, ou un coude formant renvoi pour que la tête du pêne ſorte de la ſerrure en *e* (*Figure* 4), & que le corps *f g* ſoit poſé dans la ſerrure ſur le pêne dormant.

V V (*Figure* 6), ſes barbes.

X, l'étoquiau qui entre dans la couliſſe *E* du pêne dormant.

Figure 4 eſt la même ſerrure vue du côté du palâtre d'où on l'a enlevé, excepté ſon rebord : elle fait voir la diſpoſition du pêne à tour & demi.

Y, le rebord du palâtre qui eſt reſté.

a, l'entrée du côté de la couverture.

b, la place de la broche pour l'entrée qui eſt dans le palâtre.

ç d₂

c d, les têtes du pêne dormant.

e, la tête du pêne à tour & demi.

f, hafture de ce pêne.

g, fa queue.

h, fouillot qui preffe la queue du pêne.

i, reffort de chien.

l m n, (*Figures* 2 , 3 ; 4 & 10) , le verrou ; *l* , fa tête ; *m* , l'endroit où le bouton eft arrêté.

n, le bouton : c'eft, *Figure* 11 , une piece à couliffe.

o, (*Figure* 12) , rouet fimple ; *p* , de même.

Figure 13 , *r* rouet en *S* ; le même rouet vu du côté de fes pieds.

Figure 14 , *q* rateau qui fait partie de la garniture : on le voit en place dans les *Figures* 2 & 3.

Figures 5 *A & 6 B* , coupe de la ferrure prife par le milieu de chacune de fes entrées.

Figure 5 *A* , 3 3 ; coupe du rouet qui répond à l'entrée du dehors de la chambre.

4 , coupe du rouet fimple qui répond à l'entrée du dedans de la chambre.

7 , 8 , coupe du pêne & du dormant.

Figure 6 , *B* coupe du pêne qui eft mené par le reffort.

8 , 9 , coupe des deux rouets fimples. 5 , coupe du verrou. 1 , 2 , les broches des deux entrées. Peu à peu nous paffons des ferrures les plus fimples à celles qui font plus compofées.

EXPLICATION des Figures de la Planche XXIII , repréfentant une Serrure qui , outre la fermeture ordinaire , ferme une porte de chambre ou de buffet haut & bas , & arrête de plus une barre horizontale placée en travers vers le milieu de la porte.

On ne fe contente pas des ferrures ordinaires pour les portes des buffets ; on en veut qui arrêtent la porte en haut & en bas , & qui de plus fortifient la porte même , en y arrêtant une barre en travers. On emploie auffi ces fortes de ferrures pour des portes de chambre qu'on veut fermer bien fûrement. On trouve ici une des façons dont cela s'exécute.

La *Figure* 1 repréfente une porte avec fon chambranle. Outre le pêne qui entre dans la gâche *D* à l'ordinaire , il y a deux verroux *C* fermés par la même ferrure. La porte eft de plus fortifiée par une barre *E F* , dont un bout eft arrêté dans le crochet *F* , & l'autre dans la ferrure.

Pour fuivre toutes les fermetures de cette ferrure , commençons par celle de fon pêne. La *Figure* 2 montre qu'il eft ouvert par deux tours de clef , comme tous les pênes dormants à deux tours ; c'eft un grand reffort qui fait fon arrêt ; mais on voit qu'il fe recoude à angles droits où finiffent les autres pênes *Figure* 2 *K* , pour defcendre vers la cloifon auprès de laquelle il fe coude une feconde fois ; la partie qui eft après le fecond coude *L M* (*Figure* 2) , a environ le tiers de la longueur du corps du pêne , & lui eft parallele : nous la nommerons *la queue du Pêne.*

En fermant le pêne , on ferme les deux verroux & la barre horizontale ; celle-ci l'eft par la queue du pêne. Le bout de la barre porte un crampon ou auberon *Figure 6* , *Q* & *R*. La cloifon eft entaillée pour laiffer entrer cet auberon dans la ferrure ; quand la tête du pêne le ferme , fa queue entre dans l'auberon , & alors la barre eft arrêtée ; la queue du pêne a un picolet particulier , il a une entaille dans laquelle entre auffi l'auberon , cet auberon en embarraffe moins. Ici la queue agit comme les pênes en bord.

Refte à voir comment le pêne en fe fermant ferme le verrou d'en bas & celui d'en haut. Ils font chacun attachés par un bouton autour duquel ils roulent au bout d'un des bras du levier appellé *Bafcule Figure 5* ; ces deux bras font égaux , ils font horizontaux lorfque le pêne eft ouvert , & alors les deux verroux font ouverts ; mais dès-lors que le pêne fort de fa gâche , le levier s'incline , la branche la plus baffe ferme le verrou d'en bas , & la plus haute celui d'en haut. Voici par quelle méchanique cela s'exécute : le levier tient à une tige plate attachée au pêne par un bouton ; c'eft donc le pêne qui porte le levier ; dès-lors que le pêne marche , il emporte avec foi le bouton ; la tige du levier ne peut pas le fuivre en confervant fa pofition verticale , les deux verroux qui tiennent aux branches du levier s'y oppofent , ils font arrêtés eux-mêmes par les entailles de la cloifon dans lefquelles ils paffent ; tout ce que peut faire la tige du levier , c'eft de s'incliner , ce qui lui eft permis , parce que le bouton qui lui fert de pied eft reçu dans une efpece de couliffe ou d'entaille plus longue que large. Le pêne oblige donc la tige du levier à s'incliner , par conféquent les deux branches du levier s'inclinent auffi , l'une defcend & l'autre monte , la premiere pouffe en enbas un verrou , & la feconde pouffe l'autre en enhaut.

Le poids des deux verroux doit être égal , afin que la clef trouve moins de réfiftance à les ouvrir & à les fermer.

On a encore quelquefois ajouté un verrou ʒ (*Figures* 2 & 3) , à cette ferrure ; il eft fermé par un reffort , & on l'ouvre en tournant un bouton qui tient à une tige de fer *D* (*Figure* 2) , laquelle porte une platine qui a prife fur le talon du verrou.

Détaillons plus exactement cette méchanique.

La *Figure* 1 repréfente la porte entourée de fon chambranle & fermée.

A A , la porte.

B B , fon chambranle.

C C , les verroux qui ferment haut & bas.

D, la gâche où entre le pêne & le verrou.

E F, la barre.

E, l'endroit où fon auberon entre dans la ferrure.

F, le crochet qui foutient l'autre bout de la barre.

G, le bouton fur lequel peut tourner la barre quand elle n'eft point arrêtée dans la ferrure.

La *Figure* 2 repréfente en perfpective la ferrure à qui on a ôté fa couverture, la cloifon du côté fupérieur, ainfi que ce qui produit le mouvement des verroux.

La *Figure* 3 eft le plan de la *Figure* 2.

H, le grand reffort.

I K L M eft le pêne recoudé à angles droits en *K*; & en *L M*, eft fa queue; il eft auffi marqué des mêmes lettres dans une *Figure* 7.

N (*Figures* 2 & 3), le picolet ordinaire.

O (*Figures* 2 & 3), picolet fendu pour laiffer paffer l'auberon de la barre : on le voit en *O* (*Figure* 8) & en *R* (*Figure* 6).

P Q (*Figure* 6), bout de la barre *E* (*Figure* 1).

Q, fon auberon.

R S (*Figure* 6) fait voir comment l'auberon *R* entre dans le picolet fendu, & la queue du pêne coupé en *S*, qui eft entrée dans cet auberon.

T V (*Figure* 9) eft le même pêne avec fon paquet, favoir, fon reffort *T*, & fa gâchette *V*.

X, le reffort féparé.

Y, la gâchette auffi féparée.

Z (*Figures* 2 & 3) verrou qui eft tenu fermé par un reffort.

a, ce reffort.

b, picolet du verrou.

c, lame de fer qui a prife fur la queue du verrou.

d, tige de fer auquel tient cette lame.

La *Figure* 4 eft une coupe faite près des boutons qui ouvrent le verrou.

e e, boutons dont un eft de chaque côté de la porte. Ce bouton eft détaillé en *u x*.

f, la tige de fer qui tient au bouton.

g, la lame qui rencontre la queue du verrou.

La *Figure* 5 eft une partie de la ferrure qu'on a prife feulement de la grandeur néceffaire, pour démontrer d'où dépend le jeu des verroux qui ferment haut & bas.

h i k l m, la bafcule en **T** renverfé.

h i, les deux bras du levier.

k, étoquiau rivé dans le palâtre autour duquel les deux bras précédents peuvent tourner.

l m, tige de la bascule qui a une entaille ou coulisse *l m*, où entre un étoquiau rivé dans le pêne, & marqué *I* (*Figures* 2 & 3).

o, verrou supérieur.

p, le trou de la cloison par où il passe.

q, l'endroit où l'on a coupé ce verrou.

r, verrou inférieur, & le trou de la cloison par où il passe.

s, l'endroit où il a été coupé.

t (*Figure* 10) la clef.

2, 3, 4, (*Figure* 5) partie de la couverture qui empêche que les verroux & la bascule n'agissent contre les garnitures pendant leur mouvement.

Explication des Figures de la Planche XXIV, qui représente, 1°, *une Serrure de buffet à pignon*; 2°, *une Serrure qui ouvre une porte par ses pentures*; 3°, *une maniere de fermer une porte haut & bas.*

Au lieu des bascules pareilles à celles de la Planche précédente, on met souvent des pignons aux serrures qui ferment des verroux en haut & en bas, ou qui ont des especes de pênes verticaux. Les tiges de ces verroux passent dans des entailles faites à la cloison; leur partie qui est en dedans de la serrure est dentée à peu près comme le font les crémailleres *Figure* 1; les dents d'un des verroux sont tournées vers les dents de l'autre, aussi s'engrenent-elles dans le même pignon; ce pignon a pour pied un étoquiau horizontal rivé dans le palâtre. Ce pignon peut tourner autour de son pied, & en tournant il ferme & ouvre les verroux; car il est clair qu'il fait monter l'un & descendre l'autre; * il n'y trouve pas grande résistance si le poids de chaque verrou est le même; c'est un levier dont les bras sont également chargés.

Reste seulement à faire tourner le pignon, & rien de plus simple: c'est le pêne qui en est chargé; outre ses barbes ordinaires, il en a d'autres, ou des dents qui s'engrenent dans le pignon *Figure* 2; par conséquent toutes les fois que la clef fait marcher le pêne, le pignon tourne, & fait monter un des verroux & descendre l'autre, ce qui les ferme ou les ouvre, selon que le pêne s'est avancé du côté de la gâche, ou qu'il s'en est éloigné.

Nous avons fait mettre encore à cette serrure un pêne qui le ferme à un demi-tour seulement *Figure* 3, & que la clef ouvre par le moyen d'une équerre. La disposition de cette équerre est différente de celle que nous avons fait voir dans la *Planche XIX*; le pied de celle-ci est arrêté sur le palâtre, & non sur le pêne comme l'autre. A chaque tour que fait la clef, elle rencontre la gorge de la branche supérieure de cette équerre, elle la releve,

---

* Nous avons eu occasion, en parlant des Ver- | nous avons mis sur la Planche XV, sont fort roux, de décrire les verroux à bascule, & ceux à | petits, on fera bien d'avoir recours à ceux qui pignon ou à crémaillere; comme les desseins que | sont sur cette Planche XXIV.

par

par conséquent les branches inférieures pouſſent le pêne, elles l'ouvrent, & le reſſort le referme ſi la clef commence un nouveau tour.

Il y a des portes qu'il eſt commode d'ouvrir des deux côtés *(a)*. La *Figure* 7 donne l'idée d'une des manieres dont cela s'exécute : les gonds des pentures ſont de chaque côté des eſpeces de verroux qu'on fait ſortir de leurs boîtes qui tiennent lieu de gâche. On éleve une tige de fer à laquelle tiennent ces gonds. Cette tige peut être élevée par un pignon, ſi on le veut, ou d'une maniere plus ſimple, comme il eſt repréſenté dans la Planche.

La *Figure* 10 fait voir une maniere de fermer haut & bas une armoire avec de ſimples verroux, lorſqu'il ne s'agit que de bien maintenir les montants *(b)*.

Nous allons expliquer les *figures de la Planche XXIV* plus en détail.

L'échelle de cinq pouces eſt pour la ſerrure à pignon.

L'échelle d'un pied eſt pour les autres pieces.

La *Figure* 1 eſt la ſerrure vue du côté qui s'attache contre le bois.

A A, couverture qui cache toutes les parties intérieures.

B, l'entrée qu'on a faite en *S*, & à laquelle on a donné une broche.

C C, deux entailles percées dans la cloiſon entre ſon bord & la couverture pour ſervir de couliſſe à un des verroux.

D E, ceverrou coupé en *D* & en *E*, la partie *E* prolongée eſt celle qui porte la tête du verrou, & qui ferme en haut.

F G, l'autre verrou dont la partie *F* prolongée ferme en bas.

H, le pignon.

I K, les dents du verrou où le pignon s'engrene; il eſt à remarquer que le poids des deux verroux doit être tel, & la longueur de la partie qui ne s'accroche point telle, que le pignon ſoit toujours à peu près également chargé de chaque côté.

La *Figure* 2 eſt la ſerrure vue du même côté, dont on a ôté la couverture.

L, le pêne dont les barbes s'engrenent dans le pignon, d'où l'on voit comment, en faiſant aller ce pêne, on fait tourner le pignon, & par conſé-quent comment on fait monter un des verroux, & on fait deſcendre l'autre.

M, le pignon.

N, reſſort qui ferme un ſecond pêne, parce qu'on a fait cette ſerrure à deux fermetures outre celles des verroux.

O, ce ſecond pêne.

La *Figure* 3 eſt la même ſerrure, mais vue du côté du palâtre qui a été emporté.

P, le pêne.

Q, le pignon.

(a) Nous avons été tentés d'en parler lorſque nous avons expliqué la façon de faire les fiches à nœuds; mais comme nous avons vu que M. de Réaumur en avoit traité, nous n'en avons rien dit ; c'eſt encore pour cette raiſon que nous nous diſpen-ferons d'en parler, lorſqu'il ſera queſtion de la ferrure des Equipages.

(b) On peut conſulter ce que nous avons dit ſur les Verroux à baſcule & à pignon.

R, étoquiau qui sert d'essieu au pignon.

S T T, les deux verroux coupés en *S S* & en *T T.*

V X, équerre qui ouvre le second pêne quand la clef presse sa gorge.

Figure 4, *Z Y* cette équerre.

Figure 5, le pêne dont *a a* marque la coulisse.

Figure 6 *b*, la partie supérieure d'un des verroux,

c, crampons qui la retiennent.

d, son arrêt.

La *Figure* 7 fait voir la disposition d'une porte qui s'ouvre de deux côtés. On a représenté la portiere d'une chaise roulante, parce que c'est ordinairement le cas où l'on en fait usage.

e f, *e f*, châssis dormant.

g i, *g i*, la partie de ce châssis fermée par une porte.

h i, penture de chacun des côtés de la porte.

k, *k*, *k*, *k*, les fiches des pentures.

l h, *l h*, ressorts qui poussent les pentures en enbas.

m i, *m i*, ressorts qui tirent ces pentures en enbas. Les uns & les autres ressorts ne sont pas absolument nécessaires.

n, espece de serrure qui a un bouton par le moyen duquel on ouvre la porte de ce côté.

o, le bouton qui ouvre l'autre côté où l'on a ôté le palâtre de la serrure.

p, barbes de la penture que le paneton du bouton éleve ou abaisse selon qu'on veut ouvrir ou fermer la porte. Il est aisé d'imaginer qu'une clef avec un paneton pourroit faire l'effet de ce bouton ; aussi s'en sert-on quelquefois.

q r s est une partie de cette porte qui a été brisée ; *q* en est le bois.

r s, ressort qui tend à abaisser la penture qu'on a élevée pour la mettre comme elle est quand la porte est ouverte.

t, une des fiches de la penture, tirée de ses boîtes quand on veut ouvrir la porte.

u, les boîtes de cette fiche.

x, les mêmes boîtes vues séparément.

ʒ, fiches ou contre-fiches qui se placent entre les deux boîtes *x*.

La porte, dans la position où elle est représentée, est fermée ; il n'est pas possible de l'ouvrir ni du côté de *n*, ni du côté de *o*. Mais quand on tourne le bouton *o*, le paneton qui s'engage dans les barbes *p*, souleve le barreau vertical, & en même temps la broche *t* ; alors les nœuds *u u* & la broche *t* s'emportent avec la portiere, & il ne reste d'attaché au battant que le gond *ʒ* : il est clair qu'alors les gonds *k k* qui sont du côté de *o*, font l'office de verroux verticaux, pendant que ceux qui sont du côté de *n* font l'office de charniere, & le contraire arrive quand on tourne le bouton *n*.

Les *Figures* 9, 10 font voir une disposition de deux verroux qui ferment haut & bas une armoire , & qu'on ouvre par le dehors avec un bouton.

2, 3 , *Figure* 10 , ces deux verroux coupés en deux & en trois.

1 , bouton qui tient à une verge qui ferme ou ouvre les verroux félon l'inclination qu'on lui donne.

4 , l'endroit où eft l'effieu ou étoquiau , autour duquel tourne cette verge.

5 , 6 , 7 , 8 , *Figure* 8 , fait voir cette verge en entier.

5 eft la place de l'étoquiau autour duquel elle tourne.

6 , fon bouton.

7, 8 , fes deux bras à qui tiennent , par deux étoquiaux , les bouts des verroux courbés.

9, 9 , les verroux.

10 , 11 , *Figure* 9 , la partie courbe des verroux , vue féparément avec fes étoquiaux.

Figures 11 & 12 , la rofe qui recouvre les parties coudées *Figure* 9.

Figure 13 , la platine qu'on met fous les coudes des verroux.

On peut confulter ce que nous avons dit de ces fortes de verroux à bafcule à l'endroit où nous avons parlé des verroux.

ARTICLE VI.

Des Serrures dont le Pêne refte renfermé dans le Palâtre.

EXPLICATION des Figures de la Planche XXV ,

Qui repréfente une Serrure à pêne en bord à une feule fermeture , & une autre Serrure de même genre à deux fermetures.

LES ferrures dont nous avons parlé jufqu'à préfent qui fervent pour tenir les portes & les armoires fermées , ont toutes des pênes qui fortent du palâtre , & entrent dans une gâche : il eft bon de dire quelque chofe d'une autre efpece de ferrure dont les pênes reftent renfermés dans le palâtre ; un crampon qui entre dans la ferrure par une fente qui eft au bord, fait l'office d'une gâche dans laquelle le pêne entre. Ces efpéces de ferrures fervent pour les couvercles des bureaux qui fe rabattent, pour les coffres , les pendules , & en quantité d'autres occafions.

La *Planche XXV* fert donc à faire connoître un genre de ferrures dont nous avons fait la feconde claffe , favoir, de celles qui fe ferment fans que le pêne forte en dehors. Celles qui font repréfentées ici , font appellées *des Pênes en bords* , apparemment parce que la tête du pêne marche toujours en fuivant le rebord du palâtre.

Les ferrures des coffres font communément de cette efpece , & on les fait toutes aujourd'hui comme celle de la *Planche XXV*, pour être attachées en dedans. Elles ne font jamais befnardes ; on leur donne toujours des broches ;

on pourroit pourtant y mettre des clefs à bout ; mais elles en feroient moins bonnes.

Nous allons commencer à nous faire une idée des chofes qui leur font communes, en fuivant les *figures* 1, 2, qui repréfentent la plus fimple des ferrures de ce genre.

Ces ferrures font de figure rectangle, comme celles des portes, mais au lieu que dans les autres ferrures, les plus longs côtés font horizontaux ; dans la ferrure en place comme on la repréfente ici, ils font verticaux. Le rebord du palâtre eft alors la partie la plus élevée ; il a une ou plufieurs entailles *B* (*Figure* 1), qui reçoit un crampon appellé *Auberon*, attaché au couvercle du coffre. La *Figure* 5, *DDC* fait voir la bande auberonniere du côté où elle eft attachée au couvercle, & en deffous fon auberon *C*.

Le corps du pêne, la partie du pêne où font les barbes, eft horizontale à l'ordinaire, & portée vers le milieu du palâtre par deux picolets qui lui fervent de couliffe. Ceci eft affez femblable aux ferrures dont nous avons donné la defcription. Mais d'un des bouts du corps de ce pêne s'éleve une tige de fer jufqu'auprès du rebord de la cloifon : c'eft au bout de cette tige qu'il faut chercher la tête du vrai pêne *Q* (*Figure* 6) ; c'eft une partie en faillie taillée quarrément & parallele au rebord du palâtre.

Quand le pêne marche, il porte avec foi la tige précédente dont la tête entre dans l'auberon du coffre, & alors le coffre eft fermé.

Afin que la tête du pêne, après qu'elle eft paffée dans l'auberon, ait moins de jeu, elle eft reçue dans une piece de fer qui eft, pour ainfi dire, une gâche *Figure* 7 féparée, *H I G*. Cette piece eft attachée contre le rebord du palâtre & contre le palâtre même ; elle fait l'office de conducteur, on la nomme *Coq* : il y en a de doubles & de fimples, celui de la *Figure* 7, *H I G* eft fimple.

Quand ces fortes de ferrures n'ont qu'une feule fermeture, il faudroit donner au pêne une tête trop longue fi la tige qui la porte étoit droite ; c'eft pour s'épargner cette longueur qui feroit inutile & incommode, qu'on recourbe la tige d'une façon qui approche fon bout fupérieur de l'entaille qui reçoit l'auberon *Figure* 1 *M*, & *Q* (*Figure* 6).

La clef fait marcher le pêne de ces ferrures comme celui de toutes les autres, & rencontre des barbes *o o* (*Figure* 6), femblablement placées.

Le pêne eft arrêté par un reffort *Figure* 8, qui eft pofé au-deffus ; il eft femblable aux grands refforts que nous avons vus placés de même en d'autres ferrures ; il n'en differe qu'en ce qu'il eft plus court.

Les *Figures* 3 & 4, & les figures féparées qui y ont rapport, montrent la conftruction d'une ferrure à pêne en bords à deux fermetures. Elle a deux ouvertures *a b* dans le rebord de fon palâtre qui reçoivent deux auberons *G G* (*Figure* 9) de la bande auberonniere *g*. L'auberon qui entre dans l'en-

taille

taille *b* (*Figure* 3) y eſt arrêté par la tête du pêne. Ce pêne ne diffère de celui de la ſerrure précédente qu'en ce que ſa tige eſt moins coudée ; elle n'a pas auſſi ſi loin à aller trouver ſon auberon.

L'auberon qui entre dans l'entaille *a* eſt fermé par une gâchette *q r s* (*Fig.* 3, 4 & 10). Cette gâchette eſt une piece de fer plus longue que la tige du pêne, mais qui lui eſt ſemblable par en haut ; elle a une tête telle que la ſienne, au lieu que quand la tige du pêne ſe meut, elle eſt portée parallélement à elle-même ; la gâchette tourne comme un levier autour de ſon point d'appui ou pied *r*. Quand elle eſt fermée, elle eſt verticale ; & elle eſt toujours fermée ici quand la clef ne la tient pas ouverte ; un reſſort qui la preſſe continuellement, contraint la tête à ſe tenir dans ſon coq. Ce reſſort eſt un reſſort double ou compoſé d'une lame *t x y* pliée en deux branches *Figure* 11, & qui font entre elles un angle très-aigu ; une des parties ou une des branches du reſſort a deux pieds *t x* qui la fixent ſur le palâtre, l'autre branche *y* a ſeule du jeu, & preſſe la gâchette au-deſſus de ſon pied.

La clef, en tournant, rencontre la partie inférieure de la gâchette, dont la gorge *s* (*Fig.* 3 & 4) s'oppoſe à ſon paſſage ; ainſi tant que le paneton eſt horizontal & tourné du côté de la gâchette, il la tient ouverte, mais elle ſe ferme ſi-tôt que la clef l'abandonne.

Les lettres *c d* (*Figures* 3 & 4) marquent les coqs dans leſquelles entrent les têtes du pêne & de la gâchette ; ceux-ci font des coqs doubles. La *Figure* 12, *f g e* le fait appercevoir.

On conçoit comment les coffres qui ont de ces ſortes de gâchettes ſe ferment par la chûte du couvercle. La tête de la gâchette eſt taillée en biſeau *q* (*Figure* 10). La preſſion du couvercle force par conſéquent cette gâchette à s'ouvrir, à laiſſer entrer l'auberon, & la figure de la tête de la même gâchette s'oppoſe à la ſortie de l'auberon, tant que cette gâchette n'eſt pas tenue ouverte par la clef.

On fait de petites ſerrures qui ne ſe ferment que par une ſeule gâchette : mais il nous a paru inutile d'en faire repréſenter une. Il eſt aiſé d'imaginer en examinant les *Figures* 3 & 4, que le pêne *o* (*Figure* 13) eſt ôté, & que la gâchette eſt plus près du milieu ; cette ſerrure en ſeroit une qui ſe fermeroit avec une ſeule gâchette ; mais ce font les plus mauvaiſes de toutes les eſpeces, elles s'ouvrent par un ſimple demi-tour. On n'en fait guere d'uſage que pour les ſerrures plates, celles qu'on met aux caſſettes, aux portefeuilles, aux pendules, &c.

Dans la *Figure* 3, *z* eſt la broche qui eſt auſſi repréſentée *Figures* 15 & 15² en *z* & en *Y* ; *z* & *&*, les rateaux qui font repréſentés *Figure* 16 ; *z* (*Fig.* 3) repréſente auſſi le rouet qu'on voit en *Z* (*Figure* 17) ; *p*, le reſſort du pêne qu'on voit à part *Fig.* 14.

K (*Figure* 3) le grand pêne qui eſt vu à part, *Fig.* 13, avec ſes barbes *n*, & ſes encoches *o*. Les *Figures* 18 repréſentent l'entrée de la couverture, & la

SERRURIER.   C c c

Figure 19 la clef ; 6 , la partie du canon de la clef qui eſt forée ; 5, le paneton.

Explication *des Figures de la Planche XXVI, qui repréſente une Serrure de coffre fort à trois fermetures.*

Il n'eſt point de ſerrures où il ſoit plus ordinaire & plus néceſſaire de multiplier les fermetures qu'à celles des coffres forts. C'en ſont de ce genre qu'on prend pour les chef-d'œuvres les plus difficiles. Celle-ci eſt une des plus ſimples & des plus en uſage ; elle ſe ferme à trois fermetures, dont une dépend du pêne & les deux autres des deux gâchettes. Comme ces ſortes de ſerrures ſe font avec ſoin , on leur donne ſouvent des couvertures ornées ; on en voit une *Figure* 1. Quelquefois on les fait plus chargées d'ornements inutiles ; car le bois contre lequel ils ſont appliqués les cache. Les remarques que nous avons à faire ſur cette ſerrure ſont : 1°, que la tige *H* du pêne s'éleve à peu près du milieu *I* du corps *Figures* 2 & 4 ; ce pêne n'a que deux barbes *M M* (*Figures* 2 & 5), & peut être ouvert ſeul, & fermé par un demi-tour de la clef ; mais la ſerrure entiere ne l'eſt que par un tour & demi, & voici comment. Suppoſons la ſerrure entiérement fermée comme elle l'eſt *Figure* 2 , où les têtes du pêne & des gâchettes ſont dans leurs coqs, & que le pêne s'ouvre en allant de *R* vers *N*, parce qu'il peut paſſer ſous le pied de la gâchette *X V E* ; la clef, en tournant de *R* vers *V* , ouvre donc le pêne ; en continuant ſa route elle arrive vers *X*, elle y rencontre la gorge *X* de la gâchette *X V E* (*Figures* 2 & 6), elle l'ouvre, mais la clef doit achever ſon tour pour parvenir à la gâchette *d e c b* (*Figures* 2 & 7) ; ſi-tôt qu'elle abandonne la gâchette *X V E* , elle ſe ferme : elle quitte donc celle-ci ; mais pour y revenir, elle va juſqu'à la gorge *d*, & ouvre la gâchette *d e b c* , celle-ci eſt alors ouverte , & elle ne ſe ferme point comme l'autre, quoique la clef l'abandonne : nous en verrons bientôt la raiſon ; mais ſuppoſons-le à préſent. Reſte donc à ouvrir la gâchette *X V* (*Fig.* 2) ; pour cela on fait faire à la clef un demi-tour en ſens contraire du tour qu'elle a fait, on la ramene par en bas de *d* vers *X*, & lorſque ſon paneton eſt horizontal , on l'arrête ; ce paneton ouvre la gâchette & l'empêche de ſe fermer. Il eſt aiſé de voir pourquoi on fait rebrouſſer chemin à la clef quand elle eſt arrivée en *d* ; les barbes du pêne qui ne peut plus céder, l'arrêteroient ſi elle vouloit continuer ſa route dans le même ſens. Ces ſortes de ſerrures ſont miſes au nombre de celles qui ont des ſecrets, parce que bien des gens ne s'aviſent pas de faire tourner une clef dans le ſens contraire à celui où ils l'ont tournée pour achever d'ouvrir.

2°. Il y a différentes manieres de tenir la gâchette *d e c b* ouverte après que le paneton l'a quittée. En voici une. On a un reſſort qui eſt une ſimple lame de fer ou d'acier *f g* (*Figure* 8), coupée plus longue que large à peu près quarrément. Son reſſort tend à lui donner une petite convexité ; cette lame eſt attachée par un bout contre le palâtre, entre le pêne & celui de ſes picolets qui est le plus proche de la gâchette ; *h* (*Figure 5*) représente le côté convexe de la lame ou ressort qui touche le palâtre ; quand le pêne est fermé, il tient le ressort applati & entiérement appliqué contre le palâtre ; mais lorsqu'on ouvre le pêne, & qu'on fait faire un demi-tour à la clef, alors ce demi-tour faisant tourner de la droite vers la gauche la partie *d* de la gâchette *d c b e* (*Fig. 2 & 7*), le bout du ressort *f g* (*Fig. 8*) s'échappe de dessous la gâchette, se présente à la partie *e* placée au-dessous du pied de cette gâchette, & la tenant en respect, s'oppose à son retour, de sorte qu'elle ne peut plus se fermer qu'en faisant faire un tour entier à la clef. Ceci deviendra plus clair par l'explication de la Planche XXVII.

3°. Cette serrure se ferme par un tour de clef ; car ramenons la clef de *X* en *d*, en la faisant passer par *M M*. 1°, la gâchette *X* se ferme dès-lors que le paneton abandonne sa gorge. 2°, Ce paneton rencontrant les barbes du pêne, ferme le pêne, & il ferme en même temps la gâchette *d c b* ; car le pêne en avançant, abaisse le ressort qui s'opposoit au retour de cette gâchette. La *Figure 5*, *h R I N* fait entendre comme le pêne abaisse ou laisse relever ce ressort selon qu'il marche vers *R* ou vers *N*.

4°. Le pêne a ici deux picolets *N R*. Son arrêt est produit par une gâchette *P & O* (*Figure 9*). Cette gâchette est une espece de loquet qui a son pied attaché à un des picolets, & dont la tête s'éleve & s'abaisse dans une espece de mentonnet *Q* (*Fig. 3 & 5*), ou de coulisse taillée dans l'autre picolet. Le même picolet fournit un ressort simple & étroit qui presse la gâchette vers son pied ; ce ressort est appellé *Ressort en feuille de sauge*. La gâchette a une gorge *O* qui se trouve entre les deux barbes du pêne quand il est fermé ; elle a de plus une encoche ou entaille *P* (*Figure 9*), dont l'ouverture est à sa partie inférieure. Le pêne porte un petit étoquiau sur lequel tombe l'encoche ou partie entaillée quand la gâchette est abaissée, alors le pêne ne sçauroit être mû horizontalement ; mais quand la clef releve la gâchette, l'arrêt ou étoquiau du pêne se trouve hors de l'encoche, & alors le pêne peut avancer.

Pour achever de rendre ceci plus clair, je vais suivre plus en détail l'explication des figures.

La *Fig. 1* représente la serrure vue du côté qui s'applique contre le coffre.

A (*Figure 10*) est la bande auberonniere qui s'attache au bord du couvercle du coffre.

B B B, les trois auberons.

C, queue de la bande auberonniere.

D D (*Figure 1*) est le rebord supérieur du palâtre.

E E E, sont les trous qui laissent passer les auberons.

F F, la cloison du palâtre.

G G, la couverture qui cache la garniture.

H H, la partie supérieure de la couverture qui est évidée, & cela simplement pour l'ornement.

I, la broche qui entre dans la forure de la clef.

K, entrée faite en *S* (elle doit être droite parce que la clef l'est).

L M, foncet, ou couverture des garnitures.

N N N, les trois coqs.

O, la tête du pêne.

P P, les deux gâchettes.

Q, les ressorts qui ferment les gâchettes.

La *Figure* 2 représente la même serrure de la *Figure* 1, à laquelle on a ôté le rebord *D D*, & un des rebords *F* & la couverture *G G*. On n'y a pas mis non plus la garniture.

La *Figure* 3 est le plan de la même serrure, & les autres figures plus petites sont les parties détachées des figures précédentes.

On a marqué dans toutes ces figures les parties semblables avec les mêmes lettres.

A, le trou de la broche. Le cercle ponctué marque le cercle que décrit le paneton de la clef.

B, le palâtre auquel on a ôté sa cloison, ainsi qu'en *B* (*Figure* 2).

C, C, C, C, étoquiaux ménagés dans l'épaisseur de la cloison pour l'attacher au palâtre avec des vis, ce qu'on pratique dans les serrures de chef-d'œuvre.

D D D, les trois coqs.

E E E (*Figure* 2) font voir les têtes du pêne & des gâchettes engagées dans dans les coqs.

F D G E (*Figure* 11) est un coq détaché.

E est la partie qui reçoit la tête du pêne ou gâchette.

F est un des deux pieds du coq qui l'attache au palâtre.

G est le trou qui sert à l'attacher au rebord du palâtre.

H (*Figure* 4) la tige du pêne.

I en est le corps.

K I est le pêne en entier vu du côté qui s'applique contre le palâtre.

L I, (*Figure* 5) est le pêne dont on a coupé la tige en *L*, où l'on voit ses picolets, gâchette, ressort, &c.

M M, barbes du pêne.

N, picolet qui porte le pied & la gâchette du pêne.

O, la gorge de la gâchette du pêne.

P (*Figure* 9) l'encoche de cette gâchette.

Q (*Figure* 5) l'arrêt engagé dans l'encoche précédente.

R (*Figure* 5) second picolet dont la partie *S* est le ressort en feuille de sauge qui presse la gâchette du pêne.

T V X (*Figure* 6) une des gâchettes qui ferme la serrure, savoir celle qui n'est ouverte que quand elle est tenue par la clef.

T

T, fa tête.

V, l'endroit où paffe l'étoquiau qui la porte.

X, la gorge contre laquelle agit la clef.

Figure 12, *Y Z a* un des refforts; *Y Z*, fes deux branches; la branche *Y* a un pied, il y en a un autre en *a*.

b c (*Figure* 7), partie fupérieure de la gâchette qui refte ouverte quand le pêne l'eft; *b*, fa tête; *c*, place de l'étoquiau; *d*, fa gorge.

e, la partie qui rencontre le reffort qui arrête cette gâchette.

f g (*Figure* 8), ce reffort.

g, l'endroit où eft l'étoquiau qui l'attache.

La *Figure* 5 du pêne dont la tige eft brifée en *L*, fait voir le reffort précédent marqué *h*, placé comme il le doit être par rapport au pêne.

i (*Figure* 13) un des rateaux.

k (*Figure* 14), la garniture.

l (*Figure* 15), le paneton de la clef; *R S*, le picolet & fon reffort marqués des mêmes lettres qu'à la *Figure* 5.

o (*Figure* 16) un anneau de clef qui eft fort orné.

EXPLICATION des Figures de la Planche XXVII repréfentant une Serrure de coffre à quatre fermetures.

ELLE s'ouvre comme celle à trois fermetures par un tour & demi de clef dont le demi-tour eft en fens contraire du tour. Deux de fes fermetures dépendent auffi de deux gâchettes difpofées comme celles de la Planche précédente, & dont par conféquent nous n'avons rien à dire.

Ce qu'elle nous offre de plus particulier, c'eft, en terme de Serrurerie, fon *pêne brifé*, ou plus clairement fes deux pênes qui fervent pour les deux autres fermetures. Enfemble ils n'occupent guere plus de place qu'un feul pêne à tige, & cela parce qu'ils font entaillés de façon qu'ils s'emboîtent mutuellement l'un dans l'autre.

Ils ont chacun une tige *I K* (*Figure* 1), *f d* (*Figure* 4), *l i* (*Figure* 5) qui ont chacune une tête tournée de différents côtés. Les deux tiges font appliquées l'une contre l'autre quand la ferrure eft ouverte, elles s'éloignent l'une de l'autre quand on la ferme; la clef n'agit que fur un pêne pour les faire marcher toutes deux.

Un d'eux a feul des barbes, fon corps eft plus fort que celui de l'autre.

La *Figure* 6 *r u t s*, & la *Figure* 7, *o p q n x*, repréfentent les deux pênes auxquels on a coupé les tiges en *n* & *r*, & font voir comment une partie du pêne qui n'a point de barbes entre dans l'autre pêne, & réciproquement comme une partie du pêne à barbes entre dans celui qui n'en a point.

La *Figure* 8, *t t* montre ces deux pênes dont on a coupé les tiges, autant emboîtés l'un dans l'autre qu'ils le peuvent être; on y voit pourtant un efpace vuide ӡ au-deſſous duquel ſont des dents taillées dans le pêne à barbes ; on voit de même des dents au-deſſus de cet eſpace taillées dans l'autre pêne ; celles-ci lui tiennent lieu de barbes qui ſont pouſſées par un pignon.

Ce pignon 2 *Figure* 9 , eſt arrêté ſur le pêne à barbes par un pied ou eſſieu autour duquel il eſt mobile ; quand les deux pênes ſont fermés , il eſt également éloigné des dents des deux extrémités , & celles du milieu ſont engrenées entre les ſiennes ; par conféquent toutes les fois que la clef fait avancer les pênes à barbes vers un côté , le pignon fait aller l'autre pêne de l'autre côté ; car les dents de ce premier pêne font tourner le pignon , & le pignon, en tournant , pouſſe le ſecond pêne : ainſi ces pênes s'écartent ou viennent à la rencontre l'un de l'autre ſelon le ſens dans lequel le pignon tourne.

On donne ordinairement à ces ſortes de ſerrures un tambour MM (*Figures* 1 , 2 & 3), qui eſt une eſpece de cylindre creux ſervant de cloiſon à toutes les garnitures. Les rouets RR ſont attachés contre ſes parois intérieures. Le tambour eſt entaillé dans les endroits où la clef doit avoir priſe ſur les barbes du pêne & ſur les gorges des gâchettes. Les *Figures* 3 & 2 montrent comment les barbes du pêne entrent dans le tambour , & les *Figures* 1, 2 , comment les gorges des gâchettes s'y placent.

Il eſt encore ordinaire de donner à ces ſortes de ſerrures un canon tournant TS, au milieu duquel on voit une broche triangulaire , parce que la clef dont on a le paneton *Figure* 10 , en 4, 5, eſt forée en tiers-point.

Si la Planche précédente n'avoit pas ſuffiſamment fait entendre comme une des gâchettes F (*Figures* 1 , 2 , 3) eſt tenue ouverte par un reſſort tant que les pênes ſont ouverts, la *Figure* 3 y ſupléeroit. Elle fait voir en 8 *Figure* 3 , le bout du reſſort ſimple paſſé ſous la gâchette ; par conféquent ſi cette gâchette en s'ouvrant avance vers 8 , le bout du reſſort s'échappera , & ce reſſort tiendra la gâchette ouverte juſqu'à ce qu'il ſoit abaiſſé par le pêne.

La *Figure* 1 repréſente en perſpective une ſerrure à quatre fermetures du côté où entre la clef.

La *Figure* 2 eſt le plan de la même ſerrure.

La *Figure* 3 eſt une autre vue du tambour que celle de la *Figure* 1.

$AABD$ (*Figure* 1) le palâtre ; on a ôté le rebord qui étoit en AA, comme dans la *Figure* 1 de la Planche précédente , & la partie de la cloiſon qui doit être en AB.

C (*Figure* 1), la cloiſon qu'on a laiſſée d'un côté.

$EEEE$, les quatre coqs.

FG, les deux gâchettes.

HH, les reſſorts qui les tiennent fermées.

Figure 11, HX : dans ce détail, on montre un de ces reſſorts détachés. On voit en H & en X, par où on les aſſujettit contre le palâtre & contre ſon rebord.

I K (*Figures* 1 & 2), les deux pênes difposés comme ils le font lorfque la ferrure eft fermée.

L L, les picolets des pênes.

M (*Figures* 1, 2 & 3), le tambour.

N N, fes pieds.

O P P (*Fig.* 2 & 3) échancrure qui eft au tambour pour y laiffer entrer la gorge *O* de la gâchette, & les barbes *P P* du pêne à barbes.

Q Q, les gorges des gâchettes qui entrent par deux autres échancrures.

R R, les rateaux qui font rapportés ; il eft mieux de les prendre dans la piece ; & plus ils ont d'étendue, meilleurs ils font.

S, le canon dont la broche eft en tiers-point fimple.

T (*Figures* 1 & 3), la contre-tige du canon.

a b c d e f (*Figure* 4), font les deux pênes vus ouverts & repréfentés du même côté qu'ils paroiffent dans la *Figure* 1.

a b font les barbes du pêne ; *c d* eft fa tige.

e eft partie du corps de l'autre pêne.

f, eft fa tige.

g h i K l (*Figure* 5) font les mêmes pênes vus du côté qui eft appliqué contre le palâtre.

g h font les deux barbes du pêne qui a *i* pour tige.

K l eft l'autre pêne.

m, marque les dentelures ou crémailleres de chacun de ces pênes.

n o p q x (*Figure* 7) eft le pêne à barbes vu du même côté que dans la figure précédente.

n eft partie de fa tige qui a été coupée.

p eft une entaille qui reçoit la partie de l'autre pêne formée en tenon.

o, la crémaillere de ce pêne.

q, partie de ce pêne taillée en tenon pour entrer dans l'autre.

r u s t y (*Fig.* 6) eft celle du fecond pêne dont la tige a été coupée en *r*.

s eft la partie en tenon qui entre dans la mortaife *p* du pêne à barbes.

t eft la mortaife qui reçoit le tenon *q* du pêne à barbes.

y, les dentelures ou la crémaillere de ce pêne.

Z t t (*Figure* 8), fait voir les deux pênes proches l'un de l'autre, comme ils le font quand la ferrure eft ouverte ; leurs tiges ont été coupées en *t t*.

Z, eft l'endroit où la noix s'engrene.

2 *Figure* 9, la noix ou pignon.

3 *Figure* 12, reffort qui retient les gâchettes.

4 *Figure* 10, paneton de la clef.

6, 7 *Figure* 13, gâchette *G* de la *Figure* 1 qui a en 7 une entaille pour laiffer mouvoir le pêne.

8 *Figure* 14, l'autre gâchette.

L (*Figure* 15) picolet féparé. On le voit en place dans les *Figures* 1 & 2.

Explication des Figures de la Planche XXVIII , repréfentant une Serrure de coffre fort à fix fermetures.

C'est la plus difficile de celles qu'on donne à faire pour chef-d'œuvre aux Afpirants à maîtrife ; & parmi les Afpirants, on n'y oblige que ceux qui n'ont aucun titre , c'eft-à-dire, ceux qui ne font point fils de Maître , qui n'ont point fait leur apprentiffage à Paris , ou qui n'y ont point travaillé pendant huit ans en qualité de Compagnons. Les Statuts de la Serrurerie fuppofent que cette ferrure peut être faite en trois mois ; mais c'eft quand elle eft très-fimple , fans ornements, fans vuidanges, comme celle qui eft repréfentée ici.

De ces fix fermetures, deux dépendent de deux pênes pareils à ceux de la Planche précédente. On les a repréfentés ici ouverts *Figures* 1 & 2 , au lieu qu'ils font fermés dans l'autre Planche.

Les quatre autres fermetures fe font par quatre gâchettes affemblées deux à deux à charniere.

Des deux gâchettes affemblées à charniere , l'une eft plus longue *dddd* (*Figures* 1 & 2) que l'autre *eeee* ; la plus courte ne va guere qu'au deffous de leur pied commun qui eft la broche de la charniere. La plus longue defcend jufques au tambour , & a une gorge *k* (*Figures* 1 & 2), qui donne prife à la clef ; la clef ouvre ces deux grandes gâchettes comme dans la Planche précédente , & la ferrure entiere par un tour & demi dont le demi-tour eft en fens contraire du tour.

Quand la clef ouvre une longue gâchette, elle ouvre en même temps la petite gâchette portée par le pied , & cela par une méchanique à laquelle nous ferons attention après avoir obfervé celle qui les ferme , & les coqs qui reçoivent leurs têtes.

Un même reffort, figure féparée *p o* (*Figure* 3) , tient fermées les deux gâchettes d'une même charniere ; ce reffort eft double ; c'eft une bande de fer pliée en deux parties égales & femblables qui à l'endroit du pli forment un angle aigu. Près du fommet de cet angle , & du côté qui doit toucher le palâtre , ce reffort a un pied *o* rivé dans le palâtre à diftance égale des deux gâchettes ; l'effort que font les deux branches pour s'ouvrir ferme donc ici les deux gâchettes. Il ne differe de ceux que nous avons déja vus dans les ferrures de coffres forts qu'en ce que ces deux branches font mobiles, au lieu que les autres ont une de leurs branches fixe.

Quatre coqs fuffifent ici pour les fix fermetures, & cela parce que les deux du milieu *F F* (*Figures* 1 & 2) font doubles ; elles reçoivent chacune une tête de pêne & une tête de gâchette ; auffi ont-elles au milieu une cloifon *G* (*Figure* 4) qui les divife en deux cellules. Les Statuts de la Serrurerie

ne

ne permettent pas de faire cette cloifon d'une piece rapportée, ils veulent que le coq *D F G H* (*Figure* 4) foit d'un feul morceau de fer.

On remarquera auffi, comme nous l'avons déja fait, que dans toutes ces ferrures les étoquiaux de la cloifon font pris dans la piece même qui fait la cloifon, & qu'ils font percés pour laiffer paffer des vis qui affujettiffent enfemble la cloifon & le palâtre.

Il nous refte à voir comment la clef, en ouvrant une des grandes gâchettes, ouvre la petite avec laquelle elle eft affemblée à charniere. Entre plufieurs manieres dont cela pourroit s'exécuter, voici celle qui eft communément en ufage.

La grande gâchette, en tournant autour de fon pied, fait tourner une bafcule *y z* (*Figure* 5), qui eft un levier à deux branches inégales, dont la plus longue *z* eft verticale comme la gâchette elle-même, quand cette gâchette eft fermée, & dont la feconde & plus courte branche *y* eft alors horizontale. Cette bafcule a fon pied différent de celui des gâchettes; la longue branche de la bafcule defcend jufques vers la gorge de la gâchette, pour lui ménager une place où l'on entaille la gâchette *u* (*Figure* 6), mais de façon que cette branche eft néceffairement entre la cloifon & la gâchette; l'entaille ne lui permet pas de venir de l'autre côté; ainfi dès-lors qu'on fait tourner la gâchette, dès-lors qu'on approche fa queue de la cloifon, on fait tourner en même temps la bafcule; la plus courte branche de celle-ci dont nous n'avons encore rien dit, ouvre alors la courte gâchette, & cela parce que le bout de cette branche eft engagé fous une petite partie entaillée qu'a la courte gâchette; cette branche pouffe donc la courte gâchette; elle l'oblige à comprimer le reffort, à le faire céder, autant qu'il eft néceffaire pour que la tête de la gâchette forte du coq.

Le mouvement de la clef feroit rude, fi la branche de la bafcule contre laquelle agit la grande gâchette, n'étoit beaucoup plus longue que celle qui agit contre la petite gâchette : cette difpofition fait que la force de la clef eft appliquée fur un levier beaucoup plus long que celui contre lequel le reffort fait effort; par-là la main eft en état de vaincre aifément fa réfiftance.

Le tambour qu'on a donné à cette ferrure ne tourne pas tout autour comme celui des ferrures précédentes; ce font des difpofitions qui fe varient à volonté, & qu'on a fait repréfenter feulement pour montrer les différentes manieres dont les Ouvriers s'y prennent pour arriver à une même fin.

Celle des grandes gâchettes qui n'a pas befoin de la clef pour être tenue ouverte, eft auffi arrêtée ici par un reffort difpofé tout autrement que dans les Planches précédentes.

Effayons d'éclaircir ceci en entrant dans de plus grands détails.

La *Figure* I repréfente en perfpective une ferrure du côté où la clef entre; on en a ôté la couverture qui va ordinairement jufqu'aux coqs, & les gar-

SERRURIER. E e e

nitures qui se logent dans le tambour ; elles auroient rendu le dessein trop confus.

La *Figure* 2 est le plan de la même serrure.

A A (*Figure* 1) le rebord du palâtre.

B B , la cloison.

C C C (*Figure* 2) le palâtre.

D D D D (*Figure* 1) montrent comment les coqs sont attachés contre le rebord du palâtre.

E E (*Figures* 1, 2) les deux coqs simples.

F F , les coqs doubles.

D F G H (*Figure* 4) est un coq double.

D , l'ouverture par où passe la vis.

G , la cloison qui divise ce coq en deux.

H , un des pieds du coq.

I I (*Figures* 1, 2 & 7), le tambour.

K K K , entaille qui laisse passer la gorge d'une grande gâchette.

L (*Figures* 1 & 2) endroit où le tambour est coupé pour donner entrée aux barbes du pêne , & à la gorge de la gâchette.

M , les rateaux.

N (*Figure* 2), l'endroit où est placée la broche.

O (*Figure* 8) canon dont la broche est en tiers point canelé.

P , partie du corps du canon qui a été coupée, parce qu'elle auroit eu trop de longueur.

Q , sa contre-tige.

R R , piece de fer, qui est attachée contre le palâtre en dehors de la serrure, pour tenir le canon.

S (*Figure* 9) un des picolets du pêne.

T (*Figure* 10) les deux pênes.

T X Y (*Figure* 10) les montre ayant leurs tiges coupées en *T* , & du même côté où ils sont représentés *Figures* 1 & 2 ; mais on en a ôté la piece *a a* (*Figure* 11), ce qui fait qu'on y voit de plus la gâchette *X* , & son ressort *Y* ; du reste ces pênes sont faits du côté opposé, comme la planche précédente les représente.

V V sont les barbes d'un des pênes.

Z (*Figure* 12) marque la gâchette avec son ressort représentés séparément.

c d Figure 1 & 2) une des longues gâchettes.

e , une des petites gâchettes.

f g (*Figure* 13) est une grande gâchette.

g , sa gorge ; *h* , sa charniere ; *i* , l'entaille où se place la longue branche de la bascule.

k l m, une petite gâchette représentée séparément ; *k*, sa charniere ; *m*, la partie qui donne prise au bras le plus court de la bascule ; *l*, sa tête.

o p (*Figure* 3) ressort qui se place entre les deux gâchettes assemblées à charniere ; *o*, son pied.

La *Figure* 6, *p q r s* montre deux gâchettes assemblées avec leur ressort & leur bascule.

p q, la grande gâchette ; *r s*, la courte ; *t*, le ressort.

u x, la bascule dont *u* la plus longue branche est en dehors de la gâchette *p q*, & dont la branche *x* recoudée embrasse en *x* la gâchette *r s*.

y z (*Figure* 5) la bascule vue séparément.

z, sa longue branche ; *y*, sa courte branche.

Figures 14 ; 4, 5, 6, 7 est la même gâchette avec son arrêt.

5 est la bascule.

6, 7 est la piece qui fait l'arrêt quand la bascule laisse échapper la branche de cette piece.

8, le ressort qui la presse.

9, 10 *Figure* 5, font voir la figure & la disposition de l'arrêt 6, 7.

EXPLICATION des Planches XXIX & XXX, qui représentent une Serrure dite Moderne *; la XXIX en montre l'extérieur, & la XXX l'intérieur.*

Il y a certainement long-temps que ces sortes de serrures ont été véritablement modernes ; elles en conservent cependant le nom, comme le Pont-Neuf conserve le sien. Le 17e article des Statuts des Serruriers tiré de ceux qui leur furent accordés par Charles VI en 1411, ordonne pour chef-d'œuvre aux Aspirants à Maîtrise, les ornements dont elles sont surchargées ; ils sont semblables à ceux des Eglises Gothiques, ce qui prouve de reste qu'il faut chercher bien loin leur origine.

On en faifoit de trois sortes, de porte de chambre ou de cabinet, de buffet & de coffre fort. Elles s'attachoient toutes en dehors comme les autres serrures antiques, au lieu qu'à présent toutes nos serrures s'attachent en dedans.

Les panetons des clefs des unes & des autres étoient percés de pertuis *Planche XXX, Figure* 4, *N M* qui n'avoient aucune communication entr'eux ni avec les bords du paneton. Celles qui avoient le moins de pertuis en avoient sept ; elles étoient proposées pour chef-d'œuvre aux Aspirants d'apprentissage. Celles qui étoient ordonnées aux Aspirants sans qualité, en avoient depuis sept jusqu'à 21. Les Jurés suivoient une espece de tour de rôle qui étoit tel : à l'Aspirant qui se présentoit après celui qui avoit fait une clef à neuf pertuis, ils en donnoient à faire une, à dix ; à l'Apprentif suivant, une à onze, & ainsi de suite ; malheur à qui se présentoit, lorsque le nombre

des pertuis étoit devenu grand, son ouvrage en étoit beaucoup plus difficile,
soit à cause des pertuis à percer, soit à cause de la garniture qu'il falloit faire.
L'ouvrage d'ailleurs étoit toujours très-long. La clef & la serrure étoient si
chargées d'ornements, de vuidanges, de sculptures, de charnieres, d'un si
grand nombre de dents & de rateaux fendus comme les dents des peignes
& de forures difficiles, qu'il y avoit telle clef qui ne pouvoit être finie en
moins de six mois par un Ouvrier diligent & habile; la clef & la serrure en-
semble l'occupoient près d'un an, & quelquefois jusqu'à deux.

Tout ce travail n'aboutissoit pourtant qu'à faire un ouvrage de très-mau-
vais goût & de mauvais usage. Les serrures, quoique à quatre fermetures, n'é-
toient qu'à un demi-tour, & on pouvoit aisément en déranger les garnitures.
Pour la figure des clefs, elle étoit entiérement ridicule, comme on le voit
assez par celle que nous avons fait représenter *Planche XXX*, *Figure* 4;
à la place de l'anneau ordinaire, elles avoient un chapiteau quarré terminé
par quatre angles aigus qui ne pouvoient guere manquer de blesser la main
de celui qui s'en servoit un peu indiscrétement.

Jousse en a fait représenter quelques-unes dont les anneaux sont d'un meil-
leur goût : mais après tout ces ouvrages ridicules, si l'on veut, & mauvais
tout ensemble, assuroient à la Serrurerie des Ouvriers habiles. Il est peu d'ou-
vrages qu'on ne pût confier à un homme qui avoit fait une pareille clef &
une pareille serrure. Mais comme un Ouvrier capable de les exécuter, n'étoit
pas souvent en état d'employer en pure perte le long-temps qu'elles deman-
doient, une Sentence de Police du 29 Juillet 1699, leur a substitué d'autres
chef-d'œuvres. Il seroit à souhaiter qu'on eût fait entrer dans les nouveaux
une partie de ce qu'il y a de plus difficile dans les modernes ou anciens;
mais qu'on eût seulement diminué le nombre de chacune de ces choses diffi-
ciles, l'Aspirant seroit obligé à même preuve d'adresse, & n'auroit pas tant de
temps à perdre.

On ne trouve plus de ces sortes de serrures que chez les curieux. Nous ne
l'avons pourtant pas fait représenter pour la seule singularité de la figure;
elle donnera occasion de remarquer quelques façons de travailler qui méri-
tent d'être connues.

Celle qui est représentée dans les Planches est une serrure de coffre fort,
faite il y a plus de quarante ans par le Sieur Bridou qui a été un des anciens de
sa Communauté. Elle est faite pour être attachée en dehors du coffre, dans
l'épaisseur duquel toutes les garnitures doivent être logées par un moraillon
Figure 3, *Planche XXIX*, attaché au couvercle du coffre. Ce moraillon a
deux branches qui vers leur milieu portent chacune en dessous un auberon
I I (*Figure* 3); le palâtre est percé en deux endroits *H H* (*Figure* 2), pour
recevoir les auberons, & deux pênes entrent dans ces auberons pour les fer-
mer. On observera que les serrures qui s'attachent en dehors, ont alors leur

palâtre

palâtre *A A* (*Planche XXIX*, *Figure* 2) en dehors, & que l'entrée de la clef eſt par conſéquent dans le palâtre.

Cette ſerrure a de plus une troiſieme ouverture ; celle-ci eſt en deſſus dans le milieu du rebord ſupérieur & le ſeul rebord du palâtre. Un auberon en bouton attaché au couvercle du coffre, entre dans cette ouverture. Ce ſont là, à proprement parler, les ſeules fermetures de la ſerrure, qui ne laiſſe pas d'être appellée *à quatre fermetures*, & cela parce que l'auberon dernier eſt arrêté par deux gâchettes.

Mais avant que de voir la diſpoſition des parties qui ſervent à fermer cette ſerrure, arrêtons-nous un peu au dehors. Elle a un cache-entrée *Planche XXIX*, *C Figure* 1, *Figure* 2, *D E*. Dans les ſerrures de ce genre, les cache-entrées entrent toujours dans le deſſein de l'architecture de tout l'ouvrage. Ce cache-entrée s'ouvre ordinairement par un ſecret, mais aſſez ſimple. Il eſt tenu par enbas à charniere, il occupe toute la place qui eſt entre les deux pilaſtres du moraillon juſqu'à la conſole qui porte un petit Saint; il porte en dedans un petit verrou *D* qu'un reſſort *E* (*Figure* 2), tient fermé. On ouvre ce verrou en abaiſſant un petit ornement qui eſt en dehors du cache-entrée *E* (*Figure* 2).

De tous les ornements du dehors de la ſerrure & même de la clef, nous ne parlerons à préſent que de ceux qui repréſentent des eſpeces de dentelles, pour faire remarquer la maniere dont ils ſont travaillés. Ils ſont compoſés de trois platines différemment évidées, & plus les unes que les autres. Celle qui eſt en deſſous l'eſt le moins, celle du milieu l'eſt davantage, & enfin l'extérieure l'eſt le plus, & cela afin qu'au travers de celle-ci on voie une partie des deux autres, ſans pourtant laiſſer diſtinguer que l'ouvrage eſt de trois pieces ; il en paroît ſinguliérement travaillé. *V X Y* (*Figure ſéparée*) marquent trois de ces platines. *T*, la piece qui a des couliſſes pour les recevoir, & *S*, l'effet que font ces platines évidées poſées les unes ſur les autres. On attache les charnieres ; celle du moraillon devoit être à onze nœuds *K K L L* (*Figure* 3).

La broche *M* (*Figure* 3), qui tenoit les nœuds ou charnons aſſemblés, devoit être creuſe. Par un petit tour d'adreſſe ils faiſoient paroître cette broche encore beaucoup plus travaillée. Elle ſemble percée tout du long par trois trous ſéparés ; l'Ouvrier en étoit pourtant quitte pour ſouder à l'un & l'autre de ſes bouts une petite platine percée elle-même par trois trous, ceux d'une des platines étoient vis-à-vis ceux de l'autre ; quoique tout l'intérieur de la broche ſoit creux, il ne le paroît à qui la regarde, que comme les platines des bouts.

La clef étoit ordinairement à double forure *Planche XXX*, *Figure* 4, *S*. Ses pertuis étoient rangés ſur trois rangs *G N M* (*Fig.* 4), quand il y en avoit plus de neuf ; les pertuis étoient quarrés d'ordinaire, ou ils étoient des quarrés un peu refendus de deux côtés. Les pertuis du rang le plus proche de la tige font de la premiere efpece, & ceux des deux autres rangs *N M* (*Figure* 4) de la feconde ; enfin ces clefs avoient ordinairement une boute-rolle & un rouet à chaque bout du paneton.

La forure de la clef fait affez imaginer que la ferrure devoit avoir une broche logée dans un canon, que la broche entroit dans le trou du milieu de la clef, & le canon dans la feconde forure de la tige. Ceci fera affez ex-pliqué dans la fuite à l'occafion des différentes forures des clefs.

La garniture qui mérite ici le plus d'attention eft celle des pertuis. Ce font des fils ou des lames de fer, des portions de figure d'anneaux propor-tionnée à celle des pertuis. Ils font difpofés fur trois rangs concentriques, *Figure féparée R*, & chaque rang eft compofé de plufieurs lames ou portions d'anneaux pofées les unes au-deffus des autres, comme le font les rateaux *Figure féparée N M.*

Toutes les lames des pertuis d'un même rang tiennent par un bout à une même piece de fer qui leur fert de pied commun ; ces trois pieces font foudées enfemble *Figure féparée R.*

Cette forte de garniture, difficile à travailler, a deux grands défauts. La ferrure ne peut être fermée que par un demi-tour, il eft impoffible que la clef faffe un tour entier ; elle eft arrêtée dans l'endroit où eft le pied des la-mes en anneaux qui font la garniture des pertuis, la clef ne fauroit paffer outre. Le fecond inconvénient, c'eft que chaque lame eft une portion d'an-neau circulaire qui n'eft foutenue que par un bout ; il eft par conféquent fort aifé de déranger ces fortes de garnitures ; le moindre effort eft capable de les tirer de leur place, alors on voudroit inutilement faire entrer la clef dans la ferrure, elle n'y fauroit plus tourner. Au refte, ces lames étoient fi bien ajuf-tées & fi bien proportionnées à la figure des pertuis, que la clef en tournant en chaffoit l'huile.

Les rateaux font difpofés à l'ordinaire ; mais ils ont chacun des lames plus longues, plus larges & plus minces que celles qu'on emploie ailleurs au même ufage. La profondeur, le peu d'épaiffeur & la largeur des dents de la clef le demande.

Il refte à voir d'où dépendent les mouvements de cette ferrure. Les deux auberons du moraillon font retenus par deux pênes qui, en paffant, nous ferviront d'exemple de pênes qui ne fortent point hors de la ferrure comme ceux de la premiere claffe, & qui fe meuvent le long du rebord du palâ-tre comme ceux que nous avons vus dans les trois dernieres Planches. La clef, en tournant, pouffe une des barbes de l'un des pênes *Figures* 1 *&* 2, *V* & fi-gure féparée *a b.* Elle le fait avancer dans un des auberons ; dès-lors que ce-lui-ci marche, il pouffe l'autre pêne dans l'autre auberon. Voici comment ils font difpofés l'un fur l'autre d'une des manieres dont on difpofe des pênes brifés. Celui qui a des barbes eſt plus menu à un bout qu'à l'autre, *Figure féparée c*; il entre dans une entaille de l'autre pêne à peu près comme dans une caiſſe, *Figure féparée g*. Ce ſecond pêne eſt haſté ou recoudé deux fois à angles droits, *Figure féparée e f g h*; ainſi ſa partie *f h* qui eſt après le ſecond coude, eſt parallele au pêne à barbes. Il y a une piece de fer, *Figure féparée i l*, aſſemblée à charniere avec le bout de cette partie du pêne recoudé, & avec l'autre pêne immédiatement au-deſſus de la barbe la plus proche de la cloiſon *m*. Cette piece eſt percée au milieu par un trou *K*, qui reçoit un étoquiau rivé dans le palâtre; elle peut, comme un levier, tourner autour de cet étoquiau. De cette diſpoſition il ſuit que quand le pêne à barbe eſt pouſſé vers ſon auberon, il oblige le petit levier à prendre une poſition plus approchante de l'horizontale; ce levier pouſſe donc le pêne recoudé, il le fait entrer dans ſon auberon; de même quand on ramene ce ſecond pêne, le levier ramene le pêne recoudé.

A l'égard des reſſorts qui ſervent à arrêter le pêne à barbe, ils ſont diſpoſés à peu près comme dans les autres arrêts; de ſorte qu'il n'eſt plus queſtion que de voir comment eſt arrêté l'auberon qui tient au couvercle du coffre: une ſeule gâchette y ſuffiroit: pour rendre la choſe plus difficile, on avoit établi d'y employer deux *Figures 1 & 2, x y Planche XXVIII*; ces gâchettes ſont retenues vers le milieu du palâtre par un étoquiau, elles ſont aſſemblées à charniere, l'une a deux nœuds, l'autre n'en a qu'un, *Figure féparée ɀ ɀ 3, 2, 6, 7*; deux reſſorts 13, 13, *Fig. 1, 2 & Fig. féparée*, attachés chacun contre un des côtés de la cloiſon, tiennent les deux gâchettes aſſujetties l'une contre l'autre tant qu'on ne fait pas violence aux reſſorts; elles ſont l'une & l'autre taillées en chanfrein creux, *Figure féparée ɀ ɀ*, & 9, 10, 11, & il reſte aſſez d'eſpace entre les chanfreins de l'une & de l'autre pour laiſſer paſſer une piece de fer, *Figure féparée I*, dont la tête eſt plus groſſe que le reſte, c'eſt une eſpece de tête de clou; au deſſous du chanfrein des gâchettes, il y a une cavité qui reçoit cette tête; quand le deſſus du coffre tombe, la tête de l'auberon contraint les deux gâchettes à s'écarter; elle va ſe loger dans leur cavité où elle eſt retenue juſqu'à ce que la clef écarte les gâchettes l'une de l'autre.

La clef n'a priſe que ſur une d'elles, *Figure féparée 4*, & c'en eſt aſſez; celle ſur qui elle a priſe, a une queue plus longue que l'autre; cette queue ſe trouve dans la route de la clef, elle fait tourner cette gâchette autour de ſon étoquiau, comme un levier tourne autour de ſon point d'appui, & celle-ci écarte l'autre en même temps par un moyen que les Serruriers emploient dans diverſes ferrures au lieu des pignons, & dont nous ſommes par conſéquent bien aiſe de pouvoir faire mention ici. C'eſt par le moyen d'une petite piece de fer qu'ils appellent une *S*, *Figure féparée 5 & 9, 10, 11*. Souvent auſſi elle eſt faite en *S*; elle eſt tenue par un étoquiau autour du-

quel elle peut tourner & qui la divife en deux également ; elle eft immédia-
tement entre les deux gâchettes, & eft prefque verticale quand elles fe tou-
chent, *Figure féparée* 9 , 10 , 11 ; le bout inférieur de l'*S* eft engagé , à n'en
pouvoir fortir , dans une entaille creufée dans une des gâchettes, figure fé-
parée 10 , & le bout fupérieur de l'*S* eft de même dans l'autre gâchette ;
ainfi dès-lors que la clef retire une gâchette de fa place, cette gâchette obli-
ge l'*S* à fe coucher , ou , ce qui eft la même chofe , à écarter la feconde gâ-
chette.

*EXPLICATION plus détaillée des Figures de la Planche XXIX qui
expofe l'extérieur de la Serrure dite Moderne.*

La *Figure* 1 repréfente le devant de la ferrure chargée de tous fes orne-
ments & ayant en place fa bande auberonniere. Les autres figures font voir
en détail les parties de celle-ci.

A A A A (*Figures* 1 & 2), le palâtre.

B B (*Figures* 1 , 2 , 4 , 5 & 6), la charniere du cache-entrée.

C (*Figures* 1 & 4) , petite piece qu'on tire en bas pour ouvrir le ver-
rou du cache-entrée.

E D (*Figure* 2) , le cache-entrée ouvert , & *Figure* 5 eft le cache-entrée
vu hors de place.

D (*Figures* 2 & 5) , le verrou du cache-entrée.

E , le reffort qui le ferme.

F (*Figure* 2) bande de fer où eft percé un trou dans lequel entre le ver-
rou du cache-entrée.

G (*Figure* 2) , entrée de la clef.

H H (*Figure* 2) , les trous où entrent les auberons.

I I (*Figure* 3) , les auberons.

K K , charniere du moraillon.

L L , partie de la charniere de la bande du moraillon.

M , la broche de la charniere percée au bout en trois endroits.

N (*Figures* 1 , 2 , 3 , 4) , la place du petit Saint.

O O , les ornements en vuidanges qui fe mettent au coin du palâtre avec
la vis qui fert à l'arrêter.

P , écrou de la vis précédente.

Q , le même ornement vu retourné.

R R (*Figure* 2) , les endroits où fe placent les ornements précédents.

S S , deux des ornements des bords : on s'eft fervi de celui-ci pour mon-
trer comment font tous les autres.

T , piece de fer qui a trois couliffes où fe placent les unes fur les autres les
trois lames évidées *V X Y.*

V , la lame qui a plus de plein , & la plus proche du palâtre.

X,

X, celle du milieu.

Y, l'extérieur.

Z Z, autres ornements des côtés, vus en place & féparément.

a a, ornements du bas du palâtre.

b b (*Figure* 2), place des ornements *S S*.

c c (*Figure* 2), place des ornements *Z Z*.

d d, place des ornements *A A* de la *Figure* 1.

f f, ornement qui eft placé en bas au milieu.

g g, un des ornements des côtés dont la place eft le long d'un pilaftre.

h i, vis qui fervent à attacher la ferrure.

i, l'écrou engagé dans la vis.

k dans la *Figure* 6, l'écrou féparé de la vis.

EXPLICATION détaillée de la **Planche** *XXX qui repréfente l'intérieur de la Serrure dite* **Moderne.**

La *Figure* 1 eft cette ferrure vue en perfpective.

La *Figure* 2 en eft le plan.

La *Figure* 3 en eft la couverture qu'on a enlevée des *Figures* 1, 2.

A A A A (*Figures* 1 & 2), le palâtre.

B B (*Figure* 1), rebord du palâtre qui s'attache fur le bord du coffre.

C C, *D D*, *E E* (*Figure* 3), la couverture où les lettres précédentes marquent les trous par où paffent des vis qui ont les mêmes lettres dans les *Figures* 1 & 2.

F, le canon qui a une double forure ou une tige ronde au milieu.

G (*Figures* 3 & 4), la bouterolle de la ferrure, & 4 celle de la clef.

H (*Figures* 3 & 4), le rouet, *idem.*

K F eft le canon vu féparément avec la piece *K*, qui du côté de la couverture n'eft pas vifible dans la *Figure* 3.

L L L L (*Figures* 1 & 2), trous par où paffent les vis qui attachent la ferrure au coffre. Les autres trous font ceux qui fervent à attacher les ornements. Voyez la Planche précédente.

M (*Figure* 4), le rang des pertuis de la clef le plus proche des dents.

N (*Figure* 4), le fecond rang des pertuis.

O (*Figure* 4), le rang de pertuis le plus proche de la tige.

P (*Figure* 4), les dents de la clef.

M N O, hors de la *Figure* 4, marquent les filets ou lames qui entrent dans les pertuis de chaque rang.

P, les rateaux.

Q, le trou où paffe le canon.

R fait voir comment font affemblées les trois pieces *M N O*, pour faire

SERRURIER. Ggg

la garniture des pertuis.

S, est le plan du bout du paneton qui fait voir la double forure.

T (*Figure* 2), ouverture de la clef.

V (*Figures* 1 & 2), le pêne qui a des barbes.

X, le pêne plié deux fois en équerre.

a, *b*, *c*, *d*, le pêne contre lequel agit la clef.

a, *b*, sont ses barbes.

c, la partie de ce pêne qui entre dans le pêne plié en équerre.

d, partie de la charniere qui l'assemble avec l'autre pêne.

e f, pêne plié en équerre en *e* & en *f*.

g, l'ouverture où entre la partie *c* de l'autre pêne.

h, la charniere où entre le charnon de la piece *i l*.

i l, piece qui assemble les deux pênes.

k, l'essieu sur lequel elle tourne.

m, montre la maniere dont les deux pênes sont assemblés.

u, picolet du ressort portant une vis au-dessus qui sert à retenir la couverture.

x y (*Figures* 1 & 2), sont les deux gâchettes. On les voit représentées séparément vers le haut de la Planche.

z (*Figures* 1 & 2), l'étoquiau qui les retient.

z vers le haut de la Planche, les nœuds de leur charniere.

1 , au haut de la Planche est le clou ou bouton qui est attaché au **couvercle** du coffre.

2 , 3 , la cavité où se loge la tête de ce clou.

4 , la queue de la grande gâchette *y*.

5 , l'*S* qui fait ouvrir la gâchette *x* quand la gâchette *y* s'ouvre.

6 , 7 sont les entailles où se place l'*S* ; comme elles sont du côté du palâtre, elles ne sont pas visibles *Figures* 1 & 2.

9 , 10 , 11 , à côté de la *Figure* 2 est une partie des deux gâchettes retournées. On y voit l'*S* 11 portée par un étoquiau, & logée dans les entailles 9 & 10.

12 , *Figures* 1 & 2 & *figure séparée*, pieces qui font ici l'effet de la cloison.

13 , dans les mêmes figures, sont les ressorts qui tiennent les gâchettes fermées.

EXPLICATION des Figures de la Planche XXXI, qui représente une de ces Serrures de coffres connus à Paris sous le nom de Coffre fort d'Allemagne.

Il ne manque rien à ces sortes de coffres du côté de la solidité ; ils sont faits en entier de fer, & quand ils ne seroient que de bois, revêtus, comme ils le sont extérieurement de bandes de fer, ils ne pourroient être brisés que très-difficilement. Leurs ferrures font fort différentes de celles que nous avons vues jufqu'ici. Elles ont prefque autant de grandeur que le deffus du coffre ; elles le ferment par un grand nombre de pênes. Celle que nous avons fait graver a douze fermetures ; on en fait qui en ont 24 & plus : malgré la grandeur de ces ferrures , & tout l'appareil avec lequel elles font faites , elles répondent mal à la folidité du refte du coffre. Si nous en avons fait repréfen-ter une , c'eft furtout pour faire voir qu'on n'y doit pas avoir grande con-fiance , & pour en faire fentir les défauts , afin qu'on ne s'avife plus de faire venir de loin des ouvrages qui ne valent rien. Nous aurons en même temps occafion de faire remarquer une maniere commode de faire mouvoir à la fois plufieurs pênes ou gâchettes , dont on pourroit faire un meilleur ufage. Tous les pênes ne s'y ferment qu'à un demi-tour , c'eft ce qu'il eft aifé de voir par le paneton *u* (*Figure* 2) , qui pour garnitures a des pertuis diffé-rents de ceux de la Planche précédente par leur figure , mais qui de même font ifolés , & ne parviennent point jufqu'au bord du paneton. Or nous avons obfervé à l'occafion des pertuis des modernes , que toute clef qui a de pareils pertuis ne peut faire qu'un demi-tour. On le voit encore par la gar-niture de cette ferrure repréfentée féparément en 16 , 15 , 13 (*Figure* 3) le pied 15 , 13 des garnitures des pertuis empêche la clef d'achever un tour. Les pênes de cette ferrure réfifteroient fortement à qui voudroit entrepren-dre d'enlever le deffus du coffre. Mais ce n'eft pas par-là qu'un Crocheteur de portes les attaqueroit ; il n'y a qu'à percer le coffre en certains endroits , & alors il eft facile de les ouvrir tous à la fois avec un poinçon , comme on le verra affez par la defcription de la ferrure.

Dans la Planche, le coffre *Figure* 1 eft repréfenté ouvert ; on voit la fer-rure attachée contre la furface intérieure de fon deffus ; afin pourtant que les pieces dont elle eft compófée fuffent vifibles , on a enlevé une couverture qui les cache ordinairement & qui les défend de la pouffiere. Une partie de cette couverture eft dans le bas de la Planche marquée 19 & 20 (*Figure* 4).

Cette ferrure *Figure* 1 a douze pênes , quatre dans fes angles , *a f h c* , fix dont trois font fur chacun de fes côtés , *d , d , e , d , d , i* ; & deux dont un eft au milieu de chaque bout *b g* ; chaque pêne eft retenu par deux picolets comme on le voit *Figure* 7. Entre ces picolets le pêne a une encoche 6 (*Fig.* 7 & 8) , dans laquelle eft engagé un reffort *z z* (*Fig.* 7 & 8). Ce reffort eft ordinairement une efpece de reffort à boudin porté par un étoquiau ; dès-lors qu'on abat le deffus du coffre , ces douze refforts ferment les douze pênes , comme les ferrures de porte à un demi-tour ferment leur demi-tour, d'où l'on voit combien ces coffres font peu fûrement fermés. Ici les pênes ne rencontrent ni gâches ni coqs ; mais il y a tout autour du coffre un rebord de fer *E E E E* (*Figure* 1) , dont la faillie eft vers le dedans, qui tient lieu & de gâche & de coq ; les pênes s'engagent fous ce rebord, de forte que quand

le deſſus du coffre ne ſeroit point arrêté par des charnieres, il ſeroit bien ſo-
lidement retenu ſi les pênes étoient plus difficiles à ouvrir.

On n'ouvre point cette ſerrure comme les autres par le devant ; pour
tromper, on y met pourtant une entrée *D*. Mais la véritable entrée de la
clef eſt en deſſus du couvercle vers ſon milieu ; elle eſt ordinairement cou-
verte par quelque cache-entrée qui a un ſecret ; dans un demi-tour, la clef
ouvre tous les pênes en pouſſant une piece de fer que nous appellerons *le
grand Pêne*, quoiqu'il ſerve uniquement à faire agir les autres *P Q R S T*
(*Figure* 5) ; il eſt ſoutenu par des picolets *Y Y*, *Figures* 1.

Ce grand pêne eſt placé environ vers le milieu du deſſus du coffre parallé-
lement à un côté. Quand il eſt pouſſé par la clef, il s'éloigne d'un des bouts,
& s'approche de l'autre ; & c'eſt pendant ce mouvement qu'il ouvre toutes
les fermetures.

A chaque bout il y a deux branches perpendiculaires à ſa tige *P Q R S*
(*Figure* 1 & 5) ; entre celles-ci il y a quatre autres branches poſées deux à
deux, l'une d'un côté, l'autre de l'autre, & également diſtantes du milieu
T T V V (*Figures* 1 & 5) ; les deux branches *P Q* d'un des bouts ouvrent trois
pênes, ſavoir, ceux de deux angles *a c*, & un au milieu de ceux-ci *b*. Les bran-
ches de l'autre bout *R S* ouvrent cinq pênes, ſavoir, outre les trois de l'au-
tre bout *a g f*, les deux les plus proches de ce bout *e i*. Les quatre autres
branches n'ouvrent chacune qu'un pêne *d d d*.

Mais voyons d'abord l'effet des deux branches *P Q* qui ouvrent trois pê-
nes. Elles ſont d'inégale longueur ; la plus longue *P* s'appuie ſur le bras d'un
levier *k m* (*Figures* 1, & 5 *Figure* 9), ce levier a deux bras *k m*, *m l*, qui font
entr'eux un angle aigu. Il eſt ſoutenu par un étoquiau autour duquel il tour-
ne librement. Son ſecond bras eſt appuyé ſur une partie en ſaillie qui eſt à la
queue du petit pêne *a*, comme on le voit *Figure* 7 ; dès-lors que le grand
pêne s'approche de l'autre bout du coffre, la grande branche *P* de ce pêne
preſſe la branche *k m* du levier *k m l*. L'autre branche de ce levier *m l*, en
tournant, tire le pêne, elle l'ouvre. Ce mouvement entendu, tous les autres
ſont faciles à entendre ; ils dépendent d'une ſemblable méchanique.

La branche la plus courte *Q* du pêne s'appuie immédiatement ſur un re-
bord en ſaillie qui eſt à la queue du pêne qui occupe le milieu de ce bout du
coffre : par conſéquent dès-lors que le grand pêne marche, il ouvre celui-ci,
& c'eſt ce petit pêne celui *c* qui eſt dans l'angle. Entre eux deux il y a un
levier plus ouvert 4 (*Figure* 10), mais du reſte aſſez ſemblable à celui dont
nous avons parlé pour ouvrir le pêne *a*. Il n'en differe que par le côté vers le-
quel il eſt tourné. Le petit pêne du milieu a une branche qui s'appuie ſur un
des bras de ce levier. L'autre bras du même levier a priſe ſur un étoquiau
p rivé dans la queue du pêne de l'angle. Dès-lors que le pêne du milieu s'ou-
vre, il fait tourner le levier qui tire vers le dedans du coffre le pêne du

coin,

coin ; ainfi, voilà les trois pênes *a*, *b*, *c*, ouverts.

Les quatre branches qu'a le grand pêne entre fes deux bouts *T T V V*, n'agiffent pas différemment pour faire rentrer chacun des pênes des côtés *d d d d*. Ces branches ont chacune prife fur un des bras d'un levier en équerre dont le bout de l'autre bras eft appuyé fur un rebord de la queue du pêne.

Refte à voir comment les deux branches *R S* de l'autre bout ouvrent cinq pênes. Les autres agiffent en tirant, & celles-ci en pouffant. L'une qui eft la plus courte *R*, rencontre la branche d'une équerre *r* foutenue par un étoquiau, comme tout ce que nous avons vu ; l'autre bras de l'équerre rencontre encore le rebord de la queue du pêne *e* qui eft fur le devant du coffre ; ainfi l'on voit affez comment il peut être ouvert. L'autre bras de l'équerre, que la branche du pêne pouffe immédiatement, ouvre encore un autre pêne ; c'eft celui qui eft au milieu du bout *g*. Entre l'équerre & ce pêne, il y a un levier en *S* (*Fig.* 1 & 11). Un de fes bras eft dans le chemin de la branche d'équerre que nous confidérons, l'autre bras embraffe un étoquiau rivé fur le pêne du milieu *g*. L'équerre en tournant fait tourner l'*S*, & l'*S* pouffe ce pêne en dedans du coffre. C'eft à la derniere branche *S* à ouvrir les trois pênes reftants ; fon bout rencontre un des bras d'une équerre *t*, dont l'autre bras s'appuie fur le pêne de côté *i* ; voilà donc de quoi l'ouvrir. Deux autres leviers *x* & *u* fervent à ouvrir les deux des coins *f* & *h*. Ils font foutenus chacun par un étoquiau entre le pêne du milieu & un des coins. Une de leurs branches qui eft la plus courte, s'appuie fur un étoquiau rivé en deffus du pêne proche fa queue ; leurs deux autres bras font recourbés de façon que leur convexité eft du côté de la branche du grand pêne. Un de ces bras s'appuie immédiatement fur la branche du pêne affez près de fa tige ; le bras de l'autre levier eft logé dans la concavité du précédent. La branche du pêne pouffe le bras qui la touche, & celui-ci pouffe le bras de l'autre équerre ; ces deux équerres tournent, & leur mouvement eft fuivi de celui des deux pênes *f h*. Elles font repréfentées à part *Figures* 9 & 10.

Mais les mouvements de tant de pênes ne peuvent fe faire fans de rudes frottements. Le coffre en devient difficile à ouvrir ; on eft quelquefois obligé de paffer un petit levier dans l'anneau de la clef pour la faire tourner. Cependant par une explication plus détaillée des figures, nous allons achever de donner une idée complette de cette grande ferrure.

Figure 1, *A A A A* eft le coffre ouvert.

B B, *A A*, le deffus du coffre.

C C, une des bandes horizontales qui foutiennent les plaques de fer dont le coffre eft compofé.

D, une des bandes verticales où il y a une fauffe entrée de clef.

E E F F G G, rebord en dedans du coffre fous lequel les pênes fe placent.

H H, têtes de quelques-uns des clous qui tiennent les barres.

SERRURIER. H h h

I, petit coffre dans le grand.

K, piece qui se leve pour soutenir le couvercle.

L L (*Figures* 1 & 12), crochets qui arrêtent en partie le dessus du coffre.

M M, crochets ou mains du dessus du coffre qui s'engagent sous ceux du dedans *L L*.

N N, deux des charnieres de ce coffre.

O N N (*Figure* 13), les fait voir séparément.

P Q R S (*Figure* 1 & 5), le grand pêne.

P Q, les deux branches d'un de ses bouts.

R S, les deux branches de l'autre bout.

V V, deux branches du milieu.

T T, deux autres branches plus grandes.

Y Y, les picolets : on les voit séparés 8 *Figure* 6.

X (*Figure* 6), la barbe du pêne.

Z Z (*Figure* 1 , 7 & 8), quelques-uns des ressorts qui ferment les pênes.

a b c (*Figure* 1), les trois pênes qui sont ouverts par les branches *P Q*.

d d d d, les quatre pênes qui sont ouverts par les quatre branches du milieu.

e f g h i, les cinq pênes qui sont ouverts par les branches *R S*.

k l m, levier qui ouvre le pêne *a*.

k, le bras par lequel la branche *P* a prise ; *l*, celle qui tire le pêne.

m, son étoquiau ; *n*, branche du pêne *b* qui ouvre le pêne *c*.

o, le levier qui ouvre ce pêne.

p, l'étoquiau sur lequel la branche de ce levier a prise.

q q q q, les quatre équerres qui ouvrent les pênes *d d d d*.

r, équerre qui ouvre le pêne *e*.

s, levier en *S* qui ouvre le pêne *g*.

t, équerre qui ouvre le pêne *i*.

u, levier qui ouvre le pêne *h*.

x, levier qui ouvre le pêne *f*.

Les pieces, *Figures* 6 , 7 , 8 , 9 , 10 , 11 , 12 , 13 & 14 , marquées par des chiffres, sont les pieces essentielles représentées séparément.

1, 2, 3, 4, 5, sont les leviers de différentes figures employés dans le coffre.

1 est le levier *k l*.

2 , les leviers *q*.

3 , le levier *s*.

4 , 5 , les leviers *x* & *u*.

6 , 7 , *Figure* 8 , est un petit pêne dont la gorge en entaille 6 est poussée par le ressort *Z*.

7 , le rebord qui donne prise au levier.

8 , *Figure* 6 , ses picolets.

Figures 7 , sont les pieces précédentes en place.

Figure 15, eft la clef deffinée fur l'échelle du coffre.

Figure 2 *u*, paneton de la clef deffiné fur une plus grande échelle.

Figure 3 ; 12, 13, 14, 15, fait voir la garniture de la clef. 12 eft la couverture.

13, 14 en font les pieds. Les garnitures font rivées contre le pied 13, & c'eft pour cela que la clef ne peut faire qu'un demi-tour.

15, la garniture du milieu, c'eft une efpece de pertuis qui ne fauroit convenir à une clef forée qui fait un tour entier.

16, la broche.

y (*Figure* 1) dans le deffus du coffre, fait voir la garniture en place. On doit imaginer l'entrée de l'autre côté.

Figure 4.; 19, 20, moitié de la couverture de fer qui s'attache au-deffus du coffre pour cacher les refforts. 20, endroit où elle eft percée pour laiffer paffer les garnitures.

21, *Figure* 16, une des mains du coffre.

On conçoit aifément qu'en pouffant le grand pêne *Figure* 5, par quelque moyen que ce foit, on ouvrira aifément tous les pênes.

Article VII.

Des Cadenas.

Explication de la Planche XXXII repréfentant une Serrure en Boffe, & différentes efpeces de Cadenas.

La Serrure en boffe *Figure* 1, eft très-antique ; elle n'eft plus guere en ufage qu'à la campagne. Elle s'attache en dehors de la porte, par conféquent l'entrée *K* de la clef eft dans le palâtre *B* ; ce palâtre eft embouti, & fait une boffe d'où la ferrure a pris fon nom. Cette figure du palâtre épargne la peine de lui forger & de lui attacher une cloifon. Il a affez de concavité pour loger toutes les pieces du dedans de la ferrure *H H I K G*.

Cette efpece de ferrure eft du genre de celles dont le pêne ne fort point. Au-deffus de celle-ci il y a un verrou *C* ; elle eft faite pour le tenir fermé. Le manche ou moraillon de ce verrou *D E* a un auberon qui entre dans la ferrure en *E*, & le pêne entre dans cet auberon, comme on le voit en *G* : du refte, les garnitures de cette ferrure n'ont rien de particulier, on peut les lui donner telles qu'on veut : on les fait ordinairement affez fimples, parce qu'elle eft de peu de valeur.

Ainfi *Figure* 1 eft une ferrure en boffe.

A A en eft le palâtre embouti en *B*.

C, le verrou.

D, le moraillon du verrou.

E, l'endroit où eft l'auberon.

F F, la couverture, & la ferrure vue par le dedans.

G G, le pêne.

H H, les picolets qui le portent.

I, le reſſort.

K, la broche.

L, la clef.

§. *Des Cadenas.*

On appelle *Cadenas* les ſerrures qui ne s'attachent jamais contre le bois à clous & à vis, mais qui ont une anſe propre à entrer dans un crampon où dans le maillon d'une chaîne. On en fait de bien des figures différentes, de ſphériques *Figure* 3, de plats, de triangulaires *Figure* 4 ; on en fait d'autres en cœur *Figure* 2 ; on en fait auſſi de toutes ſortes de grandeurs. Les plus grands ſervent à des chaînes de bateaux, à des portes de caves, les plus petits aux valiſes, malles ; d'autres ſont faits pour les fers qu'on met aux pieds & aux mains des Criminels, pour les entraves des chevaux. Nous allons en parcourir les principales eſpeces.

Figure 2 eſt un grand cadenas en cœur pour bateaux ou portes de caves.

On fait ceux-ci auſſi grands & auſſi forts que des ſerrures communes. Le corps ou boîte *F G* du cadenas eſt compoſée de deux pieces égales & ſemblables *I I D*, dont l'une tient lieu de palâtre & l'autre de couverture. Ces deux pieces ſont ſéparées par une bande contournée comme elles, qu'on peut appeller *la cloiſon du Cadenas G G*, & qui eſt auſſi aſſemblée avec les deux autres pieces par des étoquiaux *H H*. Le pêne eſt aſſujetti contre une des deux pieces précédentes par deux picolets *K* ; le reſte de la garniture n'a rien de particulier.

L'anſe *A* eſt recourbée en dehors du cadenas en arc. D'un côté, cette anſe ſe termine par une tige ronde & droite qui entre dans le cadenas par ſa partie ſupérieure, & ſort en deſſous par ſa partie inférieure *B C*. Cette tige eſt entre la cloiſon & la queue du pêne, ſi l'on peut donner le nom de *queue* & de *tête* à un pêne dont les deux extrémités ſont ſemblables. L'autre bout de l'anſe ne peut deſcendre qu'un peu au-deſſous du pêne. La partie qui doit reſter en dehors eſt plus groſſe ; l'ouverture ne ſauroit la laiſſer paſſer.

La partie qui eſt en dedans, a une entaille aſſez grande pour recevoir la tête du pêne ; quand le pêne eſt entré dans cette ouverture, le cadenas eſt fermé. L'autre branche de l'anſe, celle qui a une tige droite, ne ſauroit s'élever ; mais lorſqu'on dégage le pêne de la branche la plus courte, rien n'empêche qu'on n'éleve l'anſe entiere ; afin pourtant qu'on ne l'éleve point juſqu'à le faire ſortir du cadenas, la tige droite *a*, à ſon extrémité, un bouton *C* trop gros pour ſortir par l'ouverture dans laquelle le reſte de la tige joue. Quand on veut, on garnit ces ſortes de cadenas comme les meilleures ſerrures.

Ainſi la *Figure* 2 repréſente un grand cadenas en cœur.

A, anſe du cadenas.

B ,

B, la tige de l'anse.

C, son bouton.

D, la partie de la tige qui est dans le cadenas.

E F marque une piece de fer sur un cadenas fermé qui sert de cache-entrée ; on l'arrête avec une vis en *F* qui ne peut point sortir entiérement du cache-entrée ; mais en détournant la vis, on fait marcher de côté le cache-entrée, & l'on découvre l'entrée qui est dessous & qu'on a représentée sur le cache-entrée : ce cache-entrée est représenté à part. L'entrée de la clef est donc au-dessous de *E*.

G G, la cloison du cadenas.

H H, étoquiaux servant à attacher cette cloison contre une des pieces qui servent de palâtre & de couverture.

I I, une de ces pieces.

K, le pêne.

L, le ressort du pêne.

M, un rouet.

N, la broche ; elle est représentée à part sur la piece qui la porte.

O, la clef.

P fait voir comment le pêne entre dans une des branches de l'anse.

Les *Figures* 3 & 4 représentent de petits cadenas ronds & triangulaires dont l'intérieur est le même.

On fait des cadenas, soit ronds, soit triangulaires, auxquels on donne une garniture assez foible, mais différente de celle du précédent. Ces sortes de cadenas ont deux oreilles, un des bouts de l'anse est rivé à l'une de ces oreilles *O* (*Figure* 3), mais mobile autour de sa rivure, & il y a un mouvement de charniere ; aussi-tôt que l'autre oreille a été enfoncée dans le cadenas, il est arrêté par le pêne qui s'engage dans l'entaille qu'on a faite à cette anse pour le recevoir. La queue de ce petit pêne est continuellement poussée par un ressort double *M* (*Figure* 3) semblable à quelques-uns de ceux que nous avons vus aux serrures qui se ferment différemment d'un demi-tour.

Ce pêne est souvent logé dans une coulisse ; il est recoudé à équerre dans l'endroit où le ressort le pousse. Une des branches de l'équerre *I L* sert de barbe ; la clef, en tournant, rencontre cette branche, & la pressant, elle fait céder le ressort & pousse le corps du pêne en arriere ; alors le cadenas est ouvert.

Ainsi la *Figure* 3 est un cadenas rond.

A est le morceau convexe qui ferme le coq du côté de l'entrée de la clef.

B, moitié d'une des oreilles.

C, moitié de l'autre oreille à laquelle l'anse est attachée.

D, piece de fer pour former la cloison qui assemble deux pieces embouties pareilles à la piece *A*.

E E, deux pieces qui occupent l'espace entre les deux bouts de la piece précédente, & qui donnent les oreilles du cadenas.

F, autre piece qui bouche le vuide qui est d'une oreille à l'autre.

G, pieces qui forment une coulisse dans laquelle glisse le ressort.

H I K L est un cadenas dont le dessus est emporté.

H, la broche.

I L, le pêne dont la branche *I* entre dans l'anse.

K, le picolet.

L, la branche du pêne contre laquelle le ressort agit.

M, le ressort.

N O, l'anse.

Figure 4 est un cadenas triangulaire ouvert & fermé qui ne differe du cadenas rond que par sa forme extérieure ; la garniture de ces sortes de cadenas ressemble quelquefois à celle des serrures & quelquefois à celle des cadenas *Figure* 3.

La *Figure* 5 représente un cadenas en demi-cœur fermé par quatre ressorts sans autres garnitures.

Il est dommage qu'il ne faille que quelques coups de marteaux pour faire sauter l'anse de ce petit cadenas ; car il est des plus ingénieusement imaginés, & il n'est guere possible qu'il puisse être ouvert par une clef qui n'a pas été faite exprès.

Les deux branches de son anse se terminent en pointe *F F* qui ont chacune quatre faces planes. Il y a des ressorts rivés ou soudés sur deux des quatre faces de chaque pointe, savoir, les deux faces intérieures par rapport à l'anse *F G*, *F G*, & sur deux faces extérieures prises du même côté sur chaque pointe.

Les ressorts ne sont assujettis qu'auprès des pointes ; ils tendent à s'ouvrir entre chaque oreille *E E* ; le cadenas a des ouvertures qui laissent entrer ces pointes ; mais on ne les y fait entrer qu'avec un petit effort. Les deux bouts de l'anse étant entrés jusqu'au dessus des ressorts, le cadenas est fermé sans pêne ni gâchette ni autre appareil. Les quatre ressorts s'ouvrent, & par conséquent ils ne sauroient plus sortir par où ils sont entrés.

On ouvre ces cadenas avec une petite clef forée *K I*, dont le paneton est fait différemment de ceux que nous avons vus. La partie du milieu a quelques lignes de largeur de plus que celles des bouts, & elle a une longueur égale à la distance qui est entre les deux pointes du cadenas, ou peu moindre. Cette partie du milieu doit tourner entre les deux pointes, & presser les deux ressorts attachés contre les faces qui sont en dedans de l'anse ; & des deux autres parties du paneton, l'une abaisse un des ressorts qui est en dehors de l'anse, & l'autre abaisse l'autre ; ces quatre ressorts ainsi abaissés, rien n'empêche de retirer l'anse de dedans le cadenas, ou, ce qui est la même chose, de l'ouvrir.

Figure 5 est donc un cadenas en demi-cœur qui se ferme par quatre ressorts.

A, ce cadenas fermé, ayant encore sa clef en *A*.

B, son anse.

C, fil de fer qui ne sert qu'à empêcher l'anse de tomber quand le cadenas est ouvert. Il empêche aussi qu'on ne change l'anse de côté.

E E D F G H, est ce cadenas ouvert.

D, l'entrée de la clef.

E E, les oreilles entre lesquelles sont les trous où entrent les pointes de l'anse.

F F, les pointes de l'anse.

H F, *H F*, ressorts attachés sur une des faces de chaque pointe.

G F, *G F*, ressorts attachés sur les deux faces du dedans de l'anse.

I K est partie d'un cadenas démonté où la clef est entrée.

I marque la broche de la clef.

K fait voir comment la clef, en tournant, abat les quatre ressorts.

L M L, la clef.

M, la partie du paneton qui ferme les deux ressorts marqués ci-dessus *G G*.

L L, la partie du paneton qui ferme les deux ressorts qui se présentent en avant.

La *Figure 6* est celle d'un cadenas cylindrique qui se ferme par une méchanique assez semblable à celle du cadenas de la figure précédente.

On fait un cadenas qui se ferme & s'ouvre par le même principe que le précédent, dont la clef est cependant fort différente.

Ce cadenas est un cylindre creux qui près d'un de ses bouts a une oreille *B* où un des bouts de l'anse est rivé ou soudé, l'autre bout de l'anse a une espece d'auberon *C* ; & près de l'autre bout du cylindre, il y a un trou qui laisse entrer cet auberon dans le cadenas. Pour l'y arrêter, on se sert d'un clou *D F F* qui pour tête a un gros bouton *D*. Près de la pointe de ce clou sur chacune de ses faces est attaché un ressort qui s'ouvre en lardoire précisément disposé comme ceux que nous avons vus dans le cadenas précédent. Le bout du cylindre le plus proche de l'auberon est ouvert ; par cette ouverture, on fait entrer le clou, & aussi-tôt qu'il est entré, l'anse est arrêtée. En tirant le bouton par la tête, on ne peut plus le faire sortir sans briser les ressorts, ou sans se servir d'une clef *G H K*.

Elle est fort différente de toutes celles que nous avons vues. Près de son bout elle est recoudée, & la partie recoudée est percée par un trou quarré. L'entrée de cette clef est au bout du cylindre opposé à celui où est le clou à ressort. On fait entrer d'abord la partie percée, & ensuite la tige de la clef ; tout est disposé de façon que la partie percée reçoit le clou ; en avançant, elle abaisse ses quatre ressorts, & en continuant de le pousser, elle l'ôte de sa place, alors le cadenas est ouvert.

Figure 6, au haut de la Planche.

A, cylindre creux qui fait le corps du cadenas.

B C, son anse qui a en *C* un auberon.

D, tête du clou à ressort qui ferme ce cadenas.

Près de *E*, l'entrée de la clef.

F F font voir les ressorts attachés sur le clou *D*.

G H K, la clef dont l'ouverture *H* reçoit la pointe du clou, & presse en-suite les ressorts.

K, la partie de la clef qu'on présente à l'entrée *M* pour ouvrir la serrure, & la faire entrer peu à peu.

M N O P, est ce cadenas ouvert tout du long pour faire voir comment les ressorts du clou le ferment, & comment la clef l'ouvre.

M, la clef.

N, la tête du clou.

O, l'auberon de l'anse.

P, la clef dans laquelle la pointe du clou est entrée.

Figure 7, autre cadenas cylindrique à ressort. Le corps du cadenas est, comme celui du précédent, un cylindre creux *A*; il y a aussi une anse sem-blable *B*, & qui entre par un bout d'une maniere semblable. Une tige de fer ou une espece de pêne *a F*, entre dans l'auberon *B* de cette anse, & la tient fermée; l'autre bout *a* de cette tige est taillé en vis; la clef *I* est un écrou percé dans une tige de fer; on fait entrer cet écrou par le bout ouvert du cadenas, & en le tournant, on tire le pêne de l'auberon. Lorsqu'on veut fer-mer la serrure, il n'y a qu'à détourner l'écrou; à mesure qu'on lâche le pêne, il est poussé vers l'auberon par un ressort à boudin *H*. Ce ressort est appuyé par un bout contre le cylindre du côté où entre la clef, & de l'autre bout contre une platine ronde *G* que porte le pêne, afin que ce ressort ne pousse pas le pêne trop loin, & qu'il ne soit pas hors de la prise de la clef; il y a une platine ronde *E* brasée en dedans du cadenas, comme nous allons l'ex-pliquer plus en détail.

Figure 7 est le cadenas cylindrique qui se ferme par le moyen d'un res-sort à boudin.

A, le corps du cadenas.

B, l'auberon de l'anse.

C, la clef entrée dans le cadenas.

D E, le corps du cadenas ouvert qui laisse voir le trou *D* par où entre la clef. La platine *E* percée quarrément pour laisser marcher le pêne.

F, pêne taillé en vis par le bout *a*, le bout *F* est celui qui entre dans l'au-beron.

F est aussi l'endroit du pêne qui passe dans une platine contre laquelle il est soudé ou rivé.

G, platine attachée au pêne & à un bout du ressort à boudin.

H,

H, le ressort à boudin.

I, la clef.

K L M font voir toutes les parties en place dans un cadenas dont un côté à été emporté.

K, la clef coupée en deux selon sa longueur pour laisser voir la tête du pêne.

L, le bout du pêne qui entre dans l'auberon.

M, la platine qui empêche le pêne d'aller trop loin.

Article VIII.

Maniere détaillée de faire les Serrures, c'est-à-dire, de faire les pieces dont elles sont composées, & de les assembler.

Nous pouvons supposer à présent les différentes especes de serrures connues, puisqu'il n'en est point qu'on ne puisse ramener à quelqu'une de celles que nous avons décrites. Quelles qu'elles soient, leurs pieces s'assemblent à peu près de la même maniere. Mais les pieces dont les unes sont composées, se travaillent tout autrement que celles qui composent les autres. C'est sur-tout dans les clefs & dans les garnitures que le travail varie. C'est aussi ce que nous examinerons plus en détail. 1o, Nous commencerons par les clefs, c'est toujours aussi par où les Serruriers commencent les serrures : 2°, Nous traiterons ensuite des garnitures qui conviennent aux différentes clefs : 3°, nous verrons forger & limer les autres parties dont le travail est plus simple, comme les palâtres, cloisons, picolets, étoquiaux, pênes & ressorts : 4°, Nous assemblerons ensuite ces pieces pour en composer une serrure : 5°, Nous finirons ce qui regarde les serrures par l'examen de la sûreté qu'on peut se promettre de chacune d'elles, selon leur espece de garniture : à l'occasion de quoi nous dirons quelque chose des secrets.

§. *De la maniere de faire les Clefs.*

On prend une piece de fer de deux ou trois pieds de longueur, & de grosseur proportionnée à celle de la clef que l'on veut former. Ces sortes de pieces sont ordinairement des morceaux d'une barre plus large, qui a été fendue tout du long en deux ou trois ; aussi les nomme-t-on *des Fentons* *. On met un bout de ce fenton dans la forge. On lui donne une chaude suante, on le chauffe presque fondant. On le retire alors du feu, on le porte sur l'enclume pour le forger & l'étirer, ou, en termes de l'Art, pour enlever la clef. Ce qu'on appelle *enlever une Clef*, c'est donner grossiérement sa figure au bout du fenton, étirer la tige, le paneton, percer l'anneau,

---

* A Paris, on ne se donne pas la peine de refendre le fer, parce qu'on en trouve de tout échantillon chez les Marchands ; mais ils choisissent de bon fer de Roche.

& enfin détacher cette clef du reste du fenton. C'est apparemment de cette derniere opération, que la façon entiere d'enlever a tiré son nom *. L'anneau se prend toujours au bout du fenton. C'est la partie qu'on forge la premiere & d'abord à plus petits coups. Quand le reste est dégrossi, on le perce avec un poinçon de fer ; deux ou trois coups de marteau en font l'affaire.

Un bon Ouvrier enleve sa clef d'une chaude : Jousse assure qu'il en peut même enlever jusques à trois & quatre, quand le fer est doux ; mais c'est quand on enleve la clef avant que d'avoir étiré le paneton & percé l'anneau ; ce qui alonge la façon au moins de moitié.

On lui donne ensuite une nouvelle chaude, après laquelle on arrondit mieux la tige ; on reserve son embase si elle en doit avoir une ; on dégage cette tige du paneton ; on met le paneton de grandeur ; on forge son museau. Pour former ce museau, la pratique de plusieurs Serruriers est de tremper dans l'eau la clef presque couchée, en faisant entrer la premiere, la partie de la tige la plus proche du paneton, & cela jusqu'à ce que le milieu ou les deux tiers de la largeur du paneton soient mouillés. On la retire aussitôt de l'eau, & on frappe sur le bord où doit être le museau, qui n'ayant point été mouillé est encore rouge, & par conséquent souple, pendant que le reste a pris plus de dureté. Il s'étend, & déborde de l'un & de l'autre côté le reste du paneton. C'est la méthode la plus commode ; mais les bons Ouvriers ne la regardent pas comme la meilleure : la trempe durcit trop une partie de la clef ; ils savent assez ménager leurs coups pour forger le museau sans le secours de l'eau Ils serrent le paneton dans l'étau, & laissent en dessus la partie qui doit être applatie.

Si la clef est pour une serrure besnarde, elle doit avoir une hayve, ou, comme nous l'avons expliqué ailleurs, une partie en ligne droite, qui fait saillie sur une des faces du paneton. On fait l'hayve avant que le museau soit forgé ; on l'étampe, l'étau même sert de moule, ou d'étampe à la plupart des Serruriers. Ils approchent ses deux mâchoires l'une de l'autre, jusqu'à ce qu'il ne reste entr'elles qu'autant de distance que l'hayve doit avoir de largeur. Ils appliquent le paneton presque blanc sur l'étau, & à coups de marteau ils contraignent une petite partie du fer à se mouler entre les mâchoires. D'autres se servent d'un fer à hayve, c'est-à-dire, d'un fer où est creusée une gouttiere de la profondeur & de la largeur que doit avoir l'hayve ; ils tiennent ce fer sur l'enclume, & étampent le paneton dessus.

Il y a des panetons courbés, qu'on appelle *Panetons en S*, parce que leur courbure ressemble à celle d'une *S*. Ceux de cette sorte qui sont le plus grossiérement faits, se forgent sur l'arrête de l'enclume. Mais pour ceux qu'on travaille avec plus de soin, on tient le paneton droit & plus épais qu'à l'ordinaire ; on y perce ensuite deux trous *Planche XXXIV*, *Fig.* 11, l'un où

---

* Assez généralement les Serruriers emploient ce terme quand ils détachent d'un barreau un ouvrage dégrossi.

doit être le vuide autour duquel tourne la queue de l'*S*. La maniere dont on fore la tige apprendra celle dont on fore ces panetons; avec la lime on ouvre chacun de ces trous d'un côté, dans toute leur longueur; le côté où l'on ouvre l'un est sur une face du paneton, & celui où l'on ouvre l'autre est sur l'autre face; enfin limant les bords de ces trous, on acheve de donner la vraie courbure de l'*S*. On donne à d'autres panetons une courbure demi-circulaire vers le milieu; il ne faut pour ceux-ci que la moitié du travail nécessaire pour ceux qui sont en *S*.

Le paneton étant ainsi dégrossi, on travaille à mieux façonner l'anneau : nous ne dirons pas qu'on a donné une nouvelle chaude, nous supposons qu'on donne celles qui sont nécessaires, & il en faut plus donner à proportion que la clef est plus grosse, & que l'Ouvrier est moins habile. On tient le paneton avec des tenailles, & on fait entrer le bout d'une bigorne dans l'anneau; aussi cette façon s'appelle-t-elle *bigorner* l'anneau; à coups de marteau on dégrossit son contour, on l'aggrandit, on l'arrondit.

Il prend sur la bigorne une figure circulaire; ce n'est pourtant pas celle qui doit lui rester. Les anneaux de nos clefs communes sont un peu ovales, le dessus est applati en anse de pannier. Lui donner cette figure, s'appelle *le ravaler*. On serre pour cela la clef entre les mâchoires d'un étau, en laissant l'anneau en dehors. Dans cet anneau on fait entrer un des bouts d'un outil de fer appellé *Ravaloir*. Son corps est un prisme à quatre faces égales, & ses deux bouts sont coniques. On frappe contre cet outil engagé dans la clef, il alonge l'anneau du côté sur lequel il porte; on l'alonge de même de l'autre côté; & enfin pour surbaisser davantage le même anneau, on donne quelques coups de marteau immédiatement sur sa partie supérieure.

On dégrossit ensuite, si l'on veut, la clef avec la lime quarrée, on dresse mieux la tige, on la dégage davantage du paneton, on rend le paneton de la hauteur dont on le souhaite; en cas qu'il ne soit pas bien dans le plan de l'anneau, on l'y met. Si la clef est à bout, on arrondit son bout, on le dégage un peu du reste de la tige. Mais si la clef doit être forée, on songe à y travailler; on commence par faire un petit creux qui donne prise au foret, ce qu'on nomme *gouger la clef*, parce qu'on fait le trou avec une espece de burin appellé *Gouge*; il est plus épais que les burins ordinaires *.

Ce qu'on doit avoir principalement en vue en forant la clef, c'est que la forure ait le même axe que la tige; qu'elle n'incline point plus d'un côté que d'un autre; les forures des clefs communes sont rondes, elles se font par le moyen d'un foret d'acier bien trempé, comme tous les outils à couper le fer. Le bout de ce foret est semblable au taillant d'un ciseau, il n'en differe que par sa grandeur. Ce foret est dégagé derriere le taillant, c'est-à-dire, que

---

* Quand nous avons parlé, au premier Chapitre, de la façon de percer le fer, nous avons annoncé qu'il en seroit encore question lorsqu'il s'agiroit des clefs, & nous avons remis à cet endroit à parler de plusieurs manœuvres que nous avons vu qui étoient décrites par M. de Réaumur.

ſon taillant a plus de diametre que le reſte qui doit entrer après lui dans la forure, afin que le fer qu'il détache, trouve iſſue ; on en a de propres à des clefs de différents diametres.

On le fait toujours agir par le moyen d'un arçon ou archet, outil connu de reſte. Afin que l'arçon puiſſe le faire jouer, ce foret eſt engagé dans un eſſieu fixé dans le centre d'une boîte. Ce que les Serruriers nomment *Boîte du foret*, eſt une eſpece de cylindre, qui à l'un & l'autre bout a un rebord comme une bobine. Ces boîtes ont communément un pouce ſept à huit lignes de diametre, & quelquefois moins.

Les manieres dont on perce communément les clefs ſe réduiſent à deux ; dont la premiere eſt lorſqu'un Ouvrier perce ſeul ; il ſerre le paneton de la clef dans l'étau, au-deſſus duquel la tige reſte horizontale. Il appuie le bout du foret dans le trou commencé par la gouge, & il appuie contre ſon ventre le bout de l'eſſieu qui porte le foret ou la boîte, ce n'eſt pourtant pas immédiatement. Il a eu ſoin de couvrir ſon ventre d'une eſpece de plaſtron, appellé *Palette* ; c'eſt une piece de bois plate dont la figure importe peu, contre le milieu de laquelle eſt attachée une bande de fer percée de pluſieurs trous. C'eſt dans un des trous de cette bande qu'entre le pivot qui termine par un bout l'eſſieu de la boîte. La preſſion du ventre de l'Ouvrier ſoutient ſeule la palette, la boîte & le foret, & elle met le foret en état d'agir contre la clef. Dans cette attitude, l'Ouvrier fait aller & venir l'archet, & la clef ſe perce.

L'autre maniere de percer eſt en uſage pour les groſſes clefs, elle occupe deux Ouvriers. L'un ne fait que tirer l'archet, & l'autre tient la clef. Le foret ajuſté dans ſa boîte, eſt ſoutenu par un chevalet, c'eſt-à-dire, par deux petits montants de bois ; l'un eſt aſſemblé fixe à équerre au bout d'une piece, qu'on peut appeller *la baſe du Chevalet* ; cette piece a une entaille dans laquelle entre un tenon ménagé au bout du ſecond montant. Ce tenon eſt lui-même percé par une entaille, dans laquelle on fait entrer un coin par le moyen duquel on fixe ce ſecond montant à la diſtance où on le veut du premier.

Le chevalet ſe place dans un étau. Ses mâchoires ſerrent la piece horizontale qui ſert de baſe à ce chevalet. Pendant qu'un Ouvrier armé à l'ordinaire d'un archet, fait tourner la boîte avec vîteſſe, un autre ſoutient la clef, il la preſſe contre la pointe du foret. Il la tient dans des tenailles à vis, appellées *Etau à main*.

Comme le trou doit recevoir une broche droite & cylindrique, il doit être percé droit & rond. A meſure qu'on le perce, on examine s'il eſt tel ; quand la clef mérite quelque attention, on meſure avec un calibre ſi ſes parois ont par-tout une épaiſſeur égale ; ſi on laiſſe à la tige par-tout une égale épaiſſeur ; & c'eſt afin qu'on puiſſe mieux calibrer le trou, que Jouſſe, avec

quelques

quelques Serruriers, veut qu'on mette la tige à huit pans avant que de la forer.
Ce calibre eft compofé d'une bande de fer pliée en équerre *Planche XXXIII,*
*Fig.*13. Une des branches 4 de l'équerre eft environ d'un tiers plus courte que
l'autre 5 ; au bout de cette branche plus courte, il y a une broche de fer 6,
parallele à la plus grande branche de l'équerre. Enfin dans le bout de la plus
longue branche, il y a un écrou qui laiffe paffer une pointe de fer en vis 7, de
forte qu'on approche ou éloigne à volonté la pointe de la vis de la broche.
Voici la maniere de fe fervir de cet outil. On fait entrer la broche du calibre
dans le trou de la clef ; on l'applique d'un côté contre fes parois, & l'on fait
approcher la pointe de la vis jufqu'à ce qu'elle touche la clef en dehors. L'é-
paiffeur de la clef en cet endroit eft donc précifément ce qui eft compris entre
la broche & la pointe ; en faifant tourner le calibre, en le faifant monter &
defcendre, on voit fi l'épaiffeur eft par-tout la même ; où le calibre ne peut
paffer fans repouffer la pointe, l'épaiffeur eft plus grande, & plus petite où elle
touche moins. La broche ou tige eft taillée en vis du côté où elle touche une
des branches de l'équerre, & arrêtée par un écrou, ce qui donne la facilité
d'alonger la broche, de la faire entrer plus avant dans la clef.

On fe fert encore d'un autre calibre plus fimple, & affez bon pour les
clefs communes *Figure* 14. C'eft une lame de fer 8 pliée trois fois à angle droit ;
elle forme une efpece de petit chaffis, à cela près qu'un des côtés 9 de ce petit
chaffis eft rond, & qu'il ne touche pas un des bouts. Ce côté eft la broche
qui doit entrer dans la clef. L'efpace qui eft entr'elle & un des bouts du ca-
libre, fert à mefurer l'épaiffeur de la tige de la clef. On rapproche, ou l'on
écarte cette branche flexible, felon que l'épaiffeur de la clef le demande.

Mais pour toutes les clefs communes, on néglige de faire ufage de ces ca-
libres, & la plupart de ceux qui s'en fervent n'y ont recours que lorfqu'ils
arrondiffent la tige. Les autres calibrent leur trou en laiffant la clef librement
fur le foret, & la retournant fucceffivement de différents côtés. Si la direction
de la tige eft la même dans quelque fens qu'on la pofe, c'eft une preuve que le
trou eft bien au centre ; fi au contraire elle s'incline davantage, lorfque certai-
nes parties de la tige font au-deffus, c'eft une preuve que les parois de ces
parties font plus minces que le refte, que le foret les a creufées davantage.

Outre les deux manieres de forer les clefs, dont nous venons de parler, il
y en a une troifieme qui a été imaginée par M. Renier, & qui eft peut-être peu
connue. On s'y fert d'un chevalet *Figure* 12 qui a quelques pieces de plus que
le précédent ; elles épargnent l'Ouvrier occupé dans l'autre à tenir la clef, &
donnent un moyen de percer la clef beaucoup plus droit. L'effieu commun
à la boîte & au foret, paffe par-delà les deux montants. Un des montants a
une entaille quarrée, & c'eft en dehors de ce montant que le foret eft rete-
nu dans le bout de l'effieu qui le reçoit, par le moyen d'une vis ; un boulon
de fer empêche l'effieu de s'élever dans cette entaille. L'autre montant eft

percé par un trou rond , qui laisse passer l'autre bout de l'essieu. Ce bout d'essieu a au moins autant de longueur en dehors du montant , qu'on donne de profondeur aux trous des clefs forées le plus avant. La base du chevalet est prolongée par-delà ce montant , & le bout de la partie prolongée est entaillée ; dans cette entaille, est retenue, par un boulon, une piece de fer recoudée , qui a deux branches. Le coude est précisément dans l'entaille. La branche supérieure a une rainure du côté du montant ; dans cette rainure est le bout de l'essieu. La branche inférieure est chargée d'un poids autant pesant qu'on le juge nécessaire. Ce poids tend à faire tourner la branche recoudée vers le montant , & par conséquent à pousser l'essieu qui porte le foret ; ce qui produit la pression nécessaire pour que le foret trouve prise sur la clef. De l'autre côté, la base du chevalet porte un troisieme montant qui sert à tenir la clef. Le bout de la tige est sur le bout supérieur de ce montant , & le reste de la clef porte sur une espece de petite table quarrée. La piece qui forme cette petite table, est assemblée à équerre près d'un de ses bouts contre une autre piece à peu près de même grandeur & de même figure ; celle-ci s'applique contre la face du montant, & elle y est retenue par un boulon à vis fixé dans le montant. Elle a une entaille qui laisse passer ce boulon. Avec un écrou qu'on fait entrer dans la pointe de ce boulon , on la serre autant qu'il est nécessaire pour la soutenir. Dans le dessus de la petite table portée par cette piece , il y a quatre vis fixées ; ces vis donnent le moyen d'assujettir la clef qu'on veut forer. On pose dessus deux bandes de fer pliées chacune vers le milieu en portion de cercle, & percées chacune près de leur bout par un trou qui laisse passer une vis, d'où l'on voit assez qu'on gêne ces barres avec des écrous.

La clef étant ainsi en place, la branche inférieure de la piece recoudée étant chargée d'un poids suffisant, il ne s'agit plus que de faire jouer ce foret par le moyen d'un arçon ordinaire ; ce foret va toujours droit , & la clef fixe ne peut être que bien percée. On remarquera peut-être que le foret , à mesure qu'il avance, est moins pressé contre la clef , parce que l'inclinaison de la branche où le poids est suspendu change ; mais ce changement est si peu considérable que l'effet n'en est pas diminué sensiblement.

Nous nous servirons encore de cette occasion pour faire remarquer un moyen simple dont se servoit le même M. Renier pour forer plus vîte. Au lieu de l'huile dont les Serruriers frottent de temps en temps leur foret , il avoit un pot qui laissoit continuellement tomber de l'eau sur la clef. Cette eau a deux bons effets: elle entraîne la limaille à mesure qu'elle est détachée, & empêche le foret de s'échauffer ; elle lui conserve sa dureté. Il y a d'autres manieres, dans la Serrurerie, de percer des trous , dont nous ne parlons point ici, parce qu'ils ne conviennent point à ceux qui sont profonds *.

Mais les Serruriers cherchent à prouver leur adresse, en faisant aux clefs des

* On en a vu les moyens détaillés dans le Chapitre I.

trous bien plus difficiles que les simples trous ronds , & qui rendent les ferrures plus parfaites : nous allons parcourir les principales de ces especes de forures , & montrer comment il faut s'y prendre pour y réuffir.

Dans les forures ordinaires , la tige de la clef eft un cylindre creux , & c'eft ce qu'on appelle *forure fimple.* Mais on fait des clefs , qu'on nomme *à double forure* ; la tige eft compofée de deux cylindres creux qui ne fe touchent point l'un l'autre ; l'extérieur eft féparé de l'inférieur par un efpace vuide ; les Serruriers les appellent même *à triple forure,* parce qu'elles demandent une forure dans la broche de la ferrure qui reçoit la clef. Quelquefois la tige de ces clefs eft compofée de deux pieces , & c'eft la maniere la plus fimple de les faire. On perce d'abord la tige comme pour les forures ordinaires , à cela près qu'on donne à cette forure un diametre beaucoup plus grand par rapport à celui de la tige. On forge enfuite un fecond cylindre , dont le diametre eft moindre que celui du creux précédent , précifément de la quantité du vuide qu'on veut laiffer entr'eux. La longueur de ce nouveau cylindre fe prend égale à la profondeur du trou qu'on a percé dans la clef. On le fore, comme on a foré l'autre , après quoi on le fait entrer dans la tige de la clef , afin de l'y affujettir aifément , & de lui en faire occuper le centre ; en le forgeant, on a attention de lui laiffer une bafe d'une ligne ou deux de longueur, qui a même diametre ou un peu davantage que le trou de la tige ; ainfi ce cylindre n'entrant qu'à force, pourroit être ftable ; on le retient pourtant d'une maniere encore plus fixe ; on attache fa bafe contre la tige par le moyen d'une rivure ; on les lime enfuite , de façon qu'elles ne paroiffent point.

Mais la maniere la plus parfaite de faire les doubles forures , c'eft de les percer toutes les deux dans la tige même , fans rapporter aucune piece. On commence alors par forer le trou du centre. On forge enfuite une broche d'acier qui a même diametre que ce trou, & qui eft plus longue qu'il n'eft profond. Cette broche a de plus une queue de longueur arbitraire qui a plus de groffeur que le refte de la broche. Entre la queue & le corps de la broche, il y a une partie longue de quelques lignes, dont le diametre furpaffe celui du corps de la broche , précifément d'une quantité égale à celle de l'épaiffeur que doit avoir le cylindre qui entoure le vuide du milieu de la tige. Enfin on forge une virole d'acier , un peu plus courte que la tige de la broche. Cette virole eft elle-même un cylindre creux , elle peut pourtant s'ouvrir d'un côté dans toute fa longueur. Etant fermée, le diametre de fon vuide eft égal à celui du cylindre creux qui doit occuper le centre de la tige, l'épaiffeur des parois de ce cylindre comprife ; & l'épaiffeur de la virole eft la mefure du vuide qui doit féparer le cylindre extérieur de l'intérieur ; un des bouts de la virole eft taillé en lime. On l'ajufte fur la broche de façon que la tige de la broche occupe fon centre. On la rive fur la partie de la broche qui a moins de diametre que la queue, & plus que la tige. On la tient encore fermée, & sur-tout quand on commence à s'en servir, par le moyen de boutons coulants semblables à ceux des porte-crayons.

Voilà toutes les pieces qui composent l'outil nécessaire pour faire la seconde forure. Son usage est aisé à imaginer. On fait entrer le bout de la tige dans la première forure, & c'est le bout de la virole qui doit faire la seconde. La tige soutient le fer autour duquel la virole fore, & contraint la virole à tourner toujours autour d'un même centre. On engage la queue de la broche dans une boîte semblable à celles des forets communs, avec lesquels un homme seul perce une clef. Pendant que l'Ouvrier fait tourner d'une main la virole qui tient ici lieu de foret, il presse avec son estomac cette virole, par le moyen d'une palette, contre la clef qui est arrêtée dans l'étau.

Si l'on vouloit faire des forures triples & quadruples, on le pourroit en multipliant le nombre des viroles, ou en en employant successivement de différents diametres ; mais ce seroit un travail long & difficile.

Après les forures rondes, les plus ordinaires sont celles que les Serruriers appellent *en tiers-point*, c'est-à-dire, dont l'ouverture est triangulaire. Il y en a en tiers-point simple, l'ouverture de celles-ci est un triangle rectiligne ; il y en a en tiers-point canelé, les trois côtés de celles-là sont curvilignes. Les Aspirants à maîtrise sont obligés à forer des clefs de l'une ou de l'autre façon.

Pour forer une clef à tiers-point simple, on commence par lui faire une forure ronde ; on change ensuite ce cylindre creux en un prisme à base triangulaire, par le moyen de sept à huit broches plus grosses les unes que les autres, dont on se sert successivement. Ces broches sont d'acier trempé ; leur bout est triangulaire ; le corps de la broche l'est aussi, mais il a moins de diametre. La broche se termine par une queue plus forte que la tige précédente, & presque aussi longue. Près de son bout, elle a un talon ou une partie en saillie pour qu'on puisse la retirer facilement.

La premiere broche est la plus petite de toutes : en frappant sur sa queue, à petits coups, on refoule le fer des côtés du trou, on en détache aussi des parcelles qui tombent dans le fond du trou ; peu à peu l'on fait entrer la broche, elle rend un peu triangulaire le chemin qu'elle parcourt ; mais on lui en fait peu faire sans la retirer, elle pourroit s'engager trop ; & c'est afin de la pouvoir retirer qu'on lui a laissé un talon ; en donnant quelques coups au-dessous, on la dégage. Après l'avoir retirée, on la fait rentrer une seconde fois & même une troisieme, mais de façon que les faces de la broche touchent chacune une face du trou différente de celles qu'elles touchoient auparavant, les faces du trou en deviennent plus égales entr'elles.

Cette premiere broche ayant assez élargi le trou, on en emploie une plus grosse, groffe ; ou plutôt, pour épargner le temps & l'acier, on fait recuire la premiere pour la détremper ; on refoule fon bout pour le rendre plus large, & on lui donne une nouvelle trempe.

Un accident à craindre, c'eft de caffer la broche dans le trou. Il ne feroit guere poffible d'en retirer le morceau ; & fi l'on vouloit employer des forets ordinaires pour percer la partie reftée, on courroit rifque d'en caffer beaucoup fans avancer l'ouvrage. Une petite précaution que prennent les Serruriers, met leur travail en fûreté contre cet accident. Avant que de faire ufage des broches, ils mettent dans la forure de la clef une petite pincée de poudre ; & au lieu de bourre, ils chaffent un petit morceau de plomb jufqu'à la poudre ; quand une broche fe caffe, il n'y a qu'à faire rougir la clef, elle enflamme la poudre qui chaffe la broche *.

Les ferrures de ces fortes de clefs ont des canons qui font, pour ainfi dire, des étuis où la clef s'emboîte ; or comme il eft ordinaire de donner à l'extérieur de la tige des clefs forées en tiers-point une figure approchante de la triangulaire, le canon doit auffi avoir cette figure. Deux des côtés de ces tiges font plats & forment un angle, le troifieme qui eft celui d'où le paneton prend fon origine, s'arrondit ordinairement, & eft un peu détaché du refte par deux entailles qui vont depuis le bout de la clef jufqu'à l'anneau ; ce côté arrondi s'appelle la *contre-tige*. Cette contre-tige eft en dehors, ou à fleur du canon : le creux du canon eft triangulaire ; on le fait par conféquent avec une broche de groffeur proportionnée à celle de la clef. Mais le canon eft outre cela ouvert d'un côté dans toute fa longueur pour recevoir la contre-tige, & c'eft avec une lime ordinaire qu'on fait cette ouverture.

Le centre du canon doit auffi être occupé par une broche, précifément femblable à la derniere qui a fervi à forer la clef. On l'arrête par le moyen d'une petite goupille, ou rivet qui la traverfe & le canon, tout auprès de fon fond.

La forure en tiers-point cannelé, n'eft plus difficile qu'en ce qu'elle oblige à canneler les côtés des broches. La clef qui doit être percée de cette façon eft d'abord forée par un trou rond ; on change ce trou en un à tiers-point fimple, & on fait celui-ci en tiers-point cannelé.

On remarquera que la derniere broche que l'on emploie pour l'une & l'autre forure, a prefque autant de largeur qu'au bout, fur une longueur d'environ un pouce. Mais de quelques broches qu'on fe ferve, on ne doit pas oublier de mettre fouvent de l'huile, pour les faire gliffer plus aifément.

La forure en étoile *Planche XXXIV*, *Fig.* 30 & 31, n'a rien de plus difficile que celles en tiers-point, tout dépend encore de la figure des broches & de la maniere dont on les pofe.

Pour la forure en fleur de lys *Figure* 43 & 44, qui eft regardée comme une des plus difficiles, on forme d'abord quatre trous ronds, difpofés aux quatre

* Il faut éviter de fe mettre devant l'ouverture de la clef qu'on fait rougir.

SERRURIER.   M m m

coins d'un quarré dont le centre de la tige occupe le milieu ; le trou le plus éloigné du paneton, se transforme ensuite en celui qui repréfente le fleuron du milieu de la fleur de lys, ou, en terme de l'Art, *la lippe.* On y parvient avec des broches en lozange. Deux des autres trous deviennent les ailerons ; on fait paffer dans chacun fucceffivement, des broches évidées dans leur longueur ; enfin on fait le pied de la fleur avec un autre foret.

La maniere de forer les canons eft la même ; un grand ouvrage eft encore celui de travailler les broches qui doivent en occuper le centre ; on le fait avec la lime.

Il nous refte à préfent à voir comment on fend les clefs, c'eft-à-dire, comment on taille leurs rouets, rateaux, pertuis, & autres garnitures. Lorfque les clefs méritent qu'on prenne beaucoup de précautions, avant que de commencer à les fendre, on trace avec une pointe, appellée auffi *pointe à tracer,* des traits qui marquent la longueur & la figure de chaque fente, quelques-uns noirciffent auparavant le paneton avec du noir de fumée. Elles fe taillent avec deux fortes d'outils ; toutes celles qui fe terminent à une des faces du paneton, & qui font droites, comme les rateaux, bouterolles, rouets fimples, fe fendent avec une lime, que fon ufage fait nommer *Lime fendante ;* pour les autres entailles, comme les bras d'une pleine croix, le fût d'un villebrequin, & toutes autres qui ne vont pas fe terminer en ligne droite fur une des faces du paneton, elles s'ouvrent avec des burins & s'achevent avec des limes fines.

Les garnitures étant tracées, on met le paneton de la clef dans des tenailles faites comme les tenailles à vis ; elles n'en différent que parce que leurs branches s'approchent l'une de l'autre par leur reffort. On les nomme *des Serre-panetons.* On gêne le ferre-paneton entre les mâchoires d'un étau. Après quoi on commence par fendre les entailles droites qui fe terminent à une des faces du paneton ; car c'eft toujours par celles-ci qu'on commence, & n'importe par laquelle.

La lime avec laquelle on les taille, porteroit avec plus de raifon le nom de *fcie Planche XXXIII, Fig.* 17 ; c'eft une vraie fcie à main : les Serruriers les font eux-mêmes, & d'un excellent acier ; les dents font peu dévoyées ; la lime fe termine par une queue qui s'engage dans un manche de bois. Mais afin que cette fcie ou lime mince ait affez de force, on la garnit d'un doffier ; ce doffier eft une piece de fer à couliffe avec un manche, auffi longue en dehors que la fcie. Le dos de la fcie ou lime s'engage dans cette couliffe. La maniere de fe fervir de cet outil n'a rien de particulier, en peu de coups il taille une des fentes ; une fcie ordinaire ne fend guere plus vîte le bois.

Au lieu de cette fcie ou lime, d'autres fe fervent d'une vraie lime, qui eft taillée fur les côtés & jufqu'au tranchant, mais femblable dans tout le refte à la fcie précédente. Cette feconde lime eft plus propre à aggrandir les fentes déja ouvertes qu'à les tailler : les bons Serruriers ne s'en servent qu'à cet usage.

On voit bien que les fentes de la seconde espece ne peuvent s'ouvrir avec les scies précédentes; on a recours au burin, on le pousse à la main, & quelquefois on frappe dessus avec le marteau. On dresse, on applanit les mêmes fentes avec le burin, ou avec des limes très-fines. Comme les clefs, en tournant dans les serrures décrivent des cercles, chaque entaille devroit être renfermée entre des arcs de cercles qui eussent pour rayons, l'un la distance du centre de la tige au commencement de l'entaille, & l'autre la distance du centre de la clef à l'autre bord de l'entaille; mais on se contente de leur donner de la courbure, sans trop regarder laquelle, & encore ne le fait-on que pour les serrures de prix.

Enfin on acheve de façonner la clef avec des limes de différentes figures pour ses différentes parties; on lime l'anneau en dedans avec une queue de rat, & en dehors avec une lime carrelette, & de même les autres parties. On la polit avec des limes plus fines, ou avec un brunissoir. Quand elle est bien limée, on ne la serre plus dans l'étau qu'avec des tenailles de bois.

EXPLICATION des Figures de la Planche XXXIII, qui représente la maniere de forer & de forger les Clefs communes.

La *Vignette* représente des Ouvriers occupés à percer des clefs.

La *Figure* 1 fore seule une clef à la maniere ordinaire ; *a* est l'étau qui serre le paneton de la clef ; *b*, la palette de bois appliquée contre le ventre de l'Ouvrier ; *c*, l'archet qui fait tourner le foret.

Les *Figures* 2 & 3 sont occupées à forer une grosse clef. La *Figure* 2 tire & pousse l'archet avec ses deux mains. Le foret est porté par un chevalet. L'étau *d* tient ce chevalet assujetti. La *Figure* 3 tient avec des tenailles *Q*, ou un étau à main, la clef à forer, & la presse contre le foret.

La *Figure* 4 fore seule une clef tenue par le même chevalet qui porte le foret ; *f* est la piece de fer qui fait avancer le foret à mesure que la clef se perce. Le bas de la Planche fera mieux entendre cette disposition.

Bas de la Planche.

Figure 5 *A*, fenton au bout duquel on a enlevé une clef *B C*.

B, l'anneau qui n'est encore que percé.

C, le paneton.

D, endroit où la clef est presque détachée du fenton.

Figure 6 *E F G*, clef un peu plus dégrossie ; *E*, l'anneau qui a été bigorné ; *G*, le paneton.

Figure 7 *H I*, clef encore plus avancée ; *H* est le paneton auquel on a fait un museau.

I, l'anneau qui a été ravalé.

Figure 8 *K K*, ravaloir ; on ravale avec un des bouts *K*.

Figure 9 *L L M*, palette que l'Ouvrier s'applique contre le ventre quand il perce, comme on le voit *Fig.* 1 ; *M*, piece de fer percée de plusieurs trous dans un desquels il loge le bout de l'essieu de la boîte.

Figure 10 *N O P Q*, foret monté pour percer comme il paroît *Figures* 2 & 3.

N, la boîte.

O P, l'essieu.

Q, le foret.

R S T, le chevalet composé des deux montants *R T*, & de la traverse *S* qui est serrée par l'étau.

Figure 11 *V*, profil de l'étau à main.

X, sa face.

Figure 12 *Y Z a b c d*, chevalet de l'invention de M. Renier, avec lequel l'Ouvrier *Figure* 4 travaille.

Y Z, deux montants qui portent l'essieu de la boîte.

a c, cet essieu arrêté dans l'entaille *a* par un boulon.

b, le foret arrêté dans l'essieu par une vis.

c, le trou du montant *Y* qui laisse passer l'essieu.

e, coulisse qui reçoit le bout de l'essieu.

d f, base du chevalet.

f g, piece recourbée & mobile autour du boulon *f*.

g, la branche qu'on charge d'un poids, afin que la branche *ee* presse l'essieu.

h d, le troisieme montant du chevalet qui porte une vis en *h*.

i k l l m m, pieces qui s'appliquent contre le montant *h*, & qui y sont arrêtées par l'écrou & la vis *h i*.

l l m m, espece de table sur laquelle on arrête la clef, avec les bandes de fer qui servent à l'y assujettir.

n, *Figure* détachée, une de ces bandes ; *o*, une des vis ; & *k*, un des écrous qui la tiennent en place.

p q, la petite table représentée séparément ; la clef est tenue seulement par une bande.

r r, piece qui fait la base du chevalet vue séparément.

s t u, la boîte avec son essieu.

x, le foret.

y, gouge pour commencer le trou.

z, burin.

1, *2*, la piece recoudée qui presse le foret.

3, arçon ou archet.

Figures 13 ; 4, 5, 6, 7, calibre pour voir si les clefs se forent droit ; 4 5,

piece

piece de fer pliée en équerre ; 6, le montant qu'on fait defcendre plus ou moins par le moyen de la vis 5.

7, vis qu'on approche du montant 6, autant qu'il faut pour laiffer entre fa pointe & ce montant l'épaiffeur de la clef.

Figure 14 ; 8, 8, 9, calibre plus fimple & plus ordinaire dont on fait ufage en inclinant plus ou moins la branche 9.

Figure 15 ; 10, ferre-paneton ou mordache, efpece de tenailles pour tenir le paneton dans l'étau.

Figure 16 ; 11, autre ferre-paneton qui tient une clef.

Figure 17 ; 15, 16, lime à fendre ; 12, fon manche ; 13, la lime ; 14, piece de fer creufée en couliffe qui fert à foutenir la lime, & qu'on nomme *Dofferet* : on le voit féparément *Figure* 18.

EXPLICATION des Figures de la Planche XXXIV, où font repréfentées les différentes induftries auxquelles on a recours pour faire les forures les plus difficiles.

Figure 1, *A A* moule pour faire l'hayve d'une clef : il eft au moins auffi large ordinairement que le paneton ; mais s'il eût eu toute fa largeur, il auroit tenu trop de place.

Figure 2, *B B* hayve faite dans le moule précédent.

Figure 3, *C* le même paneton de clef auquel on a fait un mufeau ; on a retranché à ces clefs & à plufieurs des fuivantes l'anneau, pour ne leur pas faire occuper trop de place ; on a pourtant mis plufieurs de ces anneaux de différentes figures, pour donner une idée des manieres dont on peut les varier.

Figure 4, *D* tige forée, afin qu'on puiffe y rapporter une double forure.

Figure 5, *E F* canon qui fe rapporte dans la tige *D* en *F* ; on l'arrête avec un petit rivet.

Figure 6, *R* tige forée où l'on veut faire une double forure fans rapporter de piece.

Figure 7, *H* fer plié en virole pour faire la double forure.

Figure 8, *K M L I* virole pour la double forure montée fur fa broche.

I K, la broche.

L, la virole.

M M, anneaux qui la ferrent ; le premier eft un coulant qu'on fait approcher de *I*, à mefure que la forure avance.

Figure 9, *N O P* eft la broche.

Figure 10, *Q* la virole qui paroît ftriée en forme de lime.

Figure 11, *S T* paneton foré aux lettres *S* & *T*, pour prendre la figure d'une *S*.

V X, le même paneton qui forme une *S*, parce que les trous *S* & *T* ont été ouverts avec une lime.

SERRURIER. N n n

Figure 12 , *Y* clef qu'on veut forer en tiers-point simple.

Figure 13 , *Z* partie de la clef précédente dont la forure est devenue en tiers-point.

Figure 14, *a b* broche avec laquelle la forure ronde a été changée en tiers-point.

Figure 15, *c* la même clef dont la forure a été agrandie , & où la contre-tige *d d* est formée.

Figure 16, *e* broche qui a servi à agrandir la forure.

Figure 17, *f g* la même clef plus finie ; on remarquera qu'en *g* elle a un rouet fendu qui est un peu circulaire, ce qu'on n'observe que dans les clefs les plus parfaites.

Figure 18, *h* partie de la piece dont est fait le canon de la clef.

Figure 19, *i k l m* ce canon.

i, marque la broche qu'il a au milieu.

m, la fente qui reçoit la contre-tige de la clef.

Figure 20, *n* une coupe de la broche qui occupe le centre du canon.

Figure 21, *q* la clef *f g* de la *Figure* 17 dans le canon de la ferrure.

Figure 22 , *r* clef percée en tiers-point simple pour l'être en tiers-point cannelé.

Figure 23 , *s* broche pour le tiers-point cannelé.

Figure 24, *t u* clef commencée à percer en tiers-point cannelé.

Figure 25 , *x x* clef percée en tiers-point cannelé, & qui a sa contre-tige.

Figure 27 , *y* le canon de cette clef.

Figure 28, *ꝫ ꝫ* la broche qui la perce.

Figure 29, *&* montre une partie de ce canon dans l'état où il est quand la place de la contre-tige n'y est pas encore creusée.

Figure 30 ; 1, clef commencée à forer en étoile.

Figure 31 ; 2, la clef forée en étoile.

Figure 32 ; 3, la broche qu'on y emploie.

Figure 33 ; 4 marque la broche du canon & la fente qui reçoit la contre-tige de la clef.

Figure 34 ; 5, tige qu'on veut forer en fleur de lys, où l'on a déja percé quatre trous.

Figure 35 ; 6, broche avec laquelle on fait le fleuron du milieu, ou la lippe de la fleur de lys.

Figure 36 ; 7, la tige à laquelle cette lippe est faite.

Figure 37 ; 8, broche pour faire les feuilles des côtés de la fleur.

Figure 38 ; 9, tige où un des côtés de la fleur de lys est percé.

Figure 39 ; 10, forure en fleur de lys finie.

Figure 40 ; 11, broche qu'on y a employée ou qui sert au canon de la clef.

Figure 41 ; 12, la clef plus avancée.

Figure 42; 13, la clef finie.

Figure 43; 14, son canon.

Figure 44; 15, la clef dans son canon.

ARTICLE IX.
Des différentes sortes de Garnitures.

Nous avons assez fait remarquer que la principale force des serrures leur vient de leurs garnitures; c'est ce qui les caractérise, qui met une véritable différence entr'elles, les simples loquets & les verroux à ressort. Comme elles sont ce qu'il y a de plus important dans les serrures, elles sont aussi ce qu'il y a de plus difficile à faire; il faut être habile Ouvrier pour contourner de certaines façons des pieces de fer minces sans les casser quelque part. Aussi ne sauroit-on employer du fer trop doux pour cette espece d'ouvrage.

Nous regarderons à présent les serrures comme réduites sous deux genres: savoir, sous celui de serrures à clef forée ou serrures à broche, & sous celui de serrures besnardes, & cela parce que ce dernier a des especes de garnitures qui ne sont pas propres à l'autre. Nous commencerons par celles du premier.

§. I. Des Serrures forées.

Toutes les garnitures des serrures à clefs forées *Planche XXXV*, sont ou des rouets ou des bouterolles, ou des planches foncées, ou des rateaux. On trouve dans une serrure, tantôt les unes, tantôt les autres; & quelquefois on les trouve toutes ensemble. Les unes & les autres peuvent être contournées de presque autant de figures différentes, que l'Ouvrier en peut imaginer; il y en a pourtant certaines qu'on est plus en usage de leur donner; nous choisirons des plus simples, & des plus difficiles de celles-ci, autant qu'il en sera nécessaire pour donner idée de la façon dont les autres peuvent être forgées.

Comme on a donné les mêmes noms aux entailles de la clef, & aux garnitures de la serrure, nos expressions pourroient en être quelquefois équivoques, si nous n'avertissions desquelles nous voulons parler. Aussi aurons-nous soin d'ajouter quelquefois le mot de *serrure*, ou de *clef* selon que nous voudrons faire entendre que nous parlons de la clef, ou de la serrure. Par exemple, quand nous dirons *le rouet de la clef*, nous désignerons l'entaille faite dans la clef; & quand nous dirons *le rouet de la serrure*, nous désignerons la piece de la serrure, qui passe dans l'entaille ou rouet de la clef.

§. II. Des Rouets simples & Bouterolles.

Les rouets simples des serrures sont des lames de fer roulées, qui ne forment pour l'ordinaire qu'une portion de cylindre creux *D E* (*Figure* 1); quand le rouet de la clef est entaillé dans le côté du paneton le plus proche

de l'anneau , le rouet de la ferrure eft attaché contre le foncet ou la couver-
ture , & par conféquent il ne peut avoir que partie de la furface d'un cylin-
dre ; il doit au moins lui manquer tout ce qui eft néceffaire pour laiffer libre
le mufeau de la clef.

Quand le rouet eft taillé dans le côté du paneton le plus proche du bout
a (*Figure* 1 , *Planche XXXV*) , alors le rouet de la ferrure eft attaché con-
tre le palâtre , & il pourroit avoir toute la circonférence du cylindre. Mais
fouvent on ne la lui donne pas pour épargner le travail.

La bouterolle de la clef ne diffère du dernier rouet que parce qu'elle
eft plus proche de la tige *g* (*Figure* 6) ; car on appelle ainfi *l'entaille* qui la
fépare du paneton. Comme la bouterolle de la ferrure a peu de diametre, on lui
donne pour l'ordinaire toute la circonférence du cylindre X. (*Voyez Fig.* 2).

Ainfi les rouets & les bouterolles font toujours des cylindres ou des parties
de cylindres creux , qui ont pour hauteur la profondeur de l'entaille de la
clef , & pour diametre deux fois la diftance du centre de la tige à l'entaille.
Ils ont de plus deux pieds diamétralement oppofés ; c'eft-à-dire , deux petites
parties qui excedent le refte , & qui fe rivent dans le foncet , ou dans le
palâtre , felon la place du rouet.

On fait communément les uns & les autres d'une piece de fer forgée
mince , qu'on appelle , & que nous appellerons *Fer à rouet.* La largeur de
cette bande doit être égale à la hauteur du rouet , & fa longueur doit four-
nir la circonférence. Auffi nommerons-nous fouvent *hauteur du fer à rouet*
fa largeur , & *longueur du rouet* , une longueur égale à fa circonférence.

Ce ne feroit pas un ouvrage poffible à un Géometre , que de prendre fur
le fer à rouet , une longueur égale à la circonférence ou à partie de la cir-
conférence que doit avoir le rouet. Mais la chofe eft fimple pour le Serru-
rier qui n'a pas à y regarder de fi près. Pour les rouets communs , il ne s'a-
git que de mefurer une longueur égale à une demi-circonférence , depuis
le milieu d'un des pieds jufqu'au milieu de l'autre. Pour le faire , une des
méthodes eft de marquer précifément la place d'un pied ; de pofer , au-
tant exactement que l'œil en peut juger , le centre de la tige vis-à-vis le
milieu de ce pied , & de marquer avec un trait l'endroit où eft l'entaille
de la clef ; fur ce trait , on applique encore la tige de la clef , & ainfi de
fuite on prend trois fois la diftance du centre de la tige à l'entaille , ou , fi
l'on veut , on les prend avec un compas. A cette longueur, on ajoute environ
une treizieme ou quatorzieme partie , & là doit fe trouver le milieu du fe-
cond pied qu'on marque fur le fer à rouet. C'eft-à-dire , qu'on fuppofe ici
que la demi-circonférence eft égale à trois rayons , & un peu plus à caufe
qu'on retraint un peu le fer en le tournant.

L'autre méthode auffi fimple & très-ordinaire , c'eft de prendre une ou-
verture de compas quelconque , la plus petite eft la meilleure. On voit

combien

combien de fois cette ouverture fe trouve dans la demi-circonférence pi-
quée fur ce palâtre ou foncet. Suppofons qu'elle y foit quatre fois avec un
refte, on marque l'endroit où elle y eft jufte quatre fois fur la lame de fer à
rouet ; on prend une longueur qui commence au milieu d'un des pieds , &
qui eft égale à quatre fois l'ouverture du compas , plus à ce qui a refté outre
ces quatre ouvertures ; on lui ajoute même encore quelque chofe , & on lui
en ajoute d'autant plus que l'ouverture du compas fe trouve moins de fois
dans la demi-circonférence : la raifon en eft affez claire. Ce qui doit refter
au rouet par-delà les pieds , n'engage à aucune mefure gênante ; car fi on
lui en donne trop , il eft toujours aifé d'en retrancher.

La hauteur du rouet n'eft pas auffi difficile à prendre , puifque la longueur
de l'entaille de la clef la donne.

Le fer à rouet étant coupé de longueur & de hauteur , on le tourne fur
la mâchoire de l'étau & fur la bigorne. Si l'ouvrage étoit plus important ,
on pourroit le faire fur un mandrin du diàmetre du rouet ; mais c'eft une chofe
peu néceffaire. On le met en place quoique fouvent affez mal roulé , & on
y met auffi la clef ; on la fait tourner quelques tours , & elle arrondit parfaï-
tement le rouet , pourvu qu'entre les deux pieds , il y ait à peu près ce qu'il
faut pour fournir à la demi-circonférence. S'il y avoit trop , la clef lui fe-
roit faire un pli près de l'un ou l'autre pied , & corromproit vîte le rouet ;
s'il y avoit trop peu , la clef fe corromproit elle-même.

On donne une circonférence entiere aux bouterolles , & à quelques au-
tres rouets. On foude les deux bouts du fer à rouet l'un fur l'autre.

Il y a des ferrures de conféquence où , au lieu de rouler des lames de tôle ,
on perce une piece de fer , & on la lime tout autour d'épaiffeur convenable
pour faire les bouterolles : mais c'eft employer du temps affez inutilement.
J'ai connu des Serruriers habiles à qui l'ufage du tour étoit familier , qui y
avoient recours pour faire les bouterolles , les rouets , &c , des ferrures de
prix ; c'eft bien le meilleur moyen de leur donner une parfaite rondeur.

§. III. *Rouet en pleine Croix.*

Les rouets de la clef qui repréfentent une croix ordinaire , font nommés
des Rouets en pleine croix c b (*Planche XXXV , Figure* 1). Ils font compofés
d'une fente parallele à la tige comme les rouets fimples , & en ont de plus une
perpendiculaire à celle-ci , qui forme les deux bras de la croix. Ainfi le rouet en
pleine croix de la ferrure doit être partie d'un cylindre creux , qui , à la même
hauteur où font taillés les bras de la pleine croix de la clef , ait en dehors & en
dedans une lame circulaire perpendiculaire à fa furface , & qui excede , foit
du côté de fa furface extérieure , foit du côté de fa furface intérieure , de la lon-
gueur d'un des bras de la croix *M M N O* ; ou , ce qui revient au même ,

SERRURIER. O o o

qu'on imagine qu'on a appliqué ce rouet simple perpendiculairement sur un plan ; que du centre du cercle qui sert de base à ce rouet, on a décrit deux cercles, dont l'un qui passe par dehors le rouet, a un rayon qui surpasse celui du cylindre, de la longueur d'un des bras de la croix ; & dont l'autre cercle qui passe par le dedans du cylindre, a un rayon moindre que celui du cylindre, de la longueur d'un des bras ; que de chacun de ces cercles on prenne une portion semblable à celle de la circonférence du rouet ; & qu'on imagine qu'on a détaché du reste du plan, ou de la lame, la portion renfermée entre ces cercles ; il ne s'agira plus que de se représenter la partie du rouet simple où doivent être les bras passant au milieu de cette bande, pour imaginer l'effet qu'elle doit faire : ce que nous venons de dire, est aussi en quelque sorte la maniere dont on fait le rouet.

On commence par couper pour le rouet simple, une lame *A B A B A* de longueur & de hauteur convenable ; on lui réserve ses pieds *C C* ; ensuite, avant que de le tourner, vers le milieu de sa longueur, on fait une ouverture *D* un peu longue & d'une largeur à peu près égale à l'épaisseur de la lame qui doit former les branches de la croix. A la même hauteur *A A*, on fend l'un & l'autre bout du rouet jusqu'au pied le plus proche de ce bout. Après quoi on tourne ce rouet à l'ordinaire ; & même pour s'assurer qu'il l'est bien, on le met en place dans la serrure, & on y fait tourner la clef.

Alors on le retire, & on l'applique perpendiculairement sur une lame de fer, qui a été réduite à l'épaisseur qui convient aux entailles de la clef. Sur cette lame on décrit, avec une pointe à tracer, deux portions de cercle dont l'une marque l'endroit que touche le contour extérieur du rouet, & l'autre l'endroit que touche son contour intérieur. C'est-à-dire, qu'on décrit ces lignes en suivant, avec la pointe, la circonférence du rouet, d'abord par dehors, & ensuite par dedans. On marque de plus sur ces cercles l'endroit qui répond à la fente qui est dans le milieu du rouet, & les endroits où se terminent les deux fentes qui sont proches des pieds ; ou, si l'on veut, on ne décrit les cercles que jusqu'au commencement de chacune de ces fentes. La platine sur laquelle ces deux arcs de cercles ont été décrits, doit former les bras de la croix : une partie en doit être en dehors, & l'autre en dedans du rouet. Pour cela on la fend entre les deux cercles décrits jusqu'aux endroits où répondent les fentes du rouet proche des pieds ; & quand on en est à la portion de ces cercles qui répond à la fente du milieu, au lieu de suivre l'entre-deux des cercles, on coupe une espece de pied ou de rivure. Ce pied tient à la partie qui a le moins de circonférence. Il doit entrer par le dedans du rouet dans la fente qui est vers son milieu, & c'est-là où il doit être rivé. On agrandit avec la lime le trou qu'on a fait en fendant la platine, jusqu'à ce que son vuide soit à peu près égal à l'épaisseur du rouet ; aussi est-ce une entaille où elle doit être logée. On plie ensuite un peu en dedans

les pieds du rouet, ce qui l'ouvre un peu ; alors on le fait entrer tout dou-
cement dans l'entaille de la platine, ayant en même temps attention que le
pied de la platine foit reçu par la fente du milieu du rouet, où on le rive
enfuite. On redreffe avec le marteau la platine, ou le rouet, ou fes pieds
dans les endroits où ils ont été un peu courbés ; car il n'eft guere poffible
que ces deux pieces confervent exactement leur figure pendant qu'on les
emboîte l'une dans l'autre. Enfin on coupe à froid avec des cifeaux tout ce
que la platine a de trop, foit par dehors, foit par dedans, par rapport à la
profondeur des bras de la croix de la clef.

On voit que la partie de la platine qui eft par dedans, eft mieux affujettie
que celle qui eft par dehors. Cette derniere n'a point de pied, de forte
qu'elle n'eft point attachée depuis la fente d'un des bras jufqu'à la fente de
l'autre ; il eft vrai que des Serruriers habiles la fertiffent de façon qu'elle em-
braffe très-étroitement le rouet. Mais fi on la brafoit, elle n'en feroit que
mieux retenue ; & c'eft le cas où il devroit être permis d'employer de la
foudure ; elle ne pourroit faire qu'un bon effet.

§. I V. *Croix de Lorraine.*

La Croix de Lorraine *Figure* 3, ne differe de la croix ordinaire qu'en ce
qu'elle a deux bras de plus paralleles aux deux autres. D'où l'on voit que pour
faire un rouet de ferrure en croix de Lorraine, il faut ajouter en pleine croix
une feconde platine, qu'on prépare & qu'on pofe comme la premiere.

§. V. *Rouets à faucillons, foit en dehors foit en dedans, & Bouterolles à faucillons en dehors.*

Lorfque le rouet de la clef n'a qu'une des branches de la croix, on l'ap-
pelle *Rouet à faucillon.* Si cette branche ou ce faucillon eft entre la tige de la
clef & le rouet, c'eft un *faucillon en dedans, Figure* 9 *I*, & *Figure* 2 *d.* S'il
eft entre le mufeau de la clef & le rouet, c'eft un *faucillon en dehors.*
Il fuit de la pofition de la bouterolle, qu'il n'y a que cette derniere efpece de
faucillon qui lui convienne, *Figure* 4 *i.*

La garniture de la ferrure qui répond à ces deux efpeces de rouets, eft
femblable à celle de la pleine croix, à laquelle on auroit ôté la partie de la
lame qui eft ou en dedans, ou en dehors du rouet. Ainfi la maniere de les
faire eft encore plus aifée que celle de faire la pleine croix ; on commence
de même par couper le rouet fimple, dans lequel on fend trois ou quatre
trous, à la hauteur où doit être le faucillon, favoir, un près de chaque
pied, & l'autre ou les autres entre ceux-ci. On applique le rouet après
l'avoir tourné fur une platine, fur laquelle on marque le contour, foit in-

térieur, soit extérieur du rouet; on y marque de plus des pieds aux endroits qui répondent aux fentes du rouet, & il ne reste plus qu'à couper la lame, river ses pieds, & la réduire à une hauteur convenable.

A l'égard du faucillon en dehors que portent quelques bouterolles, ordinairement on le fait d'une platine percée au milieu, à laquelle on ne laisse point de pieds, parce qu'on brase cette platine. Car cette bouterolle ayant une circonférence entiere & peu de diametre, il seroit très-difficile d'y river les pieds du faucillon, si on lui en laissoit; on fait pourtant des bouterolles à faucillons qui demandent plus de travail, & ce sont les seules permises par les Statuts des Serruriers de Paris. On prend une piece de fer ronde qui a autant de diametre par-tout qu'en a la bouterolle avec son faucillon; on perce cette piece au milieu, afin qu'elle puisse recevoir la tige de la clef, & en dehors on diminue son épaisseur jusqu'à ce qu'elle n'ait que celle qui convient à la fente de la clef, en réservant une partie en saillie tout autour qui ferme le faucillon.

§. VI. *Rouets & Bouterolles renversés en dehors ou en dedans, soit à angle droit, soit à crochet.*

Quand le bras de la croix est à un des bouts du rouet, on l'appelle *un Rouet renversé, en dehors* ou *en dedans*, selon que cette entaille est entre le rouet & le museau, ou entre le rouet & la tige. Si ce bras, cette entaille est perpendiculaire au corps du rouet, c'est simplement *un Rouet renversé I* (*Figure* 9). Mais si elle y est oblique, on le nomme *Rouet renversé en crochet* ou *en bâton rompu e* (*Figure* 2).

On coupe le rouet renversé plus haut au moins qu'un rouet simple, de tout ce qu'il faut pour faire le pli: en forgeant le fer à rouet, on tient la partie qui doit le fournir environ du double plus épaisse que le reste. Quelques-uns même, pendant que leur fer à rouet est encore tout droit, le plient en deux plus près d'un de ces bouts que de l'autre, & cela seulement afin de lui donner là plus d'épaisseur qu'ailleurs; après quoi on le tourne, s'il doit être renversé en dehors. Après l'avoir tourné en rond, en frappant doucement & le tenant appuyé sur l'enclume ou la bigorne, on lui rabat un rebord à angle droit, obtus ou aigu, selon que la fente de la clef le veut; mais il est à remarquer qu'on commence toujours à rabattre ce rebord par les bouts du rouet, & qu'on les tient pour cela plus épais, & un peu plus larges que le reste. Les bouts maîtrisent le corps de la lame. Jousse veut pourtant au contraire qu'on commence à le rabattre par le milieu; mais les Ouvriers d'aujourd'hui se récrient contre cette méthode.

Il y a un peu plus de façon pour le rouet renversé en dedans, & cela parce qu'il y a à craindre d'ouvrir le rouet en le renversant, & que la partie qu'on

qu'on renverſe doit, étant renverſée, avoir une moindre circonférence ; or
il eſt toujours plus aiſé d'étendre du métal en le frappant, que de le rétré-
cir ; ayant coupé le rouet de longueur & de hauteur convenable, on le plie
ſur un mandrin qui a le même diametre que le rouet doit avoir en dedans.
On laiſſe le rouet ſur ce mandrin, & on prend une virole de fer qui n'a pas
un cercle entier de circonférence, & dont le diametre eſt égal à celui du
cylindre revêtu du rouet ; on met cette virole autour du rouet, comme
le rouet eſt autour du cylindre. On ſerre enſuite le tout entre les mâchoires
d'un étau. On remarquera ſeulement que le rouet a été placé de façon qu'il
excede le mandrin de tout ce qu'il faut pour fournir au renverſement. En
frappant cette partie, on l'abat ſur le bord du mandrin, pendant que la vi-
role & le mandrin maintiennent le rouet.

§. VII. *Pleines Croix renverſées en dehors ou en dedans, ſous un angle quelconque.*

La pleine croix renverſée dans la clef eſt celle qui au bout d'un de ſes
bras a une entaille ; ſi cette entaille *f* (*Planche XXXV*, *Fig.* 2) eſt au bout
du bras le plus proche de la tige, elle eſt renverſée en dedans, & en dehors,
ſi elle eſt à l'autre bout. Pour l'une & l'autre, on fait une pleine croix à l'ordi-
naire, mais à laquelle on laiſſe de quoi fournir à la renverſure, du côté où
elle doit être. On a deux viroles de fer qui ont chacune, leur épaiſſeur com-
priſe, le diametre du rouet pris en dedans, ſi la renverſure eſt en dedans ; &
le diametre du rouet pris en dehors, ſi la renverſure doit être en dehors. Cha-
que virole a autant d'épaiſſeur que le bras a de longueur juſqu'à l'endroit où
il doit être renverſé. On met une de ces viroles en deſſus, & l'autre en deſſous
de la platine qui répond au bras de la croix, & à petits coups de marteau, on
la renverſe ſur une des viroles. Si l'on veut que le coude ſoit à angle droit, le
bord de la virole eſt plat ; ſi l'on veut un autre angle quelconque à ce coude,
on donne le même angle au bord de la virole.

Puiſque les faucillons ſont ſemblables aux bras des croix, il eſt aſſez clair
qu'on renverſe leurs garnitures de la même façon.

§. VIII. *Des Rouets & des pleines Croix haſtées, ſoit en dedans, ſoit en dehors.*

Lorſqu'un rouet ou le bras d'une pleine croix *B C* (*Figure* 1) outre la
renverſure, a un ſecond coude, on l'appelle *un Rouet haſté k* (*Fig.* 3), ou
une pleine croix haſtée ; quelquefois une pleine croix eſt renverſée d'un côté &
haſtée de l'autre, & cela quand un de ſes bras n'a qu'un coude & que l'au-
tre en a deux. Quelquefois le rouet eſt haſté, & il a une pleine croix ſoit
ſimple, ſoit renverſée ou haſtée.

Nous prendrons pour exemple la maniere dont on fait un rouet simple, qui porte une pleine croix renversée d'un côté.

On coupe la bande de fer qui doit former le rouet, comme pour un rouet simple, & on la prend assez large pour fournir à la hauteur du rouet hasté. On prépare ensuite une autre bande de fer, un peu plus large & plus longue que la précédente, & qui a autant d'épaisseur qu'il y a de distance entre le premier & le second coude du rouet de la clef. Entre les deux bouts de cette bande, on taille une fente droite assez large, & assez longue pour laisser passer la lame qui doit devenir le rouet. On fait passer cette lame au travers de la fente ; après quoi, à coups de marteau, on l'abat de l'un & de l'autre côté de la fente par où elle a passé. Ainsi on lui fait les deux coudes qu'elle doit avoir. Ils sont tous deux à angles droits, si la fente est coupée quarrément. Mais si l'on veut qu'un des coudes ait un autre angle, il n'y a qu'à donner la même inclinaison au côté de la fente sur lequel ce coude doit se mouler.

Il ne reste donc plus qu'à rouler ce rouet, & on le roule avec la piece même qui a servi à faire ses hastures, elle le soutient ; pour le faire plus commodément, on prend un mandrin qui a une branche mobile autour d'un bouton 4, 5, 6 ; cette branche forme, avec le corps du mandrin, des especes de tenailles ; on met un des bouts du rouet entre le corps du mandrin & sa branche. On la serre ensuite dans l'étau, & en donnant plusieurs recuits, on tourne le rouet à petits coups de marteau, & la bande sur laquelle il est appliqué, autour du mandrin. Après quoi on coupe cette bande pour en retirer le rouet.

Si le second coude *C* de la hasture *Pl. XXXV*, *Fig.* 7, a un angle trop aigu, pour qu'on puisse le lui donner de la maniere précédente, on a recours à un autre expédient. Le rouet hasté en bâton rompu de la *Figure* 7 en donnera un exemple. On prend encore une lame plus longue & plus large que le rouet, & qui a à peu près en épaisseur ce qu'il y a de distance d'un coude à l'autre. Dans cette piece 29, 30, on creuse une entaille, dont une des faces fait, avec le dessus de la lame, le même angle que fait dans la clef la premiere partie renversée avec le corps du rouet. Cette face de l'entaille a autant ou plus de largeur que la premiere partie renversée a de longueur ; on donne à l'autre face de l'entaille, la même inclinaison par rapport à la précédente, qu'à la partie du rouet, qui vient après le second coude, avec celle qui est entre les deux coudes ; & enfin on forge une espece de coin de fer aussi long que l'entaille, & de figure à s'y bien appliquer ; tout étant ainsi préparé, on pose la lame destinée au rouet sur l'entaille précédente, & sur cette lame on pose le coin ; en frappant doucement sur le coin, on contraint le fer à rouet à se mouler dans l'entaille, ce qui forme le second coude ; pour le premier, on le lui fait en l'obligeant de s'appliquer sur le reste de la bande de fer entaillée. On plie enfuite le rouet & la lame enfemble comme nous l'avons dit ci-devant. Mais avant que de les plier, on a foin de les river fur une piece qui les retient enfemble.

Jouffe donne une maniere de faire les rouets haftés de la premiere efpece différente de celle que nous avons expliquée. Il veut qu'on fe ferve d'un man-drin de même diametre que le rouet, qui ait à un bout une entaille de même hauteur & profondeur que le premier coude de la hafture ; qu'on plie le fer à rouet autour de ce mandrin, & qu'on lui faffe le premier coude. Après quoi il fait mettre une virole d'une ligne & demie d'épaiffeur autour de la partie qui a été renverfée fur le mandrin ; il laiffe déborder cette partie par-delà la virole, fur laquelle il la fait enfuite replier à petits coups, pour faire le fecond coude. Mais la maniere que nous avons donnée eft plus fûre pour tourner le rouet fans le faire fendre.

Le même rouet peut, comme nous l'avons dit, porter une pleine croix haftée, ou renverfée, ou tous les deux enfemble. Alors on fait ce rouet com-me nous venons de le dire ; on lui ajufte la platine comme aux pleines croix fimples ; & s'il faut la renverfer, on la renverfe, comme nous l'avons vu en parlant des pleines croix renverfées.

A l'égard de celles qui de plus font haftées, on les fait, comme on les ren-verfe, par le moyen de deux viroles ; mais une de ces viroles, favoir, celle fur laquelle on a renverfé la platine la premiere fois, a un rebord placé à la hau-teur que le demande la fente de la clef ; on recourbe le rouet la feconde fois contre ce rebord, on lui fait prendre le même angle.

§. IX. *Rouet en N.*

CE qu'on appelle *Rouet en N* (*Figure* 8), eft un rouet auquel les deux coudes de la hafture font prendre la figure d'une *N*. Il eft aifé d'imagi-ner comment doit être taillée la piece dans laquelle on moule, pour ainfi dire, le rouet pendant qu'il eft droit. Cette piece a une entaille oblique dans la-quelle le fer à rouet prend la direction des jambes de l'*N*. En renverfant le fer à rouet en fens oppofé de chaque côté de l'entaille, on fait les deux jam-bes. Enfin il ne refte plus qu'à rouler ce rouet avec fon moule, duquel on le retire enfuite.

§. X. *Rouet en fût de Vilebrequin.*

LE rouet appellé *en fût de Vilebrequin l* (*Figure* 4), parce qu'il reffemble au fût ou manche de cet outil, eft un rouet qui a double hafture, c'eft-à-dire, qu'il a quatre coudes. Il y en a en fût de vilebrequin dont les angles font droits, & d'autres dont les angles font aigus ; ceux-ci font appellés *des fûts de Vilebrequin en queue d'aronde* ; la grande difficulté eft de tourner ces rouets, on n'y travaille qu'après qu'ils ont été pliés aux endroits où ils le doivent être.

Ceux qui sont à angles droits, se plient sur l'étau. On peut aussi les plier sur une espece de mandrin comme le dedans du fût; mais un pareil mandrin n'est bien nécessaire que pour ceux qui sont en queue d'aronde.

Quand les uns & les autres ont été pliés, on prend une piece de fer doux plus longue & plus large que le rouet, & qui a autant d'épaisseur que le fût a de profondeur. On fend cette piece avec la lime à fendre, en ligne droite, en deux endroits différents. Chacune des fentes commence à un des deux bouts de la bande de fer, & a plus de longueur que la lame destinée au rouet; si ce rouet est en fût de vilebrequin à angles droits, elles sont toutes deux perpendiculaires aux surfaces de la lame; & si le rouet est à queue d'aronde, elles sont inclinées comme le sont dans la clef les entailles qui forment la queue d'aronde. C'est-à-dire, que le plein qui reste entre ces deux entailles est un moule qui doit s'appliquer exactement dans le fût du vilebrequin.

On fait entrer doucement le fer à rouet dans ces deux fentes; mais avant que de l'y faire entrer, on lui a formé les deux coudes du milieu du fût; on acheve les deux autres après qu'il est entré dans le moule; on renverse sur chaque côté du moule une partie du rouet. Enfin, à chaque bout du moule, ou au moins à un bout, on rive sur le rouet une petite bande de fer qui ne sert qu'à contenir mieux ces pieces. Il ne reste plus alors qu'à tourner le rouet comme nous l'avons expliqué, savoir, sur un mandrin d'un diametre convenable.

Etant tourné, on brise le moule pour en retirer le rouet, on lui fait ses pieds; & s'il a quelqu'autre garniture, comme pleine croix, &c, on la lui ajoute.

§. XI. *Rouet en H.*

Le rouet qui dans la clef a une seconde entaille parallele à la plus longue, & jointe à celle-ci par une troisieme entaille qui leur est perpendiculaire à l'une & à l'autre, est appellé *un Rouet en H*, E (*Figure* 8): pour le faire, on prend une lame de fer mince de la longueur du rouet; pour la largeur, on en jugera par la maniere dont on la travaille. On plie cette lame en deux selon sa longueur, après quoi on la fait entrer dans un moule qui a une longue entaille, ou l'on se sert de la mâchoire de l'étau. L'épaisseur de ce moule est égale à la longueur de l'entaille qui dans la clef représente la barre de l'*H*; la platine à rouet déborde de l'un & de l'autre côté du moule. On l'ouvre du côté où les deux bouts sont appliqués l'un sur l'autre, & on la frappe à petits coups sur le côté opposé, afin d'élargir ce côté au point nécessaire, pour qu'il forme la plus courte jambe de l'*H*; enfin on le tourne à la maniere ordinaire.

§. XII.

§. XII. *Rouet en Y.*

Le rouet en *Y*, *D* (*Figure* 7), eſt encore plus facile que celui qui eſt en *H*; on plie auſſi en deux la bande de fer à rouet, en frappant ſur cette bande repliée; on ſoude enſemble les deux parties qui doivent faire le pied, la tige de l'*Y*. Enſuite ſéparant les deux branches, on ouvre l'*Y*, & on tourne le rouet à meſure, frappant ſur l'étau alternativement la branche qui eſt dehors & celle qui eſt en dedans du rouet. On élargit l'une, & on retraint l'autre.

Il y a une autre maniere de faire les rouets en *Y*, qui convient auſſi à des rouets de diverſes autres figures. Après avoir plié le fer à rouet comme nous l'avons dit, on en ouvre les deux branches pendant que ce fer eſt droit, on le fait paſſer dans les fentes de la clef pour s'aſſurer qu'il a la figure qui leur convient; alors on remplit d'étain fondu, le vuide qui eſt entre les deux branches de l'*Y*; & quand l'étain eſt refroidi, on tourne le rouet à l'ordinaire : l'étain maintient les branches à peu près dans l'inclinaiſon où on les a miſes.

§. XIII. *Rouet en S.*

Le rouet en *S*, *B* (*Figure* 6), c'eſt-à-dire, le rouet dont le bout ſe termine par une *S*, eſt fait auſſi comme les rouets en *H* & *Y* d'un fer à rouet qui a été d'abord plié en deux. Mais pour former celui en *S*, le pli ne doit pas être fait au milieu du fer à rouet. On laiſſe les deux parties appliquées l'une ſur l'autre, depuis le pli juſques où doit commencer l'*S*, c'eſt-à-dire, qu'on laiſſe droit ce qui répond à la profondeur de la fente droite où elle finit, on écarte l'une de l'autre les deux parties du fer à rouet. Elles ſont inégalement larges, puiſque le pli n'a pas été fait au milieu de la bande. La plus étroite forme la queue de l'*S*, & la plus large en forme la panſe & la tête. On roule chaque partie autour d'un fil de fer en les frappant à petits coups, après quoi on tourne ces rouets, comme tous ceux qui ſe font dans des moules.

§. XIV. *Rouet en fond de Cuve.*

Quand la principale entaille du rouet de la clef, au lieu d'être parallele à la tige, lui eſt inclinée, on la nomme *un Rouet à fond de cuve s t* (*Fig.* 5) : auſſi la garniture qui lui répond reſſemble à une portion de cuve, ou plus exactement, c'eſt un cône tronqué & creux. Cette eſpèce de garniture eſt peu en uſage; Jouſſe dit qu'elle corrompt les clefs à cauſe du grand eſpace qu'il leur faut. Mais c'eſt plutôt parce qu'elle eſt difficile à faire; un paneton peut avoir de la force de reſte, quoique des fonds de cuves y ſoient taillés. Les Serruriers ſont ſur-tout embarraſſés à couper ces rouets de hauteur.

Serrurier. Qqq

La difficulté est plus grande à les couper de longueur ; à la vérité ils ne doivent pas être fermés non plus que les rouets simples communs ; s'ils l'étoient, la clef ne pourroit y entrer. Mais il faut qu'il reste une certaine portion de cercle entre leurs deux pieds, & la difficulté est de déterminer la longueur qui y convient à l'un & l'autre bout du rouet pour leur donner des portions de cercles semblables. Pour faire sentir en quoi consiste cette difficulté, nous sommes obligés de faire quelques raisonnements qui jetteront du jour sur la pratique que suivent les Serruriers.

Si l'on conçoit l'entaille du rouet prolongée jusqu'au centre de la tige, comme en q, & que l'on conçoive aussi la ligne qui marque le bord du paneton prolongée jusqu'au centre de la même tige comme en r; la ligne $q r$ sera l'axe du cône dont le rouet $o p$ de la serrure doit être une partie, & cette partie est celle qui enveloppe le cône tronqué dont $n p r o$ est la coupe. Supposons ce cône tronqué recouvert d'une bande de papier qui s'applique dessus exactement ; si ayant fendu cette bande de papier le long d'un des côtés du cône, nous l'enlevions de dessus le cône, nous n'aurions qu'à appliquer la même bande sur une piece de fer propre à notre usage, couper cette piece de fer, & ensuite la rouler.

Mais voici la pratique que suivent les Serruriers : on doit supposer la fente de la clef prolongée jusqu'au milieu de la tige. On prend, avec le compas, la longueur de cette fente prolongée. De cette ouverture de compas, on décrit un arc de cercle sur une platine de fer. D'une seconde ouverture de compas, on prend la longueur qu'il y a depuis l'endroit où finit l'entaille, jusqu'à celui où étant censée prolongée, elle rencontre le milieu de la tige. De cette ouverture & du centre du cercle décrit, on décrit un second cercle sur la platine de fer. La partie comprise entre ces deux cercles donne la hauteur du rouet. On marque en quelque endroit de l'un ou de l'autre cercle, un pied du rouet. Du milieu de ce pied, on mesure une circonférence précisément comme on l'a fait pour placer le second pied des rouets simples : c'est-à-dire, ou en appliquant trois fois la clef sur cette circonférence, ou en en divisant en quatre ou cinq parties, le demi-cercle piqué sur le palâtre, & rapportant ces divisions depuis le premier pied jusqu'au second. Le second pied étant marqué, on tourne ces rouets, comme les simples, sur l'étau & sur la bigorne.

Une maniere plus sûre, mais plus longue, de faire ces rouets, seroit d'avoir un mandrin conique de même hauteur & de même diametre que le cône de l'entaille, & de forger sur ce mandrin le rouet. On pourroit même faire un mandrin pareil de cire, ou de bois, le revêtir d'une bande de papier, jusqu'à l'endroit où le cône doit être tronqué, on n'auroit qu'à étendre le papier sur une platine de fer, le piquer tout autour pour couper le fer à rouet assez exactement de grandeur ; car je suppose qu'on auroit marqué la place des pieds sur la feuille du rouet.

Au reste, les pieds sont du côté du petit, ou du côté du grand cercle, selon le côté du rouet qui doit être attaché à la serrure, & selon la partie de la serrure à laquelle il doit être attaché.

§. XV. *Rouet foncé.*

On appelle *Rouet foncé K* (*Figure* 9), celui qui étant fendu parallélement à la tige de la clef, est croisé par une entaille semblable à celle du rouet en pleine croix, mais placée au bout du rouet. C'est un rouet taillé en *T* : par conséquent on pourroit faire le rouet foncé, en soudant ou en rivant au bout du rouet simple, une platine semblable à celles des rouets en pleine croix. Mais les bons Serruriers veulent qu'il soit fait sans rivure, d'une seule piece.

Pour cela, on coupe une bande de fer de largeur convenable, comme pour un rouet simple : mais en la forgeant, on a attention de la tenir beaucoup plus épaisse d'un côté que de l'autre. On serre le côté épais entre les mâchoires d'un étau, on le frappe, on l'oblige à s'élargir. Ce dont il déborde de l'un & de l'autre côté du corps de la lame, est ce qui forme la fonçure. On la lime de chaque côté pour la réduire à la largeur convenable, & on tourne ensuite le rouet en frappant à petits coups sur les bords de la fonçure. On a un *faux rouet*, c'est ainsi qu'on appelle une Platine qui a au milieu un trou circulaire du diametre que doit avoir le rouet ; en appliquant à diverses reprises le vrai rouet sur le faux, on voit ce qui manque à sa courbure.

Quelques Ouvriers qui craignent de ne pas réussir à tourner ces rouets, forgent une platine ronde, du milieu de laquelle ils enlevent une platine circulaire de même diametre à peu près que le vuide qui doit être au milieu du rouet. Ainsi il leur reste une couronne circulaire, ils la serrent dans les mâchoires d'un étau ; & en frappant sur son bord intérieur, ils lui font un rebord ; pour fournir à ce rebord, ils ont eu attention, en forgeant la platine, de la tenir plus épaisse qu'ailleurs vers cet endroit.

§. XVI. *Planche foncée.*

Il n'y a guere d'espece de garniture qui vaille celle-ci ; on manque rarement de la mettre aux meilleures serrures : quand elles sont bien placées & de grandeur convenable, elles rendent les crochets inutiles. En général, on appelle *Planche* une lame parallele au palâtre qui en est soutenue à quelque distance. Une des dents de la clef, plus profondément fendue que les autres, tourne autour de cette planche. C'est, pour ainsi dire, un rateau qui fait tout le tour de la serrure, & beaucoup plus large que les autres. Presque toutes les serrures besnardes ont des planches, au moins toutes celles qui ont des pertuis en ont ; mais on ne les appelle *Planches foncées* que dans les serrures dont les clefs sont forées, ou que quand la fente ne va pas jusqu'à la tige

Les autres s'appellent *Planches simples H (Figure 8)*.

An bout de l'entaille de la clef, on finit celle de la planche ; il y a une autre entaille qui est celle qui fait la fonçure, & ces deux entailles ensembles font la planche foncée.

L'entaille qui fait la fonçure est tantôt parallele, tantôt inclinée à la tige ; souvent elle est renversée, ou a des hastures ; en un mot, elle est susceptible des mêmes variétés que les autres garnitures : nous nous tiendrons à deux différentes qui donneront assez d'idée des autres.

§. X V I I. *Planche foncée en fût de Vilebrequin G G (Figure 8)*.

On commence à la faire comme si sa fonçure étoit simple, & on les commence toujours de même de quelque façon qu'elles soient renversées. Elles doivent être comme les rouets foncés d'une seule piece, & on les forge aussi de même ; c'est-à-dire, qu'en frappant sur le bord d'une bande de fer on l'élargit, on lui fait un rebord de la largeur dont on a besoin. On tourne ensuite cette piece.

Ce seroit là une planche foncée simple ; on lui fait les renversures, hastures, par le moyen de viroles & de mandrins, comme nous l'avons expliqué à l'occasion des rouets. Nous parlerons seulement d'une maniere commode de faire les planches foncées en fût de vilebrequin. On fait une tenaille exprès, les bouts de ses deux mâchoires ont une courbure semblable à celle du milieu du fût. Une de ces mâchoires est de plus entaillée ; la hauteur de cette entaille est égale à la partie du fût prise depuis la planche jusqu'à son premier coude, & la profondeur de l'entaille est égale à la distance qui est depuis le premier coude jusqu'au second. D'où il est aisé d'imaginer comment, à coups de marteau, on forme cette espece de hasture, puisqu'il ne s'agit que d'obliger la platine à s'appliquer sur l'entaille.

Ces sortes de planches font ordinairement soutenues par deux pieds rapportés appellés *Coussinets*, rivés par un bout sur la planche, & par l'autre sur le palâtre, qui servent aussi à porter le foncet ou couverture.

§. X V I I I. *Planche foncée en fleur de lis*.

On peut rapporter la fonçure à la planche, & on le fait lorsque cette fonçure est d'une figure difficile à forger. Par exemple, si c'est une fleur de lis, on fait sa fleur de lis, & on la rive à la planche.

La fleur de lis *N (Figure 9)*, se fait de trois pieces ; dont la seconde & la troisieme font le milieu de la fleur ; on fait l'une & l'autre de deux pieces droites, comme elles font représentées dans la figure, en évidant une piece de fer, soit avec la lime, soit avec des pointes. On les tourne séparément, on les assemble, enfin on les soude & on les rive à la planche.

EXPLICATION

EXPLICATION des Figures de la Planche XXXV, repréſentant les principales eſpeces de garnitures qui conviennent aux Clefs forées.

LA *Figure* 1 eſt un paneton qui a un rouet ſimple *a*, & un rouet en pleine croix *c b*.

A A B B, fer à rouet, *A A* en eſt la longueur, & *B B* la hauteur.

C C, les pieds du rouet : pour avoir un rouet ſimple de ſerrure, il ne reſte qu'à tourner ce fer ; mais on lui a fait de plus les entailles néceſſaires pour devenir rouet en pleine croix.

A A ſont les fentes où entre la platine qui forme les bras de la croix.

D eſt la fente où entre le pied, ou la rivure ménagée dans la même platine.

E F D eſt le fer à rouet précédent roulé.

G G H H, platine deſtinée à faire les bras de la pleine croix.

H H I, fente circulaire qui y a été faite pour laiſſer paſſer le rouet droit.

I, le pied qui doit entrer dans l'entaille *D*.

K, la partie qui doit faire le bras extérieur, ou celui qui eſt en dehors du rouet.

L H marque par une ligne ponctuée, la partie de la platine qui n'eſt point entaillée, & qui doit s'engager dans l'entaille du rouet. La ligne ponctuée intérieure montre ce qui doit être emporté en dedans de cette platine.

N N M M O O eſt une pleine croix faite ; on lui a pourtant ôté une partie de ſa circonférence, & on l'a fait de même à la plupart des garnitures ſuivantes, afin que l'intérieur en fût plus viſible.

M M, pieds du rouet.

N N, bras extérieur de la pleine croix.

O O, bras intérieur.

P, bouterolle ſimple.

La *Figure* 2 eſt un paneton où ſont taillés, 1°, un rouet qui a un faucillon *d*, & qui eſt de plus renverſé en bâton rompu en *e* : 2°, une pleine croix renverſée en dedans *f* : 3°, une bouterolle qui a un faucillon *g* renverſé.

Q Q Q eſt le fer à rouet préparé pour la garniture des fentes *e d* ; il eſt déja renverſé en *Q Q Q* en bâton rompu.

R R, fentes où doivent s'engager les pieds du faucillon.

S, le même fer à rouet dans une autre poſition.

T T T V V, ce fer à rouet fini ; *T T T*, ſon faucillon ; *V V*, ſa renverſure en bâton rompu.

X, bouterolle qui en *X* a une rainure pour recevoir la circonférence de la platine *Y*.

Y, platine qui ſert à faire un faucillon rapporté à une bouterolle.

La *Figure* 3 eſt un paneton où eſt taillée une croix de Lorraine *g*, & une pleine croix renverſée en dehors en *h*, & haſtée en *k*.

SERRURIER. R r r

Z Z, fer à rouet pour une croix de Lorraine. Il ne diffère du fer à rouet *A A B B*, que parce qu'il a le double de fentes.

1, 1, bande de fer sur laquelle est attaché le fer à rouet 2, 2, qui fera la garniture des fentes *k h*; le fer à rouet 2, 2, passe au travers de la bande 1, 1, & est replié de l'autre côté de cette bande.

3, profil des pieces 2, 2, & 1, 1, qui fait voir comme le fer à rouet est renversé.

4, 5, 6, mandrin à tenailles qui sert à tourner les rouets hastés & renversés; 4, la tige du mandrin; 5, sa branche qui tourne autour d'un boulon; 6, lame de fer qui sert de moule; 7, fer à rouet arrêté sur cette lame; la lame 6 est roulée en partie autour du mandrin.

888, 99, la garniture de la fente *k h*.

888, la partie de la croix hastée.

99, le bras renversé.

10, virole qui sert ou pour renverser à angle droit, ou pour soutenir la partie qu'on renverse.

11, 11, virole qui sert à renverser à angle aigu.

12, 12, est une bouterolle à faucillon renversé pareil à celui que demande la fente *g* (*Figure* 2).

13, 14, & 15 font voir comment on dispose les viroles pour faire les renversures.

13 est le fer de la bouterolle au-dessus duquel est la platine qui doit être renversée sur la virole 14.

15 fait voir la même bouterolle qui a une virole qui doit être renversée. Celle de dessous sert à soutenir la platine.

Figure 4 est un paneton qui a 1°, une bouterolle à faucillon droit *i* : 2°, une fente en fût de vilebrequin *l*, dont la tige du fût est croisée par une fente qui forme avec elle une croix de S. André renversée *n*.

16, le moule ou la lame de fer sur laquelle on forme le fût de vilebrequin.

17, le fer à rouet.

18, autre partie du fer à rouet qui passe de ce côté du moule, & retourne ensuite de l'autre.

19, profil qui montre comment le fer à rouet passe dans son moule.

20, 21, 22, garnitures des fentes *l n* (*Fig.* 4).

20, fût de vilebrequin.

22, 21, 22, 21, croix de S. André renversée.

Figure 5, paneton où sont taillés deux rouets en fond de cuve, qui forment aussi des croix de Saint André renversées d'un côté; *o p* est une des entailles en fond de cuve; *t* est l'autre.

p q est la ligne *o p* prolongée jusqu'au centre de la tige; *o q* est le plus grand rayon qui sert à décrire un cercle sur le fer à rouet; *p q* est le rayon qùi décrit le petit cercle concentrique au précédent.

o o p p u u χ χ, fer à rouet coupé pour l'entaille *o p* de la *Fig.* 5 ; *q o*, rayon égal à *q o* de la *Figure* 5 , & les *q p* font auffi les mêmes dans l'une & l'autre figure.

u x u font deux tiers du cercle décrit du rayon *o q* ; ce qu'il faut dans notre cas en *o r*, eft égal à la moitié de *r q*.

y y, le milieu des pieds des rouets pris au milieu de chaque cinquieme partie ou de chaque *x u*.

23 , 23 , le fer à rouet tourné en fond de cuve.

23 , 23 en font les pieds.

24 , 24 , le même rouet qui a les bras de fa croix renverfés.

Figure 6 , paneton qui a une bouterolle fimple *g*, & une pleine croix *A* qui porte un rouet en *S*, *B*.

25 , 25 , 26 , 26 fait voir comment on forme le rouet précédent d'une feule piece ; 25 , 25 eft le bord du fer à rouet qui a été laiffé plus épais, & qui a fourni de quoi former l'*S* ; 26 , 26 , 25 , 25 font les deux branches du fil qui fert de moule pour le tourner & rouler l'*S*.

27 , endroit où ces deux fils font attachés enfemble.

28 , 28 eft le rouet précédent fini.

La *Figure* 7 a une pleine croix haftée en bâton rompu *C* à angle aigu, & un rouet en pleine croix qui fe termine par un *Y*, *D*.

29 , 30 , moule dans l'entaille duquel fe forme la hafture de la figure *C*.

30 , petite bande de fer qui entretient ce moule.

31 , coin qui entre dans l'entaille 29 , 30.

32 , profil du moule & du coin précédent.

33 , le rouet de la figure *C* fini.

34 eft le rouet de la figure *D*.

La *Figure* 8 a un rouet *E* qui eft une pleine croix terminée par une *H*, une autre pleine croix *F* qui fe termine en *N*, & une planche foncée *HGG*.

35 , moule fendu pour le rouet en *H*.

36 , profil de la figure que prend le fer à rouet quand il a été rabattu de l'autre côté du moule 35.

37 , moule fendu pour plier le rouet en *N*.

38 , 38 , 39 , fer qui commence à être difpofé pour faire la garniture de la planche foncée *H G G* ; le bord 38 , 38 a été rabattu, & forme le rebord 39.

39 doit fervir pour la fente *G G*, & 38 , 38 pour *H*.

40 , 40 , 41 , 41 , planche foncée qui commence à être contournée.

42 , 43 , tenailles rompues en 43 par le moyen defquelles on fait la renverfure de la planche.

L'entaille 42 fert à faire cette renverfure. La partie 40 eft renfermée entre les deux branches, pendant qu'à petits coups on rabat la partie 41.

44 , 45 , 44 , grande partie de la planche foncée en *u* ; on met dans les fentes 44 les pieds ou couſſinets qui la portent.

La *Figure* 9 a 1°, un rouet ſimple renverſé *I* : 2°, un rouet en *T* marqué *K* ; il ſe fait d'une piece pareille à celle qui eſt marquée 38 , 39 , 38 : 3°, deux autres rouets *L M* en *T* inclinés : 4°, une planche foncée *N* en fleur de lys.

46 & 47, piece limée pour faire la fleur de lys vue de deux côtés différents.

48 , la même piece roulée.

49 , la fleur de lys finie ; il n'y manque qu'à y rapporter une planche à peu près ſemblable à celle qui eſt marquée 44 , 44.

<h3 style="text-align:center">A R T I C L E   X.</h3>

<h3 style="text-align:center">*Des Serrures à bout.*</h3>

§. I. Garnitures des Serrures Beſnardes.

On peut tailler dans les clefs beſnardes toutes les eſpeces de rouets qu'on taille dans les clefs forées , pourvu que les entailles des rouets n'aillent jamais par-delà le milieu du paneton ; qu'à chacun de ſes bouts , il y ait la même garniture ; & qu'elles ſoient toutes deux placées l'une vis-à-vis de l'autre , ſans quoi la clef ne pourroit pas entrer des deux côtés.

On peut leur donner auſſi des planches foncées ; mais leurs garnitures propres & celles dont nous avons à traiter ſont les pertuis , c'eſt-à-dire, des trous de diverſes figures percés dans la clef , dont le milieu eſt également diſtant de l'un & de l'autre bout du paneton.

Les garnitures qui répondent à ces trous ou pertuis de la clef ſont toujours portées par une planche , qui n'a plus le nom de *foncet* , quand elle va depuis les dents de la clef juſqu'à ſa tige , ou ce qui revient au même, quand elle n'a au milieu que le trou néceſſaire pour laiſſer tourner la tige.

On donne à ces pertuis différentes figures dans différentes clefs. Nous en avons raſſemblé des plus ordinaires & des plus difficiles à faire ; quand le pertuis n'a point de place qu'il doive néceſſairement occuper, quand il peut être plus près ou plus loin du muſeau , on l'appelle *Pertuis volant* ; on appelle auſſi quelquefois la garniture de la ſerrure *Pertuis volant* , lorſque cette partie de la garniture qui doit entrer dans le grand pertuis de la clef, au lieu de faire tout le tour de la planche , n'occupe qu'une très-petite partie de cette planche : les Serruriers appellent entr'eux ces ſortes de garnitures des *pertuis à la Provençale.* Les garnitures des pertuis ſe font ou de fer mince , comme celui dont nous avons vu faire les rouets ; & alors ils le travaillent d'une maniere aſſez ſemblable ; nous donnerons pourtant quelques exemples de la maniere de les tourner : ou elles ſe font de fer épais , & ſouvent une partie d'un pertuis eſt de fer mince , & une autre partie eſt de fer épais.

§. II.

§. II. *Pertuis en cœur, en trefle, Pertuis quarré, &c.*

Tous ces pertuis font faits de gros fer avec le marteau & la lime, ou avec des tas à étamper, pour aller plus vîte; on façonne le morceau de fer de maniere qu'il puiffe entrer dans le pertuis de la clef. On l'y fait paffer d'un bout à l'autre pour s'affurer qu'il a la figure convenable dans toute fa longueur; après quoi, en tournant cette piece, on lui donne une courbure qui a un rayon plus grand ou plus petit, felon la diftance du centre de la clef à laquelle eft le pertuis qui doit recevoir cette piece; fi fa place eft à l'extrémité de la planche la plus proche du centre, on creufe tout autour du pertuis une entaille dans laquelle on loge le bord de la planche : c'eft de quoi on peut voir des exemples dans le pertuis en cœur, qui eft repréfenté *Planche XXXVI*, *Figure* 2, & pour faire entrer la planche dans ce pertuis, on fronce un peu la planche par derriere, on lui fait deux plis qui l'ouvrent un peu vers le centre; alors on place le pertuis, après quoi l'on redreffe la planche. A d'autres pertuis qu'on veut mieux affujettir, on fait une fente qui les traverfe au milieu, on laiffe un pied à la planche qui entre dans cette fente, & on rive ce pied en dedans du pertuis. Quand ce pertuis doit être entre les deux circonférences, on l'ouvre en deux dans la plus grande partie de fa longueur, on le laiffe feulement fermé près de fes bouts, & au contraire on fend les deux bouts de la planche. On la fait entrer doucement dans la fente du pertuis, les deux bouts du pertuis paffent entre les fiennes. On fertit enfuite ce pertuis; & fi l'on veut encore l'arrêter plus fûrement, on perce un ou deux trous dans la planche & le pertuis, & on y met des rivures.

Les garnitures à pertuis de fer mince fe façonnent ordinairement dans des efpeces de moules; par exemple, le pertuis en fût de vilebrequin *Figure* 4, fe fait d'une lame qui a autant de longueur que le pertuis a de circonférence, & un peu plus de largeur qu'il n'a de hauteur; on a un moule entaillé en deux endroits, où l'on fait paffer les deux côtés de cette lame, après quoi on les replie, on tourne le rouet fur fon moule, & on coupe ce moule pour en ôter le rouet. L'explication de la planche fuppléra à ce qui pourroit manquer pour la parfaite intelligence de la fabrique de ces fortes de garnitures. On verra comment fe font les pertuis en ancre, en croix de Chevalier de Malthe, en chapeau, &c. Nous ferons feulement remarquer comment s'ajuftent fur la planche les pertuis en fût de vilebrequin, en fond de cuve, en *M*, & autres pareils. Ils fe placent à peu près comme les pleines croix. On entaille feulement les bouts du pertuis, & au milieu on lui fend un ou deux trous pour laiffer paffer des pieds; enfuite on fend la planche dans une circonférence égale, & femblable à celle qui eft entre les deux fentes les plus proches des bouts du pertuis; en fendant la planche, on lui laiffe autant de pieds qu'on a fait de fentes dans la circonférence du pertuis entre celles des bouts; & enfin on assemble les pertuis dans leurs planches, comme nous avons vu assembler les bras des pleines croix avec leur rouet. Il y a des clefs qui ont des pertuis qui ne tiennent point à d'autres entailles , ce font des trous isolés. On a vu des exemples de ces pertuis dans les clefs des serrures antiques, appellées *Modernes*. On en voit assez souvent à des clefs de serrures d'Allemagne. Ces sortes de pertuis demandent dans la serrure des garnitures difficiles à faire & fort mauvaises , puisque la serrure où elles sont , ne peut jamais se fermer qu'à un demi-tour de clef. On en entendra assez la raison , & on verra tout ce qui est nécessaire à la fabrique de ces garnitures , si l'on consulte la planche des serrures appellées *Modernes* où leur intérieur est représenté.

§. I I I. *Rateaux*.

Les seules garnitures dont il reste à parler, sont les rateaux ; ordinairement ce sont des lames soutenues les unes au-dessus des autres par une tige commune ; parce que les fentes du museau de la clef sont à angles droits. Mais quelquefois la fente droite se termine à une fente ronde , celles-ci demandent des rateaux , qu'on nomme *en pomme*. Quelquefois cette fente de la clef représente un cœur , alors le rateau est en cœur ; en un mot , on peut donner toutes sortes de figures aux fentes des rateaux de la clef, & toutes ces figures n'engagent à aucune explication. Pour la façon des rateaux des serrures , ce sont de petites pieces assez massives taillées dans une piece plus grosse qui leur sert de tige commune.

Explication des Figures de la Planche XXXVI, qui représente les Garnitures des Serrures Besnardes.

La *Figure* 1 est un paneton qui a un pertuis à tiers-point, & un pertuis volant à chapeau avec deux rateaux en pommes.

   a , le pertuis en tiers-point ou à jambes.

   b b c, le pertuis en chapeau ; *b b*, sont les rebords du chapeau ; *c*, la forme.

   A A B B C D est la garniture de la serrure qui convient au paneton précédent ; on n'a pris qu'une partie de la circonférence de cette garniture , & une partie de la planche ; on a fait de même dans les figures semblables.

   A A B B , partie de la planche.

   C C C , pertuis en chapeau.

   D D , pertuis en tiers-point ou à jambes.

   F F G , planche qu'on a foncée en *F F* pour l'ouvrir par devant & recevoir le pertuis *H*.

   H, pertuis en tiers-point, le même que celui *D* qui a une rainure en *H* pour recevoir la planche.

   I, piece préparée pour faire le pertuis en chapeau , & en état d'être tournée.

K, tas cannelé dans lequel on étampe des pieces deftinées pour des pertuis de différentes figures.

L, la cannelure où la piece *I* a été étampée.

M M, rateaux en pommes qui répondent aux rateaux *d d* de la clef.

La *Figure* 2 eſt un paneton dont le pertuis eſt un cœur percé par une fleche ; *e*, le cœur ; *f*, la fleche.

N N O O, la garniture de la *Figure* 2.

P P, le cœur.

Q Q, la fleche.

R, l'une des moitiés du cœur qui ſe rive en deſſus ou en deſſous de la planche, à cauſe que le cœur ſemble percé par une fleche.

S, les deux moitiés du cœur appliquées l'une ſur l'autre.

T, piece dont on fait le cœur.

V V X X, la fleche fendue en *X X X* pour laiſſer paſſer la planche.

Figure 3, paneton avec un pertuis en trefle, & un pertuis à chapeau dont les entailles ſont différemment diſpoſées de celles de la *Figure* 1.

g, le pertuis en trefle.

h, le pertuis en chapeau.

i i k k, garniture du paneton précédent.

m m m, le trefle.

l l l, le chapeau.

n, fer rond plié pour faire deux des parties du trefle.

o, deux de ces morceaux de fer tournés.

Figure 4 eſt un paneton qui a un pertuis quarré avec un fût de vilebrequin.

p, le pertuis quarré.

q, le fût de vilebrequin.

r r s s t t u u, la garniture de la figure précédente.

t t t eſt le fût du vilebrequin.

u u u, le pertuis quarré.

x x y y, moule ſur lequel eſt la piece qui doit faire le fût du vilebrequin.

x^2, coupe du moule précédent qui montre le fer à rouet plié ſur ſon moule.

$z^1 z$, le fût de vilebrequin ; on voit en un de ſes bouts *z* comme il eſt taillé pour recevoir la planche, & en *i*, une autre entaille où entre le pied de la planche.

2, 3, 4, 5, planche de la garniture précédente. Les parties *z z* du fût de vilebrequin ſe placent en 2, 2 ; 3, 3, l'endroit où la planche eſt entaillée pour laiſſer paſſer la moitié de la hauteur du fût de vilebrequin.

4, pied du rouet qui ſe loge dans le tronc du fût de vilebrequin.

Figure 5 eſt un paneton qui a un pertuis fendu en cœur & croix de Saint André.

6 , le cœur.

7 , la croix de Saint André.

8, 8, 9, la garniture de ce paneton ; 8, 8 , la croix de S. André ; 9, le cœur.

10 , le cœur féparé.

11 eft la même garniture engagée dans le paneton.

12 , 12 , une des pieces qui forme la croix de Saint André , entaillée en 12 , 12 , pour laiffer paffer la planche.

13 , 14 & 15 , l'autre piece.

La *Figure* 6 eft un paneton percé par un pertuis en cul-de-lampe, & un en *M*, & dont deux rateaux font fendus en fond de cuve.

16 , le cul de lampe.

17 , l'*M*.

18, 19, 19, la garniture de ce paneton ; 18, le cul-de-lampe ; 19, 19, l'*M*.

20 , moule dans lequel on forme l'*M*.

21 , la lame de fer dont l'*M* eft faite.

22 , le coin qui la fait entrer dans ce moule.

23 eft le profil du moule.

24 , celui de l'*M*.

25 , celui du coin.

Figure 7 , un paneton percé par un pertuis en ancre avec fon jas ; 26 eft cette ancre.

28 , 29 eft la garniture du paneton précédent.

28 , eft l'ancre.

29, 29 , le jas formé par une piece femblable à celle des pertuis en chapeau.

30 , piece préparée pour faire les bras de l'ancre.

31 , piece pliée qu'il ne refte plus qu'à rouler pour faire les bras de l'ancre.

La *Figure* 8 eft un paneton dont le pertuis eft une croix de Chevalier de Malthe.

33 , la garniture de la *Figure* 8.

34, 35, piece prête à finir qui fait deux des branches de la croix de Chevalier. Quand on l'attache avec des rouets, on la fend en deux felon la ligne 34, 35. Une de ces parties fe met en deffus, & l'autre en deffous, & elles forment les deux branches qui font divifées par des lignes ponctuées.

36 , 36 , une des deux autres branches de la croix de Chevalier de Malthe prête à être roulée.

37 , la même roulée.

A R T I C L E   XI.

Où l'on examine ce qu'on peut fe promettre de fûreté de chaque efpece de Serrure felon la façon dont elle eft garnie & attachée.

Le principal fruit à tirer des articles précédents pour ceux qui ne font pas Serruriers, eft de favoir jufqu'à quel point on peut compter fur une ferrure,

&

& comment elle doit être conftruite pour être le plus fûre qu'il eft poffible.
Mais pour entendre quelles font des parties décrites ci-devant, celles qui les
rendent plus fûres, il faut néceffairement expliquer comment on ouvre ou
force une ferrure lorfqu'on n'a point fa clef. Ne craindra-t-on pas que nous ne
donnions en même temps des leçons aux voleurs? Il n'y a pas grande appa-
rence qu'ils viennent les chercher ici, & qu'ils en aient befoin ; ils font plus
grands maîtres que nous dans l'art d'ouvrir les portes. Apprenons donc l'art
d'ouvrir les portes fermées, afin d'apprendre celui de les fermer d'une manie-
re qui ne laiffe rien, ou qui laiffe peu à craindre.

Pour mettre cet article en ordre comme les autres, nous lui donnerons
deux parties. Dans la premiere, nous verrons comment on peut ouvrir une
ferrure dont on n'a point la clef, par l'ouverture qui laiffe paffer la clef ; mais
afin que le remede fuive de près le mal, nous parlerons enfuite des garni-
tures qui mettent la ferrure à l'abri de toutes les tentatives qu'on peut faire
par cette voie. Dans la feconde partie, nous parcourrons les différentes ma-
nieres dont on ouvre les ferrures, foit en faifant de nouveaux trous à la por-
te, foit en forçant l'une ou l'autre, & nous tâcherons d'indiquer les meil-
leurs moyens de les mettre à couvert.

La maniere la plus fimple d'ouvrir une ferrure dont on n'a pas la vraie clef,
c'eft de la tâter avec une autre clef. Il n'eft que trop ordinaire de trouver des
ferrures qu'un grand nombre de clefs ouvrent, pourvu que la hauteur de leur
paneton ne furpaffe pas celle de l'entrée ; ce qui vient en général ou de ce
que la ferrure n'a pas affez de garnitures, ou de ce que les garnitures ont
trop de jeu dans les entailles de leur clef ; car fi une ferrure étoit remplie de
beaucoup de garnitures différentes, & que les garnitures fuffent, pour ainfi
dire, moulées dans les entailles d'un paneton, qu'elles euffent précifément
la même épaiffeur & une hauteur égale à la profondeur des entailles, il ne
feroit peut-être pas poffible de trouver une autre clef qui pût ouvrir cette
ferrure ; mais la chofe n'eft pas ordinairement fi difficile ; les Ouvriers font
prefque toutes leurs garnitures d'une tôle qu'ils choififfent plus mince que
les entailles de la clef dans lefquelles les garnitures doivent paffer, afin d'avoir
moins de fujétion. D'ailleurs pour le courant, ils ne font que quatre ou
cinq fortes de garnitures ; ce font ou des rouets fimples ou des pleines croix,
fi la ferrure eft à broche ; ou quelques planches fimples avec des pertuis de
deux ou trois fortes, fi la ferrure eft befnarde. D'où il n'eft pas furprenant
que des clefs ouvrent des ferrures pour lefquelles elles n'ont pas été faites.
Il y a d'ailleurs une efpece de fymmétrie qu'on affecte ici, & qu'il feroit bon
de s'attacher à éviter. Je veux dire qu'on donne, par exemple, une même lar-
geur & une même profondeur à toutes les entailles qui féparent les dents,
qu'on fait toutes les entailles des rouets à peu-près également larges, au lieu
que fi l'on varioit bizarrement ces épaiffeurs dans chaque clef, & qu'on prît la

SERRURIER. .Ttt

peine de faire des garnitures plus épaisses pour les plus larges entailles, & plus minces pour les plus étroites, & qu'on variât plus les positions de toutes ces entailles qu'on ne fait ; que les rouets fussent tantôt plus & tantôt moins éloignés de la tige ; que les dents eussent des largeurs inégales différemment combinées dans chaque clef, il seroit bien rare d'en rencontrer une qui ouvrît une serrure pour laquelle on ne l'auroit pas faite.

Mais les serrures communes, loin d'avoir ces perfections, sont encore souvent plus mauvaises qu'elles ne paroissent ; on croit qu'elles ont au moins les garnitures que demandent les entailles qui sont à leur clef ; & on fait ces entailles pour le faire croire ; cependant telle clef a un rouet en pleine croix, dont la serrure n'a qu'un rouet simple ; souvent de deux rouets marqués sur la clef, la serrure n'en a qu'un. Un rouet, une planche, un pertuis n'occupe quelquefois qu'une partie de la circonférence qu'elle devroit avoir. Cela est surtout ordinaire aux serrures de balles & de clincailliers ; de cent personnes qui en achetent, il n'y en a pas une qui s'avise de les faire démonter pour voir si leur intérieur a toutes les garnitures que la clef lui donne ; à peine trouve-t-on cette centieme personne qui sache quelle garniture de la serrure convient à chaque entaille de la clef. L'Ouvrier qui connoît l'ignorance où l'on est sur cet article, & qui veut gagner du temps, s'épargne une façon dont on ne lui tiendroit pas compte.

Mais passons à une maniere d'ouvrir les serrures, qui demande plus de science qu'une clef de hazard. On connoît assez la figure des crochets avec lesquels on ouvre la plupart des serrures dont on a égaré les clefs. On sait que ce sont de gros fils de fer recourbés près d'un de leur bout, & que c'est par le moyen de pareils crochets que les Serruriers font leurs premieres tentatives sur les serrures qu'on leur donne à ouvrir.

Pour voir comment on fait usage du crochet, il faut se souvenir que quand la clef ouvre, elle fait ordinairement deux choses, elle éleve un ressort, & pousse les barbes d'un pêne. La partie du crochet qui est depuis l'endroit où le fil de fer a été recourbé jusqu'au bout qui en est le plus proche, tient lieu du paneton ; elle ne doit aussi avoir au plus qu'une longueur égale à la hauteur du paneton ou à celle de la hauteur de la clef, puisqu'on la fait entrer dans la serrure par cette ouverture, comme le paneton de la clef. Le reste du crochet tient lieu de tige. Pour faire agir plus commodément ce crochet, ôtons toutes les garnitures de la serrure, nous les lui rendrons dans la suite, & nous remarquerons en même temps qu'elles eussent mis obstacle à l'action de notre crochet.

Si la serrure où nous l'avons fait entrer est à un tour & demi, & que son demi-tour ne soit fermé que par le ressort qui pousse la queue du pêne, c'est le cas le plus simple, & celui où l'on se trouve souvent lorsqu'on tire la porte d'une chambre où l'on a laissé la clef ; le pêne n'est alors qu'un verrouil appuyé par un ressort, par conséquent il n'y a qu'à chercher avec le bout du crochet une barbe du pêne, & après l'avoir rencontrée, la pousser assez fort pour faire céder le ressort; on fait marcher le pêne & on l'ouvre.

Mais si le pêne est fermé à un tour & demi, ou qu'il soit un pêne dormant fermé à un ou à deux tours, ce n'est plus assez alors de rencontrer la barbe du pêne, il faut soulever la gorge du ressort pour faire sortir l'arrêt du res- sort de son encoche, & c'est par-là qu'on commence. Le ressort étant soule- vé, on introduit un second crochet : pendant qu'on tient avec la main gau- che ou de quelqu'autre maniere, le premier dans la position où on l'a mis pour élever le ressort, on cherche avec le second la barbe du pêne, & il est aisé de faire céder le pêne, quand on l'a trouvé, rien ne le retient.

Quand le pêne est en paquet, quand il porte lui-même la gâchette qui sert à l'arrêter, un seul crochet peut ouvrir la serrure ; car ayant soulevé cette gâ- chette, il n'y a qu'à la pousser dans le même sens qu'on pousseroit le pêne pour le faire marcher, & on produit le même effet puisqu'elle tient au pêne, & qu'ils marchent ensemble. Ainsi l'on remarquera que cette façon d'arrêter le pêne, est bien moins bonne que celle de l'arrêter avec un grand ressort posé au-dessus de ce pêne ou avec une gâchette dont le pied est rivé sur le palâtre, puisque dans le premier cas on ouvre le pêne avec un seul crochet, & que dans le second il en faut deux.

Donnons à présent à la serrure deux arrêts, dont l'un dépend d'un grand ressort, & l'autre d'une gâchette dont le pied est rivé sur le palâtre ; il faut alors qu'un troisieme crochet vienne au secours des deux premiers : ils sont chacun employés à lever une gorge de ressort, la serrure en est par consé- quent plus difficile à ouvrir ; car il n'est pas aisé d'arranger trois crochets, & surtout quand il y a des garnitures que nous allons bientôt considérer ; car si elles donnent passage à un crochet, elles ne le donneront pas à deux ou à trois.

Il ne faut pas un si grand appareil pour ouvrir une serrure besnarde à tour & demi qui a un bouton, lorsqu'on est du côté du bouton, ou, ce qui est la même chose, en dedans de la chambre ; car si ces serrures n'ont qu'un seul ressort, ce qui est le cas ordinaire, on peut les ouvrir même avec un clou ; on souleve le ressort avec la pointe du clou, & on ouvre le pêne en tirant le bouton.

La prudence ne voudroit pas qu'on confiât rien de précieux à des serru- res qui ne sont pas à l'épreuve des crochets, on le fait cependant tous les jours. Ils peuvent ouvrir la plus grande partie des serrures besnardes malgré leurs garnitures. Un exemple pris de ces serrures aidera à nous faire entendre tout ce qui regarde les autres. Choisissons-en une qui ait, comme le paneton le demande, pour garnitures deux rouets & une planche garnie d'un pertuis. On observera que dans cette serrure, & généralement dans toutes les autres, il y a un vuide qui répond à ce qui est en plein dans le paneton de la clef, or le vuide qui laiffe entrer ce paneton, laiffe toujours entrer le crochet. Dans notre exemple, le crochet étant entré, n'a qu'à avancer jufqu'à un des bords de la planche, là il rencontre le vuide qui eft entre cette planche & le rouet, & peut librement aller chercher les barbes du pêne ou la gorge du reffort. De même un autre crochet a libre paffage de l'autre côté de la planche entr'elle & le fecond rouet pour aller chercher auffi ou les barbes du pêne ou les gorges du reffort. Ces crochets peuvent avoir chacun un diametre prefque égal à la largeur de la partie du fer qui eft comprife entre la planche & le bout de chaque rouet, ce qui fuffit pour qu'ils aient une force affez confidérable. Si les rouets de la clef étoient fendus plus avant, qu'ils allaffent prefque jufqu'à la planche, il n'y auroit de paffage que pour un crochet trop foible ; mais la clef deviendroit elle-même trop foible, une de ces parties ne tiendroit plus qu'à un filet : il faut toujours que les entailles lui laiffent une certaine force; mais on voit que toutes celles qui laifferont aux crochets un chemin pareil à celui que nous venons de voir, comme le laiffent prefque toutes les ferrures befnardes, pourront être ouvertes par deux ou trois crochets.

Pour boucher le paffage aux crochets, il faut donner aux garnitures de ces ferrures une planche foncée qui aille croifer fur les rouets; que le paneton foit entaillé de façon que les gorges des refforts & les barbes du pêne foient à couvert, & il n'y a plus moyen que les crochets puiffent aller les rencontrer. Cette garniture vaut mieux que tous les pertuis les plus difficiles à faire.

On donne quelquefois aux ferrures befnardes un canon qui reçoit la clef & qui tourne avec elle. Ce canon tournant eft une bonne efpece de garniture, fur-tout fi on le fait un peu gros ; il reçoit à la vérité le crochet comme la clef, & le crochet peut le faire tourner ; mais fi ce canon a affez de diametre, il n'eft pas poffible au bout du crochet d'atteindre les barbes du pêne ni les gorges des refforts.

Les ferrures à broche font plus aifées à être mifes à l'épreuve des crochets que les ferrures befnardes ; on n'y eft point gêné à mettre des entailles égales à l'un & à l'autre bout du paneton, & chacune des entailles paralleles à la tige ou des rouets peut aller plus loin que le milieu des panetons ; ce qu'on ne peut faire dans les ferrures befnardes : cependant fi ces fortes de ferrures ne font garnies que d'une pleine croix ou d'un rouet renverfé qui font leurs garnitures ordinaires, il eft toujours aifé aux crochets de les ouvrir ; c'eft ce que l'on verra fi l'on examine des panetons qui n'ont que de ces fortes d'entailles ; le plein qui refte à la clef montrera le vuide qui refte dans la ferrure pour le jeu du crochet.

Les planches foncées font excellentes dans ces ferrures comme dans toutes les autres contre les crochets, pourvu que la dent qui preffe les barbes & celle qui fouleve les refforts, foient les deux plus proches de la planche ;

car

car alors la ferrure met sûrement à couvert des crochets les parties contre
lesquelles ils devroient agir.

Mais on garnit ces fortes de ferrures d'une maniere très-fimple, très-fûre &
à peu de frais. Si elle n'eft pas plus en ufage, c'eft apparemment parce qu'elle
n'orne pas affez la clef, & que l'on veut de l'ornement par-tout. On fend
trois rouets dans la clef, deux à un des bouts du paneton , & l'autre à l'au-
tre bout entre les deux précédents. On les fait aller chacun par-delà le mi-
lieu de la clef, de forte qu'ils fe croifent tous. Si les trois rouets de la fer-
rure ont une hauteur égale à la profondeur de ceux de la clef, il n'y a point
de crochet qui puiffe approcher des barbes & des gorges ; la ferrure en de-
vient encore plus fûre, lorfque le paneton où font fendus les rouets précé-
dents, eft en *S*.

Fin du Texte de M. DE REAUMUR.

CHAPITRE VI.

De la Ferrure des Equipages, & particuliérement des Refforts.

I L eft très-important à un carroffe & à une berline d'être affez légere pour
ne point trop fatiguer les chevaux ; mais il faut d'un autre côté qu'elle ait
de la force : car unéquipage fouffre beaucoup , fur-tout quand on le mene
vîte. Pour fatisfaire à la premiere condition, les Charrons & fur-tout les Me-
nuifiers tiennent leurs bois les plus minces qu'ils le peuvent; & pour remplir
la feconde, on fortifie les affemblages avec du fer. Ces ferrures font faites les
unes par les Maréchaux, & les autres par les Serruriers ; quelques parties mê-
mes font faites tantôt par les Maréchaux , & tantôt par les Serruriers, fuivant
le degré de propreté qu'on veut donner à ces ouvrages. Car ceux qui for-
tent des mains des Maréchaux , ne font jamais auffi propres que ceux que tra-
vaillent les Serruriers. Pour les ouvrages où l'on exige de la magnificence, les
Serruriers emploient même le fecours des Cifeleurs & des Doreurs ; mais
nous devons nous renfermer à ne parler que des ouvrages de pure Serrure-
rie, puifqu'on traitera ces autres Arts à part. Je vais commencer par détailler
les ouvrages qui font toujours faits par les Serruriers, qui appartiennent à la
caiffe des voitures. Je dirai enfuite quelque chofe des ouvrages qui regar-
dent le train, & qui font faits tantôt par les Serruriers & tantôt par les Maré-
chaux. Je parlerai enfin des refforts , parce qu'ils font toujours faits par les
Serruriers ; je ne dirai rien des effieux , des bandages des roues & des bandes
qui fortifient les brancards, ces parties étant toujours faites par les Maré-
chaux.

A R T I C L E I.

Des ouvrages de Serrurerie qui appartiennent à la Caiffe.

LES tenons & les mortaifes que font les Menuifiers de Carroffe font fi foibles qu'ils feroient bien-tôt brifés, fi on ne les fortifioit pas par des équerres de fer dont on varie beaucoup la forme, pour qu'elles s'ajuftent aux contours des bois fur lefquels on doit les appliquer; les unes font pliées fur le plat *Figure* 9, *Planche XXXVII*; d'autres fur le tranchant du fer *Figure* 6; quelques-unes ont trois branches *Figure* 7; d'autres n'en ont que deux *Figure* 8; celles qui font en dedans de la caiffe font moins finies que celles qui font en dehors; les unes font attachées avec des clous à tête ronde; d'autres avec des clous rivés fur l'équerre qui eft en dedans; d'autres avec des vis; d'autres *Figure* 10, au lieu d'une branche, ont une patte; on s'en fert dans les cas où l'on eft obligé de les attacher fur la largeur d'une traverfe. Et pour empêcher les traverfes d'en bas de la caiffe de s'écarter, on met par-deffous la caiffe une bande de fer plat *Figure* 11, terminée à chaque bout par une patte; on met auffi quelquefois au dos des caiffes une tringle menue *Figure* 12, terminée par deux vis.

Pour attacher la caiffe aux foupentes, on met par-deffous une bande de fer plat *Figure* 13, attachée par des clous à vis qui traverfent le bâti de la caiffe, fon brancard, & la bande de fer fur laquelle on met les écrous. Cette bande eft quelquefois terminée par une main, d'autres fois par deux, pour recevoir les foupentes qui embraffent un boulon à vis *Figure* 14; il y a fur les côtés, à l'avant ou à l'arriere, des pitons à charniere *Figure* 15, qui fervent à retenir les guindages.

Pour ferrer les portieres des chaifes de pofte qui s'abaiffent en devant, telles que celle qui eft repréfentée *Figure* 16 *, il y a au bas deux couplets ou pattes à charniere ou fiches *A* (*Fig.* 16 & 17), qui permettent à la portiere de s'abaiffer & de fe rapprocher du corps de la chaife.

Quelquefois dans la traverfe *BB* (*Figure* 16), on loge deux verroux *DE* & un pignon *F* (*Figure* 18), qui fe ferment au moyen d'un petit reffort, & qu'on ouvre avec des olives *G*; on peut fupprimer cette ferrure aux chaifes de pofte; quand les montants de la portiere ont une pente confidérable en dedans, la portiere s'appuie d'elle-même dans fa feuillure avec affez de force pour qu'elle ne s'ouvre point, même quand les brancards portent à terre.

Il y a des chaifes dont la portiere du devant s'ouvre horizontalement; & en ce cas afin qu'on puiffe defcendre des deux côtés fans être incommodé par la portiere, on met fur les deux montants qui forment les bords de la portiere, des fiches à gonds, & il y a dans l'épaiffeur du paneau un levier qui fait fortir le gond des nœuds qui font du côté qu'on veut ouvrir, par exemple, du côté droit. Alors la portiere peut s'ouvrir de ce côté-là; & du côté gauche, la fiche reftant avec leur broche ou gond, la portiere roule fur fa charniere : quand on ferme la portiere, la broche du côté droit retombe dans les nœuds de la fiche, & on eft maître de foulever la broche qui enfile les nœuds des fiches du côté gauche, fi l'on veut l'ouvrir de ce côté-là; cette

* On appelle ces portieres *à la Touloufe.*

espece de serrure est détaillée dans le Chapitre V des serrures *Planche XXIV,*
Figure 7.

A l'égard des portieres des carrosses & berlines *Figure 21 & 22*, qui s'ou-
vrent horizontalement, elles sont ferrées avec des fiches à vase, mais qu'on
fait presque toujours de cuivre doré, ainsi elles ne sont point du district du
Serrurier. On les tient fermées par un loqueteau *B* (*Figure 19*), soulevé
par une broche *C* qu'on fait tourner au moyen d'un anneau *A* qui est ordi-
nairement de cuivre doré. Ou bien le loqueteau *B* (*Figure 20*), est soule-
vé par une olive de cuivre doré *A* qui fait tourner la broche *C*; dans l'un &
l'autre cas, le loqueteau tombe dans une gâche qui est ferrée dans l'épaisseur
du montant ou dans un crampon doré attaché avec des vis sur le montant.

A R T I C L E   I I.

Des Ouvrages de Serrurerie qui appartiennent au Train.

Il est très-probable que les premieres voitures roulantes étoient fort ap-
prochantes de nos charrettes ou des charriots; ceux qui s'en servoient étoient
exposés à y recevoir tout le choc des cahots; on les a rendu un peu plus
supportables en suspendant la caisse par des chaînes ou des courroies obliques
Figure 21: c'est ainsi qu'étoient suspendus les carosses à fleche, & que le sont
encore les carrosses de voiture. Les équipages sont devenus encore beau-
coup plus doux au moyen des soupentes horizontales qu'on emploie si utile-
ment pour toutes les berlines, les chaises légeres & les cabriolets; dans ce cas
Figure 22, le brancart *AB* du corps de la berline a en dessous une forme ar-
rondie qu'on nomme *le Bateau*, & la soupente *CD* est attachée solidement par
un bout à la traverse du devant *C*, & elle répond par derriere à un petit
treuil *G* sur lequel on la force de se rouler au moyen d'une forte clef *E*
qui fournit un grand levier; & ce petit treuil ne peut tourner en sens con-
traire, parce qu'il est arrêté par un linguet *L* qu'on nomme *Trappe*, qui prend
dans les dents des roues *F*, qui sont dentées obliquement & enarbrées aux
extrémités du petit arbre ou treuil *G*, sur lequel l'extrémité *D* de la sou-
pente est roulée étant arrêtée par une cheville de fer nommée *Dent de loup*,
qui traverse la soupente, & entre dans une ouverture pratiquée au milieu
du petit arbre *G*; les roues dentées *F* ont à leur centre un trou quarré dans
lequel entre l'extrémité quarrée de l'arbre ou treuil. Ainsi elles ne peuvent
tourner sans que le treuil ou l'arbre tourne. Mais il faut que le treuil soit fer-
mement attaché aux traverses du derriere du train de la berline. C'est à cela
que servent les supports *H*, les arcboutants *I*, & les jambes de force *K* que l'on
contourne de différentes façons pour les ajuster aux différentes manieres
dont les bois du train ont été disposés par le Charron; il y a une piece de fer
plat *L* qui s'accroche dans les dents des deux roues pour les empêcher d'o-
béir aux soupentes qui font effort pour se dérouler de dessus l'arbre. Cette
piece se nomme, comme je l'ai dit, *la Trappe.* Comme toutes les pieces du train

d'un équipage fouffrent beaucoup, on les fortifie par des arcboutants *Figure* 23, les uns *A* font droits, & les autres *B* font plus ou moins cintrés ; & comme à chaque équipage ils prennent des figures & des contours différents, nous nous contentons d'en repréfenter deux qui pourront donner une idée des autres.

Autrefois le fiege du cocher étoit porté par des pieces de bois qui étoient à l'avant, & qu'on nommoit *Moutons* ; mais maintenant on fait les moutons en fer *A* (*Figure* 24) , & on fortifie ce porte-fiege par l'arcboutant *B*.

La plupart de ces ferrures qui appartiennent au train font faites par les Maréchaux groffiers. On n'a recours aux Serruriers que quand on veut des ouvrages très-recherchés. Encore tous les ornements qui tiennent de la fculpture font-ils faits par des Serruriers-Cifeleurs ; c'eft pourquoi nous croyons devoir nous difpenfer d'entrer à ce fujet dans de grands détails. Nous nous contenterons de dire que pour les ouvrages fimples, on ébauche les moulures à l'étampe, & que pour les beaux ouvrages très-recherchés, on les fait entiérement avec la lime, les burins, &c. Tous les affemblages du train font fortifiés par des bandes de fer, des liens, &c, qui font toujours faits par les Maréchaux. Mais j'infifterai fur les refforts qui fe font toujourspar les Serruriers.

A R T I C L E I I I.

Des Refforts.

On gagne beaucoup de douceur en fufpendant les caiffes en berlines par des foupentes horizontales ; mais les voitures font encore tout autrement douces quand on les fufpend avec des refforts d'acier. Il eft probable que les premiers refforts qu'on a appliqués aux voitures étoient de bois *A A* (*Figure* 25) ; & comme ces refforts n'étoient, à proprement parler, que des perches ployantes, on a commencé par leur fubftituer des barres d'acier contournées comme il convenoit. Mais on n'a pas été long-temps à imaginer qu'on feroit des refforts bien plus parfaits & plus liants en joignant les unes aux autres un nombre de lames d'acier qui toutes enfemble formeroient un feul reffort ; ce font ces refforts *Figure* 26 qui font maintenant en ufage & dont nous devons parler.

Les Ouvriers nomment *feuilles de Reffort*, les lames d'acier dont l'affemblage forme un reffort, & tous les refforts des équipages font des paquets de feuilles d'acier pofées les unes fur les autres, de façon que la premiere *a* plus longue que toutes les autres, furpaffe la feconde *b* ; la feconde, la troifieme *c*, & ainfi des autres. Toutes ces lames font arrêtées les unes fur les autres par un ou plufieurs boulons *A* ; plus les lames font minces, & en même temps plus leur nombre eft grand, plus les refforts font liants. Il faut de plus que la force des refforts foit proportionnée à la pefanteur de la voiture ; un cabriolet qui auroit des refforts très-roides, feroit auffi rude que s'il n'en avoit point, parce qu'ils ne plieroient pas ; & un reffort foible ne pourroit pas fupporter

une

une voiture fort pesante. Un paquet de feuilles disposées comme nous venons de le dire *Figure* 26, est appellé par les Serruriers *un coin de ressort.* Quelques ressorts ne sont composés que d'un seul coin ou paquet de feuilles; tels sont ceux des brouettes *Figure* 27, & du devant des chaises *Figure* 14, *Planche XXXVIII*, quand on en met à cet endroit; ou des voitures de la Cour *Fig.* 13 *même Planche.* Tous les ressorts des voitures peuvent se réduire au coin simple dont nous venons de parler, mais qu'on dispose de bien des façons différentes, comme nous le ferons voir dans la suite. Ainsi l'article principal & par lequel nous devons commencer se réduit à bien expliquer comment on doit faire un coin de ressort.

Le fer ne vaut rien pour faire des ressorts, parce qu'il n'est pas assez élastique; quand il a été plié par une force supérieure à la sienne, il reste sans se redresser; il faut donc de l'acier: mais celui qui auroit un grain trop fin seroit cassant; ainsi il faut éviter de s'en servir: une étoffe formée de fer & d'acier corroyés ensemble seroit préférable. Mais assez souvent, pour éviter la dépense & s'épargner la peine de faire cette étoffe, les Serruriers prennent de l'acier de Champagne ou du Nivernois. Ces aciers communs ont effectivement les principales qualités qui sont nécessaires pour ces sortes d'ouvrages; ils tiennent du fer, ils sont fibreux comme lui, ils ont du corps qui les met en état de résister à de violentes secousses sans se rompre; & quand ils sont trempés à propos, ils ont assez bien la roideur & l'élasticité qu'on desire; malheureusement les Ouvriers comptent tellement sur la bonté de ces aciers qu'ils ne les corroyent point; ils se contentent d'étirer un carillon pour en faire une feuille de ressort.

Mais quand on veut faire d'excellents ressorts pour lesquels on n'épargne pas la dépense pourvu qu'ils soient liants & légers, on forge de l'acier de Hongrie entre deux lames d'acier commun ou même de fer. Voici les avantages qui en résultent: on sait que le bon acier doit être ménagé à la chaude, & les deux feuilles d'acier commun ou de fer qui enveloppent l'acier de Hongrie, recevant la premiere action du feu, partagent l'acier, qui alors n'en est point endommagé; & il résulte de cet alliage une étoffe très-solide & très-élastique qui dispense de faire les ressorts aussi pesants que le sont nécessairement ceux qui sont faits d'acier commun. Je vais détailler la façon de faire un coin de ressort tel que ceux qu'on met sous les brouettes *Planche XXXVII*, *Figure* 27; le bout le plus épais *a* est attaché sous la caisse par des boulons à vis; la tringle *b* qui tient lieu de soupente, est attachée au bout le plus mince du coin *c*; ainsi c'est cette partie qui reçoit le premier choc, & l'autre bout de cette tringle embrasse l'essieu qui est à l'aise dans une ouverture *d* faite à la caisse; le brancard ou le boulon *e* par lequel on tire la brouette, est aussi attaché à l'essieu.

Nous ne nous arrêterons point à fixer le nombre des feuilles de ces ressorts, ni leur longueur, ni leur pefanteur ; toutes ces chofes doivent varier fuivant le nombre de reflorts qu'on emploie pour fufpendre une voiture, le poids plus ou moins grand de la voiture , & auffi le degré de douceur qu'on veut lui procurer ; car un reffort fort liant qui rendroit une voiture très-douce fur un pavé uni pourroit n'être pas le meilleur dans un chemin très-raboteux ; les balancements trop grands font incommodes & rendent les coups de côté prefque inévitables. Mais dans toute forte de cas la feuille la plus longue qui s'étend depuis le gros bout *a* jufqu'à l'endroit *c* (*Figure* 27) , où la foupente doit être attachée, eft en quelque façon le vrai reffort, puifque les autres feuilles qui vont toujours en diminuant de longueur ne femblent faites que pour fortifier celle-ci. Comme la feuille la plus longue fatigue beaucoup pour les raifons que je viens d'expofer , lorfqu'on veut faire de très-bons refforts , on commence le coin par deux ou trois feuilles qui font d'une même longueur , & qu'on fait plus minces que fi l'on fe contentoit de faire la grande feuille d'une feule piece.

Le Serrurier commence toujours par travailler les plus longues feuilles, parce que fi, par quelque accident elles venoient à rompre, il s'en ferviroit pour en faire une plus courte.

Ils appellent enlever une feuille, forger une barre, l'applatir, & la réduire à une longueur & une épaiffeur convenable *Figure* 11 , *Planche XXXVIII*: elle doit être un peu plus large par les deux extrémités que par le milieu ; le bout oppofé à l'attache doit être plus mince que le refte , & affez large pour qu'on puiffe y pratiquer deux oreilles ; pour cela on étire les angles *a* (*Figure* 7) , pendant qu'on abat les angles du côté de *b* , & qu'on arrondit cette partie qui doit être la plus épaiffe de toute la feuille.

A mefure que les feuilles font forgées, on les place les unes fur les autres pour voir fi elles s'y ajuftent bien. Enfuite on perce le trou ou les trous par où doivent paffer les boulons qui doivent les réunir enfemble ou les affujettir à l'équipage. Comme la circonférence de ces trous ne doit point être baveufe, on ne fait point les trous avec un poinçon & un mandrin , mais avec une efpece d'emporte-piece, qui eft un cifeau creufé en gouge & emmanché dans une hart *Figure* 8. Les Serruriers ont même affez fouvent un emporte-piece fait en anneau avec lequel ils emportent le morceau , & percent le trou d'un feul coup. Le reffort fortant de la forge, eft pofé fur une perçoire ; un Compagnon pofe l'emporte-piece fur le fer , & un Apprentif frappe deffus.

Les boulons qui traverfent toutes ces feuilles, les raffemblent bien exactement par leur bout le plus épais ; mais elles pourroient fe déranger à leur bout le plus mince. C'eft pour éviter cet accident qu'on a pratiqué des oreilles *a a* (*Figure* 7) à leur extrémité la plus mince.

On arrange donc les unes fur les autres les feuilles dans l'ordre où elles doivent rester, la feuille 2 sur la feuille 1, la feuille 3 sur la feuille 2, & ainsi de suite, finissant par mettre la feuille 8 sur la feuille 7, *Figure 7*, & toutes les feuilles se trouvent disposées comme on le voit *Figure 6* ; on passe les boulons dans les trous du bout le plus épais ; on les voit *Figure 6* ; & on rabat les oreilles d'une feuille sur celle sur laquelle elle est posée, c'est-à dire, sur celle qui la surpasse le moins en longueur ; par ce moyen, elles sont tellement assujetties qu'elles ne peuvent s'écarter ni à droite ni à gauche.

Il ne faut pas oublier de dire qu'en forgeant les feuilles, on leur donne à toutes un petit contour pour que le coin de ressort étant attaché sous la voiture comme *a c* (*Fig. 14 Pl. XXXVIII*), le bout *c* opposé aux boulons s'écarte de la caisse, ce qui est nécessaire pour qu'il puisse se plier, & se redresser librement. Chaque feuille doit donc participer à la courbure générale qu'on voit au coin *Fig. 18, Pl. XXXVIII*, mais les grandes plus que les petites. Il seroit bien difficile de donner à toutes les feuilles la figure qui leur convient pour qu'étant réunies toutes ensemble, elles concouruffent à la figure qu'on desire, si on les travailloit séparément ; mais les Serruriers les retiennent toutes ensemble au moyen de la tenaille *Figure 9*, qui differe des tenailles ordinaires en ce que les deux parties qui font les mordants, sont droites, & percées chacune d'un trou dans lequel on fait passer un boulon qui traverse les feuilles de ressort ; toutes les feuilles sont ainsi retenues dans l'état où elles doivent être *Figure 10* ; l'Ouvrier les porte à la forge ; & quand elles sont rouges, il les bat sur l'enclume pour donner au coin la figure qui est représentée *Figure 18* ; c'est ce que font les Ouvriers *Figures 2 & 3*, dans la Vignette ; & on ne parvient quelquefois à donner la forme qu'on desire qu'après trois ou quatre chaudes. Alors on ouvre les tenailles, & on desassemble les feuilles pour les tremper séparément ; quand on leur a fait prendre un rouge couleur de cerise, on les jette dans l'eau froide ; mais par ce moyen la trempe est trop forte, les ressorts seroient trop caffants, il est nécessaire de leur donner un recuit convenable ; c'est-là où certains Ouvriers réussissent mieux que d'autres. Il y en a qui prétendent que le degré de chaleur qui convient pour un bon recuit, est quand en frottant sur le ressort un morceau de bois de sapin sec, il en sort des étincelles ; l'Ouvrier *Figure 1* dans la Vignette, est occupé à cette épreuve.

Il y a des Serruriers qui trempent toutes les feuilles de ressort à la fois étant rassemblées en paquet. Ce moyen est plus expéditif, peut-être aussi que les feuilles sont un peu moins sujettes à se déjetter ; mais il est difficile que toutes les feuilles prennent un même degré de chaleur ; & aussi comme elles se recouvrent les unes les autres, elles doivent recevoir inégalement l'impression de l'eau ; & il faut, après la trempe, les desassembler, si elles ne l'ont pas été auparavant, pour redresser celles qui se seroient tourmentées, & leur donner un peu de poli, comme je vais l'expliquer.

Quand les feuilles ont reçu un recuit convenable, on les polit ; quelques-uns prétendent qu'elles en font moins fujettes à rouiller. J'ai peine à me le perfuader ; car le noir de la forge fait un enduit fur le fer qui réfifte long-temps à la rouille, & plufieurs couches de peinture à l'huile qu'on met fur les coins, font très-propres à les défendre de la rouille. Cependant les refforts polis font plus propres, & on apperçoit, en les poliffant, des défauts qu'on ne verroit pas fur le fer brut ; de plus les feuilles étant polies, elles gliffent mieux les unes fur les autres, & les refforts en font plus liants ; c'eft pour cette raifon & auffi pour prévenir la rouille, qu'on graiffe les feuilles avant que de les réunir pour la derniere fois.

Quoi qu'il en foit, quand on veut les polir, on commence par les écurer avec du fable ou du grès, enfuite on les émoud fur une meule de grès, *Figures* 4 & 5 dans la Vignette, comme font les Taillandiers. On les préfente à plat fur la meule, & on les émoud en long ; c'eft tout le poli qu'on leur donne ordinairement ; ceux qui veulent un plus beau poli, augmentent beaucoup le prix des refforts fans qu'ils en foient meilleurs. Quand les feuilles bien graiffées font affemblées de nouveau, on les affujettit par des boulons à vis, & ils font en état d'être mis en place.

Pour des ouvrages très-propres, on repaffe à la lime chaque feuille de reffort avant de les tremper.

Quoique nous n'ayons parlé que des refforts les plus fimples, de ceux qui font à un coin, nous avons cependant dit prefque tout ce qui eft néceffaire pour faire comprendre la maniere de faire les autres refforts, qui font la plupart formés de la différente pofition ou de l'affemblage de plufieurs coins femblables à ceux dont nous venons de parler ; effectivement fi l'on mettoit aux quatre angles d'une voiture quatre bons refforts femblables à celui *Fig.* 18, *Planche XXXVIII*, comme on le voit *Figure* 12, on auroit une voiture très-douce ; de ce genre font les refforts qu'on nomme *à Apremont*, qu'on met fur le devant de plufieurs voitures *a c* (*Figure* 14), & quelquefois derriere, où l'on attache les refforts fur la planche, comme on le voit aux chaifes de la Cour *Figure* 13. Les mêmes refforts peuvent auffi s'attacher au brancard ; alors on les fait croifer en *x* : ils font fur-tout très-doux quand on les recourbe, comme on le voit *Pl. XXXVIII*, *Fig.* 19. Le reffort *Figure* 15, qu'on nomme *à Talon* eft un reffort double qui, s'il étoit coupé par le milieu, feroit deux coins femblables à celui de la *Figure* 18. C'eft ainfi qu'on fait les refforts de la diligence de Lyon.

Les refforts qu'on nomme *à la Dalefme d e f* (*Fig.* 14, *Pl. XXXVIII*) ; parce qu'ils ont été inventés par M. Dalefme, de l'Académie des Sciences, font prefque un reffort à talon *Figure* 15, qui eft placé verticalement. M. Dalefme les enveloppoit par la foupente qui s'étendoit depuis la caiffe *g* jufqu'au haut du reffort *f*, & fe terminoit au bas du reffort en *d*, *Figure* 14.

On

On fuit encore cette méthode qui eft très-bonne ; cependant pour des voitures légeres , quelquefois on agraffe la foupente à l'extrémité *f* du reffort.

Autrefois ces refforts étoient attachés au mouton *h i* (*Figure* 16) par une forte courroie : maintenant on les attache par un lien de fer *k* (. *Fig.* 16) ; mais pour plus grande fûreté , on joint à ce lien une courroie à boucle, afin que fi le lien de fer venoit à rompre, le reffort fût retenu par la courroie.

Ces refforts ne font ni fort chers ni fort lourds , & ils font très-doux ; auffi en fait-on maintenant un grand ufage pour les chaifes de pofte & les berlines, auxquelles quelquefois on en met quatre *Figure* 16 , ou bien on les marie avec les refforts à Apremont *Figure* 14. On donne auffi aux refforts dont nous venons de parler différents contours pour laiffer la liberté de placer une malle ou dans d'autres vues, & cela fe conçoit aifément, fans que nous foyons obligé de multiplier les figures.

Les meilleurs refforts pour les chaifes de pofte font ceux qu'on nomme *à Ecreviffe* , *Planche XXXIX* , *Figure* 9. Ce font encore des refforts à un coin femblables à la *Figure* 10 , qui font réunis par leur tête comme on le voit *Figure* 8. On fait de ces refforts à deux & à quatre coins; mais il nous fuffira de parler de ceux qui n'en ont que deux , parce que les deux autres qui font pofés à côté font entiérement femblables à ceux dont nous allons parler. Nous nommerons le coin *A* (*Figure* 8), *le fupérieur* , & celui *B*, *l'inférieur* ; ils font réunis par leur tête au moyen du boulon *C*. On met toujours deux refforts pareils à celui *Figure* 8 , qui font attachés à la planche du derriere de la chaife comme on le voit *Figure* 9. Cette planche porte à fon milieu un arrondiffement *M* (*Figure* 11); c'eft-là que font attachés, l'un à côté de l'autre , le gros bout ou la tête *C* des coins fupérieurs & inférieurs *A* & *B* (*Figure* 8); le bout *B* inférieur de ces coins va jufqu'auprès des bouts de la planche, & porte fur un mufle ou bande de fer qui forme une gouttiere *B* (*Figure* 9) & *b* (*Figure* 11), pour empêcher les refforts de s'écarter à droite & à gauche. On voit ce mufle féparément *Figure* 12 ; les deux bouts *A* des coins fupérieurs fe rapprochent l'un de l'autre , & même quelquefois ils fe croifent lorfqu'ils ne font pas chargés *Figure* 9 ; mais le poids de la chaife fait qu'ils s'écartent.

La tête de chaque paire de reffort eft reçue & affujettie par des clous à vis dans une boîte de fer battu *Figure* 13 & *D Figure* 9 ; & cette boîte eft affujettie fur l'arrondiffement *M* (*Figure* 11) de la planche de derriere par les montants *Figure* 15 , & *E Figure* 9.

On voit en *I* (*Figure* 16) & en *F* (*Figure* 9) les crochets où s'attachent les foupentes.

La *Figure* 17 repréfente les feuilles de reffort qui font néceffaires pour faire un coin femblable à la *Figure* 18 , pour les refforts à écreviffe ; *Figure* 19 , un

<table>
<tr><td>*SERRURIER.*</td><td>Y y y</td></tr>
</table>

corps de chaife de pofte ; *a a* , la caiffe ; *b* , la portiere; *c c* , la traverfe d'en bas garnie de fes équerres ; *d d* eft un faux brancard femblable à la *Fig.* 20 , qu'on nomme quelquefois le foufflet. On attache deffous la bande de fer *e e* (*Figure* 19) , au bout de laquelle eft la main qui fert à attacher les foupentes des refforts à écreviffe ; *f* eft un reffort à apremont, fous lequel eft la barre *Figure* 23 , au bout de laquelle eft la main où s'attache la foupente de devant au moyen d'un boulon & d'un rouleau , comme on le voit en *G* (*Fig.* 22) ; *g* (*Figure* 19) eft le fupport des guindages qui font ponctués , & qu'on tend au moyen d'un petit cric , & *h i* ponctué marque le brancard.

Pour faire comprendre qu'on peut beaucoup varier la difpofition des coins de refforts , il me fuffira de joindre aux exemples que je viens de rapporter la difpofition qu'on donne à certains refforts qu'on met fous les carroffes à fleche ; ces refforts excellents ne font plus guere d'ufage , parce qu'on ne fe fert des carroffes à fleche que pour les cérémonies ; on ne met même plus guere derriere les chaifes de refforts à écreviffe , parce qu'on les trouve trop chers & un peu lourds. Les refforts des anciens carroffes *Planche XXXIX, Figure* 24 , font à deux coins *Figures* 25 & 26; les faces ou les feuilles *a b* font tournés l'une vers l'autre ; les deux têtes *c d* (*Fig.* 24) , font liées enfemble par deux fort boulons à vis ; quand ces refforts font en place , un de ces coins *b* eft en deffus , nous le nommerons *le fupérieur*, l'autre *a* eft en deffous , nous l'appellerons *l'inférieur*. Ces deux coins ainfi difpofés *Figure* 24 , ne forment qu'un reffort qui eft d'une figure très-avantageufe pour l'effet qu'il doit produire.

Ce reffort a deux bouts *a b* qui font flexibles , celui du coin fupérieur *b* porte la voiture , le coin inférieur *a* eft comme attaché à la foupente, & il reçoit le choc des cahots , ou au moins il le partage avec le coin *b* , ainfi toute la voiture porte fur des parties flexibles. Ces deux coins peuvent donc être regardés comme des branches de levier dont le point d'appui eft à l'endroit *c d* (*Figure* 24). Mais ce point d'appui n'eft pas fixe , les chocs le font changer de place , plus ils élevent la pointe *a* du coin inférieur , plus ils font defcendre le point d'appui *c d*, ce qui fait que le choc ou le mouvement qu'il produit eft partagé entre le mouvement du point d'appui , & la contraction des refforts.

Mais il eft avantageux que le point d'appui puiffe monter & defcendre , il eft très-important qu'il ne puiffe aller ni à droite ni à gauche , ce qui arriveroit fouvent fi l'on n'avoit pas pris des précautions pour prévenir ce dérangement ; pour cela on a renfermé les refforts dans une cage ou un chaffis *Fig.* 27 ; ce chaffis de fer eft formé de deux pieces de fer égales *n n*, on les appelle *mains*; le milieu de chaque main eft forgé prefque droit , & le fer eft plus large qu'épais ; les deux bouts de cette partie prefque droite fe terminent par des contours en arc, dont l'un eft en deffus, & l'autre en deffous par rapport à la partie qui eſt droite ; deux pieces entiérement ſemblables l'une à l'autre , ſont tenues à une diſtance l'une de l'autre un peu plus grande que la largeur du reſſort par quatre boulons *o o* (*Figure* 27) ; le reſſort eſt repréſenté dans ſa cage *Figure* 28. Or un des boulons dont nous avons parlé eſt arrêté contre un des angles du fond du carroſſe ; c'eſt celui *p* (*Figure* 27) qui eſt à l'origine d'une des parties contournées , & cette partie contournée deſcend en deſſous de la caiſſe ; les mains tournent librement autour de ce boulon ; les deux bouts des coins du reſſort ſont entre les boulons *p* & *q*, comme on le voit *Figure* 28 , & ces deux boulons ſont à l'origine des parties contournées ; le bout du coin inférieur s'appuie ſur le boulon *r*; c'eſt par ce boulon que les chocs lui ſont communiqués. Car la ſoupente tient au boulon *s* qui eſt le plus élevé des quatre. Enfin le boulon *q* fournit un point d'appui au coin ſupérieur *b*, & ſert à entretenir le reſſort dans une poſition convenable.

Nous n'avons pas parlé exactement quand nous avons dit "que les talons *c d* des coins *a* & *b* étoient poſés l'un ſur l'autre ; car ils ſont ſéparés par une piece de fer platte *e* qui ſe termine en dehors par un rouleau creux auſſi large que le reſſort : on nomme cette piece *e Figure* 24 , *le talon du reſſort* , lorſqu'elle eſt aſſujettie entre les têtes des deux coins ; le boulon *p* (*Figure* 27) paſſe dans la portion creuſe & cylindrique de ce talon ; en jettant les yeux ſur les figures que nous venons de citer, principalement ſur la *Figure* 28 , on apperçoit que ce talon contribue à maintenir les coins dans la cage , la tête des coins étant retenue dans la cage par le talon & ſon boulon ; ainſi le point d'appui des deux branches du reſſort peut deſcendre avec liberté quand les cahots l'exigent, parce que les ſecouſſes ne peuvent faire élever le bout inférieur du coin qu'il ne leve le boulon ſur lequel il porte, par conſéquent le boulon inférieur , celui qui retient le talon, deſcend en même temps.

Le petit bout du coin ſupérieur a auſſi un mouvement ſous la caiſſe du carroſſe ; & afin qu'il éprouve moins de réſiſtance , l'extrémité de ce coin eſt un peu arrondie comme on le voit *Figure* 24 ; & pour que le frottement de ce coin n'uſe pas les bords du carroſſe , & qu'il ne s'écarte pas à droite & à gauche, il coule ſur une bande de fer *Figure* 33 , attachée au corps du carroſſe & garnie de deux oreilles formant les rebords d'une eſpece de couliſſe qui reçoit le bout du reſſort. Cette piece qu'on appelle *le Muſle*, a encore un autre uſage : elle ſe prolonge juſqu'en *d* (*Figure* 29) , au-delà de l'endroit où porte le bout du reſſort , & elle porte le boulon *d* (*Figure* 29 & 32) qui attache les deux mains ; la *Figure* 34 eſt une étampe ſervant à forger cette bande de fer ſur le mandrin *d* (*Figure* 32) qui tient lieu du boulon dont nous venons de parler.

La main extérieure eſt ordinairement recouverte par des ornements qui étant de bronze ou ciselés ne sont point l'ouvrage des Serruriers.

Le coin inférieur *a* (*Figure* 24) est plus long que le supérieur, il doit être plus souple, & il a assez la forme des coins simples de ressort ; c'est-à-dire, qu'il a un peu de concavité vers ses bouts, & une convexité au milieu. Le coin supérieur *b* a une courbure uniforme dans toute sa longueur excepté près du bout, où, comme nous l'avons dit, il est arrondi à l'endroit qui s'appuie sur le carrosse.

Pour les grandes voitures, on met quelquefois quatre ou six coins pour un ressort ; mais comme ces coins sont posés à côté les uns dés autres & parallélement, deux coins font l'effet d'un qui seroit double de largeur ; les grands carrosses de cérémonie des Duchesses sont ordinairement formés de quatre coins, & ceux du Roi de six. On multiplie les coins pour donner aux ressorts assez de force pour supporter ces lourdes voitures, on pourroit leur en donner une suffisante en faisant les lames beaucoup plus épaisses, comme sont celles de la Diligence de Lyon ; mais en multipliant les lames, on gagne de la douceur.

Quand pour les grandes voitures les ressorts sont formés de quatre ou de six coins, les deux paires de coins entiérement semblables sont placées à côté les uns des autres dans les mains, & la largeur du mufle est égale à celle de tous les coins.

On voit, *Figure* 29, un grand carrosse garni des ressorts dont nous venons de parler : à l'avant *p*, il n'y a que la main ; à l'arriere *q*, le ressort est dans la main.

On a vu à Paris une caleche Angloise à laquelle *Fig.* 20, *Pl. XXXVIII* ; un ressort à la Dalesme étoit attaché en *e* au mouton *c d*, & soutenu par un montant *f*, & un arcboutant *g*. La soupente étoit attachée à un fort anneau de cuir *h*, dans lequel étoit un ressort à boudin. Cette voiture étoit fort douce, mais je ne sait pas si cet ajustage conviendroit à une voiture pesante. M. Renard a imaginé, & fait exécuter des ressorts *Figure* 1, *Planche XL*, très-légers, fort liants, & qui ne sont pas chers. Ces ressorts consistent en un chassis de fer *Figure* 2 ; les deux grands côtés *A B* sont faits par deux bandes de fer plat *A B* semblables à la *Figure* 3 ; aux bouts *B*, sont des trous pour recevoir le fort boulon *C* (*Figure* 4), auquel s'attachera la soupente ; au bout *A* du chassis est soudée une piece de fer plat *D* (*Figure* 5), à laquelle il y a deux trous *a a* dans lesquels entrent librement les deux boulons *E E* (*Figure* 6) : on en a représenté un séparément *Figure* 7.

Ces deux boulons posés parallélement l'un à l'autre, comme on le voit *Figure* 6, sont soudés à la traverse *F* de l'anneau *F G*, & c'est à la partie *G* de cet anneau ou de cette main, qu'on attache la soupente comme on le voit *Fig.* 1. On passe les boulons dont je viens de parler dans les trous de la traverse *D* du chassis *A B* ; ces trous sont marqués *a a* (*Figure* 5) ; on enfile
ensuite

enſuite ces boulons dans les reſſorts à boudin *H* (*Figure* 9), comme on le voit *Figure* 1. On fait paſſer ces mêmes boulons dans la rondelle *K* (*Figure* 10), & dans les ouvertures *b b* de la piece *I* (*Figure* 8). Enfin on aſſujettit le tout avec des écrous *L* (*Figure* 11), qu'on viſſe dans la partie des boulons *E* qui eſt taraudée : on voit toutes ces différentes pieces aſſemblées à la *Figure* 1, où le reſſort eſt complet.

Suppoſons maintenant, pour concevoir l'effet de ce reſſort, que deux puiſſances, l'une appliquée en *M*, & l'autre en *N*, agiſſent ſuivant des directions oppoſées, il eſt clair que la puiſſance *N* tirera vers elle la traverſe *C* du chaſſis *A B*, & que la puiſſance *M* tirant à elle l'anneau *G F*, elle tirera les boulons *E* qui, à cauſe des écrous *L*, agiront ſur la traverſe *I* (*Fig.* 1 & 8) pour contracter les reſſorts *H* (*Fig.* 1 & 9) qui par leur réaction tendront à rétablir la machine dans l'état où elle étoit avant que les forces *M* & *N* euſſent exercé leur action.

On peut placer ces reſſorts ou dans une poſition verticale, en prolongeant aſſez le brancard du deſſous de la caiſſe pour que les ſoupentes elles-mêmes ſoient dans une poſition verticale, ou bien on les poſe horizontalement comme on le voit en *O* & *P* (*Figure* 12). Dans cette derniere poſition, les reſſorts fatiguent beaucoup plus ; mais il eſt de fait qu'ils réſiſtent depuis pluſieurs années ſur des cabriolets, des chaiſes, des diligences, & de grands carroſſes. Pour éprouver ces reſſorts, M. Renard attache la partie *M* à quelque choſe de ſolide ; & avec une eſpece de treuil, il tire aſſez la partie *N* pour que les reſſorts à boudin ſoient entiérement contractés ; alors les rendant à eux-mêmes, il exige qu'ils reviennent au point d'où ils étoient partis.

Un article bien à l'avantage de ces reſſorts, eſt qu'on ne ſeroit point arrêté, & qu'on ne courroit aucun riſque s'ils venoient à rompre, parce que le chaſſis *A B B* eſt plus fort qu'il ne faut pour ſoutenir la voiture. Mais pour que ces reſſorts réuſſiſſent, il faut ſavoir choiſir l'acier convenable, ſavoir le travailler ſans l'altérer, le tremper & le recuire à propos. C'eſt ce que M. Renard qui en eſt l'inventeur a étudié avec ſoin, & à quoi il réuſſit admirablement bien *.

Comme les ſtores ſont encore du diſtrict des Serruriers, il eſt convenable d'en dire quelque choſe. Si c'eſt un petit ſtore pour un équipage, on prend un gros fil de fer à un des bouts duquel on ſoude un petit anneau ; ſi c'eſt un grand ſtore, c'eſt ou une broche de fer, ou un bâton bien droit *a b* (*Figure* 13), au bout duquel on ajuſte deux tourillons de fer *c d* (*Figure* 16) ; on arrête un fil de fer non recuit à un de ſes bouts comme en *e* (*Figure* 13) ; puis on roule ſur la verge de bois ou de fer, un fil de fer non recuit, comme on le voit depuis *e* juſqu'en *b* ; enſuite on paſſe ce long reſſort à boudin dans un tuyau de fer blanc *Figure* 14 ; on met aux deux bouts de ce tuyau deux tampons de bois ou deux plaques de métal ſoudés

---

* Les reſſorts pour cabriolets peſent 24 à 25 ; ceux pour diligence, vis-à-vis, 32 liv. ceux pour berlines, 40. M. Renard, *Méchanicien Ordinaire du* *Roi*, *demeure aux petites Ecuries du Roi*, *Fauxbourg Saint Denis.*

du côté de *f* (*Figure* 14) ; le tampon de bois eſt percé pour recevoir à l'aiſe le tourillon *c* (*Figure* 13) ; il en eſt de même à l'autre bout *g* ; mais les axes *c* & *d* ne peuvent tourner dans les yeux des pitons *h i*, & le bout du fil de fer du côté de *b* n'eſt point arrêté à la broche qui l'enfile, mais au tampon de bois qui bouche l'extrémité *g* du tuyau *Figure* 14 ; la verge *c d* ne peut donc tourner ; mais le tuyau de fer blanc a cette liberté, pourvu qu'il contraĉte le reſſort à boudin qui eſt dedans : tout étant ainſi diſpoſé, on attache un morceau d'étoffe ſur le tuyau de fer blanc, comme on le voit en *k l* (*Figure* 15) ; au bas de cette étoffe en *m n*, on attache une baguette de bois. On roule tout le taffetas ſur le tuyau de fer blanc, & l'axe *c d* étant fermement aſſujetti dans les pitons *h i*, il eſt clair qu'en tirant le taffetas par en bas, on fera tourner le tuyau de fer blanc, & on contraĉtera le reſſort à boudin qui par ſa réaĉtion, fera tourner le tuyau de fer blanc en ſens contraire, ce qui roulera deſſus le taffetas pour que le ſtore ſe tienne fermé à la hauteur que l'on veut ; on met quelquefois au morceau de bois *o* qui ferme le tuyau *g*, une roue dentée *o*, dans laquelle s'engage un linguet *p* pouſſé par le reſſort *r* ; en tirant le cordon *p*, on le dégage des dents de la roue *o*, & le ſtore remonte comme de lui-même.

EXPLICATION des Planches du Chapitre ſixieme.

PLANCHE XXXVII.

Dans laquelle il s'agit des Ferrures des Equipages.

FIGURE 6, équerre où le fer eſt plié ſur le champ ; elle s'attache dans les angles, une branche ſur une traverſe, l'autre ſur un montant.

Figure 7, équerre à trois branches ; les branches *b b* s'attachent ſur une traverſe, & la branche *a* ſur un montant.

Figure 8 & 9, équerre où le fer eſt plié ſur le plat ; l'ouverture de l'angle varie ainſi que la forme des branches, pour s'ajuſter aux contours de la menuiſerie.

Figure 10, équerre à patte qui ſe termine en *b* par une patte qu'on attache ſur la largeur d'une traverſe ; il y a quelquefois une patte à chaque bout *Figure* 11 ; alors elles ſervent à empêcher l'écartement. On emploie au même uſage un long boulon *Figure* 12, qui ſe termine en vis par les deux bouts.

Figure 13 eſt une bande de fer qui ſe termine aux deux bouts par des mains dans leſquelles entre le boulon.

Figure 14, ces mains ſervent pour attacher les ſoupentes. On voit cette piece en place ſous la voiture *Figure* 21.

Figure 15 eſt un piton à charniere qui ſert à attacher les guindages.

Figure 16 eſt le bâti d'une portiere de chaiſe de poſte ; on voit en *A A* les charnieres qui lui permettent de s'ouvrir ; un de ces pitons à charniere eſt repréſenté à part *A* (*Figure* 17).

À la traverse d'en haut *B B* (*Figure* 16), on ajuste quelquefois la piece *Figure* 18, qui renferme deux verroux *E D* à pignon *F* ; en tournant un des boutons *G*, on ouvre ensemble les deux verroux qui se ferment d'eux-mêmes au moyen de deux ressorts.

Les *Figures* 19 & 20 représentent les loqueteaux qui servent à tenir les portieres des voitures fermées ; *A*, la boucle ou le bouton servant à tourner la tige *C* qui porte le paneton *B*.

Figure 21, un carrosse suspendu par des soupentes obliques, comme l'étoient les carrosses à fleche, comme le sont encore les carrosses de cérémonie du Roi, & les carrosses de voiture. *AA*, les moutons ; *BB*, les soupentes ; *C C*, les mains de l'extrémité de la bande de fer *Figure* 13, & qui servent à attacher les soupentes.

Figure 22, équipage suspendu en berline. *A B*, le brancard de la caisse figuré en bateau ; *M M*, la soupente qui est horizontale ; elle est attachée en *F* avant à la traverse *C*, & en arriere au cric *D E F* ; *FF*, les roues dentées du cric ; *G*, le corps du cric qui forme un treuil : on voit au milieu une fente où entre une clavette de fer qui arrête la soupente, & qu'on nomme *la Dent de loup* ; *H I K*, arcboutants, supports & jumelles qui attachent fermement le cric au train ; *L*, piece de fer qu'on appelle *la Trape* ; elle s'engage dans les dents des roues du cric pour l'empêcher de se dérouler ; elle fait l'office d'un linguet ou encliquetage.

Figure 23, arcboutants droits & contournés.

Figure 24, porte-siege avec son arcboutant.

Figure 25, corps de chaise monté avec des ressorts de bois *A A*.

Figure 26, coin de ressort ; *a b c*, les feuilles ; *A*, les gougeons à vis qui servent à l'attacher.

Figure 27, brouette garnie de son ressort ; *a c*, le ressort ; son attache est en *a* ; *c b*, verge de fer qui répond d'un bout *c* au ressort, & de l'autre à l'essieu de la brouette ; *d*, ouverture au corps de la brouette pour laisser du jeu à l'essieu ; *e*, brancard.

Figure 28, marche-pied de fer ; *a a*, boulons à vis qui terminent le marche-pied, & qui servent à l'attacher au brancard ; *b b*, traverse où l'on met le pied ; elle est couverte par une planche cintrée qui est attachée par des boulons à vis *c*.

EXPLICATION des Figures de la Planche XXXVIII, qui représente la façon de faire les Ressorts d'Equipage.

FIG. 1, Ouvrier qui frotte avec un morceau de sapin sec, un ressort qu'il vient de recuire pour connoître le degré de chaleur qu'il lui a fait éprouver.

Figure 2 & 3, deux Ouvriers qui forgent un coin de ressort pour lui faire prendre la courbure qu'il doit avoir ; celui *Figure* 3 tient toutes les feuilles réunies au moyen d'une tenaille à goupille pareille aux *Figures* 9 & 10; l'Ouvrier *Figure* 2, forge ce coin.

Figure 4 & 5, deux Ouvriers qui polissent une feuille de ressort sur la meule; l'Ouvrier *Figure* 4, tourne la meule; celui *Figure* 5, présente la feuille de ressort sur la meule.; Il y a un engrenage à l'essieu de la meule pour qu'elle tourne plus vîte; *K K* dans la Vignette sont deux coins de ressort.

Figure 6, au bas de la Planche, coin de ressort formé de huit feuilles.

Figure 7, les huit feuilles qui composent ce coin de ressort.

Figure 8, gouge emmanchée dans une hart pour percer les feuilles sans faire de bavures.

Figure 9, tenaille à goupille.

Figure 10, toutes les feuilles réunies & saisies par la tenaille à goupille; *A*, une plaque de fer qu'on met à l'endroit où doit porter le ressort; *B*, musle qu'on met pour empêcher que les mouvements du bout du ressort n'usent la caisse.

Figure 11, une feuille de ressort ébauchée, & qui n'est pas encore détachée de la barre d'acier.

Figure 12, corps de berline qui est soutenu par quatre coins de ressorts simples & qu'on nomme *à Apremont*.

Figure 13, corps de chaise semblable à celles de la Cour, soutenu en avant par une simple soupente, & à l'arriere, par un ressort simple attaché sur la Planche.

Figure 14, corps de caleche qui a en avant un ressort à apremont, & à l'arriere la soupente répond à un ressort à la Dalesme; *a c*, le ressort à apremont; *c h*, la soupente de devant; *d e f*, le ressort à la Dalesme; *e*, la bride qui l'attache au mouton; *f g*, la soupente de derriere.

Figure 15, grande voiture suspendue par un ressort double dit *à talon*; c'est ainsi qu'on fait le ressort de la Diligence de Lyon.

Figure 16, gondolle suspendue par quatre ressorts à la Dalesme; *i h*, est le mouton où tient la bride *K*.

Figures 18 & 19, deux coins de ressort différemment contournés.

Figure 20, ressort d'une caleche angloise; *a b*, un ressort à la Dalesme bien contourné; *c d*, le mouton où il est attaché par la bride *e*; *f & g*, montants & arcboutants pour rendre l'attache de ce ressort plus solide; *i k*, anneau de cuir dans lequel est un ressort à boudin. La soupente s'attache à la main *h*; *Figure* 17, piton à vis pour attacher les guindages.

EXPLICATION des Figures de la Planche XXXIX, qui représente différentes especes de Ressorts.

FIGURES 8 & 9, quatre coins de ressorts ajustés pour un ressort à écrevisse; *A B*, la tête des ressorts; *C*, leur talon & leur attache.

Figure 10, deux coins séparés.   *Figure* 11,

Figure 11 , la traverse ou la planche sur laquelle est un évasement en *M* où sont attachés les ressorts par leur talon ; on voit en *b* un mufle sur lequel s'appuient les ressorts, & qui empêche qu'ils ne s'écartent à droite ou àgauche.

Figure 12 , ce mufle séparé.

Figure 13 , cage de fer qui reçoit les talons du ressort.

Figure 14 , une partie de cette cage.

Figure 15 , un des supports qui assujettit la cage *Figure* 13 , sur l'évasement *M* de la planche *Figure* 11 : on voit toutes ces pieces en place *Figure* 9.

Figure 16 , *I I* crochets qu'on met au haut des ressorts pour assujettir les soupentes comme on le voit en *F* (*Figure* 9).

Figure 17 , les feuilles qui doivent former un coin de ressort à écrevisse.

Figure 18 , un coin de dessous où les feuilles sont réunies.

Figure 21 , un coin de dessus d'un ressort à écrevisse avec un crochet pour les soupentes.

Figure 19 , corps de chaise de poste ; *a a*, le corps de la chaise ; *b*, la portiere en partie ouverte ; *c c*, la traverse d'en bas ; *f*, ressort à Apremont qui est à l'avant ; *d d*, piece de bois vue séparément *Figure* 20 , on la nomme *le soufflet* ; *e e*, bande de fer qui porte en arriere une main pour attacher les soupentes ; *i h*, le brancard de la chaise ponctué ; *g* , le porte-guindage *i h*, qui est ponctué.

Figure 22 , le ressort à Apremont *f* (*Figure* 19), représenté à part avec la bande de fer *Figure* 23 , qui porte la main.

Nous allons parler des ressorts en cage qu'on met aux angles des carrosses de cérémonie à fleche.

Figure 24 , les deux coins de ressorts *Figure* 25 & 26 , réunis par leurs talons ; *a*, celui de dessous ; *b*, celui de dessus ; *c d*, leurs talons qui sont réunis par un boulon à vis, & en *e* est une piece placée entre les deux ressorts, & qu'on nomme aussi *le talon* ; ces ressorts se posent dans une cage *Figure* 27 qu'on nomme *main* ; la *Figure* 28 les représente renfermés dans la main.

Figure 29 est un corps de grand carrosse ; en *d q*, le ressort est dans la main, & en *p* la main est sans ressort.

Figure 30 est le talon *e* (*Figure* 24) vu séparément.

Figure 31 sert à faire voir le contour qu'on doit donner au fer qui fait les côtés de la main *Figure* 27.

Figures 32 & 33 , mufle qu'on met aux angles du carrosse pour empêcher que les ressorts ne les usent; *d*, un mandrin sur lequel on forge la gorge avec l'étampe *Figure* 34.

Explication des Figures de la Planche XL, qui repréfente le Reſſort inventé nouvellement par M. Renard.

Figure 1 , le reſſort vu en entier.

Figure 2 , chaſſis de fer *A B A B*, fermé en *C* par un tourillon *Figure* 4 , & en *D* par une plaque *Figure* 5 , percée de deux trous *a a*; la *Figure* 3 repréfente un des deux grands côtés *A B* de ce chaſſis : toutes ces pieces ſe voient aſſemblées dans la *Figure* 1 , & ſont indiquées par les mêmes lettres.

La *Figure* 6 repréfente deux longs boulons *E* taraudés en vis au bout *H* & ſoudées à la partie *F* de la main *F G*: on en voit un féparé *Figure* 7.

On enfile ces boulons dans le reſſort *H* (*Figure* 9); on met par-deſſus la plaque *I* (*Figure* 8), & les boulons entrent par les trous *b b*; on met à chacun une rondelle *K* (*Figure* 10), & le tout eſt aſſujetti par des écrous femblables à *L* (*Figure* 11): toutes ces pieces ſe voient réunies *Figure* 1.

La *Figure* 12 eſt deſtinée à faire voir comment on place les reſſorts ; la ſoupente eſt coupée en *o* & *p*, & les reſſorts étant ajuftés à ces endroits aux ſoupentes *M* & *N*, comme on le voit *Figure* 1 , tout le reſte s'ajuſte comme à l'ordinaire.

La *Figure* 13 eſt deſtinée à faire voir l'ajuſtement d'un reſſort dans l'intérieur d'un ſtore ; on le voit roulé ſur une tige de bois ou de fer *a b*: *c d* ſont des tourillons qui cependant ne doivent point tourner dans les pitons *h i*; le fil de fer eſt arrêté en *e* à la tige *a b*, & du côté de *b* à un tampon de bois attaché ſolidement au tuyau de fer blanc *f g* (*Fig.* 14), dans lequel on fait paſſer tout l'ajuſtement de la *Figure* 13. On voit en *g* une pointe qui doit entrer dans le tampon de bois *b* (*Fig.* 13), pour le joindre fermement au tuyau de fer blanc. On voit du côté de *b* (*Figure* 13), un encliquetage qui ſert à tenir le ſtore fermé de la quantité qu'on veut. On l'a repréfenté plus en grand *Fig.* 16 & 17 ; *o*, roue dentée en rochet ; *p*, linguet ou encliquetage qui prend dans les dents du rochet *o*, & qui y eſt porté par le reſſort *r* ; en tirant le cordon *p*, on dégage l'encliquetage des dents de la roue, & le ſtore s'ouvre.

A la *Figure* 16 , on a repréfenté toutes les pieces féparément , & elles ſont indiquées par les mêmes lettres.

CHAPITRE VII.

Des renvois de Sonnettes & de leur poſe, de la ferrure des Perſiennes, des Stores pour les Cabinets d'Appartement, & du travail de quelques ornemens pris aux dépens du fer.

Nous comprenons dans ce ſeptieme Chapitre pluſieurs Articles qu'il eſt bon de ne pas omettre , mais qui ne ſont pas aſſez conſidérables pour faire autant de Chapitres particuliers.

A R T I C L E I.

Des renvois de Sonnettes & de leur pose.

Tout le monde fait combien il est commode, pour appeller à soi les domestiques dont on a besoin, de n'avoir qu'à tirer un cordon qui est auprès de sa cheminée, ou au chevet de son lit, ou a portée de son bureau. Ce cordon fait agir une sonnette qui se fait entendre à l'endroit où se tiennent les domestiques lors même que cet endroit est fort éloigné de la chambre ou du cabinet qu'on habite ; la communication du mouvement du cordon avec la sonnette se fait par des fils de fer & des renvois ; avec ces secours, les Serruriers experts pour la pose des sonnettes font parcourir le fil d'archal dans tout le pourtour d'un appartement, ils le font monter au plus haut des maisons, & descendre au raiz-de-chaussée, de sorte qu'on fait jouer les sonnettes les plus éloignées avec un très-petit effort.

Les poseurs de sonnettes ne doivent point être arrêtés par les cloisons, les murs & les poutres qui se rencontrent en leur chemin ; ils les percent d'un trou par lequel passent les fils d'archal. Pour cela ils ont des vilebrequins *Planche XLI*, *Fig.* 1 , avec des meches *Figures* 2 & 3 , qui doivent avoir depuis neuf pouces de longueur jusqu'à deux pieds & plus, pour percer des murs, des poutres ou des cloisons épaisses ; c'est pourquoi il faut avoir de ces meches semblables à celles des Marbriers pour percer les pierres, & d'autres comme celles des Menuisiers pour percer le bois.

Ils ont encore des broches *Figure* 4 , dont le bout est acéré ; les unes sont d'un pied de longueur, d'autres de deux ou plus ; elles sont quelquefois utiles pour percer plus promptement les trous lorsqu'il se rencontre dans l'intérieur des murs des gravois ou des platras que la broche peut entamer. On soude à ces broches en *a* un talon qui donne la facilité de les retirer, lorsqu'à coups de marteau on les a fait entrer à force. On peut en avoir quelques-unes assez déliées où il y ait un œil vers *b* pour servir à passer le fil de fer dans les trous, lorsqu'ils sont ouverts. Quelquefois on se contente de faire passer avec l'aiguille une ficelle dans le trou, & y ayant attaché le fil de fer, elle sert à l'introduire. On doit avoir encore de fortes tricoises *Figure* 5 , pour arracher les broches des renvois qui seroient mal placés ; il est bon d'en avoir encore dont les mâchoires soient tranchantes pour couper les fils de fer.

Il est utile d'avoir des pinces ou béquettes *Figure* 6 , les unes dont les mâchoires soient rondes pour rouler le fil de fer, d'autres dont les mâchoires soient quarrées pour saisir le fil de fer, & le tirer plus commodément qu'avec les mains lorsqu'il résiste, ou lorsqu'on veut redresser celui qui se seroit courbé.

Les marteaux *Figures* 7 & 8 , servent pour enfoncer les broches *Figure*

4, & auſſi les tiges des renvois, les crampons, &c ; la petite bigorne *Figure* 9, eſt utile pour rouler l'extrémité des gros fils de fer qui ſervent à faire des reſſorts qu'on roule ordinairement ſur un mandrin qu'on fait tourner avec une manivelle qui ſe verra à la Planche XLII. On emploie tout au plus de trois eſpeces de renvois ; deux même ſeroient ſuffiſans. A celui *Figure* 10, le clou *A*, lorſqu'il eſt enfoncé dans le mur, porte le triangle *B C D*, qui forme le renvoi parallélement au plan du mur.

Le renvoi *Figure* 11, ne diffère du précédent que parce que la branche *B* eſt un peu plus longue que les autres ; c'eſt à cette branche qu'on attache le cordon pour que l'appliquant à un plus long bras de levier, on ait plus de facilité à tirer la ſonnette.

La *Figure* 12 repréſente le clou *A* des *Figures* 10 & 11 qu'on enfonce dans le mur ou le bois. On ne le fait jamais à ſcellement, parce qu'ils tiennent aſſez bien dans le plâtre, & encore mieux dans le bois ; & ſi l'on avoit à le fixer dans du mortier on enfonceroit dans le trou une groſſe cheville de bois dans laquelle on feroit un trou pour recevoir la pointe *a* du clou ; la partie *b* eſt arrondie pour recevoir l'œil *c* des triangles *B C D* (*Figures* 10 & 11) ; on met par-deſſus la rondelle *c*, ſur laquelle on rive l'extrémité de la partie arrondie *b*.

Quand le clou *A* du renvoi *Figure* 13 eſt enfoncé dans le mur, le triangle *B C D* eſt dans une poſition perpendiculaire au mur ; pour produire cet effet, on ménage au clou *A*, une tige ou mamelon en *C* qui entre dans le trou *b* du triangle & dans la rondelle, le tout étant retenu par la rivure du mamelon ; on apperçoit que le mouvement du triangle doit être parallele à la tige du clou. Ces ſortes de renvois ſe mettent dans les angles, ou lorſque les fils d'archal doivent faire un retour d'équerre.

A l'égard des ſonnettes, on les montoit autrefois dans de petites hures de bois *a* (*Figure* 14), ſoutenues par des tourillons *b b*, qui entroient dans de longs pitons *c c* qu'on enfonçoit dans la muraille ; un de ces pitons eſt repréſenté ſéparément *Figure* 15. On voit en *f* (*Figure* 14), un contre-poids qui ſervoit à remettre la ſonnette dans ſa poſition ; car par ſon poids ſeul elle n'auroit pas pu vaincre le frottement de tous les renvois ; maintenant on ſuſpend preſque toutes les ſonnettes à un reſſort à boudin *g* (*Figures* 16, 18 & 19) ; & pour vaincre le frottement des renvois, on emploie un autre reſſort à boudin *h* (*Figures* 18 & 19) qui tire le fil d'archal *i* qu'on a joint à celui de la ſonnette en *k* : on diſpoſe ces reſſorts de rappel de bien des façons différentes ſuivant que la place l'exige, ce qu'on peut imaginer aiſément, & ils produiſent toujours un très-bon effet ; lorſque les fils d'archal ſont fort longs pour aller d'un renvoi à un autre, on les fait paſſer dans de petits crampons *l* (*Figures* 16 & 18), qui leur ſervent de conducteurs : on voit un de ces crampons ſéparé *Figure* 17.

Pour

Pour prendre une idée du jeu des renvois, il faut jetter les yeux sur la *Figure* 16, & l'on concevra qu'en tirant le cordon *f*, on fera jouer les renvois *a b c d e*, leur jeu étant exprimé par des lignes ponctuées; il est évident qu'en abaissant le cordon *f*, on fera mouvoir la sonnette *h*; avec un peu de réflexion, on ne sera pas embarrassé de poser les renvois dans le sens qui leur convient, d'autant qu'en les présentant à la place avant que de les attacher, on pourra les tourner en différents sens jusqu'à ce qu'on ait trouvé la position qui leur convient. Pour empêcher que par la tirée des ressorts de rappel dont nous avons parlé, les renvois ne se renversent, on met du côté où ils ne doivent point agir, une cheville de fer marquée *i i* (*Figure* 16), sur laquelle une des branches du renvoi s'appuie quand on a lâché le cordon. On achete le fil de fer par paquets roulés en écheveau. On doit commencer par le recuire dans un four ou dans de la braise, & prendre garde de le brûler; ensuite pour le redresser, le Poseur en attache un bout à un clou, & prenant dans sa main un morceau de cuir, il recule en serrant fortement le fil dans ce cuir, ce qui suffit pour le redresser.

Comme ce sont les Poseurs qui fournissent le fil de fer, ils le prennent souvent trop menu, afin qu'il leur en coûte moins, & parce qu'ils l'emploient plus aisément; mais aussi il en dure moins.

Les branches *B C D* des renvois *Figures* 10 & 13, sont tantôt de fer, & le plus souvent de cuivre fondu, elles ont environ 2 pouces & demi de longueur. La broche ou le clou *A* des *Figures* 10 & 11, a quatre ou cinq pouces de longueur, & celle du renvoi *Figure* 13, six à sept pouces sur cinq à six lignes de gros auprès de la rivure.

Les Serruriers posent aussi des renvois pour ouvrir les serrures à ressort des portes cocheres; mais comme la méchanique est la même que pour les sonnettes, à cela près que les renvois sont plus forts, & le fil d'archal plus gros, nous n'avons rien à ajouter à ce que nous avons dit. Un des articles le plus difficile du Poseur de sonnettes, est de savoir s'échafauder; c'est presque toujours avec des échelles ou des échafauds très-légers qu'ils établissent sur les appuis des croisées d'une façon souvent très-hardie. Car comme on les paie à tant le cordon, ils évitent, autant qu'ils le peuvent, des échafaudages qui leur coûteroient trop.

A R T I C L E I I.

De la Ferrure des Persiennes.

Tout le monde sait qu'en été pour se ménager de l'air dans les appartements, & en même temps un jour doux qui ne soit pas éblouissant comme est la lumiere directe du soleil, on a imaginé de substituer aux contrevents ce qu'on nomme *des Persiennes*, *Figure* 20. C'est un bâti de menuiserie *A B C D*, garni de gonds ou de couplets en *E F G*, qui permettent de l'ou-

vrir & de le fermer , comme les contrevents ordinaires ; au montant oppo-
fé *C D* , on met une efpagnolette ou des verroux à reffort *H I* , pour
pouvoir le tenir fermé quand on le juge à propos.

Dans l'épaiffeur des montants *A B* & *C D* , on met de petites planches
minces portant à chacun de leurs bouts un petit tourillon de fer qui entre
dans des trous pratiqués dans l'épaiffeur & à la face intérieure *M* des mon-
tants *A B* & *C D* , de forte que chacune de ces petites planches *K K* peut
tourner fur les tourillons , & être placée comme on le juge à propos , ou de
façon que la largeur des planches foit dans une fituation verticale ou dans
une fituation horizontale ; fi on les place dans une fituation verticale , comme
elles fe recouvrent les unes les autres , ainfi que le pureau des ardoifes , la
Perfienne fait l'effet d'un contrevent ordinaire , le paffage de l'air & celui de
la lumiere font interceptés ; mais fi l'on met le plan de toutes les petites
planches dans une pofition horizontale , comme elles ne préfentent que leur
épaiffeur qui eft peu confidérable , l'air & la lumiere peuvent paffer libre-
ment, de forte qu'en inclinant plus ou moins toutes ces petites planches , on
fe donne autant d'air & de jour , qu'on le juge convenable ; mais il eft fen-
fible qu'on ne pourroit pas jouir de cet avantage s'il falloit porter fucceffi-
vement la main à toutes ces planchettes pour changer leur inclinaifon. Les
Serruriers font parvenus à faire enforte qu'on pût faire mouvoir , toutes à la
fois , toutes ces planches avec beaucoup de facilité ; pour cela ils prennent
une tringle de fer quarrée & menue *L L* (*Figures* 20 & 21) , ils y ajuftent à
la hauteur de la main une poignée *Q* , & dans toute la longueur de cette
tringle autant de petits pitons *N* , qu'il y a de planches ; ils ajuftent au bord
de chaque planche une petite piece coudée *P* (*Figure* 21) , qui fe termine
à un de fes bouts par une patte *o* qu'on attache fur chaque planche , & à
l'autre bout par un petit tourillon qui entre à l'aife dans les trous des pie-
ces *N* ; une de ces petites *S* s'attache fur les planches d'un côté de la trin-
gle *L L* ; celle qui eft en-deffus s'attache de l'autre côté , & ainfi alternative-
ment tout du long de la tringle *L L* , comme on le voit *Figure* 20. Main-
tenant il eft clair qu'en hauffant le bouton ou la poignée *Q* , on éleve le
devant de toutes les petites planches d'une même quantité , & dans le même
inftant , ce qu'il falloit faire.

A R T I C L E III.

Des Stores pour les Croifées d'Appartements.

Nous avons déja parlé , à l'occafion de la ferrure des équipages , des petits
ftores qu'on met aux portieres des carroffes , & ce que nous en avons dit ,
a dû donner une idée de la difpofition des refforts à boudin , dans ces peti-
tes machines qui font d'une grande commodité dans plufieurs circonftances.

Mais cela ne doit pas nous difpenfer de parler des grands ftores d'apparte-
ment dont les reſſorts étant faits avec de gros fil de fer exigent, pour les
plier, des précautions dont on eſt difpenſé lorſqu'on fait les ftores des voi-
tures dont nous avons parlé.

Ces grands ftores *Planche XLII, Figure* 1, font formés, 1°, d'une broche
de fer *A B* qui ſe prolonge dans toute la longueur du ftore; du côté de *A*,
il y a un anneau ou œil qui entre dans un crochet ou petit gond qui ſert à
l'attacher dans le tableau de la croiſée; on pourroit percer le bout *B* d'un autre
œil pour fixer la broche à un piton au moyen d'une goupille; car la broche
A B ne doit point tourner, elle doit être fixe; l'extérieur du ftore eſt formé
par un tuyau de fer blanc *CDEF*, qui a environ 2 pouces & demi à 3 pouces
de diametre.

Les deux bouts de ce tuyau font fermés par deux tampons de bois *G H*
qui font attachés au tuyau de fer blanc par des pointes qu'on voit à la *Figure*
2 en *C D E F*, & ces tampons font percés dans leur milieu d'un trou dans
lequel paſſe librement la broche *A B*, de forte que cette broche forme un
eſſieu ſur lequel tournent les tampons & le tuyau de fer blanc.

Si l'on avoit de gros fil de fer aſſez long pour faire le reſſort à boudin
d'une ſeule piece depuis *G* juſqu'en *H*, il ſuffiroit d'attacher un des bouts
I (*Figure* 1) de ce reſſort au tampon *G*, ce qu'on fait en recourbant le bout du
fil de fer pour l'engager dans un trou pratiqué à la circonférence du tampon
G; & afin que ce reſſort ſoit bandé lorſqu'on tournera le canon de fer
blanc *C D E F*, ainſi que le tampon *G*, l'autre extrémité *K* du fil de fer eſt
fermement attachée à la broche *AB*, qui, comme nous l'avons dit, ne doit point
tourner; pour cela on met un morceau de bois *K* qu'on attache à la broche
de fer par une goupille qui traverſe & le morceau de bois & la broche de fer,
& on arrête le bout du fil de fer dans ce morceau de bois qui ne doit point
tourner non plus que la broche *A B*, à laquelle il eſt attaché très-fermement.

Il eſt évident que le bout *K* du reſſort à boudin ne pouvant pas tourner,
& le bout *I* du même reſſort étant emporté par le tuyau, on bandera le reſ-
fort à boudin en faiſant tourner le tuyau *C D E F*; & le reſſort voulant ſe
rétablir dans ſon premier état, fera tourner le tuyau en ſens contraire lorſ-
qu'on le laiſſera en liberté.

On attache bien fermement le bout d'une piece de coutil ſur le tuyau
de fer blanc, enſuite on roule toute la longueur de ce coutil ſur ce même
tuyau, & on coud en bas une regle de bois *L M* ponctuée, à laquelle il y a
un cordon *N O P*.

On attache avec des crochets ou petits gonds, au haut de la croiſée, la
broche *A B*, de forte qu'elle ne puiſſe point tourner.

Il eſt évident qu'en tirant en enbas la regle *L M*, qui tient au bout de la
piece de coutil, on déroulera le coutil de deſſus le tuyau de fer blanc qui

tournera en bandant le reſſort à boudin, d'autant plus qu'on fera faire plus de révolutions au tuyau ; & le reſſort tendant à ſe rétablir dans ſon premier état fera tourner en ſens contraire le tuyau de fer blanc, quand en lâchant le cordon *N O P*, le coutil ſe roulera ſur le tuyau, & remontera vers le haut de la croiſée. Voilà en quoi conſiſte la méchanique des ſtores ; mais il nous reſte quelque choſe à dire ſur la façon de les faire.

Pour rouler promptement le fil de fer qui eſt gros comme le tuyau d'une plume de bout d'aile, & qui n'eſt point recuit, on a un cylindre de bois *A (Figure 5)*, retenu par deux poupées verticales ſemblables à *B*, & qui porte à un de ſes bouts une manivelle *C D* ; on paſſe un bout du fil de fer dans un trou qui traverſe le cylindre de bois, & pendant qu'un garçon tourne la manivelle, un Compagnon tient le fil de fer enveloppé dans ſon tablier ; & en tirant de toute ſa force, il a ſoin que toutes les révolutions ſe touchent bien exactement, comme on le voit *Figure 3* ; de cette façon le reſſort à boudin eſt fait très-promptement ; comme le fil de fer n'eſt pas recuit, il ſe déroule un peu quand on ceſſe de tirer le bout du fil de fer, ce qui donne la liberté de l'ôter aiſément de deſſus le rouleau de bois *A (Figure 5)* : c'eſt de cette façon que les Poſeurs de ſonnettes font les reſſorts de rappel dont nous avons parlé plus haut.

Nous avons déja dit qu'il n'étoit pas poſſible de tourner de gros fils de fer qui fuſſent aſſez longs pour faire un reſſort de toute la longueur du ſtore. Voici comme les Serruriers ſe tirent de ce petit embarras.

Ils font un nombre de bouts de reſſorts tels que *Figure 3*, ou *Q R S T, Figure 1*, & ils les joignent les uns aux autres par des bouts de cylindres de bois *Figure 4* ; ils ſont percés dans leur axe, & la broche *A B* les traverſe à l'aiſe ; les bouts de fil de fer qui forment chaque portion de reſſort, ſont attachés à ces cylindres, comme on le voit en *Y (Figure 1)* ; il n'y a que le dernier bout qui eſt attaché au morceau de bois *K* fermement aſſujetti à la broche *A B* ; mais il faut avoir l'attention de mettre toujours les bouts de reſſorts les plus longs du côté où eſt l'œil de la broche, comme on le voit dans la figure ; de cette façon le reſſort à boudin eſt preſque auſſi bien étant formé de quatre pieces que s'il l'étoit d'une ſeule.

ARTICLE IV.

Des Ornements qu'on fait aux dépens du Fer.

Nous avons ſuffiſamment expliqué à l'occaſion des grilles ornées, comment on releve des ornements ſur le tas & ſur le plomb, ce qui tient à la façon d'emboutir & de retraindre les métaux dont on parlera expreſſément & très en détail lorſqu'il s'agira de l'Art du Chauderonnier. Nous avons de plus annoncé qu'on faiſoit des ornements en relief ſur le fer, & que cette

opération

opération tenoit à l'Art du Ciseleur ; que ces ouvrages faits sur le fer étant fort chers, on prenoit ordinairement le parti de les faire en fonte de cuivre qui ont le seul inconvénient d'être exposés à être brisés & volés.

Cependant comme les Serruriers font des ouvrages en fer qui font pris dans la piece, revenant à ce que les Menuisiers appelle *Elégis*, il est bon de dire quelque chose sur la façon de les travailler. Je prends pour exemple une boucle ou heurtoir de porte cochere.

Pour faire les boucles de porte *Figures* 6 & 7, on choisit le fer le plus doux & le mieux corroyé. On le forge d'épaisseur, & le plus approchant qu'il est possible du contour qu'on veut donner à la boucle ; on perfectionne ce contour avec la lime, ayant collé sur le fer un papier qui porte le dessein.

On perce avec le foret quantité de trous aux endroits où doivent être les ajours *a a* ; on emporte, avec le ciseau & le burin, le fer qui reste entre les trous du foret, & on perfectionne les ajours avec des limes de différentes grosseurs & figures, pour rendre les pieces comme on les voit *Figures* 8 & 9 ; il s'agit ensuite de former les reliefs tels qu'on les voit aux *Figures* 6 & 7, c'est alors un travail de Sculpteur & de Ciseleur qu'on exécute avec des ciseaux, des gouges, des grains d'orge, des burins faits avec d'excellent acier, & auxquels on donne la meilleure trempe : ces outils font ordinairement faits avec de vieilles limes qu'on a trouvé très-bonnes. On pointille & on martele les fonds avec des poinçons ; on fouille certains endroits avec des forets de différente grosseur, ou des boutons d'acier taillés en limes qu'on fait tourner à l'archet comme des forets. On se sert aussi de fraises & de limes auxquelles on donne différentes formes suivant les endroits où il faut qu'elles travaillent. On finit le tout avec des ciselets & des mattoirs, & on polit les endroits qui doivent l'être avec des pierres à l'huile taillées de différente façon, ou avec de l'émeri & de l'huile qu'on porte dans les creux avec un morceau de bois appointi ; on rend certaines parties très-brillantes en les fourbissant avec des brunissoirs. Enfin on travaille quelquefois à part certaines parties, comme l'écusson de la *Figure* 6, & on les attache à la place où elles doivent être avec des rivures. On voit que ces ouvrages qui exigent beaucoup d'adresse, emploient beaucoup de temps & donnent bien de la peine. C'est ce qui engage à substituer dans beaucoup de circonstances la fonte de cuivre au fer. Si l'on avoit des rosettes ou d'autres ornements à faire qui seroient des répétitions d'un même modele, on pourroit les ébaucher avec une étampe qui seroit un poinçon d'acier portant en creux l'ornement qu'on veut faire en relief.

Les anneaux des clefs *Figures* 10 & 11, se font, comme nous venons de l'expliquer ; mais si l'on en avoit un grand nombre à faire d'une même forme, on pourroit les étamper à froid avec un coin & un balancier, comme on fait les clefs de montres en Angleterre.

A l'égard des pieces *Figures* 12 & 13 , les parties *a a* se font sur le tour, & celles *b b* avec la lime.

Les Serruriers, sur-tout ceux qui font de beaux ouvrages, font un grand usage du tour ; cependant nous nous abstiendrons d'en parler en détail, parce que l'Art du Tourneur sera traité à part.

Quelques Serruriers sont parvenus à relever très-proprement des moulures délicates sur des parties droites au moyen de rabots peu différents de ceux des Ebénistes ; & dans des parties creuses, ils ont monté sur un fût semblable à un bouvet des limes de différentes formes ; & c'est là le cas où des Ouvriers industrieux imaginent & font eux-mêmes des outils qui accélerent l'ouvrage ou le rendent plus parfait.

J'ai amplement détaillé comment on faisoit des moulures avec l'étampe ; mais on a quelquefois des appuis de rampe qui sont de si fortes proportions qu'il ne seroit pas possible de les étamper d'un seul coup ; alors les Serruriers les font de plusieurs parties étampées chacune en particulier qu'ils assemblent les unes avec les autres si parfaitement qu'elles semblent ne faire qu'un seul morceau : la plate-bande de la rampe de la Compagnie des Indes peut être citée pour exemple ; la partie *A* (*Figure* 14) est forgée à part, on étampe séparément les parties *B B* & *C C* , ensuite la partie *D* , & on joint toutes ces pieces avec des rivures prisonnieres ou encore mieux des vis.

A R T I C L E V.

Evaluation du poids des Fers.

IL est toujours avantageux aux Serruriers de connoître à quoi se monte le poids des fers qui doivent entrer dans un ouvrage qu'ils sont sur le point d'exécuter, non-seulement pour savoir sur quel pied ils peuvent l'entreprendre, mais encore pour s'approvisionner de la quantité de fer dont ils auront besoin. Ces connoissances sont encore utiles à ceux qui veulent faire exécuter un ouvrage de Serrurerie, soit pour faire leurs conventions avec les Serruriers, soit pour ne se point engager au hasard dans des entreprises trop dispendieuses. Supposé donc qu'on ait une grille à faire, & qu'on soit convenu avec le Serrurier qu'on la lui payera à tant le cent, on desire savoir à l'avance combien les fers des grosseurs portées dans le devis doivent peser. Il est certain que tous les fers ne sont pas, à volume égal, exactement de même poids ; le fer de gueuse est plus léger que le fer forgé , d'où l'on peut conclure que le fer sera d'autant plus pesant qu'il aura été plus épuré de laitier, & plus exactement corroyé. Cependant il est d'expérience qu'on peut évaluer le poids du bon fer forgé entre 572 & 576 livres le pied cube ; il suit delà qu'en se donnant la peine de réduire en pieds cubes tous les fers de différents échantillons, on parviendra à connoître le poids du fer qui entrera dans un ouvrage ; mais les Architectes ont befoin de moyens plus expéditifs, & ils en ont à choifir. Car indépendamment des tables calculées qu'on trouve dans plufieurs ouvrages d'architecture-pratique , fachant qu'un barreau d'un pouce en quarré & d'un pied de longueur, pefe quatre livres, on en conclut qu'un barreau quarré ou méplat qui auroit 36 lignes quarrées de bafe , & un pied de longueur, peferoit une livre ; & par une opération très-fimple, il eft aifé de connoître le poids des fers de toutes fortes de dimenfions.

Pour cela on multiplie le nombre de lignes contenues dans chaque côté d'une barre de fer , l'une par l'autre , pour connoître fa bafe en lignes quarrées. Enfuite on divife le produit de cette multiplication par 36 ; & comme l'on fait que 36 barres d'une ligne de côté & d'un pied de longueur pefent une livre, il s'enfuit que ce qui vient au quotient exprime la quantité de livres que pefe un pied de longueur du barreau fur lequel on opere. On multiplie enfuite le poids d'un pied de longueur par le nombre de pieds de la barre entiere, & fon poids eft connu.

EXEMPLE.

Une barre de quatre pieds de longueur & de douze lignes en quarré, a 144 lignes quarrées de bafe, parce que 12 multiplié par 12 , donne 144 ; en divifant ce produit par 36 , il vient 4 au quotient ; ce qui indique qu'un pied de longueur de cette barre pefe 4 livres, & que la barre pefe 16 livres.

M. Antoine, Architecte, a vérifié que cette méthode eft affez exacte pour que fur plufieurs milliers de fer , on ne s'écarte du poids réel que de 15 à 20 livres.

La méthode que nous venons d'indiquer convient également aux fers quarrés , & aux fers méplats ; & il eft aifé d'en faire l'application aux fers ronds , au moins avec une approximation fuffifante pour la pratique.

Pour connoître la folidité d'une tringle ronde en lignes , il faut commencer par en mefurer la circonférence. On pourroit le faire avec un ruban ; mais il vaut mieux la conclure du diametre ; ainfi fi le diametre de la tringle eft de douze lignes , on fera cette proportion :

7 eft à 22 comme 12 eft à x quatrieme terme que l'on cherche ; en multipliant 12 par 22 , & en divifant par 7 le produit de cette multiplication , on connoîtra que la circonférence de la tringle eft de 37 lignes & $\frac{1}{7}$; il faut enfuite multiplier cette circonférence par la moitié du rayon qui eft trois lignes , & il viendra 113 lignes quarrées plus $\frac{1}{7}$ pour la quantité de lignes contenues dans la bafe. Il faudra divifer cette fomme par 36 , il viendra au quotient 3 $\frac{1}{7}$, ce qui indique qu'une longueur d'un pied de cette tringle pefe 3 livres 2 onces 2 gros $\frac{1}{7}$, laquelle fomme on multipliera par la quantité de pieds qu'elle aura de longueur.

EXPLICATION *des Figures de la Planche XLI, qui repréſente le Poſeur de Sonnette.*

FIGURE 1, un vilebrequin ; *Figures* 2 & 3 , ſes meches , entre leſquelles il y en a de fort longues.

Figure 4 , une broche pour percer les trous ou pour paſſer le fil d'archal par les trous qui ſont faits.

Figure 5, fortes tricoiſes ; il en faut de plus petites qui ſoient inciſives pour couper le fil de fer.

Figure 6, pinces ou béquettes ; il en faut dont les mordants ſoient arron-dis, & d'autres quarrés.

Figures 7 & 8 , des marteaux de différentes groſſeurs.

Figure 9 , petite bigorne d'établi ; il en faut de différentes grandeurs ; les poſeurs de ſonnettes s'en ſervent peu ; ils roulent le gros fil de fer, pour faire les reſſorts à boudin, ſur un cylindre, comme nous le dirons dans la ſuite en parlant des ſtores.

Figure 10, renvoi dont le mouvement eſt parallele au mur où il eſt attaché.

Figure 11, renvoi pareil, mais dont la branche *B* eſt plus longue que la branche *D*.

Figure 12 repréſente la broche ou le clou de ces renvois ; *b* eſt la partie arrondie de ces clous, ſur laquelle tourne le renvoi ; *c* , la virole ſur laquelle on fait la rivure.

Figure 13 eſt un renvoi dont le mouvement eſt perpendiculaire au plan du mur ſur lequel il eſt attaché.

Figure 14, ſonnette montée ſur une petite hure de bois ; *b b*, les tourillons ſur leſquels tournent les ſonnettes ; *c* , deux pitons dans leſquels paſſent les axes ou tourillons *b* : on voit , *Figure* 15 , un de ces pitons ſeparé ; *f* eſt un contre-poids pour vaincre les frottements des renvois, & rappeller la ſonnet-te dans ſa poſition ; *g* , tige de fer où s'attache le fil de fer *h*, quelquefois cet-te tige eſt ſur le côté, ce qui dépend de la direction du fil de fer.

On voit *Figures* 16, 18 & 19, des ſonnettes attachées à l'extrémité des reſ-ſorts à boudin *g* ; en *k h*, *Figures* 18 & 19, ſont des reſſorts à boudin qui rap-pellent le fil de fer pour vaincre les frottements des renvois. On voit en *l* (*Figures* 16 & 18) un petit crampon qui ſert de conducteur aux fils de fer ; *Figure* 17, repréſente ce crampon vu ſéparément.

Figure 16 , *f* cordon de ſonnette ; *a b c d e,* cinq renvois ; leur mouvement eſt marqué par des lignes ponctuées ; *h*, ſonnette attachée à un reſſort à bou-din *g* ; *l*, piton ou crampon pour conduire le fil de fer ; *i i* , broches de fer ſur leſquelles s'appuient les renvois quand on lâche le cordon.

Figure 18 , *f* le cordon ; *a* , un renvoi ; *l* , conducteur du fil d'archal ; *g*, la ſonnette attachée à un reſſort à boudin ; *h*, reſſort à boudin de rappel ; il

agit

agit fur le fil d'archal *i* qui eft attaché en *k* au fil d'archal qui fait agir la fonnette, au moyen de quoi le reffort de rappel *h* travaille de concert avec le reffort *g* pour vaincre les frottements des renvois.

Figure 19, *f* le cordon de la fonnette ; *a b c*, trois renvois ; *h i k*, reffort de rappel ; *g*, reffort à boudin différemment difpofé pour fufpendre une fonnette.

La *Figure* 20 repréfente le battant d'une Perfienne. *A B C D*, le bâti de ce battant ; *E F G*, endroits où l'on met les paumelles pour rendre ces battants ouvrants & fermants ; *H I*, renvoi à reffort pour tenir les battants fermés ; *K K*, les planches minces qui font placées entre les montants *A B* & *C D*, & qui portent à leurs deux bouts des petites broches qui entrent dans des trous percés dans les montants pour les recevoir ; *L L* (*Figure* 20 & 21), menue tringle de fer quarrée qui porte les pitons *N N*, dans l'ouverture defquels entre l'extrémité des petites pieces en *S* marquées *P P* ; l'autre bout de ces mêmes pieces terminé en une efpece de patte *o o*, fe cloue fur les petites planches, d'où il fuit que quand on leve le bouton, le bout arrondi des petites pieces en *S* tourne dans les pitons *N N*, en même temps que ces pieces foulevent le bord de toutes les petites planches *K K*, tant & fi peu que l'on veut : on met la moitié de ces pieces en *S* à droite, & l'autre moitié à gauche de la barre *L L*, comme on le voit *Figure* 20, afin que la tringle foit maintenue dans une pofition convenable.

EXPLICATION des Figures de la Planche XLII, qui repréfente des Stores d'Appartement, & des Ouvrages dont les ornements font pris aux dépens du Fer.

FIGURE 1, un grand ftore pour des croifées d'appartement.

La *Figure* 2 en eft la coupe, & les mêmes pieces font repréfentées par les mêmes lettres. *A B*, la broche fixe qui eft dans l'axe du ftore ; *C D E F*, le tuyau de fer blanc qui renferme les refforts à boudin, & qui tourne fur fon axe quand on abaiffe ou quand on éleve le coutil du ftore ; *G*, tampon de bois qui eft attaché au tuyau de fer blanc par des pointes, comme on le voit *Figure* 2 ; c'eft à ce tampon que le bout *I* du reffort à boudin *Q* eft attaché ; l'autre bout de ce reffort eft attaché en *V* à un tampon repréfenté à part *Fig.* 4, qui tourne librement fur la broche *A B* ; en *V* eft auffi attaché un bout du reffort *R*, l'autre bout eft attaché au tampon *X*, ainfi qu'un des bouts du reffort *R* ; l'autre bout eft attaché au tampon *Y*, ainfi qu'un des bouts du reffort *T* ; l'autre bout de ce reffort eft attaché au tampon *K* qui eft fixé par une goupille à la barre *A B*. Le tampon *H* eft attaché par des pointes au tuyau *D F*, ainfi que le tampon *G*.

La *Figure* 3 repréfente un bout de reffort à boudin.

La *Figure* 5 fert à faire appercevoir comment on fait très-promptement ces refforts à boudin, en les roulant fur un cylindre qu'on fait tourner par une manivelle.

La *Figure 6* eft la coupe de la plate-bande de l'efcalier de la Compagnie des Indes ; les lignes ponctuées font voir le nombre des pieces dont cette plate-bande eft formée. *A* forme un quarré ; *B B*, deux pieces qui font étampées féparément. *C C*, deux autres pieces auffi étampées féparément ; & toutes ces pieces font fi exactement réunies par des vis à la piece *D*, qu'elles femblent ne faire qu'un morceau.

Figure 8 , un morceau de fer ébauché & percé en *a a* pour faire la boucle de porte repréfentée *Figure 6*.

La *Figure* 9 eft un morceau de fer ébauché pour faire la boucle *Figure 7*.

Les *Figures* 10 & 11 font des clefs dont les anneaux font chargés d'ornements qu'on fuppofe avoir été ébauchés à l'étampe ; ce qu'on pourroit faire fi l'on en avoit beaucoup à faire d'une même forte.

Les *Figures* 12 & 13 font des ornements faits fur le tour & à la lime.

EXPLICATION

De plusieurs termes qui sont en usage dans l'Art du Serrurier.

A

Acerain. Un *fer acérain* est celui qui participe de l'acier, & qui pour cette raison s'endurcit par la trempe. *Page 5.*

Affinerie. Attelier des grosses forges dans lequel on donne la premiere préparation au fer de gueuse pour le purifier de son laitier, rapprocher les parties de fer, & les mettre en état d'être forgées, 4.

Aigre. Le *fer aigre* est celui qui se rompt aisément à froid.

Aileron *d'une fiche* est la partie d'une fiche qui entre dans le bois comme un tenon dans sa mortaise, 116.

Alesoir. Outil d'acier trempé qui sert à agrandir & à calibrer un trou en le faisant tourner dedans, 36.

Amorcer. Les Serruriers se servent du terme d'*amorcer* pour signifier une entaille qu'ils font dans le fer avec une langue de carpe aux endroits qu'ils veulent percer. Voyez *Souder à chaud*, 16.

Ancre est un barreau de fer, quelquefois droit, d'autres fois contourné en *S*, en *Y* ou en *X*, qu'on place sur un mur auquel on veut faire conserver son à-plomb : l'ancre est retenue par une chaîne ou un tirant, 43.

Archet. C'est une bande d'acier aux deux bouts de laquelle on attache une corde de boyau, & qui porte un manche ; son usage le plus commun est pour faire tourner le foret, 34.

Arçon. Voyez *Archet*.

Armature. On a donné ce nom aux bandes de fer dont on garnit les bornes qui sont exposées à être endommagées par les voitures, ainsi que les seuils des portes cocheres, 49.

Arret du pene. C'est un petit talon qui entre dans les encoches du pêne ; ou quand le pêne porte ce talon, il entre dans une encoche qui est à une gâchette ; de quelque façon que ce soit, cet arrêt empêche le pêne de courir, 161.

Artichauts, sorte de chardons qui se mettent sur des pilastres, des barrieres, &c. Voyez *Chardons*.

Auberon. C'est un petit morceau de fer en forme de crampon rivé au moraillon qui entre dans une serrure plate ou en bosse, au travers duquel passe le pêne pour le fermer, 133.

B

Bandage. Lame de fer qu'on met sur les jantes de roue pour les fortifier : on en fait dans les forges de différentes largeurs, épaisseurs & longueurs pour satisfaire aux voitures de différente force, 7.

Barbes *du pêne.* On nomme ainsi de petites *éminences* ou parties en saillie qui sont au-dessous du pêne, & dans lesquelles doit s'engager le paneton de la clef pour faire avancer ou reculer le pêne, 161.

Barre *de fourneau.* Bande de fer plat coudée suivant la forme des fourneaux, & dont les extrémités sont fendues à scellement ; son usage est d'empêcher que les briques ou carreaux qui forment le dessus des fourneaux ne se détachent, 48.

Barre *de godet* ou *de garniture.* Bande de fer destinée à supporter les goutieres en saillie. Elle est formée d'une bande de fer plat d'une longueur suffisante terminée par un scellement ou une potence portant à l'autre bout une gâche de même fer rivée sur la barre, 48.

Bascule. Levier retenu dans son milieu par une goupille qui est rivée sur une platine, & qui porte à ses deux bouts deux verges de fer. Ces deux verges répondent par en haut & par en bas à deux verroux ; & quand, au moyen d'un bouton, on hausse ou quand on baisse un des bouts du levier, les deux verroux s'ouvrent ou se ferment à la fois, 3 & 165.

Batarde. On appelle *Lime bâtarde* celle qui tient le milieu entre les limes rudes & les limes fines, 26.

Bateau. Les Menuisiers en voitures appellent *Brancard en bateau* une traverse sous laquelle sont les soupentes des berlines, & qui releve par les deux bouts, 263.

Battant *d'un loquet*, est un morceau de fer attaché par un bout à la porte au moyen d'un clou, & qui par l'autre bout s'engage dans un mentonnet. Lorsque la porte est fermée, il faut le soulever pour ouvrir la porte, 135. On dit aussi *Clinche*.

Bec-d'ane. Ciseau plus épais que large dont on se sert pour ouvrir les mortaises. Il faut que le taillant du bec-d'âne soit de la largeur que doit avoir la mortaise, 145.

Bec de canne. Ce sont de petites serrures dont le pêne à demi-tour est taillé en chanfrein pour que la porte se ferme en la poussant. On donne particuliérement ce nom à de petites serrures qui n'ont point de clefs, & qui s'ouvrent avec un bouton, 140.

Bequettes. Ce sont de petites pinces qui servent pour contourner les petits fers dans les garnitures. Il y en a de plates, & d’autres dont les mordants sont arrondis, *page* 10.

BESNARDE, *serrure besnarde.* On nomme ainsi celles qui peuvent s’ouvrir avec la clef, soit qu’on soit en dedans, soit qu’on soit en dehors de la chambre. La plupart de ces serrures n’ont point de broche, 164.

BIGORNE. On nomme ainsi des pointes qui terminent les deux bouts des enclumes. Ces pointes sont ou quarrées ou rondes. On dit assez volontiers *une bigorne* pour signifier une enclume à bigorne, 9.

BIGORNEAU. Sorte de petite enclume à bigorne, *ibid.*

BIGORNER. C’est forger un morceau de fer & l’arrondir en forme d’anneau sur la pointe de l’enclume appellée *Bigorne, pag.* 9 *&* 10,

BLANCHI. Voyez *Poussé.*

BOÎTE est la partie d’une fiche dans laquelle entre la cheville qui tient lieu du mamelon d’un gond, 116.

BORAX. Sel qu’on apporte des grandes Indes : il est pour la plus grande partie formé d’un sel alkali de la nature de la base du sel marin ; mais il contient aussi un sel moyen d’une espece particuliere & acidule auquel on a donné le nom de *Sel Sédatif.* Le borax a la propriété de se vitrifier aisément & d’aider la fusion des métaux, 20.

BOULES. Les Serruriers nomment ainsi des grosses graines ou spheres percées qui sont traversées par une rivure & placées entre deux pieces d’ornement pour détacher leur contour, 80.

BOULONS. Le boulon n’est autre chose qu’une grosse cheville de fer à très-peu près cylindrique. Quand quelque ouvrage est retenu avec des boulons, on dit qu’il est *boulonné.* Il y a des boulons clavettés, d’autres sont rivés ; il y en a même qui sont à vis, 17.

BOURDONNIERE. La bourdonniere est aux portes de ferme un arrondissement qu’on fait au haut du chardonnet ; on retient cette partie arrondie par un cercle ou lien de fer. On fait aussi des bourdonnieres en fer, & ce n’est autre chose qu’une penture qui entre dans un gond renversé, 72.

BOUT, *clefs à bout.* Ce sont celles qui ne sont point forées, & dont la tige au bout est terminée par un boulon, 161.

BOUTER, *lime à bouter.* Ce sont de petites limes qui servent particuliérement à limer les panetons des clefs ; mais elles ont encore d’autres usages, 12.

BOUTEROLLE. La bouterolle est une partie de la garniture. La bouterolle de la clef est une fente qui est au paneton auprès de la tige. La bouterolle de la serrure est une piece de fer qui doit entrer dans la fente de la clef. Voyez *Rouet,* 162.

BRASER. C’est réunir les deux pieces d’un morceau de fer rompu avec du cuivre jaune ou de la soudure de Chauderonnier ou de la soudure d’Orfevre, 18.

BRIDE. C’est une espece de lien qui sert à fortifier une piece de bois qui menace de s’éclater, 2.

BRIQUET. C’est un petit couplet qui a deux broches, & qui ne s’ouvre que d’un côté, 117.

BROCHE. Chevilles de fer ordinairement menues & plus ou moins longues. Elles servent dans la Serrurerie à plusieurs usages, & principalement pour retenir & assujettir plusieurs pieces les unes avec les autres, 3.

BRUNISSOIR : morceau d’acier trempé fort dur & poli : on s’en sert pour fourbir ou brillanter le fer poli. Ce qu’on nomme *Riflard* est un brunissoir, 27.

BURIN. Espece de ciseau qui se termine en pointe ou comme un bec-d’âne étroit, mais qui est assez dur pour entamer le fer, 28.

C

CADENAS. On nomme ainsi des especes de serrures qui ne tiennent point à la porte ou au coffre qu’on veut tenir fermés : les cadenas ont une anse qu’on passe dans un moraillon ; & quand les bouts de cette anse sont dans le cadenas, un pêne l’empêche de les en tirer quand on n’a pas la clef qui sert à l’ouvrir, 216.

CALIBRE. C’est tantôt une broche de fer, tantôt un trou dont on se sert pour vérifier si plusieurs trous sont d’une même ouverture, ou si plusieurs broches sont d’une même grosseur. Voyez *Calibrer.* 28 *&* 225.

CALIBRER. C’est mettre un trou à un diametre convenable, ce qui se fait avec un alesoir ; on calibre aussi un barreau de fer en le limant ou en le tournant jusqu’à ce qu’il soit à la grosseur qui convient. On calibre les vis avant que de les passer à la filiere, 28 *&* 225.

CANON. On nomme *le canon* d’une serrure à broche une espece de tuyau dans lequel entre la tige de la clef, & qui sert à la conduire ; ordinairement on ne met point de bouterolle à ces sortes de serrures, 163.

CARRILLON. On nomme ainsi de petits fers quarrés. Il y en a de différentes grosseurs & de différentes qualités de fer : passé neuf lignes, on ne leur donne plus ce nom, on les appelle *fers quarrés,* 6 *&* 28. Il vaut mieux dire *quarrillon.*

CENDREUX. Un fer cendreux est celui qui étant poli paroît piqué de petits points, 5.

CERISE. *Chauffer couleur de cerise*, est conduire la chaude jusqu’à ce que le fer ait pris une couleur rouge que l’on compare à celle des cerises, 15.

CHAÎNE signifie proprement un assemblage de plusieurs maillons ; mais en Serrurerie, on nomme de plus *chaîne* pour les gros fers de bâtiments des bandes de fer qui traversent le bâtiment & aboutissent à des ancres. Il y en a de mouflées & de non mouflées, 45.

CHAIR.

CHAIR. Quand en rompant un barreau de fer, il y a des flocons qui fe tirent, & qui ne fe rompent que difficilement, les Ouvriers difent qu'*il a de la chair*, page 5.

CHARBON. Les Serruriers emploient du charbon de bois, & ils eftiment celui qui eft fait avec du jeune chêne & cuit depuis deux ans. Ils emploient auffi du charbon foffile qu'on nomme *Charbon de terre*. Les endroits d'où l'on en tire le plus, font la Foffe en Auvergne, Braffac près Brioude, Saint-Etienne-en-Forez, le Nivernois, la Bourgogne, Concourfon en Anjou, les environs de Mézieres & de Charleville ; & des Pays Etrangers, le Haynaut, le pays de Liege & l'Angleterre. Celui-ci eft le meilleur.

CHARDONNET. On nomme ainfi un fort montant de bois qu'on met aux portes des fermes du côté des gonds. Il porte en bas le pivot qui roule dans une crapaudine, & en haut il eft taillé en cylindre pour qu'il puiffe entrer dans une bourdonniere, 110.

CHARDONS, Ce font des ouvrages de fer terminés par un grand nombre de pointes qui fe préfentent en tous fens pour empêcher qu'on ne paffe à côté des grilles.

CHARNIERE. Une charniere eft compofée de nœuds ou charnons enfilés d'une broche rivée & garnie d'ailes comme les fiches, 116.

CHARNONS. On nomme ainfi les petits anneaux dans lefquels entrent une goupille, & qui par leur réunion forment une charniere. Une partie des charnons eft attachée au couvercle d'une boîte, & les autres au corps de la boîte, *ibid*.

CHASSE. Une chaffe eft un morceau de fer ou d'acier qui eft différemment contourné & qui fert à river ou refouler le fer dans les endroits où le marteau ne peut atteindre. Ainfi on place la chaffe fur le fer qu'on veut river, & on frappe fur l'autre extrémité de la chaffe, dans ce fens c'eft une efpece de refouloir. Beaucoup de chaffes ont affez la figure d'un marteau ; mais on donne à la panne différentes figures comme en bifeau, en taillant, &c. 11.

CHAUDE. Les Serruriers difent *donner une bonne chaude* ou *une chaude fuante*, ou *une petite chaude*, pour exprimer les différents degrés de chaleur qu'ils donnent à leur fer, 2 & 15.

CHAUFFER. Les Serruriers fe fervent de ce terme pour fignifier qu'ils mettent leur fer à la forge pour lui faire prendre le degré de chaleur convenable pour le fouder, le plier ou le forger. On dit *chauffer blanc* & *chauffer couleur de cerife*. Le fer prend à la forge d'abord une couleur rouge & vive, alors on dit qu'il eft *couleur de cerife* ; enfuite ce rouge s'éclaircit & il paffe au blanc, alors il eft prêt à fondre. Voyez *Chaude*, 5 & 15.

CHERCHE-POINTE, efpece de poinçon qui a au bout oppofé à fa pointe un talon pour aider à la retirer du trou, quand on l'a enfoncée à force ; il y en a de droites & d'autres un peu courbes. Son ufage eft de chercher le trou des ailes des fiches pour les pointer ou les arrêter par des pointes, 146.

CHEVETRE. Voyez *Enchevêtrure*.

CHEVILLETTE. C'eft une petite broche de fer à peu près femblable à un clou qui n'auroit pas de tête, 47.

CISAILLES, grands cifeaux qui ont les lames courtes & les branches fort longues pour former un levier qui donne de la force à l'Ouvrier pour couper les métaux, 29.

CISEAU, inftrument qui fert à couper le fer. Les cifeaux pour couper à chaud font les tranches ; & ceux pour couper à froid font le burin, le bec-d'âne & la langue de carpe. Les Ferreurs emploient des cifeaux en bois taillés en bec-d'âne, & cifeau d'entrée, 29.

CLEF, inftrument de fer deftiné à ouvrir & à fermer les ferrures & les cadenas. Les clefs font formées d'un anneau qui fert à la faire tourner, & d'une tige ordinairement ronde, à l'extrémité de laquelle eft une partie évafée qu'on nomme *le Paneton* qui eft plus épais à la partie éloignée de la tige ; on la nomme *le Mufeau*. Le paneton eft refendu, évidé & percé, de forte que les gardes puiffent paffer dans les ouvertures ; il y a des clefs dont les tiges font percées, on les nomme *forées* ; d'autres ont la tige pleine, on les nomme *à bout*, 221.

CLINCHE. C'eft un morceau de fer qui fert à foulever un loquet. Voyez *Battant de loquet*, & 135.

CLOISON d'une ferrure. Voyez *Palâtre*.

CLOUTIERE. Voyez *Clouyere*.

CLOUYERE. C'eft un morceau de fer percé pour recevoir la tige d'un clou ; & l'on forge la tête fur le haut de la clouyere, qui à cet égard fait l'office d'enclume, 11.

COIN de reffort. C'eft un affemblage de plufieurs feuilles d'acier qui toutes enfemble forment un reffort pour une voiture, 265.

COLCOTAR. Tête morte de la diftillation du nitre avec le vitriol de Mars. Cette tête morte qui eft rouge, étant broyée très-fin peut fervir à polir les métaux, 26.

CONASSIERE ou rofe de gouvernail, quelques-uns difent *Canaffiere* ; c'eft à proprement parler une penture qui s'attache fur le gouvernail, dans laquelle entre le gond ou croc qui eft attaché fur l'étambot, & le corps du vaiffeau, 53.

CONTRE-CŒUR. Les barres de contre-cœur font deftinées à empêcher qu'on ne rompe, en jettant le bois, le contre-cœur qui eft de fer fondu, & qui fe caffe aifément quand il eft chaud, 49.

COQ. Le coq en Serrurerie comme en Horlogerie, eft une efpece de crampon qui fert à attacher quelques pieces, les unes mobiles, les autres fixes, 166.

SERRURIER.

Eeee

✗ Corbeau, en termes d'architecture, est une pierre ou un bout de soliveau. En termes de Serrurerie, c'est un gros barreau de fer quarré qu'on scelle dans les murs, & qui fait saillie sur le vif du mur pour soutenir une sabliere ou même une grosse piece de bois, *pag. 48 & 59.*

Cordeliere, *loquet à la cordeliere*; ces loquets s'ouvrent au moyen d'une espece de clef avec laquelle on souleve le battant: ils sont principalement d'usage dans les cloîtres, 138.

Cornette. C'est un fer méplat qui sert à défendre des essieux les encoignures des bâtiments, 7.

Corps de pene. Voyez *Pêne.*

Corrompre *le fer.* On appelle *corrompre le fer,* changer sa forme en le refoulant, en repliant les parties les unes sur les autres comme en zigzag. Cette opération le rend plus cassant, au lieu que quand on le forge en long, ou en terme de Serrurier, quand on l'étire, on le rend de meilleure qualité, 4.

Corroyer *le fer,* c'est le battre à chaud quand il sort de la forge, l'étendre, le plier plusieurs fois sous le marteau, & en quelque façon le pêtrir pour le purifier & le rendre de meilleure qualité, 23.

Coste de vache, c'est une espece de fer en verge, refendue par les couteaux ou espatars des fenderies; il est rude, quarré, malfait, de plusieurs grosseurs, & se vend lié en bottes, *6 & 46.*

Coulé, *fer coulé*; ce fer méplat se vend en paquet, & ne paroît pas avoir été forgé; cependant il est très-doux.

Couleur-d'eau. Quand on recuit le fer & l'acier poli, il devient d'un beau bleu, puis il prend une couleur brune; & quand on le fourbit avec la pierre de sanguine, cette couleur qui devient brillante s'appelle *couleur d'eau,* 27.

✗ Couplet, sorte de petite charniere dont on fait usage pour des ouvrages de Serrurerie légers, 3.

Courbes; ce sont, en terme de Marine, de grandes équerres qui servent à joindre les baux aux membres du vaisseau. On distingue les courbes de faux-pont ou de pont, ou des gaillards. Les courbes de jottereaux se posent en dehors du vaisseau, & servent à lier l'éperon avec le corps du vaisseau, 49.

Course du pene; c'est le chemin que la clef fait parcourir au pêne, soit pour le faire rentrer dans la serrure, soit pour l'en faire sortir, 163.

Courson. On donne ce nom à un fer de Berry, très-doux; sa forme est une masse à pans irréguliers.

Couverture. La couverture d'une serrure est une plaque de tôle qu'on place parallélement au palâtre, & qui cache toutes les parties de l'intérieur d'une serrure. Plusieurs garnitures sont attachées à la couverture, 163.

Crampon. C'est un morceau de fer replié par les deux bouts; s'ils s'attachent à du bois, ils se terminent en pointe; s'ils s'attachent à un mur, les deux branches se terminent par un scellement. Il y a de petits crampons qu'on appelle *Cramponnets* ou *Picolets,* 47.

Cramponnet, sorte de petit crampon. Quand on se sert de ce terme à l'égard d'une serrure, il est synonyme avec picolet. Voyez *Picolet,* 140 *& 170.*

✗ Crapaudine, morceau de fer ou d'acier au milieu duquel il y a un trou qui reçoit l'extrémité d'un pivot qui supporte ou une porte ou un contrevent: souvent ils se mettent à bas dans un dé de pierre de taille: il y en a aussi à queue qui s'attachent ou au chambranle ou dans l'embrasure; suivant ces circonstances on fait les queues ou à scellement ou à pointe, *72 & 111.*

✗ Cremaillere. Garniture de fer qu'on met en travers derriere les portes cocheres, & qui sert à leur donner telle ouverture qu'on veut par le moyen d'une barre qu'on fait entrer dans leurs divers crans. Ce mot se dit aussi d'une certaine garde qui est dans les serrures, 133.

Croc. Partie de la serrure du gouvernail qui est attachée sur l'étambot, & sur le corps du vaisseau, & qui entre dans la penture appellée *Conassiere* ou rose qui tient au gouvernail: le croc est au gond du gouvernail ce que le mamelon est aux gonds ordinaires, 53.

Crochet. C'est une barre qui porte un croc à un de ses bouts, & à l'autre un œil qui entre dans un piton à vis ou à pointe. Il y en a de grands pour les portes cocheres, & de petits pour arrêter les croisées, portes, &c.

D

Degorgeoir. Espece de bec-d'âne crochu dont les Ferreurs font usage pour vuider les mortaises, 119.

Dégrossir; c'est la même chose qu'*ébaucher,* 24.

Demi-laine; *fer demi-laine,* c'est un fer méplat en bandes qui sert à ferrer les bornes & les seuils de portes, 7.

Dent de loup. C'est une cheville de fer qui traverse la soupente d'une berline, & aussi le treuil du cric qui doit la tendre. Ces chevilles rompent assez souvent, 263.

Dépecer: on dit que le fer ou l'acier se dépecent, quand au lieu de se pêtrir, ils se séparent en floccons ou en morceaux, 17.

Détaper; c'est éclaircir le fer en ôtant le noir de la forge, la rouille ou la crasse qui le recouvrent, 19.

Dormant; *pêne dormant,* c'est un pêne qui ne peut être mené que par la clef, & qui n'est pas poussé hors de la serrure par un ressort, 164.

Dosseret. C'est une piece de fer qui embrasse le haut d'une scie pour la fortifier; ce sont aussi deux plaques de fer réunies par des clous rivés, & qui renferment une lime fort mince pour lui donner du soutien, *pages 12 & 233.*

DOUBLONS. La tôle se fait & se vend par doublons, c'est-à-dire, qu'il y a deux feuilles appliquées l'une sur l'autre, & qui se tiennent seulement par un bout, 8.

DOUILLE. C'est une espece de bout de tuyau creux qui sert souvent à recevoir un manche de bois, 28.

DRILLE; instrument qui sert à faire tourner le foret; on s'en sert dans plusieurs Arts, & on le nomme *Trépan*, 33.

E

EBAUCHER, synonyme de *dégrossir.*

ECOUVETTE, sorte de balai qui sert à rassembler le charbon de la forge, & à arroser le feu, 10.

ECRU, *fer cru* est celui qui ayant été mal corroyé ou brûlé, est mêlé de crasses comme sont souvent l'extrémité des barres,

EMBOUTIR; c'est battre la tôle à froid sur de petites enclumes qu'on nomme *tas*, & avec de petits marteaux lui faire prendre différents contours, & la relever en bosse, 3.

EMBRASSURE. C'est une ceinture de fer plat qu'on met aux tuyaux de cheminée de briques, pour empêcher qu'elles ne se fendent & se lésardent, 2, 46 & 59.

EMERI ou EMERIL. C'est une pierre métallique qui se trouve dans presque toutes les mines, mais particuliérement dans celles de cuivre, d'or & de fer, & dont les Serruriers se servent pour polir leurs fers, 26.

ENCHEVETRURE ou *chevêtre.* Ce sont des barres de fer sur lesquelles posent les solives qui aboutissent sous les foyers, 48.

ENCLUME; grosse piece de fer couverte d'une table d'acier qui sert à forger les métaux. Il y a de grosses enclumes quarrées, de grosses enclumes à une ou deux bigornes. Voyez *Bigorne, &* 9.

ENCOCHE. On appelle ainsi des entailles ou coches qui sont à certaines serrures sur le pêne ou sur la gâchette pour lui former un arrêt. Voyez *Arrêt du Pêne, &* 161.

ENCOLURE; c'est la réunion de plusieurs pieces de fer soudées les unes aux autres. On fait des encolures pour joindre les bras d'une ancre à la verge, pour souder les deux branches d'une courbe ou d'une guirlande, 50.

ENLEVER *un pêne* ou *une clef*, c'est, en terme de Serrurier, détacher une piece d'un barreau pour en faire quelques ouvrages, c'est dans ce sens qu'on dit *enlever une clef* ou *une feuille de ressort*, 169 & 221.

ENROULEMENT est un contour qu'on donne aux fers, & qui le plus souvent approche de la volute. Les Serruriers les appellent *Rouleaux*, 10.

ENTRÉE *de la clef*, c'est l'ouverture qu'on fait à la couverture d'une serrure ou au fon-cet, pour recevoir la clef; on nomme aussi *Entrée*, une piece de tôle ordinairement découpée qui est ouverte pour recevoir la clef, & qu'on cloue sur le côté de la porte opposé à la serrure, 162.

EQUERRE. On sait qu'une équerre est formée de deux pieces de bois ou de métal, qui se réunissant par un bout, font un angle plus ou moins ouvert, 49.

ESPAGNOLETTE. C'est une barre de fer qu'on attache sur un montant d'une porte ou d'un chassis à verre pour les tenir fermés, au moyen de crochets qui sont au bout de cette barre, & qui prennent dans des crampons qui sont au dormant lorsqu'on tourne la barre au moyen d'un levier qu'on nomme *poignée*; il y en a de plusieurs sortes, 3 & 124.

ESPONTON. On appelle *Grilles à Esponton* celles auxquelles l'extrémité des barres, au lieu d'être en pointe ou en flamme ondoyante, est terminée par des fers de piques, 72.

ETAMPE. C'est un morceau d'acier dans lequel on creuse des moulures, & qui formant comme un cachet, sert à les imprimer sur le fer rougi au feu, 3, 27, 86.

ETAU; sorte de grosse pince qui est fermement arrêtée sur l'établi, dont on serre les mâchoires avec une vis. Il sert à tenir ferme un morceau de fer qu'on lime, qu'on rive ou qu'on forge; il y en a de résistance, de petits qu'on nomme *à patte*, & de plus petits qu'on nomme *Etaux à main*, d'autres à main qui se terminent en pointe, & qu'on nomme *à goupilles*, 11.

ETIRER *le fer* ou *une barre*, c'est l'alonger sur l'enclume en le forgeant à chaud, & toujours du même sens. Cette opération, quand elle est bien faite, donne du nerf au fer qui en devient meilleur, 4 & 221.

ETOQUIAU. Ce sont de petites chevilles de fer qui servent à porter, soutenir ou arrêter d'autres pieces plus considérables; les unes sont quarrées, & d'autres rondes, 138.

ETRIER. C'est une bande de fer plat qui embrasse une piece de bois pour la fortifier, ou deux pieces de bois pour les unir ensemble, 47.

F

FENTONS. Ce sont de petites tringles de fer fendues dans les fenderies, & qu'on noye dans les ouvrages en plâtre pour les empêcher de se fendre; on en fait principalement usage dans les tiges des cheminées, 2 & 46.

FER. C'est un métal dur à fondre, mais ductile; on en tire d'Allemagne, de Suede & d'Espagne: les mines les plus abondantes du Royaume sont celles de la Champagne, de la Lorraine, de la Bourgogne. La Normandie, le Maine, le Berry, le Nivernois, la Navarre, & le Béarn, en fournissent beaucoup. Les fers les plus doux sont ceux d'Allemagne & de Suede; ceux d'Espagne sont doux, mais sujets à être rouverains ; les fers de Normandie sont aigres ; ceux de Champagne & de Bourgogne ne sont pas meilleurs : mais il y en a de doux entre ceux de Roche & de Vibray ; ceux de Montmirail sont doux ; il y en a dans le Nivernois de doux & de fermes ; les meilleurs sont ceux du Berry.

FER EN FEUILLES. Voyez *Tôle*.

FER A ROUET. On nomme ainsi un morceau de tôle qu'on a coupé & préparé pour faire un rouet dans la garniture d'une serrure, 236.

FERRAILLE. On nomme ainsi des bouts de fer neufs ou vieux, dont on fait des pâtés pour les mettre en masses.

FERREURS. Ouvriers qui posent les ferrures sur les portes, les battants d'armoires, les croisées, &c ; leur travail fait partie du Serrurier, 147.

FEUILLE DE RESSORT. C'est une des lames qui forment un coin de ressort. Voyez *Coin de ressort*, 265.

FICHE A BROCHE. C'est une espece de gond qu'on applique aux volets, & dont tous les charnons sont enfilés par une seule & même broche, 3.

FICHE A VASE. Ce sont des especes de charnieres qui ne sont composées que de deux charnons, & qui sont terminées haut & bas par de petits ornements faits en forme de vase, 3.

FICHES ; ce sont des especes de charnieres ou de gonds qui portent un aileron qu'on enfonce dans le bois comme un tenon. C'est cette partie qui caractérise la fiche ; il y a des fiches à vase, à broche, & à gond, à nœuds, à chapelet, coudées, &c, 116.

FIL D'ARCHAL. C'est du fer tiré par les trous des filieres.

FILIÉRE. C'est une plaque d'acier trempé dans laquelle il y a plusieurs écrous qui servent à faire les vis, 36.

FLÉAU *d'une porte cochere*, c'est une barre de fer quarré de quinze à vingt lignes de grosseur, percée dans son milieu d'un trou rond pour recevoir un boulon à tête qui lui sert d'essieu, qui est arrêté sur l'un des battants de la porte, & qui prend, quand on ferme la porte, dans deux crochets nommés *gâche à patte* ou *à queue*, 133.

FONCET. C'est une plaque de fer attachée au palâtre d'une serrure par deux pieds, & qui sert de couverture à une partie de la garniture. Quelques pieces de la garniture s'attachent sur le foncet, 139, 163, 168.

FORÉE, *clef forée*. C'est une clef dont la tige est percée pour recevoir une broche, 161.

FORER ; c'est percer le fer à froid avec un instrument qu'on nomme *Foret*, 20.

FORET, outil d'acier taillant par un bout & trempé dur : il traverse une boîte de bois ou une espece de poulie autour de laquelle est roulée la corde d'un archet qu'on tire & qu'on pousse pour faire tourner très-vîte le foret, ce qui perce le fer, 33.

FORGÉ. Le *fer forgé* est celui qui a été travaillé sous le marteau.

FOUILLOT. *Ressort à fouillot*, c'est une petite piece de fer montée par un bout sur un étoquiau, & qui sert à renvoyer l'effet d'un ressort, 170.

FOURBIR. C'est brunir ou donner du brillant à un métal en refoulant ses parties avec un brunissoir ou avec la pierre de sanguine, 27.

FOURCHU. Pêne fourchu. Voyez *Pêne*.

FERMETURE. Serrure à plusieurs fermetures ; la fermeture est proprement le pêne qui ferme une porte ou une armoire. Une serrure à une fermeture n'a qu'un pêne, celle à deux fermetures a deux pênes, &c, 163.

FRAISE. C'est un outil d'acier de forme tantôt ronde, & d'autres fois conique dont la superficie est striée comme une lime ; il sert à augmenter le bord d'un trou où se doit loger la tête d'une vis ou d'un clou ; il y a d'autres fraises de forme très-différente & qui servent à former des dents ou des stries, 35.

FRAISIL. Voyez *Frasil*.

FRASIER. Voyez *Frasil*.

FRASIL. Cendres ou crasses formées par le charbon de terre, & le fer qui ayant perdu son phlogistique, est brûlé. C'est en quelque façon du mâche-fer réduit en poudre, 15.

G

GACHE. Espece de crampon qui sert à attacher les descentes de plomb aux murailles ; les gâches servent aussi à recevoir les pênes des serrures, & quelquefois les verroux, 48.

GACHETTE. Petite bande de fer qui sert comme de renvoi pour dégager les arrêts des encoches, 161.

GARDES d'une serrure. C'est la même chose que *garnitures* ; ce sont à l'égard d'une serrure, des pieces placées dans l'intérieur d'une serrure pour qu'elle ne puisse être ouverte que par des clefs taillées & refendues relativement à ses gardes, 161.

GARNITURES. Ce sont toutes les pieces de fer qu'on met dans les serrures, & qui doivent entrer dans les fentes, entailles ou dents qu'on a faites au paneton de la clef. On leur donne différents noms, comme *rateaux*, *bouterolles*, *rouets*, *planches*, &c, elles sont la principale sûreté des serrures, à cause de la correspondance qu'il doit y avoir entre ces pieces de fer, & les entailles du paneton de la clef ; changer les gardes d'une serrure, c'est changer ces pieces, 161, 235.

GONDS. Espece de crochets qu'on attache dans les embrasures des portes ou des fenêtres pour recevoir les pentures, & dans l'œil l'œil desquels entre le mamelon du gond pour rendre les portes ouvrantes & fermantes. Il y a des gonds simples, & d'autres à repos; les uns à scellement, à patte ou à pointe. On nomme quelquefois *petits gonds*, des crochets dont les uns se terminent par une vis, d'autres en pointe, & qui portent à leur autre extrémité une petite pomme; ce sont des clous à crochet faits avec soin, *pages* 3, 115.

GORGE *de ressort*. C'est un coude qu'on fait prendre au ressort d'une serrure pour que le paneton de la clef puisse le soulever, 170.

GOUGE. Espece de ciseau qui se termine en arrondissement par le bout, & dont le tranchant est quelquefois creusé en forme de gouttiere, 29.

✗ GOUGEON. Cheville de fer qui traverse deux pieces qu'on veut joindre ensemble. Souvent ils tiennent lieu de mortaise, 82.

GOUGER. C'est commencer avec une gouge ou langue de carpe, le trou d'une piece qu'on veut percer au foret. On emploie encore ce mot dans un autre sens dont nous aurons occasion de parler, 33, 223.

GOULUE. *Tenaille goulue*; ce sont des especes d'étampes qui servent à faire de petits globes ou boutons dans les ornements, 10.

GOUPILLE. C'est une petite broche de fer qui sert à arêter les différentes pieces d'un ouvrage de Serrurerie, 65.

GRESILLER. On dit que *le fer se gresille* lorsqu'en le chauffant il devient comme par petits grumeaux; il y a des charbons sulfureux qui corrodent la superficie du fer & la gresillent, 13.

GRIFFE, espece de barreau de fer auquel on soude perpendiculairement deux chevilles de fer qui sont comme deux dents. Leur usage est de servir à contourner le fer en volute ou autrement. C'est aussi un petit instrument de fer formé d'un barreau qui porte à ses extrémités deux pointes recourbées à angle droit, & qui mettent cet instrument en état de servir de compas à verge, 44, 84.

GRILLE. Ouvrage de Serrurerie, qui ferme un endroit sans en interrompre le jour: il y en a de simples, d'ornées par les contours du fer ou par des entrelas, rinceaux, consoles, palmettes, &c, 65.

GROS FERS. On nomme ainsi des fers qui n'ont été que travaillés à la forge, & qui servent à la solidité des bâtiments. On les nomme aussi *fers de bâtiments*.

GUEUSE, gros lingot de fer fondu de figure triangulaire tel qu'il sort des grands fourneaux sans avoir reçu aucune préparation. Le fer de gueuse est impur, cassant, & ne peut être forgé, 4.

GUICHET. Voyez *Poutis*.

GUIRLANDE. C'est une espece de courbe ou d'équerre placée horizontalement dans l'intérieur des vaisseaux; & clouée sur les membres qui sont à cette partie, 49.

H

✗ HARPON. Piece de fer plat qui sert à joindre & à affermir entr'elles les pieces de charpente. Si ces harpons répondent à une piece de bois, on les termine par un talon; s'ils aboutissent à un mur, on les termine par un scellement, 2, 44, 45.

HART, morceau de bois de brin qu'on fend par le bout pour y introduire un poinçon, un ciseau, ou une tranche qu'on y retient au moyen d'une virole qui rapproche les deux parties qui ont été fendues; la hart sert à emmancher les instruments dont nous venons de parler, qui n'ayant ni œil ni douille ne pourroient pas être emmanchés comme les marteaux, 11.

HATURE. Les Serruriers appellent *hâture* une portion de fer qui fait une saillie en forme d'équerre, & qui aboutit à un verrou ou à la tête d'un pêne; ainsi c'est une espece de verrou dormant, 183, 184.

HAYVE. C'est une petite éminence pratiquée vers le milieu des panetons, des clefs à bout, des serrures besnardes, & qui fait une petite plate-bande en relief, 222.

HOUSSETTE. On nomme ainsi de petites serrures faites avec peu de précaution & qui servent à fermer les cassettes, les boîtes de pendule, &c, 166.

HURE. C'est un morceau de bois qui porte une sonnette ou une cloche, & qui roule sur des tourillons.

J

JOTTEREAUX. Ce sont des pieces de bois courbe qui étant mises en dehors de l'avant du vaisseau, servent à soutenir l'éperon. On lie l'éperon au corps du vaisseau par des especes d'équerre de fer, formées d'une latte de jottereaux, d'une latte d'éperon & d'un arc-boutant. Voyez *Lattes* & *pag.* 58.

L

LAITIER. On nomme ainsi les scories ou l'écume du fer qui nagent sur le métal dans les grands fourneaux; il en reste aussi dans la gueuse, & on en sépare une partie à l'affinerie, 4.

LAMINOIR. C'est une machine composée de deux rouleaux qui tournent en sens contraire, & qui réduisent à une épaisseur précise une piece de métal qu'on fait passer entre ces rouleaux, 64.

LANGUE DE CARPE. C'est un ciseau dont le tranchant assez étroit est arrondi ou en losange, 2, 29.

LATTES. On nomme ainsi dans l'Architecture Navale des bandes de fer plat, telles qu'elles arrivent des forges. On donne aussi ce nom à des especes de membrures qui tiennent lieu de baux sous les gaillards, 49.

✗ LIENS. Ce sont des morceaux de fer méplat, coudés ou cintrés; qui servent à retenir quelques pieces dans un assemblage de charpente. On donne aussi ce nom à des pieces menues de fer qui servent à joindre ensemble des ornements qu'on ne veut pas assembler par des rivures. Il y a des liens simples, & d'autres ornés de moulures qu'on nomme *à cordon*, *page* 80.

LIME. C'est un morceau d'acier trempé & strié qui sert à polir les ouvrages qui ont été travaillés à la forge. Il y a des limes qu'on nomme *carreaux*, *demi-carreaux*, *carrelets*, *demi-rondes*, *à tiers-point*, *à potence*, *en queue de rat*, & d'autres qu'on nomme *limes douces* qui ne servent qu'à donner le dernier poli.

⨯ LINTEAU. C'est une barre de fer qu'on pose sur les jambages des portes & des croisées pour soutenir les claveaux d'une plate-bande ou d'une arcade ; elle doit être grosse à proportion de sa portée & de sa charge, 49.

LINTIER. Voyez *Linteau*.

LIPPE. C'est une partie dans les ornements relevés sur le tas qui est plus renversée que les autres, 230.

LOQUETS ; bande de fer qui sert à tenir les portes fermées au moyen d'une piece nommée *battant* qui s'engage dans un mentonnet, & de l'autre bout est attaché par un clou sur la porte ; les loquets ordinaires s'ouvrent en appuyant sur le poucier, il y a aussi des loquets dits *à la Cordeliere* & *à Vielle* qu'on ouvre avec une clef. Voyez *Vielle* & *Cordeliere*, 27, 135, 136.

⨯ LOQUETEAU. Petit loquet à ressort qu'on attache au haut des croisées à des endroits où la main ne peut atteindre, & qu'on ouvre en tirant un cordon qui est attaché à sa queue, 139.

LOUPE : espece de globe de fer qui a été un peu purifié à l'affinerie, & qui commence à être en état d'être forgé. Voyez *la Forge des Ancres*, 4.

M

MACHEFER. Ce sont les scories du fer & du charbon qui se forment dans la forge. Il faut retirer le mâchefer sur les bords de la forge, sans quoi il empêcheroit la chaude.

MAINS DE RESSORT. On nomme ainsi les principales parties de la cage qui reçoit les ressorts doubles qu'on met aux carrosses à fleche & de cérémonie, 270.

MANDRIN, morceau de fer qui sert de noyau sur lequel on forge des pieces qu'on veut rendre creuses. Il y en a de ronds, de quarrés & de toute autre figure, 11, 28.

⨯ MANTEAU *de cheminée*, barreau de fer qui porte sur les jambages, & soutient les manteaux en maçonnerie des cheminées, 46, 59.

MARDELLE. Voyez *Margelle*.

MARGELLE. C'est une grande pierre taillée comme un bourrelet, & qu'on pose sur la fermeture d'un puits. On fait quelquefois les margelles de plusieurs pieces, & alors on les assujettit ensemble par des crampons de fer, 49.

MARS. Nom que les Chimistes donnent au fer, & qui est inconnu en Serrurerie.

MARTEAU. On sait assez ce que c'est qu'un marteau ; mais nous devons dire ici que les gros marteaux qui se menent à deux mains se nomment *Marteaux à devant*, qu'il y en a de moins gros qu'on nomme *à main*, & de plus petits qu'on nomme *Marteaux d'établi*. Il y a aussi les *rivoirs*, *demi-rivoirs* & *petits rivoirs* ; ils tirent leur nom de ce qu'ils servent communément à river, 10.

MARTELER. C'est former avec un ciseau, ou avec la panne d'un marteau, des sillons sur la superficie du fer, 16

MATTOIRS. Petits barreaux d'acier qui ont à leur extrémité différentes formes, & qui, au lieu d'un tranchant, sont taillés à leur bout comme une lime ; ils servent à relever la tôle sur le plomb, 98.

⨯ MENTONNET. Espece de crochet qu'on attache dans l'embrasure des portes ou sur leur montant, pour recevoir le bout du battant des loquets. Il y en a à pointe & à scellement, 135.

⨯ MÉPLAT. Les barres méplates sont celles qui sont forgées plus minces que larges : on les appelle aussi *du fer en bande*.

MISE. Morceau de fer qu'on soude à quelque endroit d'un ouvrage qu'on veut fortifier. Il faut qu'elle soit bien amorcée, bien chauffée, nette de frasil & appliquée sur le fer chauffé suant, 17, 50.

MODERNE. On a conservé la dénomination de *Serrure moderne*, à une serrure qui est fort antique, 254.

MORAILLON. Piece de fer qui porte les auberons. Voyez *Auberon*, 164.

MORDACHE. Espece d'étau dont les deux mâchoires se réunissent à une charniere ou à un ressort. On les serre en les plaçant entre les mâchoires d'un étau ordinaire. Pour ne point gâter les ouvrages finis, on les saisit dans une espece de mordache de bois. Il y a des *mordaches à chanfrein*, *à lien*, *à bouton* ; quelques-uns les nomment *Tenailles d'établi*, 12, 81.

MOUFLE. *Chaîne à moufle* ; ce sont des tirants formés par plusieurs bandes de fer qui s'accrochent dans une espece de porte qu'on a jugé à propos d'appeller *le moufle* : on emploie aussi ce mot pour signifier un assemblage de poulies servant à multiplier les forces, *pages* 45, 59.

MOULE. C'est un creux dans lequel on coule du métal fondu : mais les Serruriers appellent de ce nom une espece de patron d'acier qui leur sert à découper des rosettes, des entrées de serrures, des platines, &c, 30.

MOUTONS. Les *moutons des voitures* sont des pieces de charronnage qui s'élevent à l'avant & l'arriere des brancards : ils portoient autrefois les soupentes obliques ; maintenant les moutons de l'avant portent le siege du cocher, & ceux du derriere les arcboutants, 264.

MUFLE. On nomme ainsi des bandes de fer qui forment des especes de gouttieres, & qu'on place sous les bouts des ressorts pour empêcher que par leur frottement ils n'usent les parties sur lesquelles ils s'appuient, 271.

MUSEAU *d'une clef*, c'est un évasement qui est au bout du paneton, & dans lequel sont presque toujours pratiquées les fentes qui doivent recevoir les dents des rateaux, 162.

N

✕ NOIRS. On appelle les ouvrages de Serrurerie *noirs*, ceux qui n'ont point été blanchis & polis à la lime.

O

ORGANEAU. C'est un terme de *Marine* qui ne signifie autre chose qu'un gros anneau, 57.

P

PAILLEUX : un *fer pailleux* est celui qui a de petites fentes qui font que la masse entiere n'est pas bien liée, 4.

PALATRE. Espece de boîte quarrée de tôle qui renferme le pêne, les ressorts, & tout ce qui constitue l'intérieur de la serrure ; un des côtés où est percée l'ouverture du pêne s'appelle *le rebord* ; les trois autres, *la cloison*, 17.

PALETTE. On appelle *palette à foret* une piece de bois que l'Ouvrier applique contre son ventre, & sur laquelle est attachée une bande de fer, percée de plusieurs trous pour recevoir le bout de l'essieu du foret ; c'est aussi une espece de spatule de fer qui sert à sablonner le fer. Voyez *Sablonner*, 10, 224.

PANETON. C'est une partie de la clef ordinairement quarrée qui tient au bout de la tige opposée à l'anneau où sont pratiquées les fentes & les dents qui passent dans les gardes ou garnitures de la serrure ; ce qui en fait le museau : c'est le paneton qui fait marcher le pêne. Il y a de ces panetons droits, & d'autres en S. Voyez *Clefs*, 12, 162.

PANNE, se dit du côté le plus mince du marteau opposé à la tête. Il y a des *pannes droites*, des *pannes de travers*, & des *pannes refendues*, 10.

PATÉ. Les Serruriers appellent *pâté* des paquets de fer menu qu'ils joignent ensemble pour les réunir & les corroyer ; c'est un moyen excellent pour se procurer du fer doux.

✕ PAUMELLES. Ce sont des gonds qu'on met sur les portes légeres, & dont le mamelon entre dans une crapaudine attachée sur le chambranle, 110, 114.

PELE ou mieux *Pêne*. Voyez *Pêne*.

PENE. C'est une espece de verrou que la clef fait sortir ou rentrer dans la serrure, & qui sert à tenir la porte fermée. La partie qui sort de la serrure s'appelle *la tête du pêne*, l'autre bout se nomme *la queue* ; le corps du pêne est la partie moyenne entre la tête & la queue ; il

y a des pênes à deux têtes qu'on nomme *pênes fourchus*, d'autres qu'on nomme *en bord*. Ce dernier pêne ne sort pas de la serrure, il coule sous le rebord, & entre dans l'auberon qui est attaché au couvercle d'un coffre, 161, 165.

✕ PENTES. Ce sont des bandes de fer terminées par un œil ou anneau dans lequel entre le gond, & qu'on arrête sur la porte avec des clous. Leur usage est de tenir les portes ouvrantes & fermantes, 3.

PENTURES. Voyez *Pentes*.

PERÇOIRE. Les Serruriers nomment ainsi tantôt un gros morceau de fer replié sur lui-même, tantôt un gros canal de fer, & quelquefois un parallélipipede de fer percé de plusieurs trous. L'usage de la perçoire est de former un porte-à-faux quand on veut percer du fer, soit à chaud soit à froid, 33.

PERSIENNES. Ce sont des especes de contrevents formés de chassis de bois entre les montants desquels on met de petites planches minces & légeres disposées en abat-jour pour empêcher le soleil ou le grand jour de pénétrer dans les appartemens. On en fait aussi qui se replient à peu près comme les stores, 281.

PERTUIS. On nomme ainsi des ouvertures qui sont faites au paneton, & qui sont plus évasées que les fentes, 162.

PICOLETS. Crampons qui embrassent & assujettissent le pêne d'une serrure, & dans lesquels il a la liberté de glisser & de couler aisément lorsqu'on veut le faire sortir ou rentrer dans le palâtre, 140, 170.

PIQUER *une serrure*, c'est tracer avec une pointe sur le palâtre l'endroit où doivent répondre les différentes parties qui par leur assemblage forment la serrure ; c'est ce que les Menuisiers appellent le *trait*, 168.

PLANCHE. Partie de la garniture d'une serrure qui entre dans une fente faite au milieu du paneton d'une clef. La planche porte plusieurs pieces de la garniture. On met des planches aux serrures besnardes, qui ouvrent en dedans & en dehors de la chambre. C'est aussi une grande fente faite au milieu du museau, & qui s'avance plus avant dans le paneton que les rateaux, 162.

PLANER. C'est dresser & unir un métal en le battant à froid sur un tas large & bien dressé avec un marteau dont la tête est aussi fort large & dressée avec soin, 10.

POINÇON, morceau d'acier à peu près pointu, qui sert à percer le fer avec le marteau ; il y en a de ronds, de quarrés & de plats.

POINTEAU. C'est un poinçon d'acier qui sert à percer des fers minces. Il y en a aussi qui servent de traçoir aux Serruriers, 97.

POINTER *une fiche* : c'est mettre dans les trous des ailes d'une fiche, des pointes qui empêchent l'aileron de sortir de son tenon. Quelquefois on dit *pointer une fiche*, pour signifier la mettre en place, 147.

POLIS. Les ouvrages de Serrurerie qu'on

fait avec le plus de foin font polis à la lime douce & à l'émeri.

POMME. *Rateaux en pomme*, c'est un rateau qui, au lieu de fe terminer par des parties minces, porte au bout des tiges des rateaux ordinaires de petites pommes qui obligent de changer la forme des dents de la clef, 254.

POTÉE *d'étain*. C'est une chaux d'étain qui étant broyée bien fin fert à polir les métaux, 26.

POUCIER. *Loquet à poucier* est une petite palette de fer fur laquelle on appuie le pouce pour foulever le battant des loquets ordinaires, afin de le dégager du mentonnet quand on veut ouvrir la porte, 136.

POUSSÉS. On appelle les ouvrages de Serrurerie *pouffés* ceux qui font fimplement blanchis à la lime d'Allemagne fans être exactement polis.

POUTIS. Synonyme de *guichet*, petite porte auprès d'une grande ou qui fait partie de la grande, 116.

PRISONNIERS. On appelle *rivure prifonniere* celle dont un des bouts de la rivure, au lieu d'être rivé fur une barre, l'est dans un trou qu'on tient plus large par le fond qu'à l'entrée, 80.

Q

QUARRÉ. *Fer quarré* est celui dont la largeur est égale à l'épaiffeur. Celui qui n'a que douze à quatorze lignes en quarré fe nomme *quarrillon*; celui qui excéde ces dimenfions fe nomme *fer quarré*.

QUARRILLON. Voyez *Fer quarré*.

Nota. Dans le cours de l'ouvrage, par-tout où il y a *Carillon*, lifez *Quarrillon*.

QUEUE DU PENE. Voyez *Pêne*.

R

RANGETTE est une tôle commune qu'on emploie pour faire les tuyaux de poële, 8.

RAPPOINTIS. On nomme ainfi de légers ouvrages tels que les clous, pattes, broches, chevilles, crochets, pitons, vis, &c. que les Serruriers emploient, mais qui font communément faits par les Cloutiers.

RATEAUX. Piece de la garniture qui est aux ferrures les plus communes; ce font des morceaux de fer qui portent plufieurs parties faillantes dont les dents entrent dans les entailles qui font au mufeau de la clef; on donne auffi ce nom aux entailles qui font creufées fur le mufeau, & qui forment des dents, 162, 254.

RAVALER *l'anneau d'une clef*, c'est lui faire prendre une figure à peu près ovale de ronde qu'elle étoit, ce qui fe fait avec un outil qu'on nomme *Ravaloir* qui est une efpece de mandrin, 223.

RAVALOIR. Voyez *Ravaler*.

REBORD *d'un palâtre*. Voyez *Palâtre*.

RECUIRE. C'est chauffer du fer pour lui rendre fa ductilité après l'avoir battu au marteau, ce qui le durcit ou l'écrouit: on donne auffi un recuit aux ouvrages d'acier lorfqu'ils ont été trempés trop dur, 20.

RECUIT. On donne un recuit au fer en le faifant rougir pour le rendre plus ductile, & à l'acier pour qu'il foit moins caffant, 21.

RELEVER *fur le plomb*, c'est former avec des inftruments qu'on nomme *Mattoirs* des fillons ou creux qui font paroître les reliefs plus faillants, 97.

RELEVEUR. On appelle ainfi des Ouvriers qui s'occupent uniquement à relever des ornements fur la tôle.

RENFORT. Ce font des pieces de fer qu'on foude à d'autres, à des endroits où ils ont befoin d'être fortifiés, 50.

RENVOI *de fonnettes*. C'est un triangle de fer ou de cuivre attaché à un clou par un de fes angles, & qui fert à tranfmettre le mouvement du cordon jufqu'à la fonnette.

RESSORT. On donne ce nom à différentes pieces de Serrurerie dont le but est toujours de produire quelque mouvement. Il y en a de *doubles* qui ont deux branches; il y en a qu'on nomme *à chien*, parce qu'ils agiffent fur une troifieme piece qu'on nomme *fouillot*, comme le reffort d'un chien de fufil. Le reffort à boudin est roulé par un de fes bouts en fpirale. On met aux voitures des reffort qui font formés par un affemblage de lames d'acier dont le gros bout fe nomme *le talon*, & le bout mince *la tête*. Il y a des reffort à *écreviffe*, à *Apremont*, à *la Dalefme*, &c, 170.

RESSUER. *Faire reffuer le fer*, c'est le décharger des corps étrangers qui font dans la gueufe, & fur-tout du laitier. Cette opération fe fait principalement à l'affinerie, 4.

RETRAINDRE. C'est une opération finguliere par laquelle en frappant fur une piece de métal mince à coups de marteau, on la fait rentrer fur elle-même; c'est le contraire d'*emboutir*, 92.

RIFFLARD. Voyez *Bruniffoir*.

RINCEAUX. Ce font des ornements qui repréfentent comme de grandes feuilles fort alongées & fort découpées par les bords, 2.

RINGARD. Barre de fer qu'on foude à un gros morceau de fer qu'on ne pourroit manier avec les tenailles, & au moyen duquel on le porte à la forge, & on le manie fur l'enclume, 22.

RIVURE. C'est une efpece de tête faite à l'extrémité d'une broche de fer pour l'affujettir dans un trou où elle paffe. On fait une rivure à l'extrémité de petites goupilles qu'on nomme *Rivures*, & auffi au bout de certains clous que pour cette raifon on appelle *clous rivés*, 13, 79.

ROCHE: *fer de roche, demi-roche*. Le fer qu'on nomme à Paris *de roche* vient de Champagne. Je crois que ce nom lui vient de ce qu'on s'imagine qu'il est fait avec la mine en roche. On peut confulter l'*Art des groffes Forges*. Celui qui est dit *demi-roche* est plus doux que l'autre. Peut-être dans les forges mêle-t-on

la

la mine en roche avec celle en grains.

ROSE DE GOUVERNAIL. Voyez *Conaffiere.*

ROUET. Partie de la garniture d'une ferrure. C'eft une piece de tôle qui fait une portion de cercle & qui entre dans des fentes qui font aux côtés du paneton des clefs. On appelle auffi *rouet*, dans une clef, les fentes qui font ouvertes fur les côtés du paneton, & dans laquelle entre le rouet de la ferrure, 162.

ROULEAU. Les Serruriers nomment ainfi du fer de quarrillon roulé en volute; & on nomme *faux rouleau*, un barreau auquel on a fait prendre ce contour, & qui fert à rouler les autres deffus. Voyez *Enroulement*, 74.

ROUVERAIN. Le *fer rouverain* eft celui qui bouillonne à la forge, & qui fe brûle aifément. Si on ne le ménage pas au feu, il fe divife en plufieurs parties.

Nota. C'eft par erreur qu'à la page 4 on l'a appellé *Rouvelin*, 4.

S

SABLONNER. C'eft jeter du fable fin fur le fer chauffé à la forge lorfqu'on veut fouder, ou dans d'autres occafions, 10.

SABOT. On nomme *fabot* une piece de fer creufe pour recevoir le bout d'un pilotis, & qui fe termine en pointe pour mieux percer le terrein, & s'ouvrir un paffage entre les pierres, 49.

SANGUINE, minéral en forme de pierre rougeâtre, dure, pefante, & par aiguilles longues & pointues. On le nomme auffi *Pierre hæmatite*. On s'en fert pour polir les métaux, 21, 27.

SAUTERELLE. Les Serruriers nomment ainfi une fauffe équerre qui fert à prendre l'ouverture des différents angles, 83.

SCELLEMENT. C'eft une efpece d'enfourchement qu'on fait au bout d'une piece de fer qui aboutit à un mur, & qui doit y être fcellé ou en plâtre ou avec du mortier, 44, 101.

SCIE. Les fcies de Serruriers font un feuillet d'acier mince; elles font dentées & ftriées fur les côtés; quelques-unes font montées fur un arçon; mais la plupart font fortifiées par un dofferet, 30.

SERRURE. C'eft une machine très-ingénieufe qui eft formée d'une boîte nommée *Palâtre*, d'un ou de plufieurs pênes, & en dedans de refforts, gâchettes & garnitures qui font qu'une ferrure ne peut être ouverte qu'avec fa clef. C'eft cette ingénieufe machine qui a donné le nom de *Serruriers* à des Ouvriers qui font beaucoup d'autres ouvrages en fer, 160.

SERTIR. C'eft réunir une piece à une autre par de petites levres qui font au bord du trou où l'on ajufte la piece, 253.

SEUIL. C'eft une grande pierre pofée au niveau du pavé entre les jambages d'une porte. Elle eft fouvent garnie de bandes de fer, 49.

SOUDER. C'eft réunir deux morceaux de fer au point de n'en plus faire qu'un en attendriffant le fer au feu, & le frappant au marteau.

Si, pour faire cette réunion, on emploie une fubftance étrangere qu'on nomme *Soudure*, les Ouvriers appellent cette opération *brafer.*

SOUDER A CHAUD. C'eft réunir enfemble deux morceaux de fer qu'on a auparavant chauffés, prêts à fondre, avec le marteau. Pour que la foudure foit bonne, il faut que les deux morceaux qu'on veut réunir, foient étirés en bec de flûte; c'eft ce qu'on nomme *amorcer*, 15, 16.

SOUFFLET, faux brancard d'une chaife de pofte, *page* 270.

STORE. Tuyau de fer blanc dans lequel il y a un reffort à boudin fur lequel on roule un morceau d'étoffe qu'on peut dérouler de deffus le tuyau pour fe garantir du foleil.

SUANTE. On dit *donner une chaleur fuante*, lorfque le fer chauffé blanc commence à fondre.

T

TALON de reffort. Cette expreffion fe prend en deux fens; c'eft fouvent le gros bout d'un coin de reffort, & aux refforts doubles des carroffes à fleche, une piece de fer placée entre les talons des deux refforts, & qui fert à les attacher à la caiffe par un boulon, 271.

TARAUD. Cylindre de fer couvert d'acier, dans lequel on a creufé des pas de vis pour faire ou tarauder des écrous, 36.

TARGETTE. Sorte de petit verrou qu'on met à de petits volets, 53, 121.

TAS ou TASSEAUX. Ce font de petites enclumes, à la table defquelles on donne différentes formes pour emboutir & relever le fer en boffe, 10.

TASSEAUX. Voyez *Tas.*

TENAILLE. Inftrument pour tenir le fer ou à la forge ou fur l'enclume; il y en a de droites, de crochues & d'autres qui tiennent lieu d'étampes. Voyez *Mordache*, 10.

TETE DU PENE. Voyez *Pêne.*

TIGE. La tige d'une clef eft la partie droite qui s'étend depuis l'anneau jufqu'au paneton.

TIRANT. C'eft un long barreau de fer qui traverfe tout un bâtiment, & qui répond à une ou deux ancres, ou par un de fes bouts tantôt à une poutre & tantôt à un mur. On met des tirants aux cheminées pour empêcher que le vent ne les renverfe, 43.

TISONNIERES. On appelle ainfi des efpeces de fourgons qui fervent pour attifer la forge. Il y en a de droites & de courbes, 10.

TÔLE ou fer en feuilles. Ce font des fers qui ont paffé fous le marteau des applatifferies. Les Serruriers en emploient beaucoup de différentes épaiffeurs; la tôle de Suede eft la plus eftimée.

TOMBEAU. On appelle *des grilles ou des balcons à tombeau* celles dont le bas fait une faillie ou par un coude ou par un arrondiffement en forme de confole, 72.

TOURILLON. Gros morceau de fer rond qui fert d'axe à plufieurs machines.

TOURNE-A-GAUCHE. Les Serruriers prennent

SERRURIER. Gggg

nent ce mot en deux fens. C'eft quelquefois un tourne-vis, & d'autres fois un crochet qui fert à contourner le fer.

TOURNE-VIS. Voyez *Tourne-à-gauche.*

TRANCHE. C'eft un cifeau qui fert à couper le fer à chaud. On l'emmanche dans une hart. Il y en a de percées pour couper les fiches à chaud, 9, 10.

TRANCHET, il faut lire *Tranche.*

TRAPPE. Les Serruriers nomment ainfi une piece de fer plate qui s'engage dans les dents du cric des berlines, & fait l'office d'un linguet ou d'un encliquetage, 263.

TREMIE. On appelle *une bande de trémie*, une bande de fer plat qui aboutit fur les folives qui bordent le foyer, & foutient l'âtre fans craindre d'incendie, 48.

TREPAN. Machine qui fert à faire tourner un foret qu'on tient dans une pofition verticale. Voyez *Drille*, 34.

TRICOISES. Ce font des efpeces de tenailles dont les mordants courbes ne pincent que par leur extrémité, 10.

TRINGLES. Barres de fer forgé en rond; les tringles paffent dans des anneaux qui foutiennent les rideaux. Il y a des tringles de fer noir, d'autres blanchies à la lime, & d'autres polies.

TRIPOLI. Efpece de craie ou de pierre tendre d'un blanc tirant fur le rouge qui fert à polir les métaux, 26.

TRUSQUIN. Outil qui fert à marquer les endroits où l'on veut ouvrir une mortaife, 152.

TUYERE. C'eft un canal de fer épais qui fert à conduire le vent du fouffl et dans la forge, 10.

V

VASE. Petits ornements en forme de vafe qu'on met au haut & au bas des fiches qu'on nomme pour cette raifon *Fiches à vafe*, 3.

VERGETTES. Petites verges de fer qu'on applique ordinairement fur les panneaux de vitres montés en plomb, 63.

VIELLE. *Loquet à vielle.* Les loquets à vielle s'ouvrent avec une clef qui souleve une piece coudée en forme de manivelle, laquelle souleve le battant du loquet; on en fait ufage pour fermer les portes des lieux d'aifance,&c, 138.

VIS. Ce font des morceaux de fer taraudés par un de leur bout, & terminés à l'autre par une tête, ou refendus en quarré. Il y a des vis de lit, de parquet, pour les glaces, pour les ferrures, & des vis en bois qui n'ont point d'écrou.

VITRAIL. Chaffis de fer avec des croifillons auffi en fer qui reçoit des panneaux de verre montés en plomb. On ne s'en fert guere que dans les Eglifes & les Bafiliques. On dit au pluriel des *Vitraux*, 62.

VITRAU. Quelques Auteurs emploient ce mot dans le même fens que le précédent; mais il vaut mieux dire *Vitrail.*

VRILLE. Petit inftrument qu'on mene avec la main, & qui fert à percer des trous dans du bois. Les Ferreurs en font quelquefois ufage.

FIN DE L'ART DU SERRURIER.

De l'Imprimerie de L. F. DELATOUR. 1767.

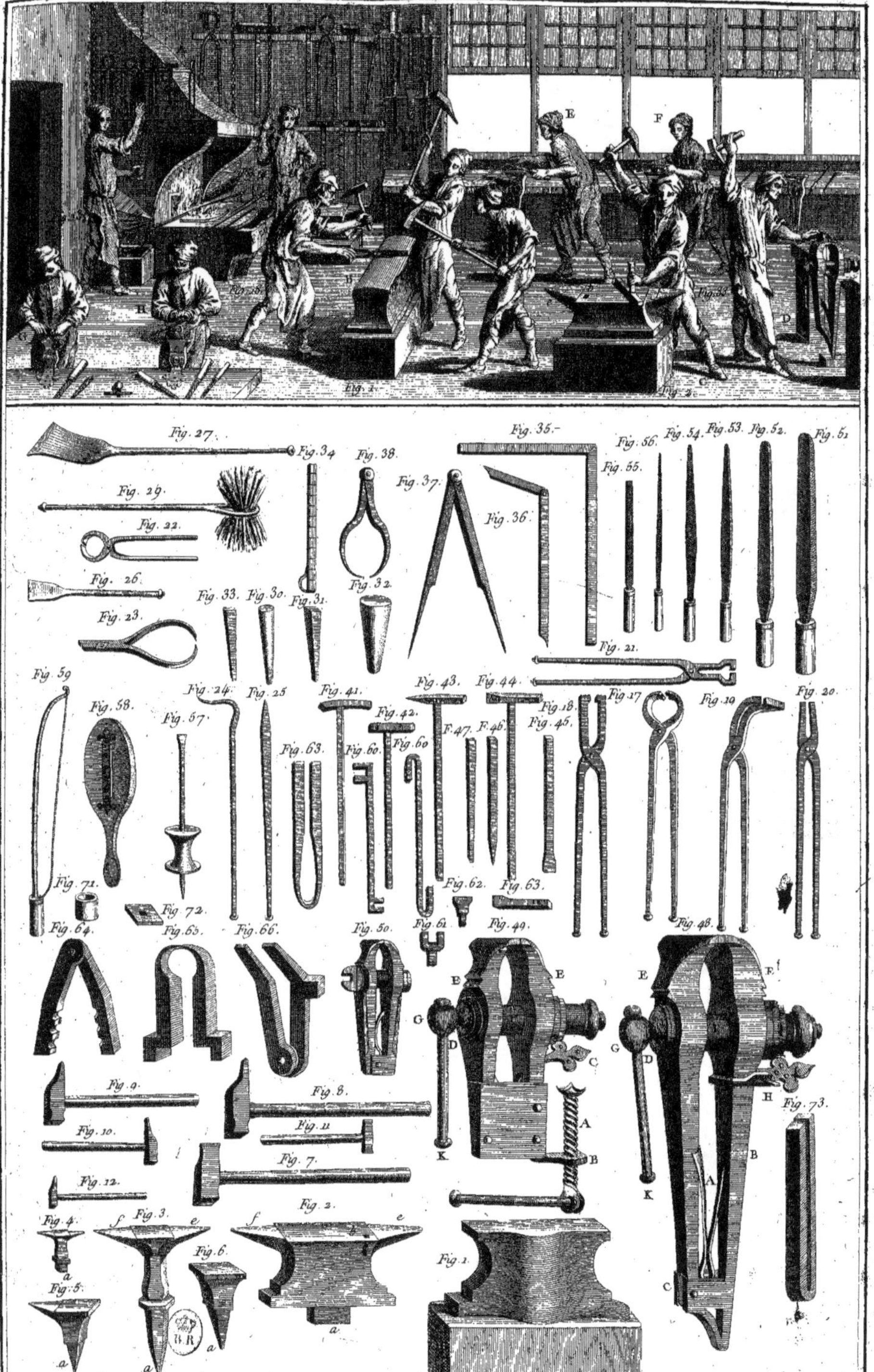

Pl. II.

C.ne Haussard Sculp.

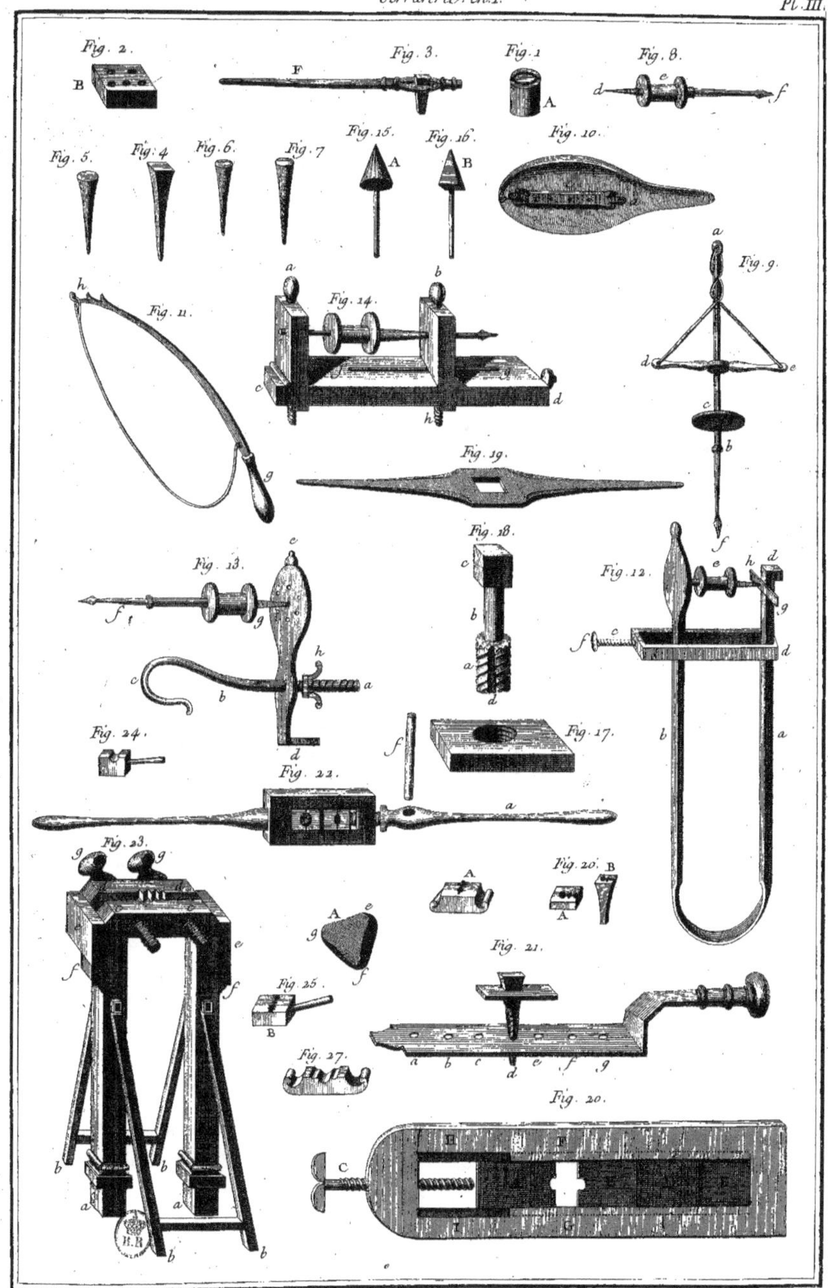

P.ᵗᵉ Haussard Sculp.

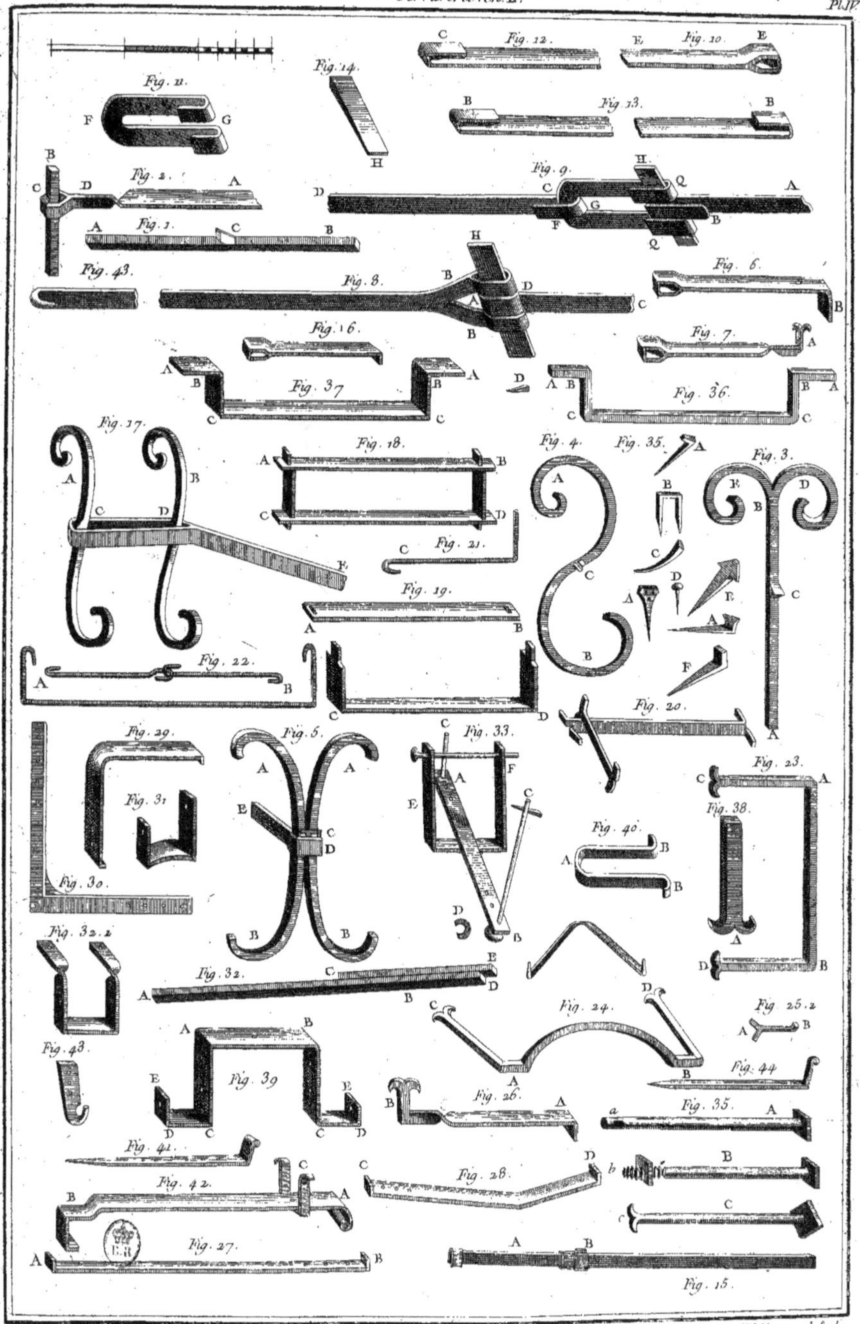
C Fig. 12.
E Fig. 10. E
Fig. 14.
B Fig. 13. B
Fig. 11.
F G
B
C D Fig. 2. A
Fig. 9.
D C Q A
H
G
F
B
A Fig. 1. C B
Q
Fig. 43.
H
B D
Fig. 8. A C
B
Fig. 6.
B
Fig. 16.
Fig. 7. A
A
B
Fig. 37. A
B
C C
A B
C
Fig. 36.
B A
C
Fig. 17.
Fig. 18.
A B
A B
Fig. 4. Fig. 35. A
B
Fig. 3.
C D
C D
B D
B
C D
A E
Fig. 21.
A
C C
Fig. 19.
D E
A E
A
Fig. 22.
A B
F
B
Fig. 20.
C D A
Fig. 29. Fig. 5.
C Fig. 33.
Fig. 23.
A A
A F
C A
Fig. 31.
E
E
Fig. 38.
C
Fig. 30.
D C
Fig. 40.
B
B
A B
Fig. 32.1
D
A
A
Fig. 32. C
B D
E
B B
D
B
Fig. 43.
A B
C
Fig. 24. D
Fig. 25.2
A B
E E
Fig. 39.
Fig. 44.
D C
C
A
Fig. 26. A
a Fig. 35. A
Fig. 41.
B
C
C Fig. 28. D b B
Fig. 42. A
C
A B
Fig. 27. B
A B
Fig. 15.

C.ne Haussard Sculp.

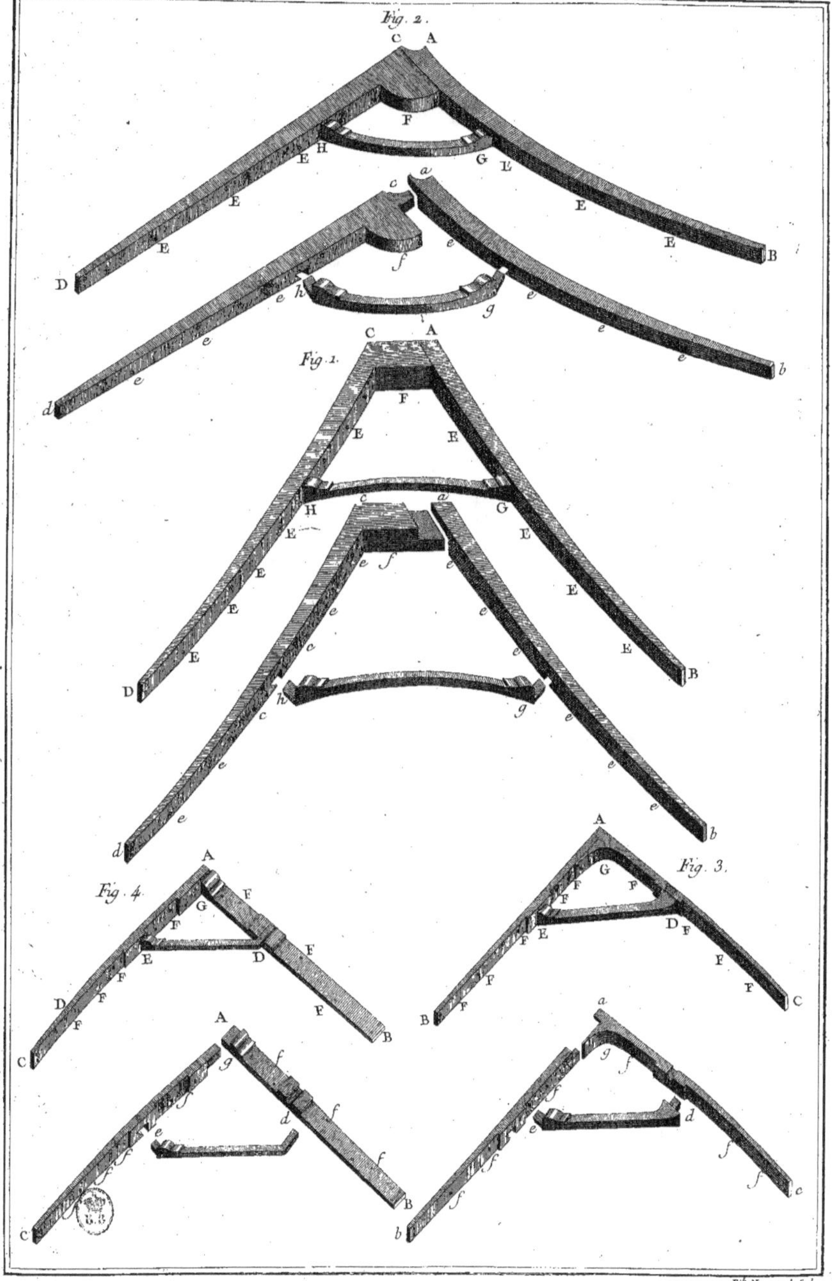

Fig. 2.
Fig. 1.
Fig. 4.
Fig. 3.

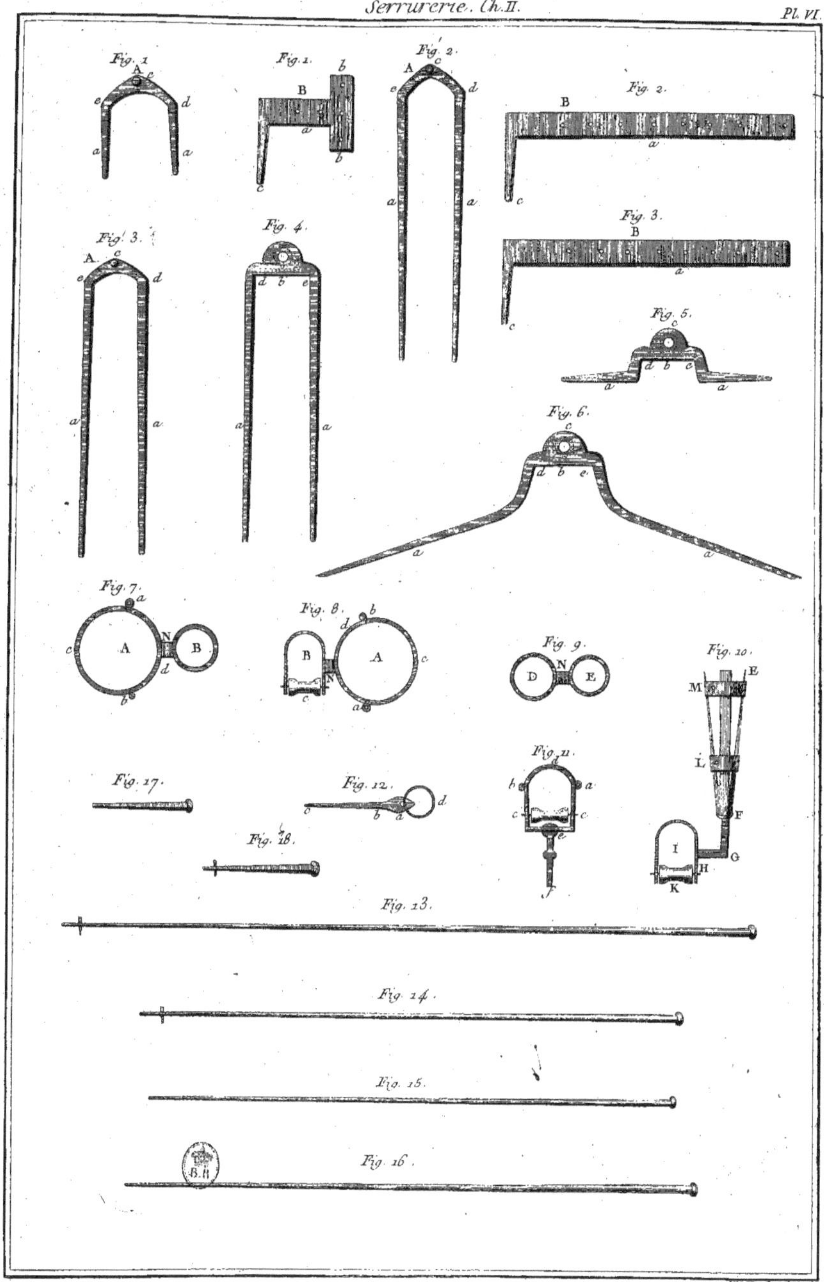
Fig. 1
Fig. 1
Fig. 2
Fig. 2
Fig. 3
Fig. 3
Fig. 4
Fig. 5
Fig. 6
Fig. 7
Fig. 8
Fig. 9
Fig. 10
Fig. 11
Fig. 17
Fig. 12
Fig. 18
Fig. 13
Fig. 14
Fig. 15
Fig. 16

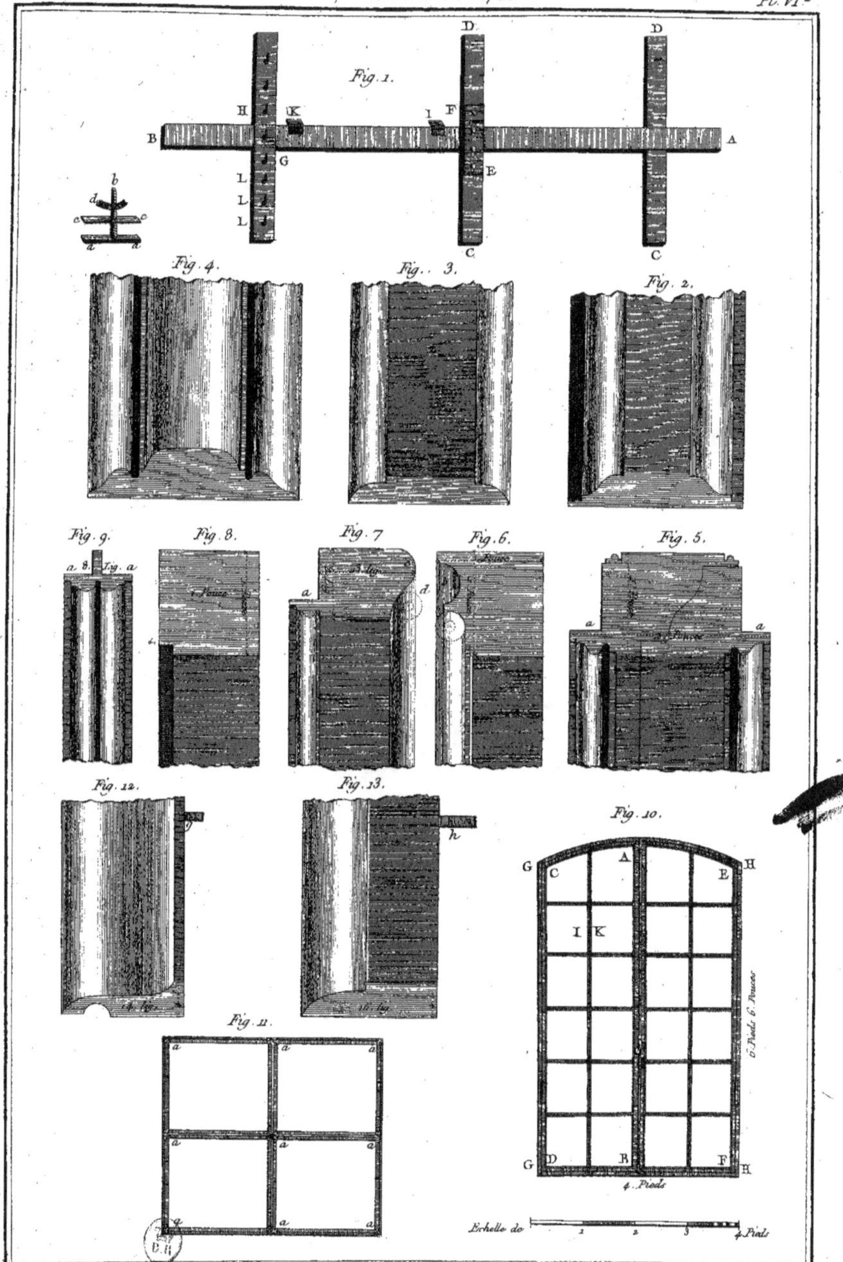

C.me Haussard Sculp.

J. Thomassin sculp. 1767.

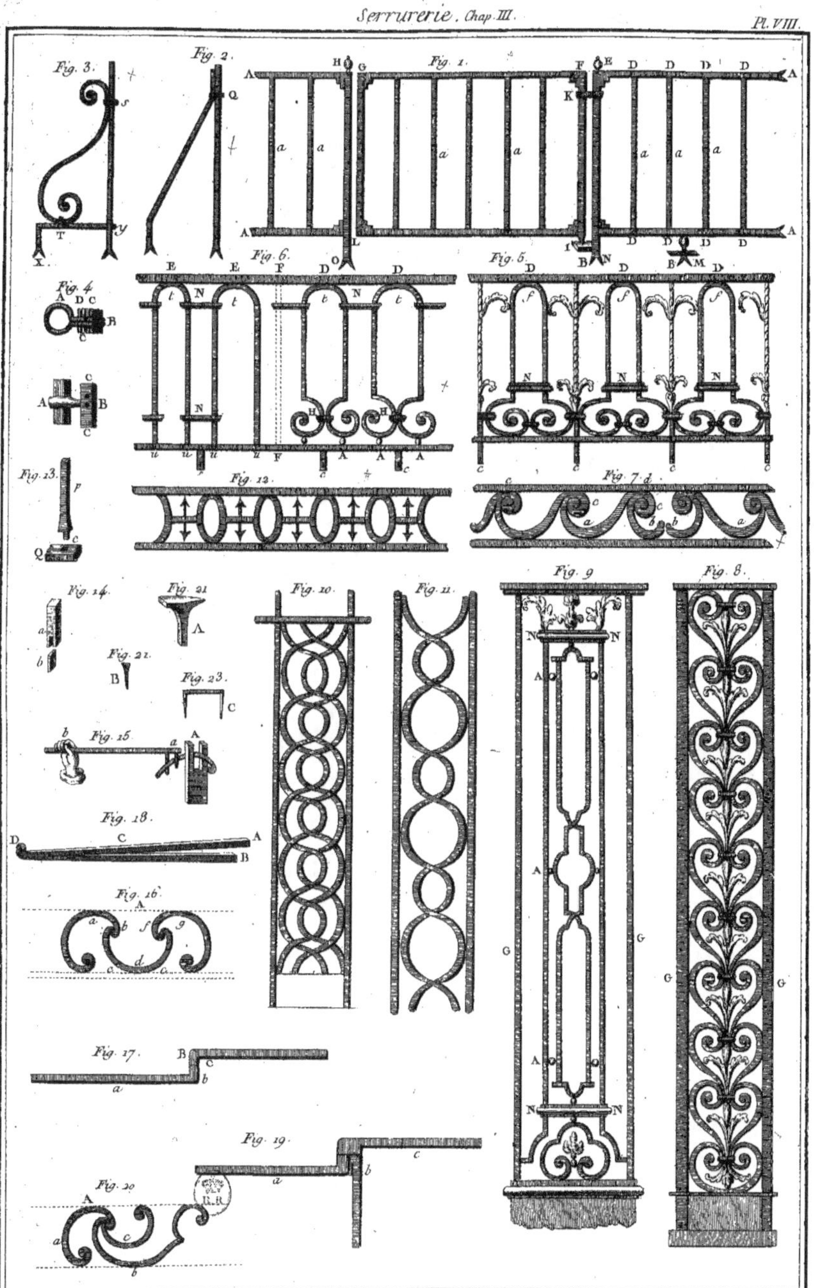

Fig. 3.
Fig. 2.
Fig. 1.
Fig. 4.
Fig. 6.
Fig. 5.
Fig. 13.
Fig. 12.
Fig. 7.
Fig. 14.
Fig. 21.
Fig. 21.
Fig. 23.
Fig. 15.
Fig. 10.
Fig. 11.
Fig. 9.
Fig. 8.
Fig. 18.
Fig. 16.
Fig. 17.
Fig. 19.
Fig. 20.

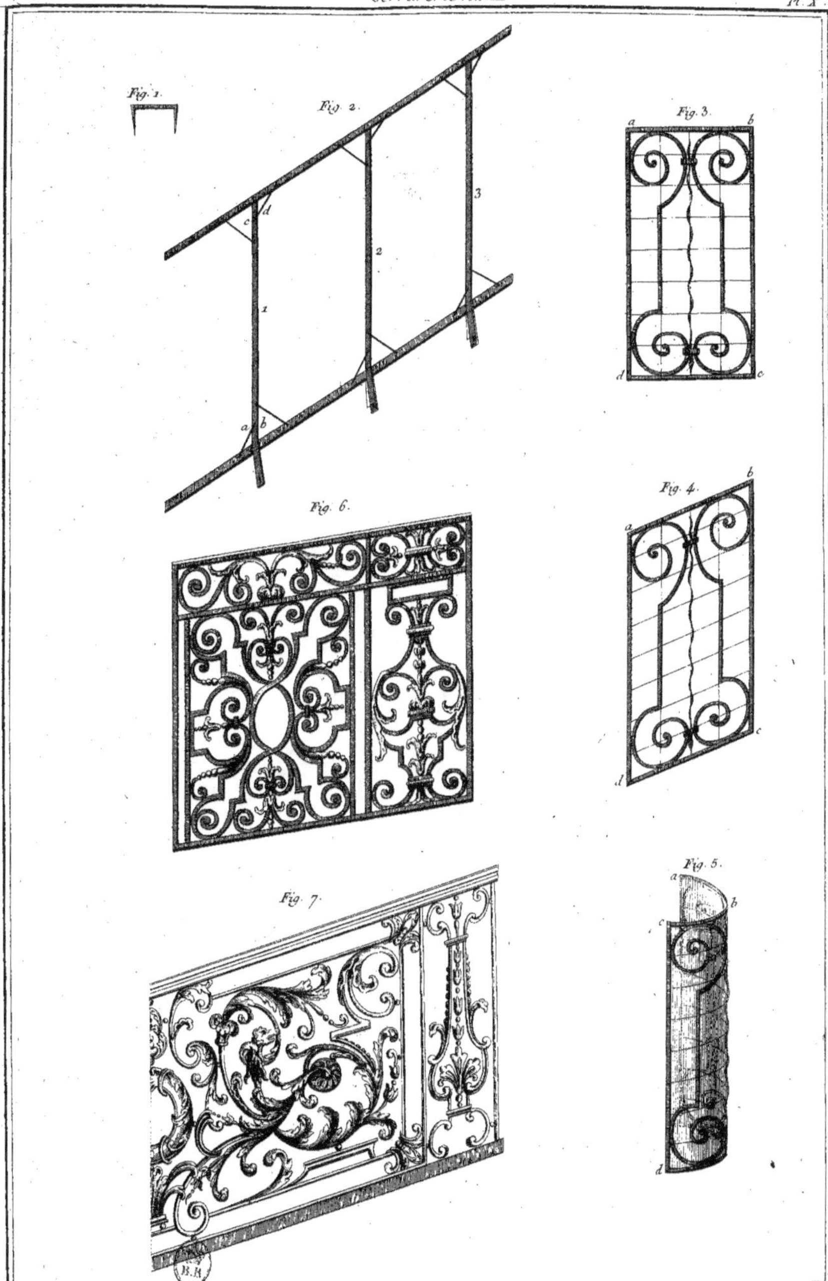
Fig. 1.
Fig. 2.
Fig. 3.
Fig. 4.
Fig. 5.
Fig. 6.
Fig. 7.

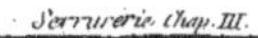

Pl. XI.
Fig. 6.
Fig. 7.
Fig. 13.
Fig. 16.
Fig. 10.
Fig. 5.
Fig. 9.
Fig. 8.
Fig. 11.
Fig. 12.
Reniere del.
1717
Lucas sculp.

Dessiné par Chaufourier.

1717

J. Lucas sculp.

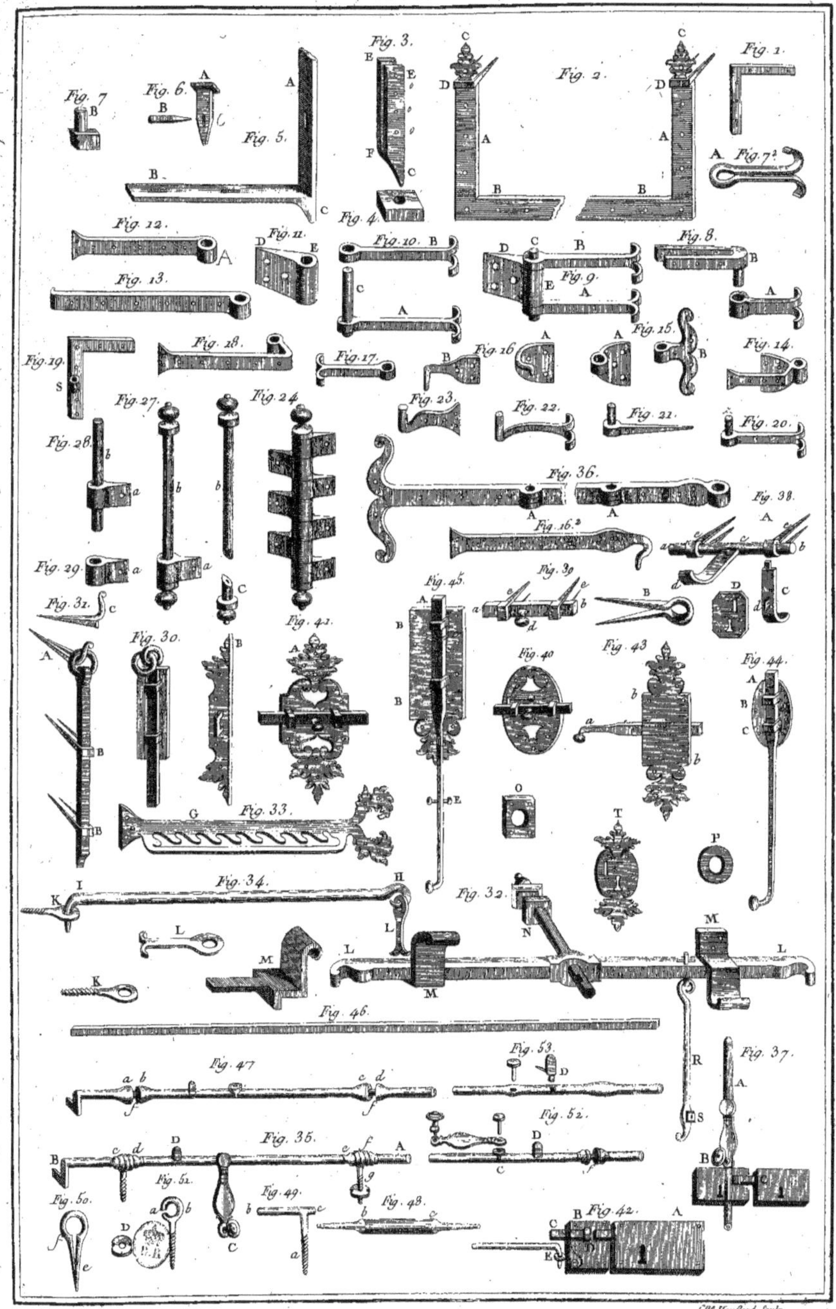
Fig. 1.
Fig. 2.
Fig. 3.
Fig. 4.
Fig. 5.
Fig. 6.
Fig. 7.
Fig. 7.²
Fig. 8.
Fig. 9.
Fig. 10.
Fig. 11.
Fig. 12.
Fig. 13.
Fig. 14.
Fig. 15.
Fig. 16.
Fig. 16.²
Fig. 17.
Fig. 18.
Fig. 19.
Fig. 20.
Fig. 21.
Fig. 22.
Fig. 23.
Fig. 24.
Fig. 27.
Fig. 28.
Fig. 29.
Fig. 30.
Fig. 31.
Fig. 32.
Fig. 33.
Fig. 34.
Fig. 35.
Fig. 36.
Fig. 37.
Fig. 38.
Fig. 39.
Fig. 40.
Fig. 41.
Fig. 42.
Fig. 43.
Fig. 44.
Fig. 45.
Fig. 46.
Fig. 47.
Fig. 48.
Fig. 49.
Fig. 50.
Fig. 51.
Fig. 52.
Fig. 53.

Dessigné par Regnier. Ombré et gravé par Haussard 1727.

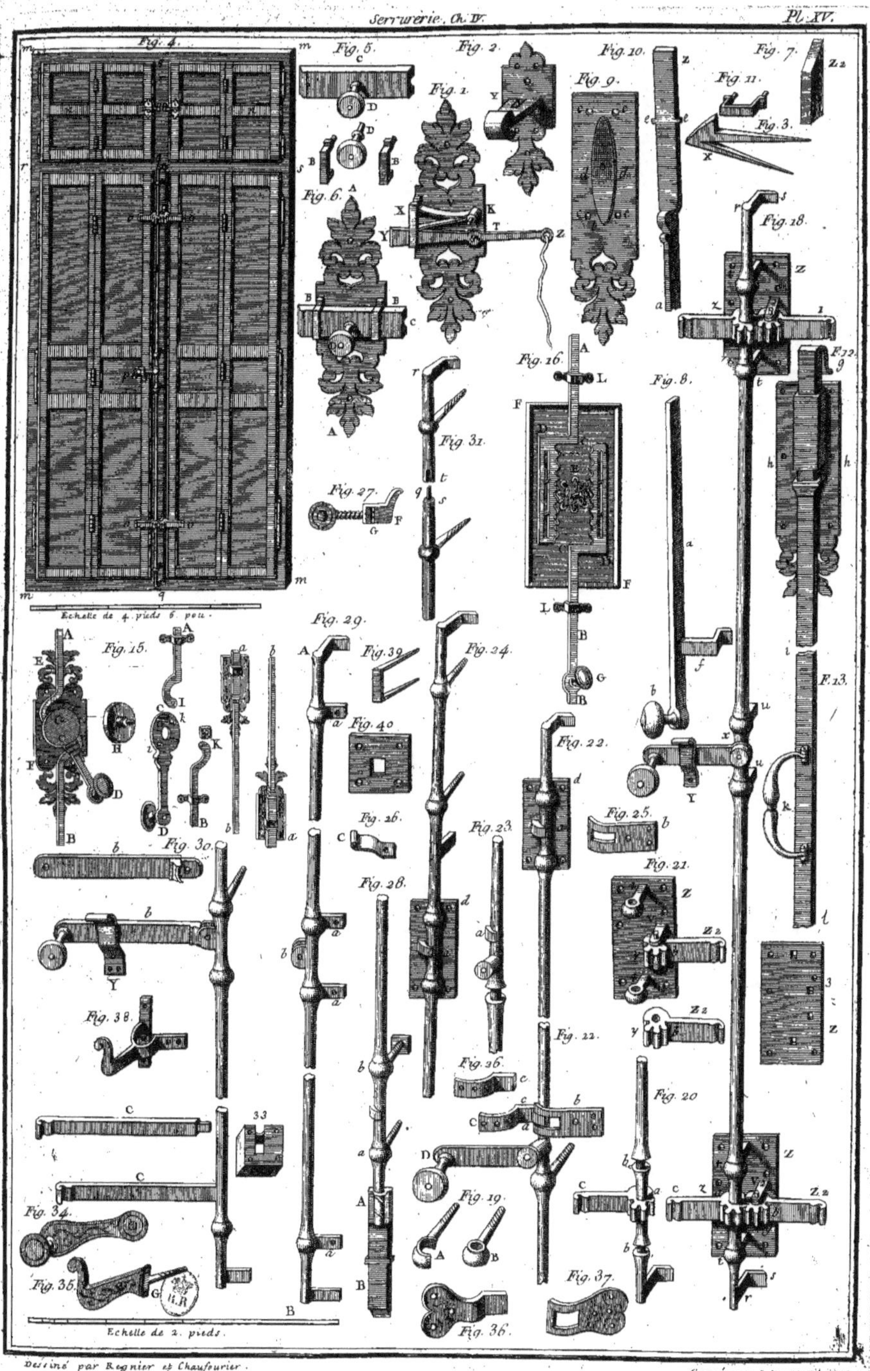

Fig. 4.
Fig. 5.
Fig. 2.
Fig. 10.
Fig. 7.
Fig. 1.
Fig. 9.
Fig. 11.
Fig. 3.
Fig. 6.
Fig. 18.
Fig. 16.
Fig. 12.
Fig. 31.
Fig. 8.
Fig. 27.
Echelle de 4. pieds 6. pou.
Fig. 29.
Fig. 39.
Fig. 24.
Fig. 15.
Fig. 40.
Fig. 13.
Fig. 22.
Fig. 26.
Fig. 25.
Fig. 30.
Fig. 28.
Fig. 23.
Fig. 21.
Fig. 38.
Fig. 22.
Fig. 16.
Fig. 20.
Fig. 34.
Fig. 19.
Fig. 35.
Fig. 37.
Echelle de 2. pieds.
Fig. 36.

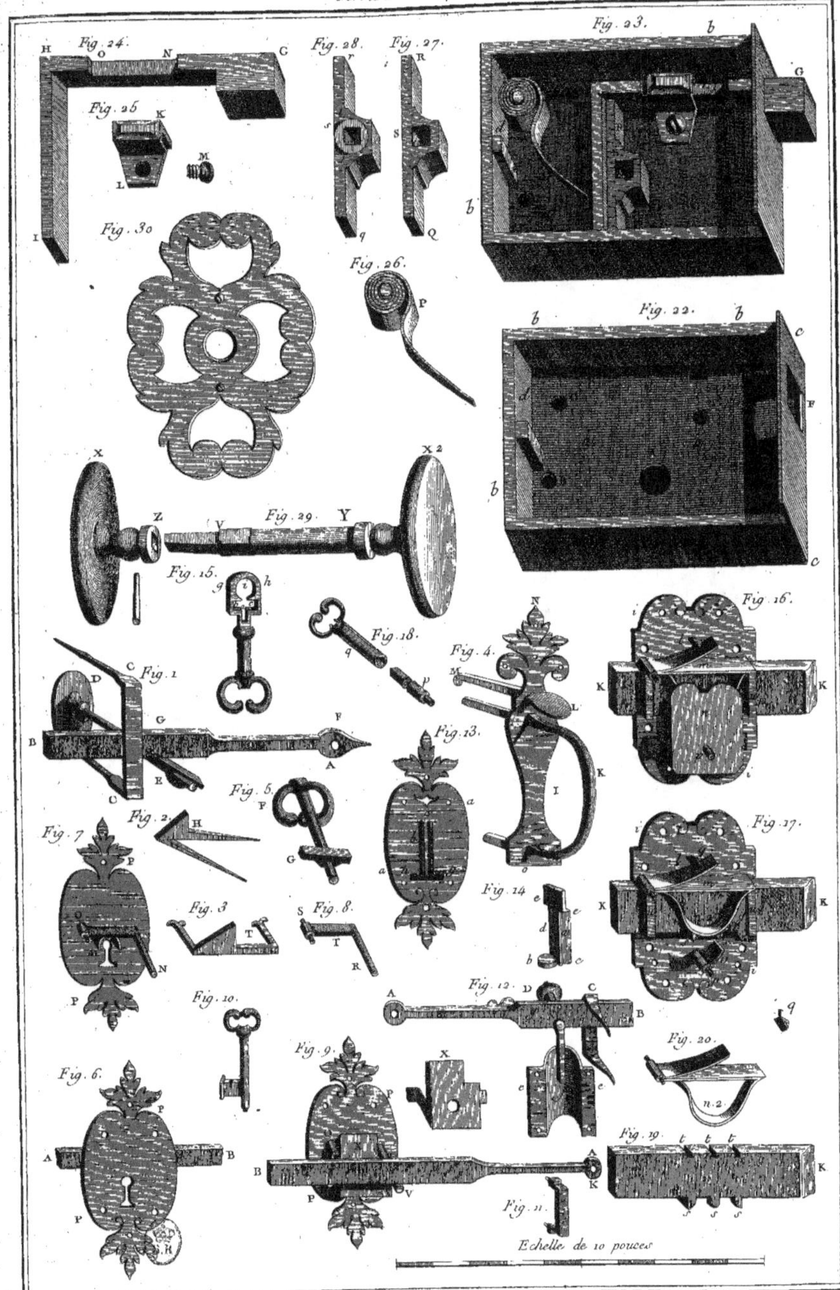
Pl. XVI.
Fig. 24.
Fig. 25.
Fig. 30
Fig. 28.
Fig. 27.
Fig. 23.
Fig. 26.
Fig. 22.
Fig. 29
Fig. 15.
Fig. 16.
Fig. 18.
Fig. 4.
Fig. 1.
Fig. 13.
Fig. 17.
Fig. 5.
Fig. 2.
Fig. 7.
Fig. 3.
Fig. 8.
Fig. 14.
Fig. 10.
Fig. 12.
Fig. 20.
Fig. 9.
Fig. 19.
Fig. 6.
Fig. 11.
Echelle de 10 pouces
Benard Sculp.

fig. 1.re
fig. 2.e
fig. 3.e
Fig. 4.
Fig. 6.
Fig. 5.
Fig. 8.
Fig. 12.
Fig. 9.
Fig. 10.
Fig. 14.
Fig. 13.
Fig. 15.
Fig. 16.
Fig. 7.2
Fig. 7.
Fig. 11.
Renier del.
1717
Lucas sculp.

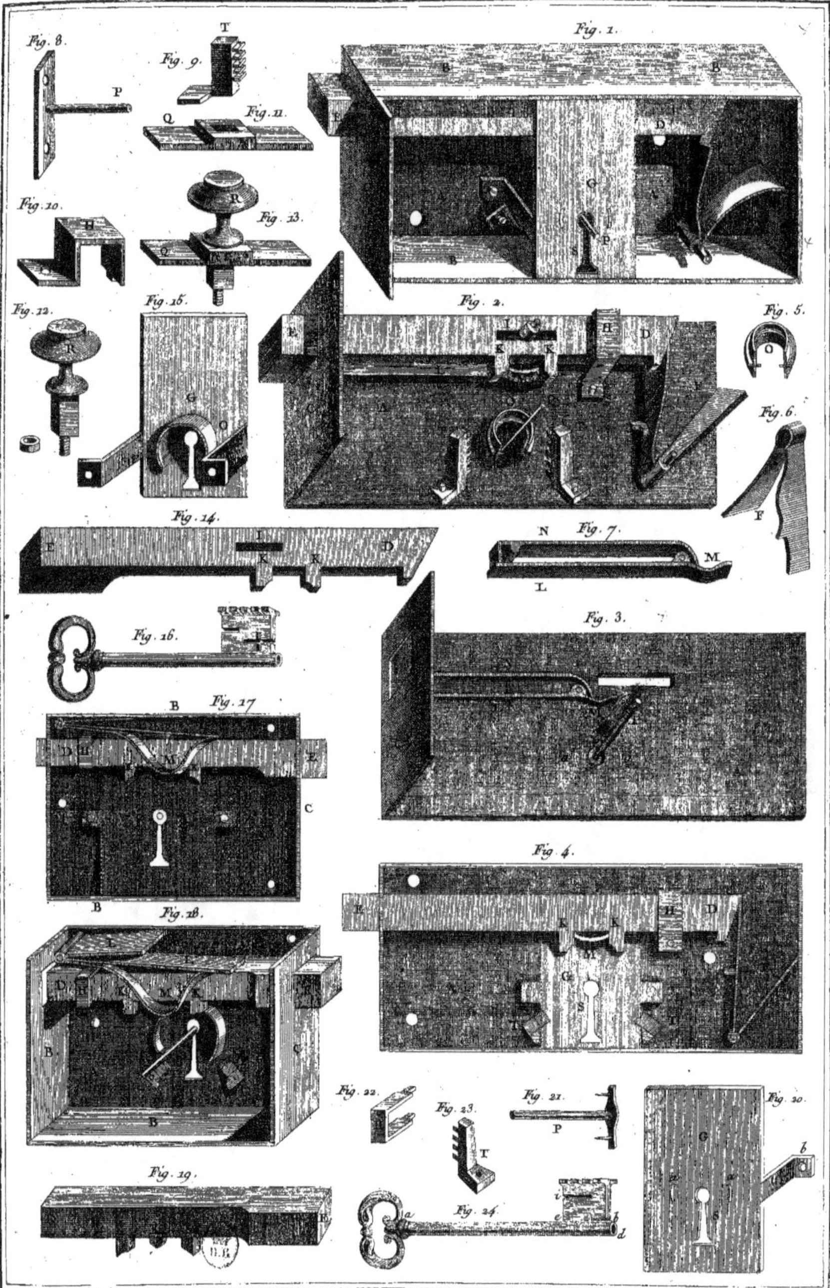
Fig. 8.
Fig. 9.
T
P
Q
Fig. 11.
Fig. 10.
H
R
Q
Fig. 13.
Fig. 12.
R
Fig. 15.
G
O
Fig. 1.
B
B
E
D
G
S
P
B
Fig. 2.
E
I K
H
D
A
G
Fig. 5.
O
Fig. 6.
F
Fig. 14.
E
I
K K
D
N
Fig. 7.
M
L
Fig. 16.
I
Fig. 3.
Fig. 17.
B
D H
M
E
C
B
Fig. 4.
E
I K
H
D
M
G
S
T
Fig. 18.
D R
K
M
N
B
C
B
Fig. 22.
Fig. 23.
Fig. 21.
T
P
Fig. 20.
G
b
Fig. 19.
E
Fig. 24.
a
S

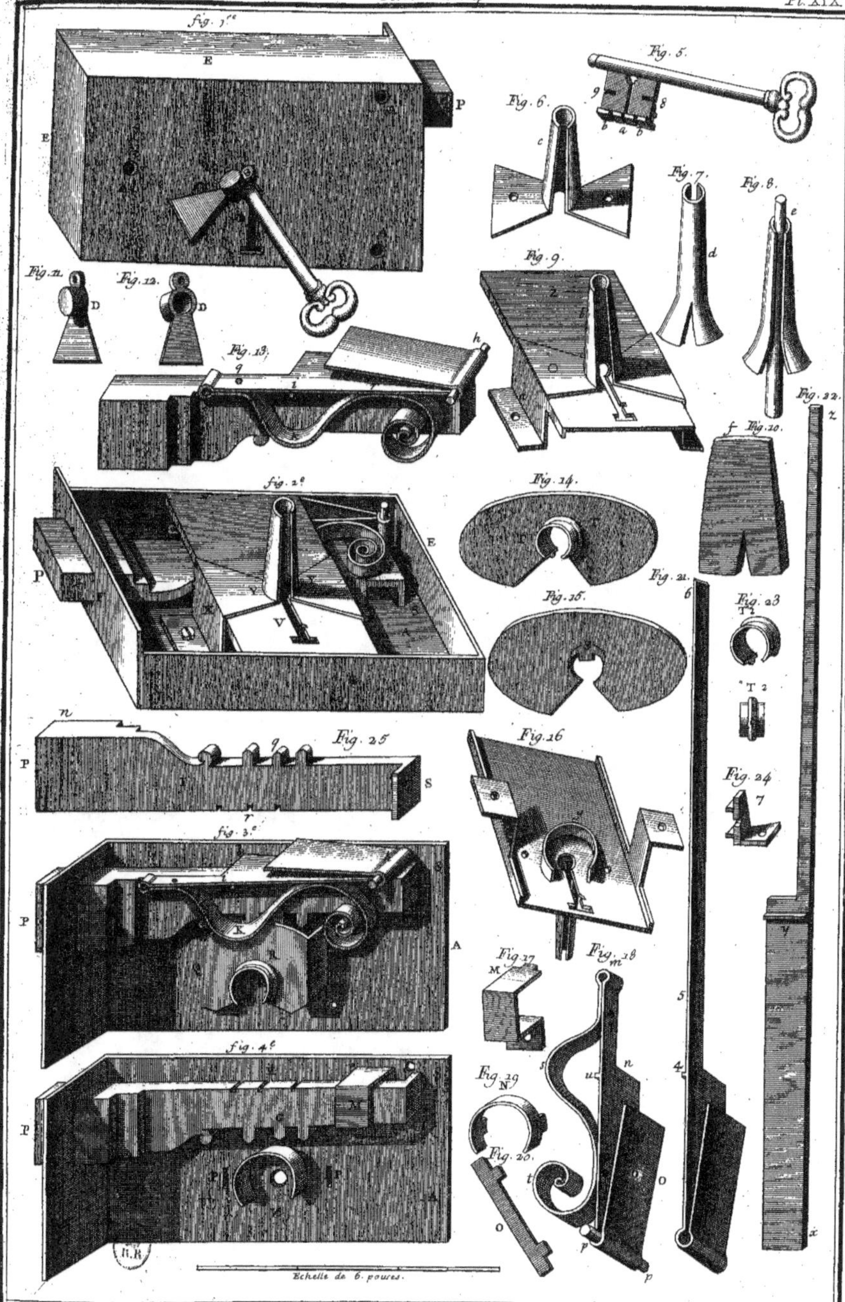

Pl. XIX.
fig. 1.re
E
P
Fig. 5.
Fig. 6.
c
9 8
b a b
Fig. 7.
d
Fig. 8.
e
Fig. 11.
D
Fig. 12.
D
Fig. 13.
q
h
Fig. 9.
z
Fig. 14.
f Fig. 20.
Fig. 22.
z
fig. 2.e
C
E
X Y
V
Fig. 15.
Fig. 21.
6
Fig. 23.
T
T 2
n
Fig. 25.
q
P
S
r
Fig. 16.
Fig. 24.
7
fig. 3.e
P
K
A
Fig. 17.
M
Fig. 18.
m
Fig. 19.
N
y
5
fig. 4.e
P
M
Fig. 20.
o
t
n
4
p
Echelle de 6. pouces.

Fig. 8.
Fig. 5.
Fig. 7.
Fig. 4.
fig. 1.re
fig. 2.e
Fig. 10.
Fig. 6.
Fig. 13.
Fig. 9.
Fig. 11.
Fig. 12.
Fig. 14.
Fig. 15.
fig. 3.e

Echelle de 5 pouces.

dessiné par Bretez.

1717.

Lucas sculp.

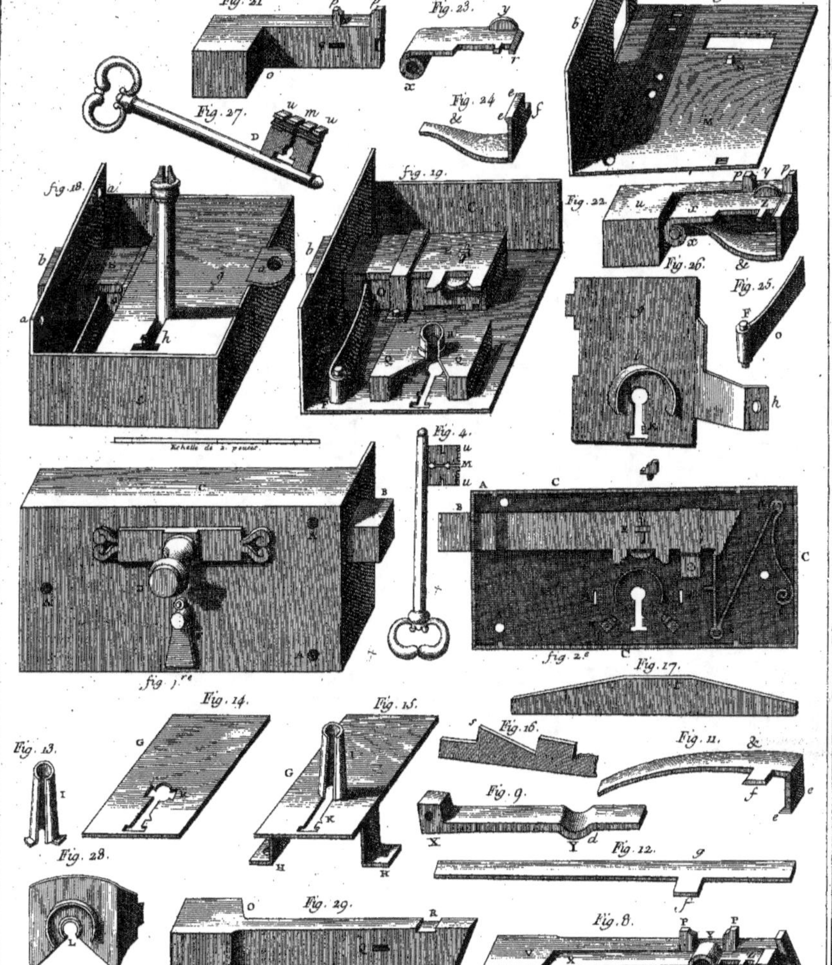
Fig. 21.
Fig. 23.
Fig. 20.
Fig. 27.
Fig. 24.
Fig. 18.
fig. 19.
Fig. 22.
Fig. 26.
Fig. 25.
Echelle de 2. pouces.
Fig. 4.
fig. 1.re
fig. 2.e
Fig. 17.
Fig. 14.
Fig. 15.
Fig. 16.
Fig. 11.
Fig. 13.
Fig. 9.
Fig. 12.
Fig. 28.
Fig. 29.
Fig. 8.
fig. 3.e
Fig. 5.
Fig. 10.
Fig. 6.
Fig. 7.
Echelle de 6. pouces.

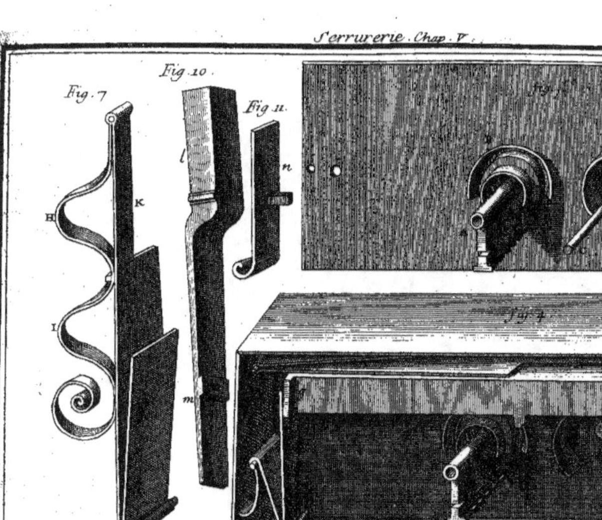

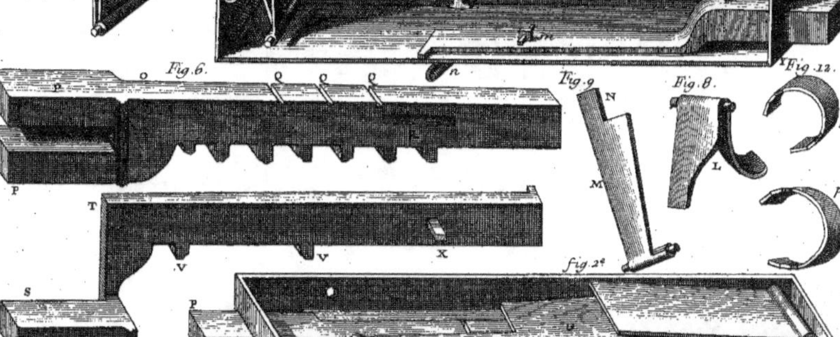

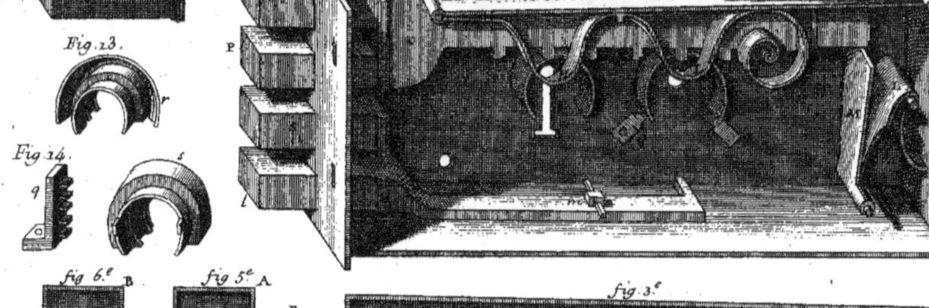

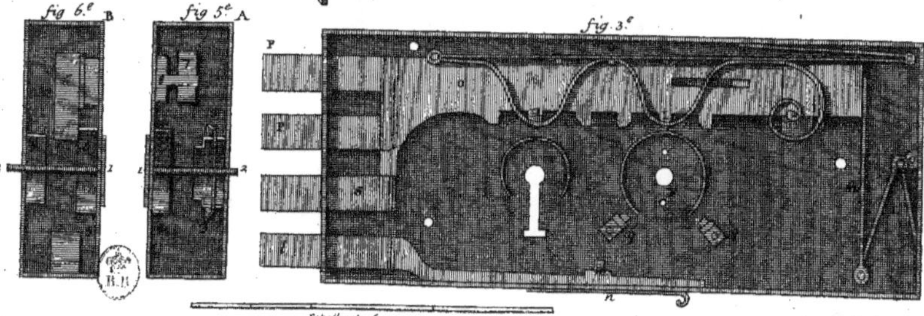

Echelle de 6. pouces.

Fig. 9.
Fig. 6.
Fig. 7.
Fig. 8.
fig. 5.e
Fig. 10.
fig. 4.e
fig. 2.e
fig. 3.e
A
A
Echelle de 6. pouces

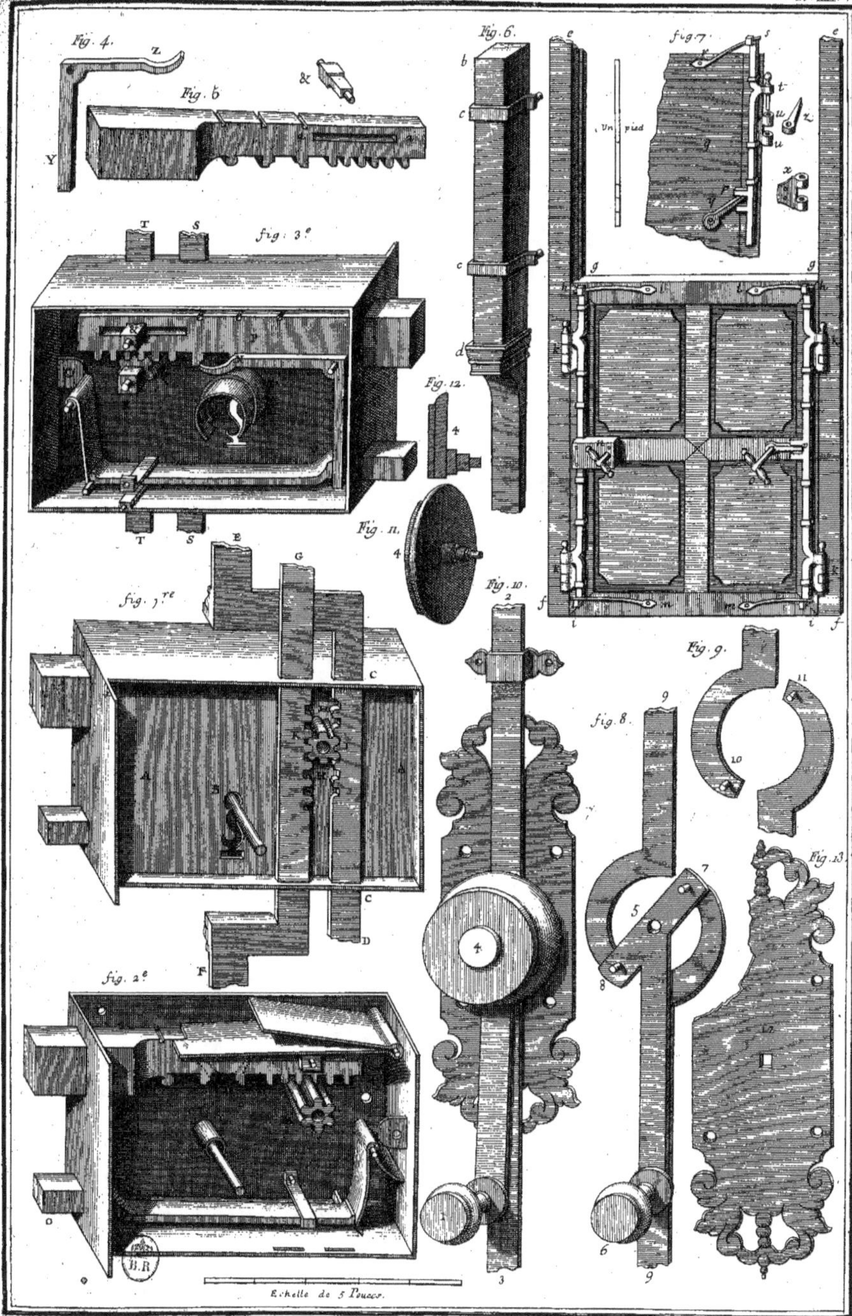

Fig. 4.
Fig. 5.
fig. 3.e
Fig. 6.
fig. 7
Un pied
Fig. 12.
Fig. 11.
fig. 1.re
Fig. 10.
Fig. 9.
fig. 8.
Fig. 13.
fig. 2.e
Echelle de 5 Pouces.

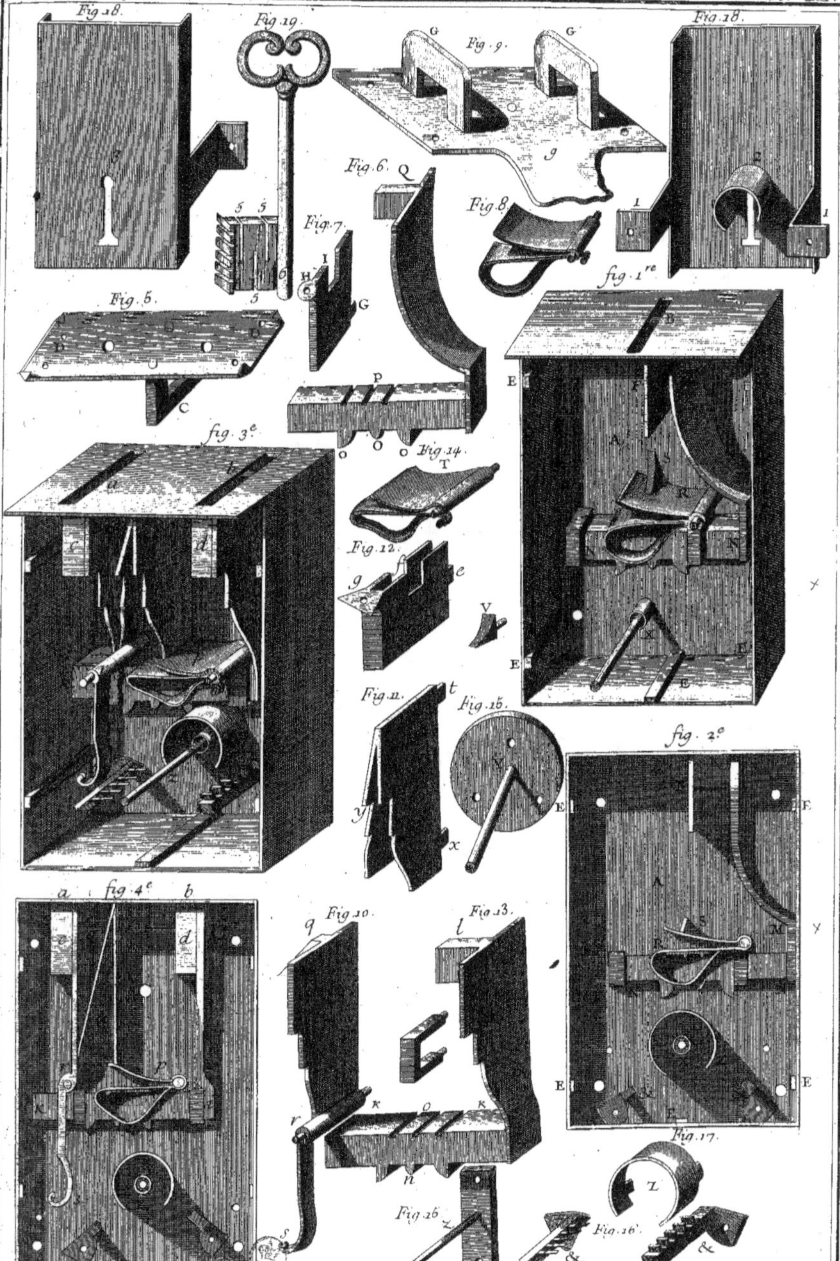
Fig. 18
Fig. 19
Fig. 9
G
G
Fig. 18
Fig. 6. Q
Fig. 8
fig. 1.re
Fig. 7
I
H G
Fig. 5
B D
C
B
E
fig. 3.e
a
b
c
d
A
R
N
p
o o Fig. 14
T
Fig. 12
g
e
V
E
K
E
Fig. 11
t Fig. 15
Y
y
x
E
fig. 2.e
E
E
A
R
S
M
Y
a fig. 4.e b
d
q Fig. 10
Fig. 13
l
r
k o K
n
Fig. 26
E K
E
E
Fig. 17
Z
Fig. 16
&
&
S
Echelle de 6 pouces.

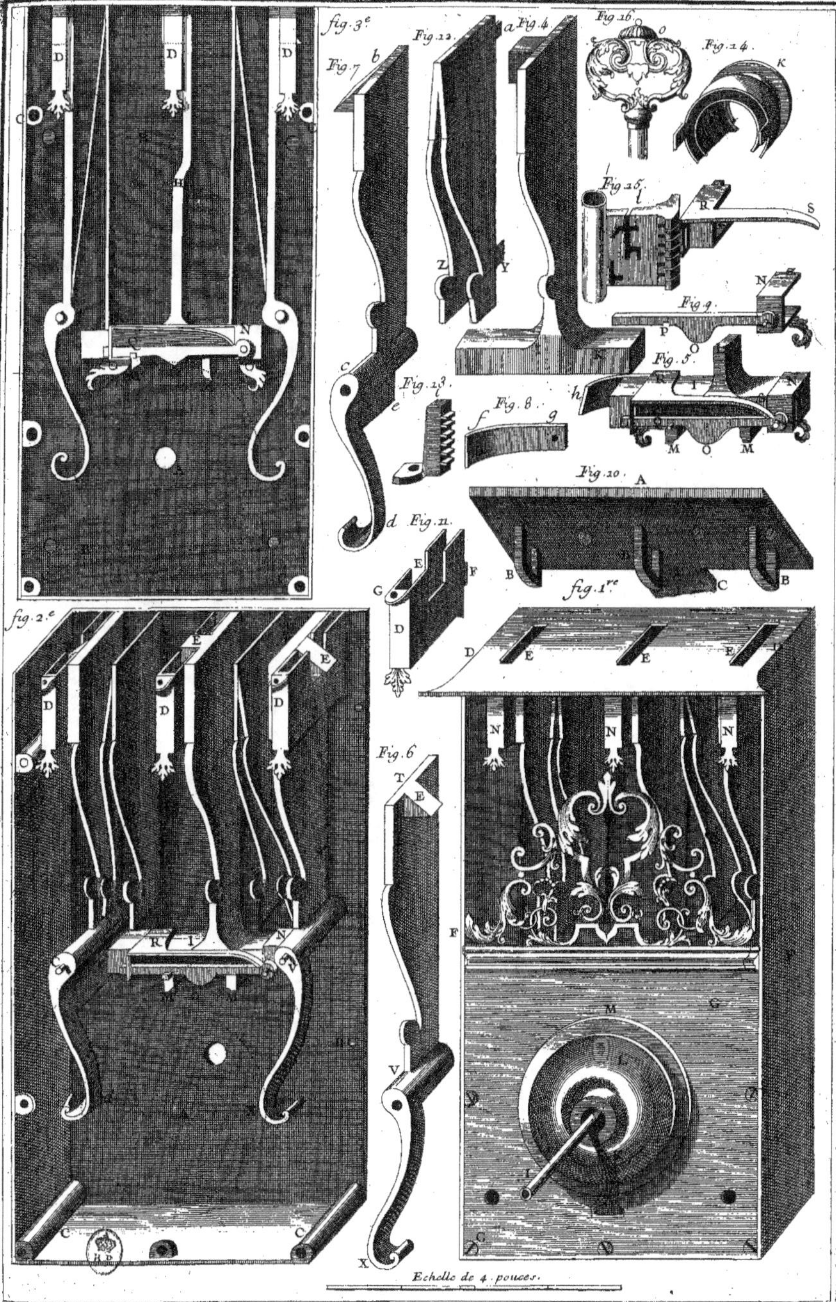
fig. 3.e
Fig. 7 b
Fig. 22
a Fig. 4
Fig. 16
Fig. 14
K
Fig. 15
R
S
N
Fig. 9
P O
Fig. 5
R I N
M O M
Fig. 20
A
Fig. 13
e
Fig. 8
f g
h
Z Y
c
d Fig. 11
E F
G
D
B C B
fig. 1.re
D E E F
fig. 2.e
E
D D D
N N N
Fig. 6
T E
R I N
M M M
F
V
X
B C
M G
M L
fig. 1.re
Echelle de 4. pouces.

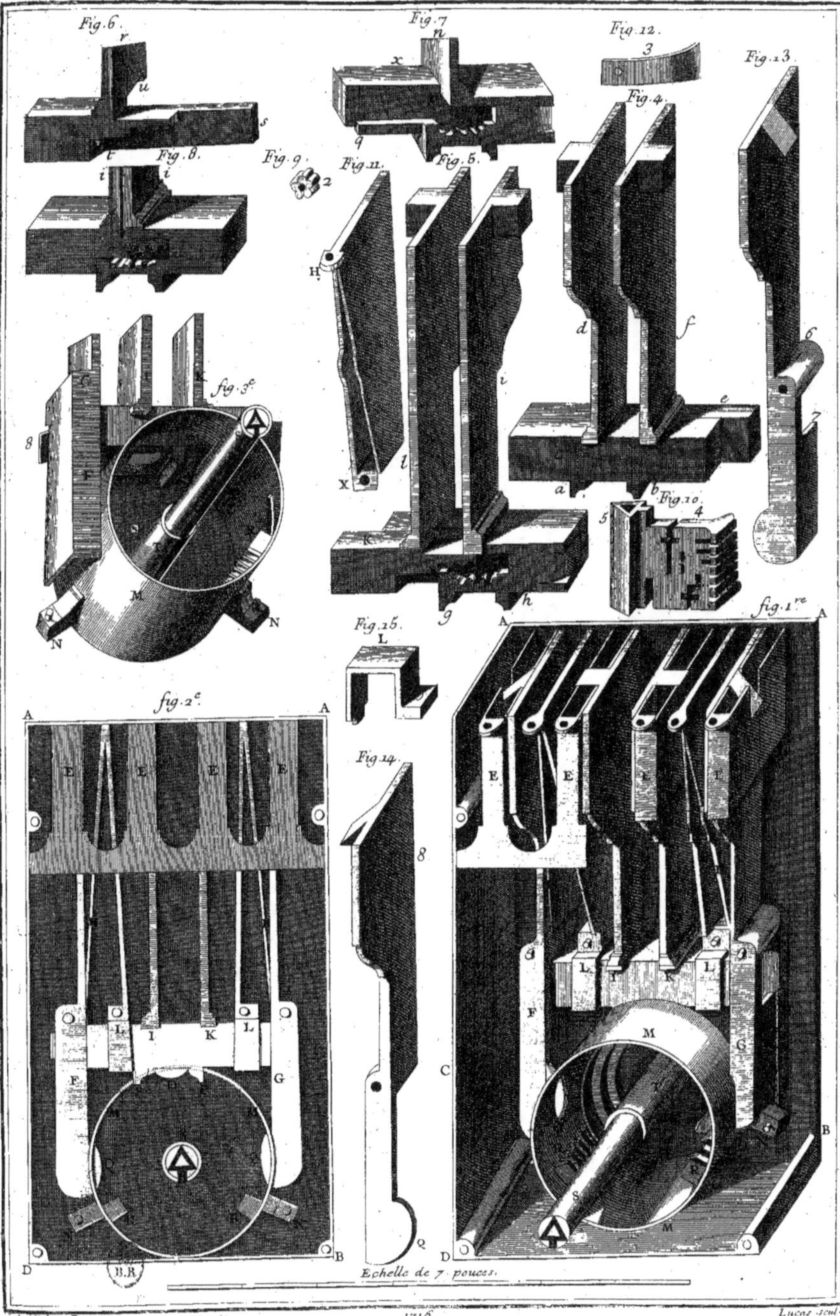
Fig. 6.
Fig. 7.
Fig. 12.
Fig. 13.
Fig. 8.
Fig. 9.
Fig. 11.
Fig. 5.
Fig. 4.
Fig. 3.
fig. 3.e
Fig. 10.
fig. 1.re
Fig. 15.
fig. 2.e
Fig. 14.
Echelle de 7 pouces.

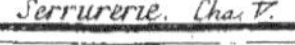

Pl. XXVIII.
Fig. 13.
Fig. 8.
Fig. 14.
Fig. 6.
Fig. 9.
Fig. 4.
Fig. 3.
Fig. 11.
Fig. 5.
Fig. 7.
Fig. 1.re
Fig. 22.
Fig. 10.
fig. 2.e
Echelle de 6 pouces.

dessiné par Bretex
1713
Lucas sculp.

fig. 5.e

fig. 4.e

Fig. 6.

fig. 3.e

fig. 2.e

Echelle de 6. pouces.

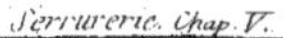

fig. 4.e
fig. 3.e
fig. 1.ere
fig. 2.e
Echelle de 6. pouces.

Dessiné par Regnier et Bretez.

Gravé par J. Haussard 1716.

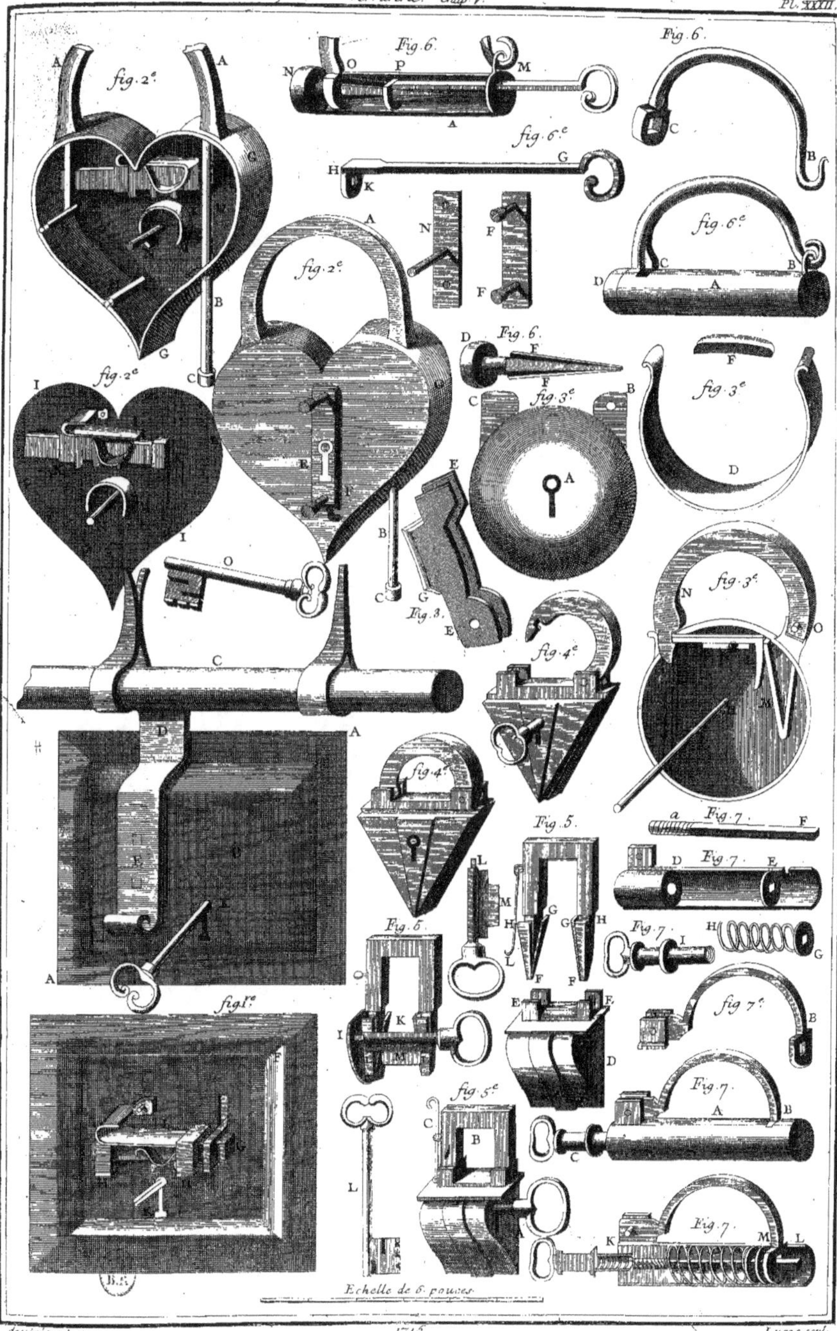

fig. 2.e
Fig. 6.
Fig. 6.
fig. 6.e
fig. 6.e
fig. 2.e
fig. 2.e
Fig. 6.
fig. 3.e
fig. 3.e
fig. 3.e
Fig. 3.
fig. 4.e
fig. 4.e
Fig. 5.
Fig. 7.
Fig. 7.
Fig. 7.
fig. 7.e
Fig. 7.
fig. 1.e
Fig. 5.
fig. 5.e
Fig. 7.
Echelle de 6. pouces.

dessiné par brelez.   1715   Lucas sculp.

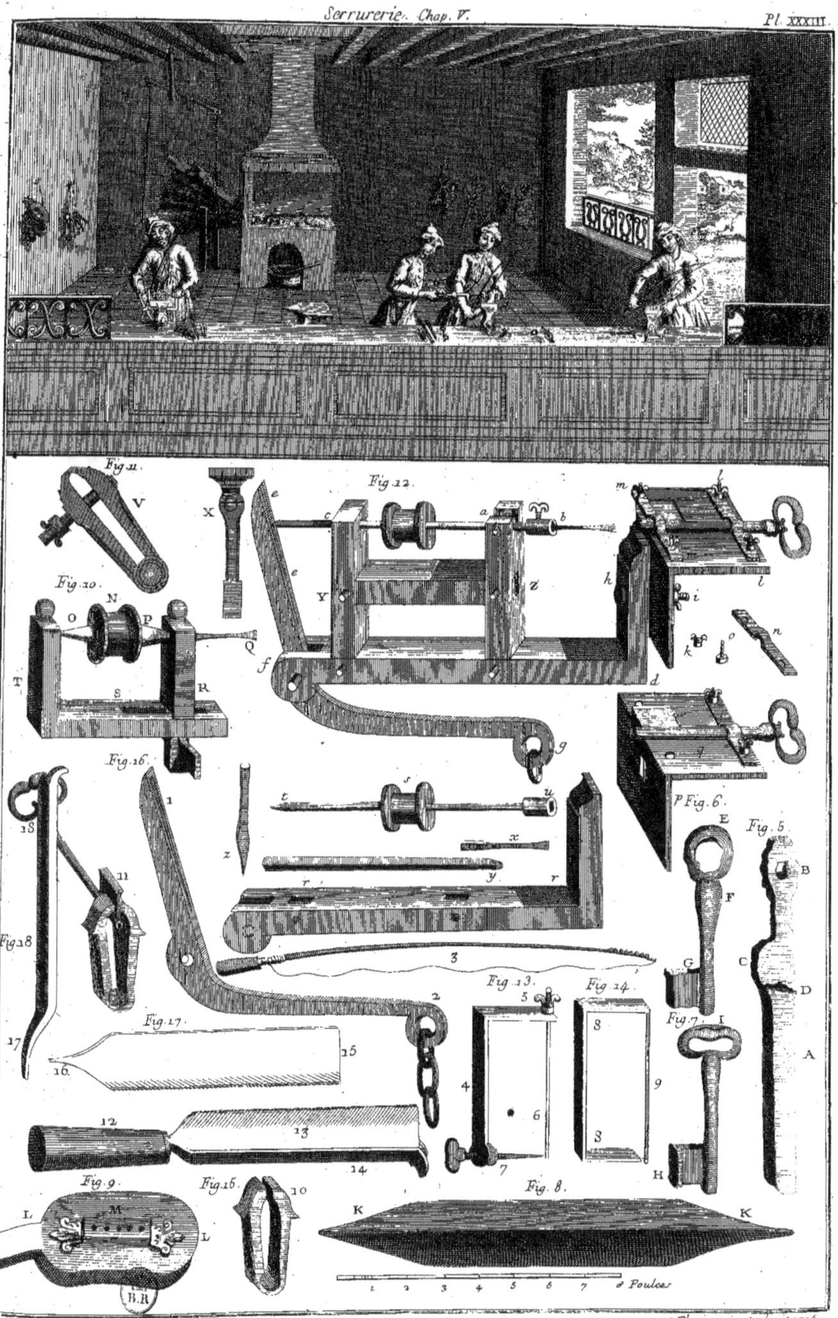
Fig. 21.
V
X
Fig. 22.
Fig. 10.
N
O P
Q
T
S R
Fig. 16.
18
11
Fig. 18.
17
16
Fig. 17.
12
13
14
Fig. 9.
L
M
L
B.R.
Fig. 15.
10
Fig. 13.
5
4
6
7
Fig. 14.
8
9
3
Fig. 8.
K
K
Fig. 5.
E
B
F
G
C
D
Fig. 7.
I
A
H
Fig. 6.
P
e
c
a
b
Y
z
h
m
i
k
o
n
d
g
s
t
u
x
y
r
1
2
3
15
1 2 3 4 5 6 7 8 Pouces

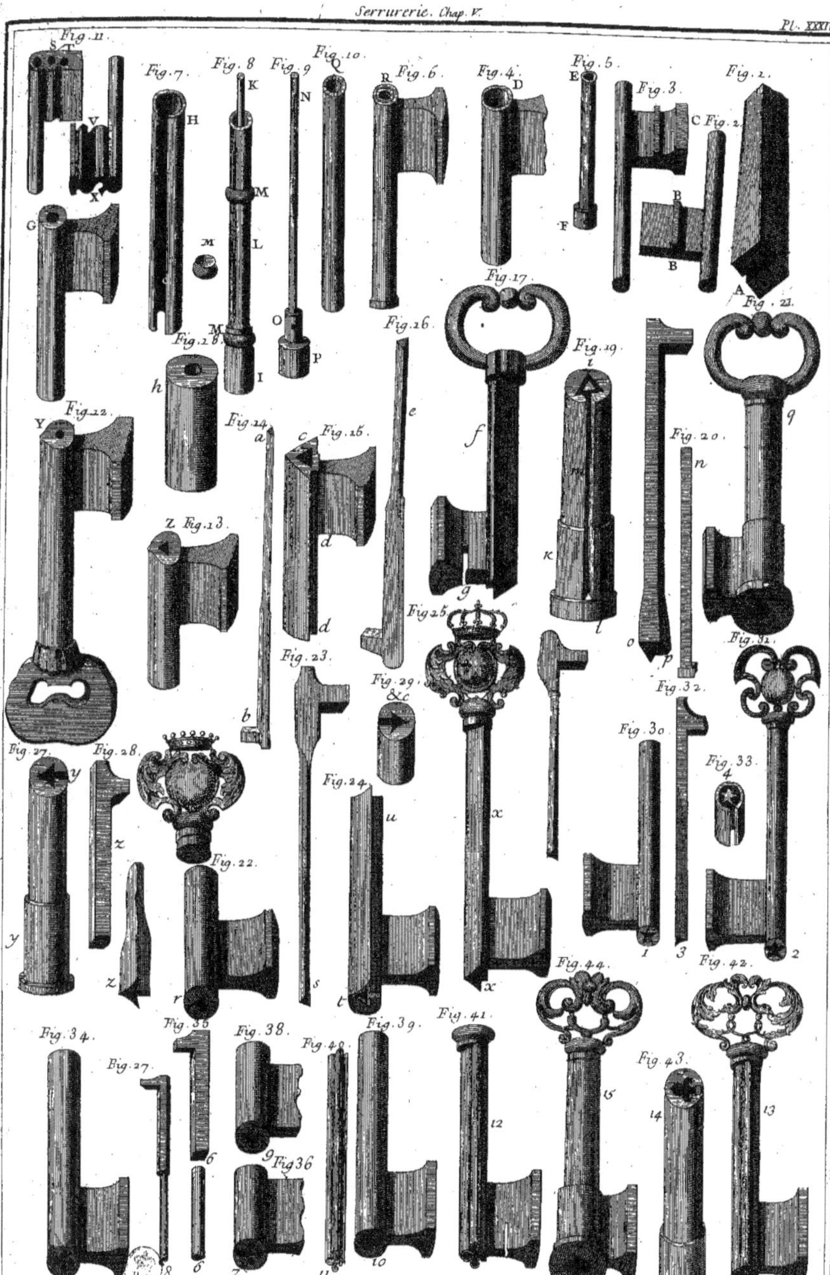

Fig. 11.
Fig. 7.
Fig. 8
Fig. 9
Fig. 10
Fig. 6.
Fig. 4.
Fig. 5
Fig. 3.
Fig. 2.
Fig. 1.
Fig. 17.
Fig. 21.
Fig. 16.
Fig. 19.
Fig. 28.
Fig. 22.
Fig. 24.
Fig. 20.
Fig. 13.
Fig. 25.
Fig. 23.
Fig. 29. &c.
Fig. 31.
Fig. 27.
Fig. 28.
Fig. 30.
Fig. 33.
Fig. 32.
Fig. 22.
Fig. 34.
Fig. 35.
Fig. 38.
Fig. 39.
Fig. 41.
Fig. 44.
Fig. 42.
Fig. 27.
Fig. 40.
Fig. 43.
Fig. 36.
Echelle de 6. pouces.

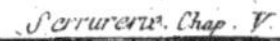

fig. 8.e
fig. 7.e
fig. 6.e
fig. 5.e
fig. 4.e
fig. 3.e
fig. 2.e
fig. 1.e

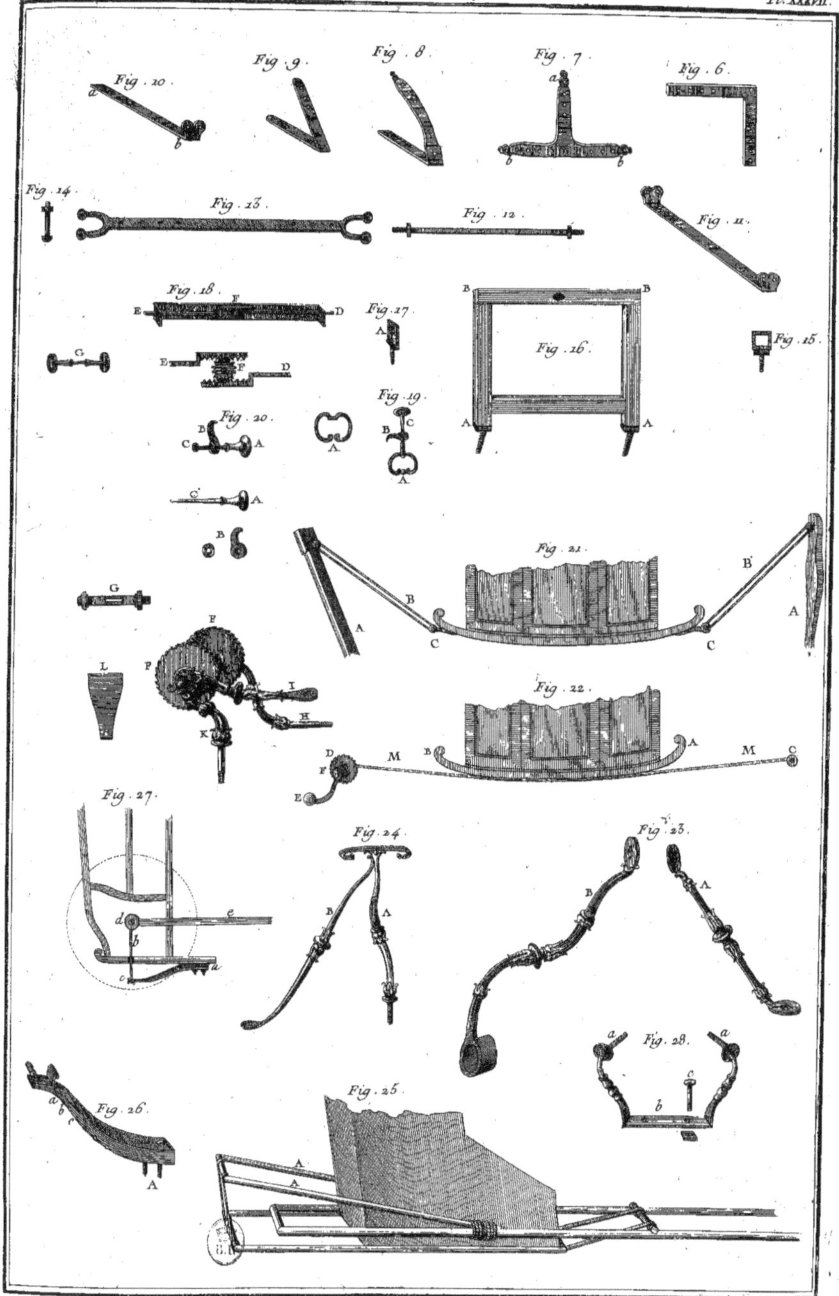
Fig. 10.
Fig. 9.
Fig. 8.
Fig. 7.
Fig. 6.
Fig. 14.
Fig. 13.
Fig. 12.
Fig. 11.
Fig. 18.
Fig. 17.
Fig. 16.
Fig. 15.
Fig. 20.
Fig. 19.
Fig. 21.
Fig. 22.
Fig. 27.
Fig. 24.
Fig. 23.
Fig. 28.
Fig. 26.
Fig. 25.

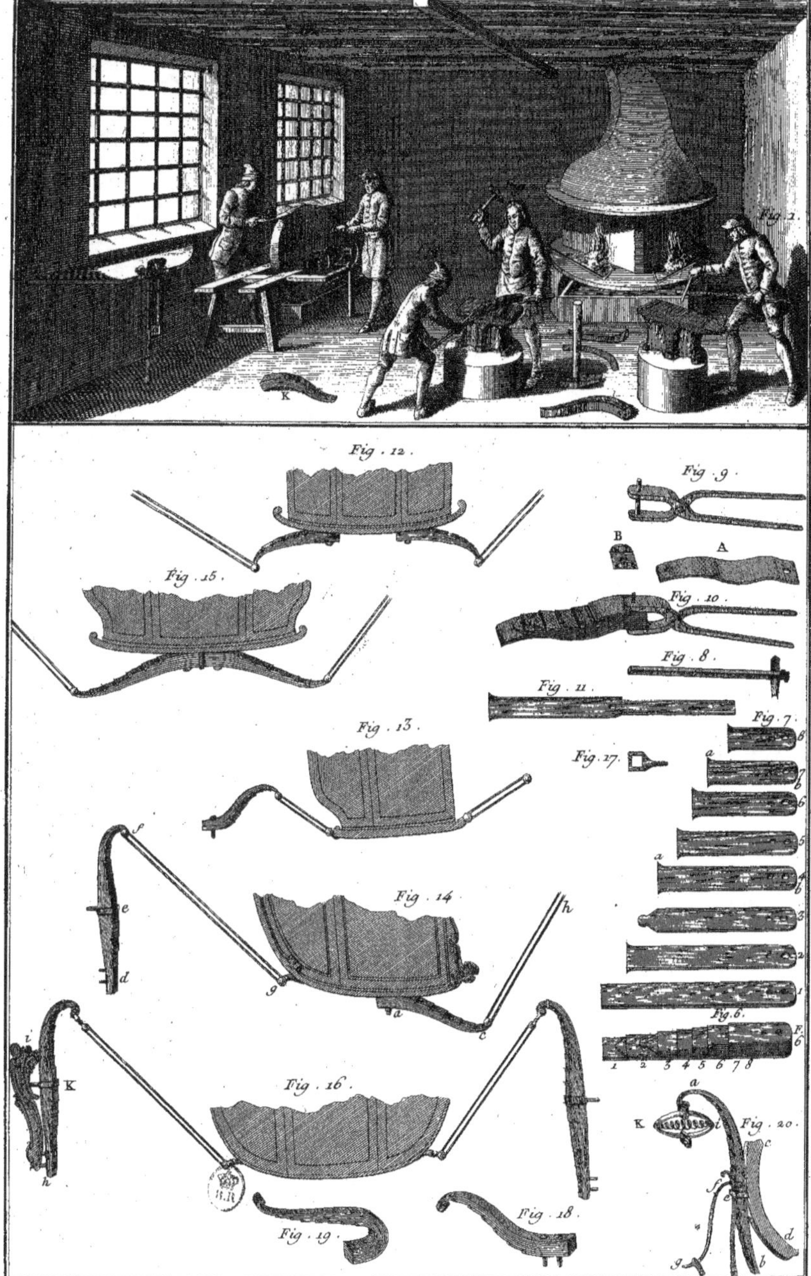

Fig. 1.
Fig. 12.
Fig. 9.
B
A
Fig. 15.
Fig. 10.
Fig. 8.
Fig. 11.
Fig. 7.
Fig. 13.
Fig. 17.
f
e
d
Fig. 14.
h
g
a
c
Fig. 6.
1 2 3 4 5 6 7 8
i
K
a
K
Fig. 20.
c
Fig. 16.
f
e
h
d
Fig. 19.
Fig. 18.
g
b
K

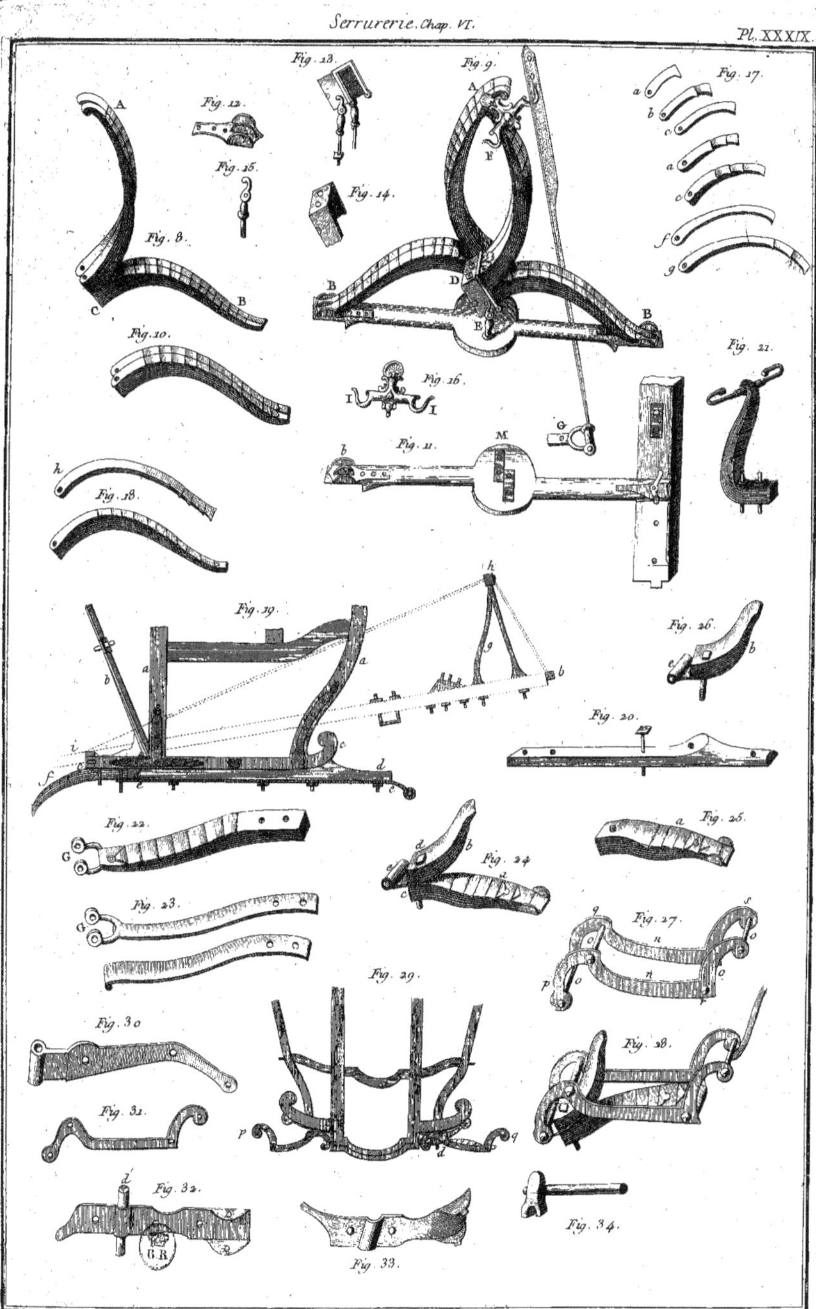
Fig. 13.
Fig. 9.
Fig. 17.
A
Fig. 12.
a
A
b
c
Fig. 15.
Fig. 14.
a
c
Fig. 8.
F
f
A
g
B
D
B
C
B
E
Fig. 10.
Fig. 21.
Fig. 16.
I
I
Fig. 11.
M
G
b
h
Fig. 18.
Fig. 19.
h
Fig. 26.
a
g
e
b
b
a
c
Fig. 20.
i
d
f
e
c
Fig. 22.
a
Fig. 25.
G
d
b
Fig. 24.
e
Fig. 23.
c
G
Fig. 27.
q
s
o
n
o
p
n
o
Fig. 29.
Fig. 30.
Fig. 28.
Fig. 31.
p
q
d
Fig. 32.
d
Fig. 34.
B.R.
Fig. 33.

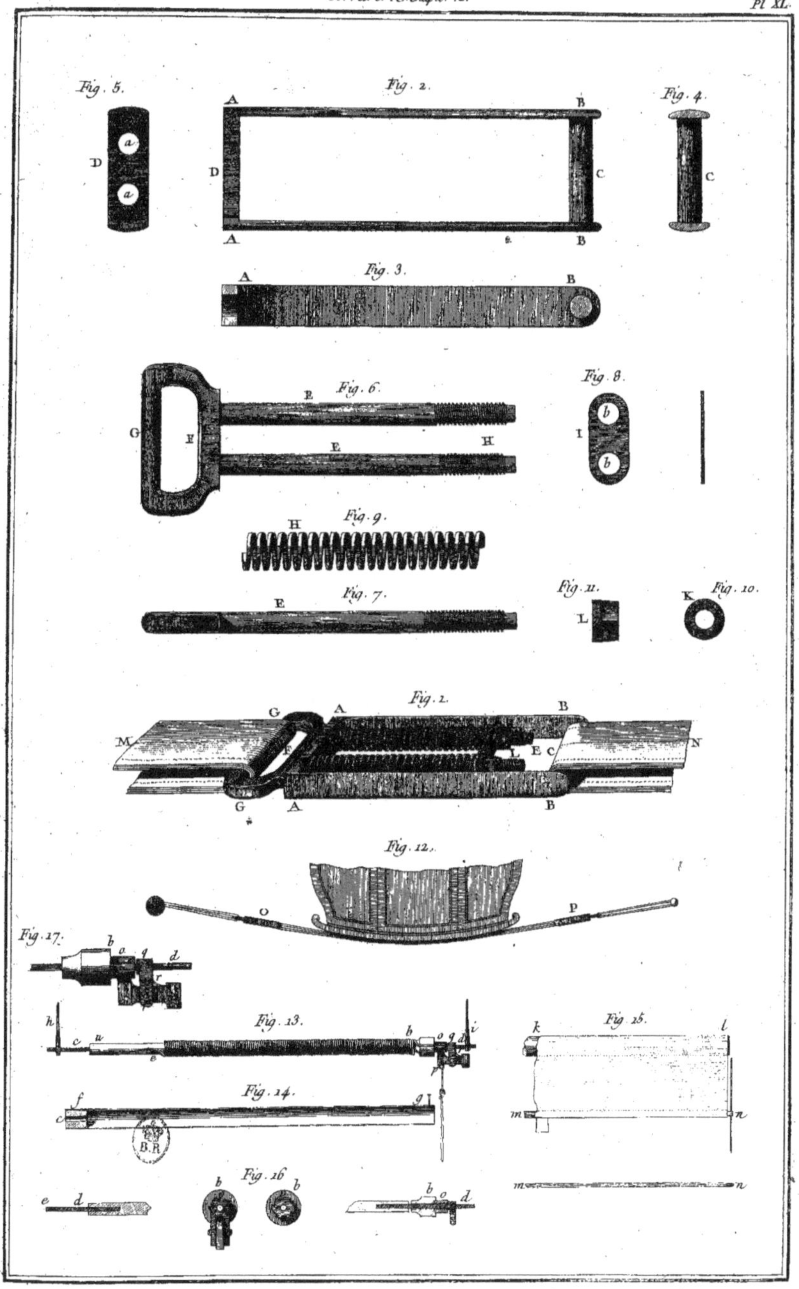
Fig. 5.
Fig. 2.
Fig. 4.
Fig. 3.
Fig. 6.
Fig. 8.
Fig. 9.
Fig. 7.
Fig. 11.
Fig. 10.
Fig. 1.
Fig. 12.
Fig. 17.
Fig. 13.
Fig. 15.
Fig. 14.
Fig. 16.
B.R.

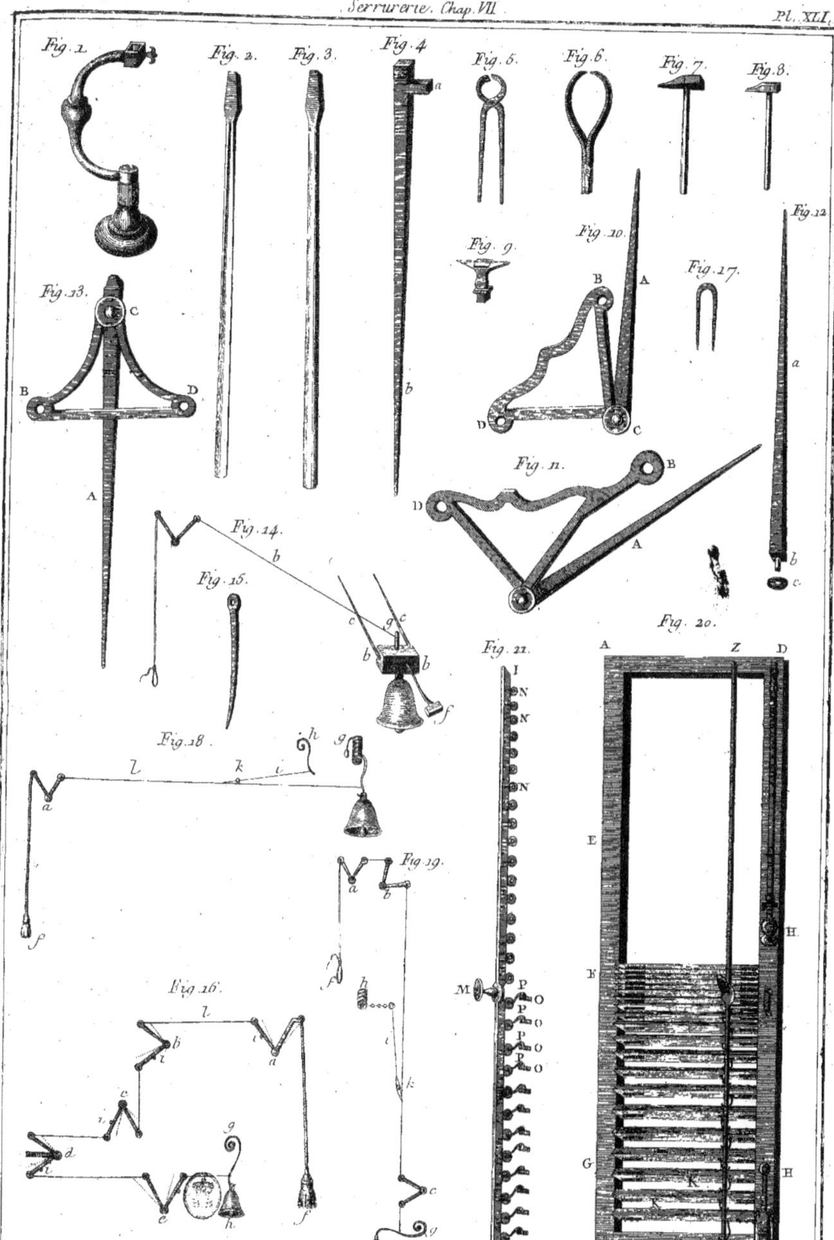

Fig. 1.
Fig. 2.
Fig. 3.
Fig. 4.
Fig. 5.
Fig. 6.
Fig. 7.
Fig. 8.
Fig. 9.
Fig. 10.
Fig. 11.
Fig. 12.
Fig. 13.
Fig. 14.
Fig. 15.
Fig. 16.
Fig. 17.
Fig. 18.
Fig. 19.
Fig. 20.
Fig. 21.

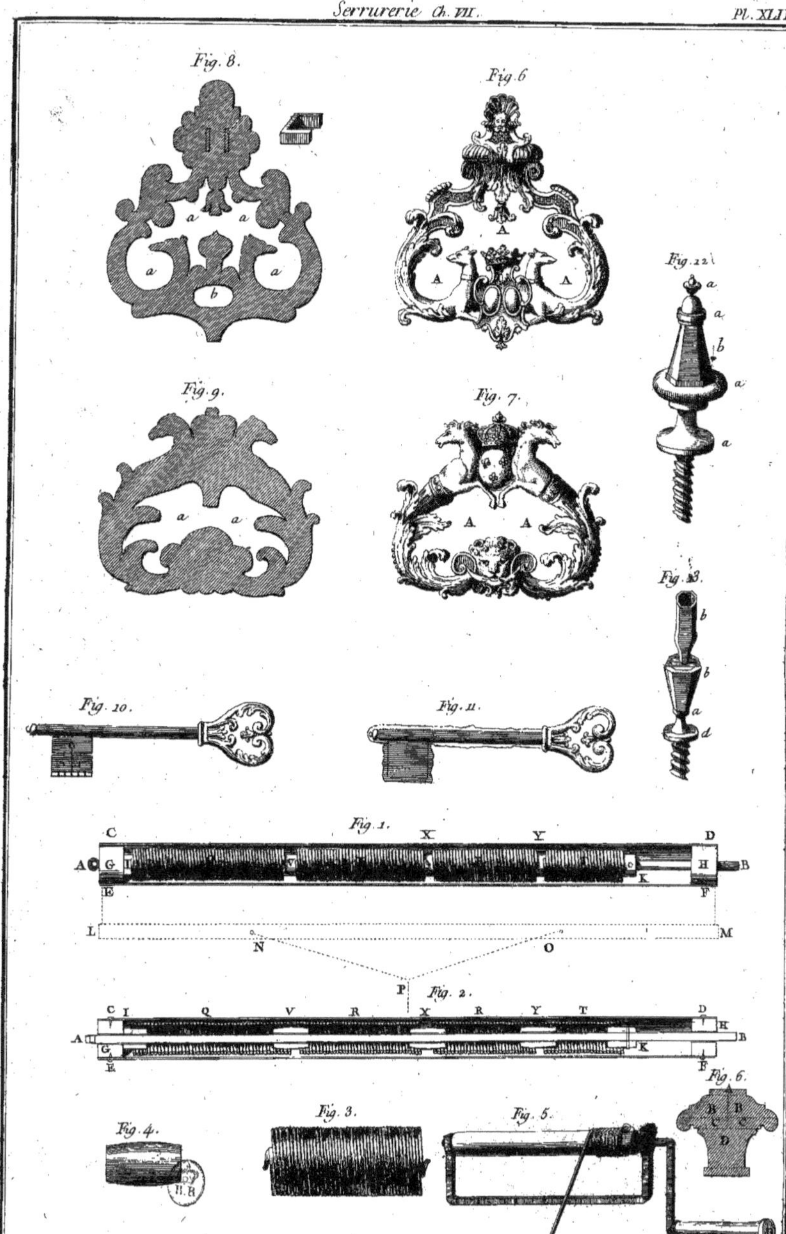
Fig. 8.
Fig. 6.
Fig. 22.
Fig. 9.
Fig. 7.
Fig. 23.
Fig. 10.
Fig. 11.
Fig. 1.
Fig. 2.
Fig. 4.
Fig. 3.
Fig. 5.
Fig. 6.